中华人民共和国住房和城乡建设部

城市地下综合管廊工程消耗量定额

ZYA 1-31(12)-2017

第二册　安装工程

中国计划出版社

2017　北　京

图书在版编目（CIP）数据

城市地下综合管廊工程消耗量定额. 第二册, 安装工程 / 上海市建筑建材业市场管理总站主编. -- 北京 : 中国计划出版社, 2017.7
ISBN 978-7-5182-0706-0

Ⅰ. ①城… Ⅱ. ①上… Ⅲ. ①市政工程－地下管道－管道施工－消耗定额－上海 Ⅳ. ①TU723.34

中国版本图书馆CIP数据核字(2017)第222678号

城市地下综合管廊工程消耗量定额
ZYA 1-31(12)-2017
第二册　安装工程
上海市建筑建材业市场管理总站
上海市政工程设计研究总院(集团)有限公司　主编

中国计划出版社出版发行
网址:www.jhpress.com
地址:北京市西城区木樨地北里甲11号国宏大厦C座3层
邮政编码:100038　电话:(010)63906433(发行部)
北京市科星印刷有限责任公司印刷

880mm×1230mm　1/16　30印张　927千字
2017年7月第1版　2017年7月第1次印刷
印数 1—3000册

ISBN 978-7-5182-0706-0
定价:240.00元

主编部门:中华人民共和国住房和城乡建设部

批准部门:中华人民共和国住房和城乡建设部

施行日期:2 0 1 7 年 8 月 1 日

住房城乡建设部关于印发
城市地下综合管廊工程消耗量定额的通知

建标〔2017〕131 号

各省、自治区住房城乡建设厅,直辖市建委,国务院有关部门:

为加快推进城市地下综合管廊工程建设,满足城市地下综合管廊工程计价需要,我部组织编制了《城市地下综合管廊工程消耗量定额》,现印发给你们,自 2017 年 8 月 1 日起执行。执行中遇到的问题和有关建议请及时反馈我部标准定额司。

《城市地下综合管廊工程消耗量定额》由我部标准定额研究所组织中国计划出版社出版发行。

中华人民共和国住房和城乡建设部

2017 年 6 月 9 日

总 说 明

一、《城市地下综合管廊工程消耗量定额》(以下简称本定额)共分二册,包括:

第一册　建筑和装饰工程;

第二册　安装工程。

二、本定额是完成规定计量单位分部分项工程所需的人工、材料、施工机械台班的消耗量标准;是各地区、部门工程造价管理机构编制建设工程定额确定消耗量、编制国有投资工程投资估算、设计概算、最高投标限价的依据。

三、本定额适用于城市地下综合管廊本体(含标准段、吊装口、通风口、管线分支口、端部井等)的新建、扩建和改建工程,其他专业管线、线路套用相关的专业定额。

四、本定额以国家和有关部门发布的国家现行设计规范、施工及验收规范、技术操作规程、质量评定标准、产品标准和安全操作规程,现行工程量清单计价规范、计算规范和有关定额为依据编制,并参考了有关地区和行业标准、定额,以及典型工程设计、施工和其他资料。

五、本定额按正常施工条件,国内大多数施工企业采用的施工方法、机械化程度和合理的劳动组织及工期进行编制。

1. 设备、材料、成品、半成品、构配件完整无损,符合质量标准和设计要求,附有合格证书和实验记录。

2. 正常的气候、地理条件和施工环境。

3. 安装工程和土建工程之间的交叉作业正常。

4. 安装地点、建筑物、设备基础、预留孔洞等均符合安装要求。

六、关于人工:

1. 本定额的人工以合计工日表示,并分别列出普工、一般技工和高级技工的工日消耗量。

2. 本定额的人工包括基本用工、超运距用工、辅助用工和人工幅度差。

3. 本定额的人工每工日按 8 小时工作制计算。

七、关于材料:

1. 本定额中的材料包括施工中消耗的主要材料、辅助材料、周转材料和其他材料。

2. 本定额中材料消耗量包括净用量和损耗量。损耗量包括:从工地仓库、现场集中堆放地点(或现场加工地点)至操作(或安装)地点的施工场内运输损耗、施工操作损耗、施工现场堆放损耗等,规范(设计文件)规定的预留量、搭接量不在损耗率中考虑。

3. 本定额中的周转性材料按不同施工方法,不同类别、材质,计算出一次摊销量进入消耗量定额。

4. 对于用量少、低值易耗的零星材料,列为其他材料。

八、关于机械:

1. 本定额中的机械按常用机械、合理机械配备和施工企业的机械化装备程度,并结合工程实际综合确定。

2. 本定额的机械台班消耗量是按正常机械施工工效并考虑机械幅度差综合取定。

3. 凡单位价值 2000 元以内、使用年限在一年以内的不构成固定资产的施工机械,不列入机械台班消耗量,作为工具用具在建筑安装工程费中的企业管理费考虑,其消耗的燃料动力等列入材料。

九、关于仪器仪表:

1. 本定额的仪器仪表台班消耗量是按正常施工工效综合取定。

2. 凡单位价值 2000 元以内、使用年限在一年以内的不构成固定资产的仪器仪表,不列入仪器仪表台班消耗量。

十、本定额未考虑施工与生产同时进行时降效增加费，发生时另行计算。

十一、本定额适用于海拔2000m以下地区，超过上述情况时，由各地区、部门结合高原地区的特殊情况，自行制定调整办法。

十二、本定额注有“××以内”或“××以下”者，均包括“××”本身；“××以外”或“××以上”者，则不包括“××”本身。

十三、本说明未尽事宜，详见各册、章说明。

册 说 明

一、《安装工程》(以下简称本册定额)共分六章,包括:

第一章　机械设备安装工程

第二章　电气设备安装工程

第三章　消防工程

第四章　给排水工程

第五章　通风工程

第六章　自动化控制装置及仪表安装工程

二、本定额适用于新建、扩建及改建城市地下综合管廊本体配套的安装工程。

三、关于水平和垂直运输:

1. 设备:包括自安装现场指定堆放地点运至安装地点的水平和垂直运输。

2. 材料、成品、半成品:包括自施工单位现场仓库或现场指定堆放地点运至安装地点的水平和垂直运输。

3. 垂直运输基准面:管廊内以管廊底板顶面为基准面,管廊外以设计标高正负零平面为基准面。

四、本说明未尽事宜详见各章说明。

目　　录

第一章　机械设备安装工程

第二章　电气设备安装工程

第三章　消防工程

第四章　给排水工程

第五章　通风工程

第六章　自动化控制装置及仪表安装工程

第一章　机械设备安装工程

说　　明

一、本章定额包括起重设备安装、起重轨道安装和泵安装等项目。

二、本章定额编制的主要技术依据有：

1.《通用安装工程工程量计算规范》GB 50856—2013；

2.《风机、压缩机、泵安装工程施工及验收规范》GB 50275—2010；

3.《起重设备安装工程施工及验收规范》GB 50278—2010；

4.《机械设备安装工程施工及验收通用规范》GB 50231—2009；

5.《城市综合管廊工程技术规范》GB 50838—2015；

6.《通用安装工程消耗量定额》TY 02-31-2015；

7.《建设工程劳动定额》LD/T-2008；

8.《建设工程施工机械台班费用编制规则》(2015 年)；

9. 相关标准图集和技术手册。

三、本章定额均包括下列工作内容：

1. 安装主要工序。

整体安装：施工准备，设备、材料及工、机具水平搬运，设备开箱检验、配合基础验收、垫铁设置，地脚螺栓安放，设备吊装就位安装、连接，设备调平找正，垫铁点焊，配合基础灌浆，设备精平对中找正，与机械本体联接的附属设备、冷却系统、润滑系统及支架防护罩等附件部件的安装，机组油、水系统管线的清洗，配合检查验收。

解体安装：施工准备，设备、材料及工、机具水平搬运，设备开箱检验、配合基础验收、垫铁设置，地脚螺栓安放，设备吊装就位、组对安装，各部间隙的测量、检查、刮研和调整，设备调平找正，垫铁点焊，配合基础灌浆，设备精平对中找正，与机械本体联接的附属设备、冷却系统、润滑系统及支架防护罩等附件部件的安装，机组油、水系统管线的清洗，配合检查验收。

解体检查：施工准备，设备本体、部件及第一个阀门以内管道的拆卸，清洗检查，换油，组装复原，间隙调整，找平找正，记录，配合检查验收。

2. 施工及验收规范中规定的调整、试验及空负荷试运转。

3. 与设备本体联体的平台、梯子、栏杆、支架、屏盘、电机、安全罩以及设备本体第一个法兰以内的成品管道等安装。

4. 工种间交叉配合的停歇时间，临时移动水、电源时间，以及配合质量检查、交工验收等工作。

5. 配合检查验收。

四、本章定额不包括下列内容：

1. 设备场外运输。

2. 因场地狭小，有障碍物等造成设备不能一次就位所引起设备、材料增加的二次搬运、装拆工作。

3. 设备基础的铲磨，地脚螺栓孔的修整、预压，以及在木砖地层上安装设备所需增加的费用。

4. 地脚螺栓孔和基础灌浆。

5. 设备、构件、零部件、附件、管道、阀门、基础、基础盖板等的制作、加工、修理、保温、刷漆及测量、检测、试验等工作。

6. 设备试运转所用的水、电、气、油、燃料等。

7. 联合试运转、生产准备试运转。

8. 专用垫铁、特殊垫铁(如螺栓调整垫铁、球型垫铁、钩头垫铁等)、地脚螺栓和设备基础的灌浆。

9. 脚手架搭设与拆除。

10. 电气系统、仪表系统、通风系统、设备本体第一个法兰以外的管道系统等的安装、调试工作；非与设备本体联体的附属设备或附件（如平台、梯子、栏杆、支架、容器、屏盘等）的制作、安装、刷油、防腐、保温等工作。

五、定额中设备地脚螺栓和连接设备各部件的螺栓、销钉、垫片及传动部分的润滑油料等按随设备配套供货考虑。

六、起重设备安装。

1. 起重设备安装定额包括以下工作内容：

（1）起重设备静负荷、动负荷及超负荷试运转。

（2）必需的端梁铆接。

（3）解体供货的起重设备现场组装。

2. 起重设备安装定额不包括试运转所需重物的供应和搬运。

七、起重轨道安装。

1. 起重轨道安装定额包括以下工作内容：

（1）测量、下料、矫直、钻孔；

（2）钢轨切割、打磨、附件部件检查验收、组对、焊接（螺栓连接）；

（3）车挡制作安装的领料、下料、调直、吊装、组对、焊接等。

2. 起重轨道安装定额不包括以下工作内容：

（1）轨道枕木干燥、加工、制作；

（2）"8"字形轨道加工制作；

（3）"8"字形轨道工字钢轨的立柱、吊架、支架、辅助梁等的制作与安装。

八、泵安装。

1. 泵安装定额包括以下工作内容：

（1）泵的安装包括：设备开箱检验、基础处理、垫铁设置、泵设备本体及附件（底座、电动机、联轴器、皮带等）吊装就位、找平找正、垫铁点焊、单机试车、配合检查验收。

（2）泵拆装检查包括：设备本体及部件以及第一个阀门以内的管道等拆卸、清洗、检查、刮研、换油、调间隙、找正、找平、找中心、记录、组装复原、配合检查验收。

（3）设备本体与本体联体的附件、管道、滤网、润滑冷却装置的清洗、组装。

（4）联轴器、减振器、减振台、皮带安装。

2. 泵安装定额不包括以下工作内容：

（1）底座、联轴器、键的制作；

（2）泵排水管道组对安装；

（3）电动机的检查、干燥、配线、调试等；

（4）试运转时所需排水的附加工程（如修筑水沟、接排水管等）。

工程量计算规则

一、起重设备安装按照型号规格选用子目,同时有主副钩时以主钩额定起重量为准,以"台"为计量单位。

二、起重轨道安装按轨道长度计算,轨道附属的各种垫板、联接板、压板、固定板、鱼尾板、连接螺栓、垫圈、垫板、垫片等部件配件均按随钢轨定货考虑(主材)。

三、泵安装按设备重量选用子目,以"台"为计量单位。设备重量计算:

1. 直联式泵按泵本体、电动机以及底座的总重量。

2. 非直联式泵按泵本体及底座的总重量计算,不包括电动机重量,但定额已包括电动机安装工作内容。

1. 起重设备安装

计量单位:台

定额编号				2-1-1	2-1-2	2-1-3	2-1-4
项目				电动葫芦		单轨小车	
				起重量(t以内)			
				2	10	5	10
名称			单位	消耗量			
人工	合计工日		工日	6.7040	15.6160	7.2100	9.2500
	其中	普工	工日	1.3410	3.1230	1.4420	1.8500
		一般技工	工日	4.0220	9.3700	4.3260	5.5500
		高级技工	工日	1.3410	3.1230	1.4420	1.8500
材料	黄油钙基脂		kg	1.269	1.326	1.313	1.400
	机油		kg	0.935	0.989	0.707	0.800
	煤油		kg	1.975	2.179	1.544	1.800
	木板		m^3	0.002	0.004	0.005	0.004
	其他材料费		%	5.000	5.000	5.000	5.000
机械	汽车式起重机 8t		台班	0.300	—	—	—
	电动单筒慢速卷扬机 50kN		台班	1.000	1.000	—	—
	载重汽车 8t		台班	0.100	0.100	—	—
	汽车式起重机 16t		台班	—	0.400	0.300	0.300

2. 起重轨道安装

计量单位:10m

定额编号				2-1-5	2-1-6	2-1-7	2-1-8	2-1-9
项目				电动葫芦及单轨小车工字钢轨道安装				
				轨道型号				
				I20	I22	I25	I28	I32
名称			单位	消耗量				
人工	合计工日		工日	5.0900	5.5000	5.7600	6.1400	6.9000
	其中	普工	工日	1.0200	1.1000	1.1500	1.2300	1.3800
		一般技工	工日	3.0500	3.3000	3.4600	3.6800	4.1400
		高级技工	工日	1.0200	1.1000	1.1500	1.2300	1.3800
材料	低碳钢焊条 J422(综合)		kg	2.810	3.920	4.550	4.950	7.080
	钢板 δ4.5~7		kg	1.030	1.030	1.030	1.540	1.540
	钢轨		m	10.800	10.800	10.800	10.800	10.800
	氧气		m^3	4.682	6.426	6.610	8.262	8.486
	乙炔气		kg	1.561	2.142	2.203	2.754	2.828
	其他材料费		%	3.000	3.000	3.000	3.000	3.000
机械	交流弧焊机 21kV·A		台班	0.500	0.710	0.820	0.850	1.270
	摩擦压力机 3000kN		台班	0.170	0.190	0.220	0.240	0.280
	平板拖车组 10t		台班	0.060	0.060	0.050	0.050	0.060
	汽车式起重机 8t		台班	0.110	0.110	0.100	0.100	0.110

定额编号				2-1-10	2-1-11	2-1-12
项目				车挡安装每组4个		车挡制作
				每个单重(t)		
				0.1	0.25	
				组	组	t
名称			单位	消耗量		
人工	合计工日		工日	7.6200	10.1200	22.5000
	其中	普工	工日	1.5300	2.0300	4.5000
		一般技工	工日	4.5600	6.0600	13.5000
		高级技工	工日	1.5300	2.0300	4.5000
材料	木板		m^3	0.020	0.020	—
	低碳钢焊条J422(综合)		kg	—	—	19.810
	钢材		kg	—	—	(1100.000)
	橡胶板δ5~10		kg	—	—	41.580
	氧气		m^3	—	—	5.661
	乙炔气		kg	—	—	1.887
	其他材料费		%	5.000	5.000	5.000
机械	汽车式起重机8t		台班	0.100	0.100	—
	载重汽车8t		台班	0.050	0.050	—
	剪板机20×2000(mm)		台班	—	—	0.060
	交流弧焊机21kV·A		台班	—	—	4.020
	立式钻床35mm		台班	—	—	0.850

3.泵 安 装

计量单位:台

定额编号				2-1-13	2-1-14	2-1-15	2-1-16
项 目				单级离心泵及离心式耐腐蚀泵安装			
				设备重量(t以内)			
				0.2	0.5	1.0	3.0
名 称			单位	消 耗 量			
人工	合计工日		工日	4.3890	6.1050	9.9240	19.2000
	其中	普工	工日	0.8780	1.2210	1.9850	3.8400
		一般技工	工日	2.6330	3.6630	5.9540	11.5200
		高级技工	工日	0.8780	1.2210	1.9850	3.8400
材料	低碳钢焊条 J422(综合)		kg	0.100	0.126	0.189	0.357
	黄油钙基脂		kg	0.150	0.202	0.556	0.909
	机油		kg	0.410	0.606	0.859	1.364
	金属滤网		m^2	0.063	0.065	0.068	0.070
	煤油		kg	0.560	0.788	0.945	1.890
	木板		m^3	0.003	0.006	0.009	0.019
	平垫铁(综合)		kg	4.500	4.500	5.625	8.460
	热轧薄钢板 δ1.6~1.9		kg	0.200	0.300	0.400	0.450
	砂纸		张	2.000	2.000	4.000	5.000
	石棉板衬垫		kg	0.125	0.130	0.135	0.140
	斜垫铁(综合)		kg	4.464	4.464	5.580	7.500
	氧气		m^3	0.133	0.204	0.204	0.408
	乙炔气		kg	0.045	0.068	0.068	0.136
	紫铜板(综合)		kg	0.050	0.060	0.150	0.200
	其他材料费		%	3.000	3.000	3.000	3.000
机械	叉式起重机 5t		台班	0.100	0.100	0.200	0.400
	交流弧焊机 21kV·A		台班	0.100	0.100	0.100	0.300

计量单位:台

定额编号				2-1-17	2-1-18	2-1-19
项 目				单级离心泵及离心式耐腐蚀泵拆装检查		
				设备重量(t以内)		
				0.5	1.0	3.0
名 称			单位	消 耗 量		
人工	合计工日		工日	3.9000	7.8000	15.1500
	其中	普工	工日	0.7800	1.5600	3.0300
		一般技工	工日	2.3400	4.6800	9.0900
		高级技工	工日	0.7800	1.5600	3.0300
材料	黄油钙基脂		kg	0.200	0.500	1.000
	机油		kg	0.200	0.400	1.200
	煤油		kg	1.200	1.500	3.000
	石棉橡胶板 高压 δ1~6		kg	0.500	1.000	2.000
	铁砂布 0#~2#		张	1.000	2.000	4.000
	研磨膏		盒	0.200	0.300	1.000
	紫铜板 δ0.25~0.5		kg	0.050	0.050	0.200
	其他材料费		%	5.000	5.000	5.000

第二章　电气设备安装工程

说　明

一、本章定额包括：变压器、配电装置、母线、配电控制与保护及直流装置、蓄电池、交流电动机检查接线、金属构件、穿墙套板、滑触线、配电电缆、防雷及接地装置、配管、配线、照明器具、低压电器设备、运输设备电气装置安装及电气设备调试等项目。

二、本章定额适用于管廊内电压等级小于或等于10kV变配电设备及线路安装、动力电气设备及电气照明器具、防雷及接地装置安装、配管配线、电气调整试验等安装工程。

三、本章定额编制的主要技术依据：

1.《建筑照明设计标准》GB 50034—2013；

2.《电气装置安装工程　高压电器施工及验收规范》GB 50147—2010；

3.《电气装置安装工程　电力变压器、油浸电抗器、互感器施工及验收规范》GB 50148—2010；

4.《电气装置安装工程　母线装置施工及验收规范》GB 50149—2010；

5.《电气装置安装工程　电气设备交接试验标准》GB 50150—2016；

6.《电气装置安装工程　电缆线路施工及验收规范》GB 50168—2006；

7.《电气装置安装工程　接地装置施工及验收规范》GB 50169—2016；

8.《电气装置安装工程　旋转电机施工及验收规范》GB 50170—2006；

9.《电气装置安装工程　盘、柜及二次回路接线施工及验收规范》GB 50171—2012；

10.《电气装置安装工程　蓄电池施工及验收规范》GB 50172—2012；

11.《建筑物防雷工程施工与质量验收规范》GB 50601—2010；

12.《电气装置安装工程　66kV及以下架空电力线路施工及验收规范》GB 50173—2014；

13.《电气装置安装工程　低压电器施工及验收规范》GB 50254—2014；

14.《电气装置安装工程　电力变流设备施工及验收规范》GB 50255—2014；

15.《电气装置安装工程　起重机电气装置施工验收规范》GB 50256—2014；

16.《电气装置安装工程　爆炸和火灾危险环境电气装置施工及验收规范》GB 50257—2014；

17.《建筑电气工程施工质量验收规范》GB 50303—2015；

18.《民用建筑电气设计规范》JGJ 16—2008；

19.《城市综合管廊工程技术规范》GB 50838—2015；

20.《通用安装工程消耗量定额》TY 02-31-2015；

21.《建筑设计防火规范》GB 50016—2014；

22.《低压配电设计规范》GB 50054—2011。

四、本章定额除各节另有说明外，均包括下列工作内容：

施工准备、设备与器材及工器具的场内运输、开箱检查、安装、设备单体调整试验、结尾清理、配合质量检验、不同工种间交叉配合、临时移动水源与电源等工作内容。

五、本章定额不包括下列内容：

1.电压等级大于10kV配电、用电设备及装置安装。工程应用时，应执行电力行业相关定额。

2.电气设备及装置配合机械设备进行单体试运和联合试运工作内容。发电、输电、配电、用电分系统调试、整套启动调试、特殊项目测试与性能验收试验应单独执行本章定额第十六节“电气设备调试工程”相应的定额。

(1)单体调试是指设备或装置安装完成后未与系统连接时，根据设备安装施工交接验收规范，为确认其是否符合产品出厂标准和满足实际使用条件而进行的单机试运或单体调试工作。单体调试项目的界限是设备没有与系统连接，设备和系统断开时的单独调试。

(2)分系统调试是指工程的各系统在设备单机试运或单体调试合格后,为使系统达到整套启动所必须具备的条件而进行的调试工作。分系统调试项目的界限是设备与系统连接,设备和系统连接在一起进行的调试。

(3)整套启动调试是指工程各系统调试合格后,根据启动试运规程、规范,在工程投料试运前以及试运行期间,对工程整套工艺运行生产以及全部安装结果的验证、检验所进行的调试。整套启动调试项目的界限是工程各系统间连接,系统和系统连接在一起进行的调试。

六、本章定额中安装所用螺栓是按照厂家配套供应考虑,定额不包括安装所用螺栓费用。如果工程实际由安装单位采购配置安装所用螺栓时,根据实际安装所用螺栓用量加3%损耗率计算螺栓费用。现场加工制作的金属构件定额中,螺栓按照未计价材料考虑,其中包括安装用的螺栓。

七、变压器安装工程。

1. 变压器安装定额包括放注油、油过滤所需的临时油罐等设施摊销费。不包括变压器防震措施安装,端子箱与控制箱的制作与安装,变压器干燥、二次喷漆、变压器铁梯及母线铁构件的制作与安装,工程实际发生时,执行相关定额。

2. 油浸式变压器安装定额适用于自耦式变压器、带负荷调压变压器的安装;电炉变压器安装执行同容量变压器定额乘以系数1.60;整流变压器安装执行同容量变压器定额乘以系数1.20。

3. 变压器的器身检查按照吊芯检查考虑。

4. 安装带有保护外罩的干式变压器时,执行相关定额人工、机械乘以系数1.10。

5. 变压器单体调试内容包括测量绝缘电阻、直流电阻、极性组别、电压变比、交流耐压及空载电流和空载损耗、阻抗电压和负载损耗试验;包括变压器绝缘油取样、简化试验、绝缘强度试验。

6. 非晶合金变压器安装根据容量执行相应的油浸变压器安装定额。

八、配电装置安装工程。

1. 设备所需的绝缘油、六氟化硫气体、液压油等均按照设备供货编制。设备本体以外的加压设备和附属管道的安装,应执行相应定额另行计算。

2. 设备安装定额不包括端子箱安装、控制箱安装、设备支架制作及安装、绝缘油过滤、电抗器干燥、基础槽(角)钢安装、配电设备的端子板外部接线、预埋地脚螺栓、二次灌浆。

3. 配电智能设备安装调试定额不包括光缆敷设、设备电源电缆(线)的敷设、配线架跳线的安装、焊(绕、卡)接与钻孔等;不包括系统试运行、电源系统安装测试、通信测试、软件生产和系统组态以及因设备质量问题而进行的修配改工作;应执行相应的定额另行计算费用。

4. 干式电抗器安装定额适用于混凝土电抗器、铁芯干式电抗器和空心电抗器等干式电抗器安装。定额是按照三相叠放、三相平放和二叠一平放的安装方式综合考虑的,工程实际与其不同时,执行定额不做调整。励磁变压器安装根据容量及冷却方式执行相应的变压器安装定额。

5. 高压成套配电柜安装定额综合考虑了不同容量,执行定额时不做调整。定额中不包括母线配制及设备干燥。

6. 低压成套配电柜安装定额综合考虑了不同容量、不同回路,执行定额时不做调整。

7. 组合式成套箱式变电站主要是指电压等级小于或等于10kV箱式变电站。定额是按照通用布置方式编制的,即:变压器布置在箱中间,箱一端布置高压开关,箱一端布置低压开关,内装6~24台低压配电箱(屏)。执行定额时,不因布置形式而调整。本定额针对欧式变压器,在结构上采用高压开关柜、低压开关柜、变压器组成方式的箱式变压器称为欧式变压器。

8. 成套配电柜和箱式变电站安装不包括基础槽(角)钢安装;成套配电柜安装不包括母线及引下线的配制与安装。

9. 配电设备基础槽(角)钢、支架、抱箍、延长环、套管、间隔板等安装,执行本章定额第七节“金属构件、穿墙套板安装工程”相关定额。

10. 成品配套空箱体安装执行相应的“成套配电箱”安装定额乘以系数0.50。

11. 环网柜配电采集器安装定额是按照集中式配电终端编制的,若实际采用分散式配电终端,执行开闭所配电采集器定额乘以系数0.85。

12.配电智能设备单体调试定额中只考虑三遥(遥控、遥信、遥测)功能调试,若实际工程增加遥调功能时,执行相应定额乘以系数1.20。

13.电能表集中采集系统安装调试定额包括基准表安装调试、抄表采集系统安装调试。定额不包括箱体及固定支架安装、端子板与汇线槽及电气设备元件安装、通信线及保护管敷设、设备电源安装测试、通信测试等。

九、母线安装工程。

母线安装工程定额不包括支架、铁构件的制作与安装,工程实际发生时,执行本章定额第七节“金属构件、穿墙套板安装工程”相关定额。

十、配电控制、保护、直流装置安装工程。

1.设备安装定额包括屏、柜、台、箱设备本体及其辅助设备安装,即标签框、光字牌、信号灯、附加电阻、连接片等。定额不包括支架制作与安装、二次喷漆及喷字、设备干燥、焊(压)接线端子、端子板外部(二次)接线、基础槽(角)钢制作与安装、设备上开孔。

2.接线端子定额只适用于导线,电力电缆终端头制作安装定额中包括压接线端子,控制电缆终端头制作安装定额中包括终端头制作及接线至端子板,不得重复计算。

3.直流屏(柜)不单独计算单体调试,其费用综合在分系统调试中。

十一、蓄电池安装工程。

UPS不间断电源安装定额分单相(单相输入/单相输出)、三相(三相输入/三相输出),三相输入/单相输出设备安装执行三相定额。EPS应急电源安装根据容量执行相应的UPS安装定额。

十二、交流电动机检查接线工程。

1.电动机检查接线定额不包括电动机干燥,工程实际发生时,另行计算费用。

2.电机检查接线定额不包括控制装置的安装和接线。

3.定额中电机接地材质是按照镀锌扁钢编制的,如采用铜接地时,可以调整接地材料费,但安装人工和机械不变。

4.本节定额不包括电动机的安装。包括电动机空载试运转所消耗的电量,工程实际与定额不同时,不做调整。

5.电动机控制箱安装执行本章定额第二节中“成套配电箱”相关定额。

十三、金属构件、穿墙套板安装工程。

1.铁构件制作与安装定额适用于本章范围内除管廊电缆桥架支撑架、沿墙支架以外的各种支架、构件的制作与安装。

2.铁构件制作定额不包括镀锌、镀锡、镀铬、喷塑等其他金属防护费用,工程实际发生时,执行相关定额另行计算。

3.轻型铁构件是指铁构件的主体结构厚度小于或等于3mm的铁构件。

4.穿墙套板制作与安装定额综合考虑了板的规格与安装高度,执行定额时不做调整。定额中不包括电木板、环氧树脂板的主材,应按照安装用量加损耗量另行计算主材费。

5.金属围网、网门制作与安装定额包括网或门的边柱、立柱制作与安装。

6.金属构件制作定额中包括除锈、刷油漆费用。

十四、滑触线安装工程。

1.滑触线及滑触线支架安装定额包括下料、除锈、刷防锈漆与防腐漆,伸缩器、坐式电车绝缘子支持器安装。定额不包括预埋铁件与螺栓、辅助母线安装。

2.滑触线及支架安装定额是按照安装高度小于或等于10m编制,若安装高度大于10m时,超出部分的安装工程量按照定额人工乘以系数1.10。

3.安全节能型滑触线安装不包括滑触线导轨、支架、集电器及其附件等材料,安全节能型滑触线为三相式时,执行单相滑触线安装定额乘以系数2.00。

十五、配电电缆敷设工程。

1. 本节桥架安装定额适用于配电及用电工程电力电缆与控制电缆的桥架安装。通信、热工及仪器仪表、建筑智能等弱电工程控制电缆桥架安装，根据其定额说明执行相应桥架安装定额。

2. 桥架安装定额包括组对、焊接、桥架开孔、隔板与盖板安装、接地、附件安装、修理等。定额不包括桥架支撑架安装。定额综合考虑了螺栓、焊接和膨胀螺栓三种固定方式，实际安装与定额不同时不做调整。

(1)梯式桥架安装定额是按照不带盖考虑的，若梯式桥架带盖，则执行相应的槽式桥架定额。

(2)钢制桥架主结构设计厚度大于3mm时，执行相应安装定额的人工、机械乘以系数1.20。

(3)不锈钢桥架安装执行相应的钢制桥架定额乘以系数1.10。

(4)电缆桥架安装定额是按照厂家供应成品安装编制的，若现场需要制作桥架时，应执行本章定额第七节"金属构件、穿墙套板安装工程"相关定额。

(5)槽盒安装根据材质与规格，执行相应的槽式桥架安装定额，其中：人工、机械乘以系数1.08。

3. 电力电缆敷设定额包括配电电缆敷设项目，根据敷设环境执行相应定额。定额综合了裸包电缆、铠装电缆、屏蔽电缆等电缆类型，凡是电压等级小于或等于10kV电力电缆和控制电缆敷设不分结构形式和型号，一律按照相应的电缆截面和芯数执行定额。

(1)预制分支电缆、控制电缆敷设定额综合考虑了不同的敷设环境，执行定额时不做调整。

(2)矿物绝缘电力电缆敷设根据电缆敷设环境与电缆截面执行相应的电力电缆敷设定额与接头定额。

(3)矿物绝缘控制电缆敷设根据电缆敷设环境与电缆芯数执行相应的控制电缆敷设定额与接头定额。

(4)预制分支电缆敷设定额中，包括电缆吊具、每个长度小于或等于10m分支电缆安装；不包括分支电缆头的制作安装，应根据设计图示数量与规格执行相应的电缆接头定额；每个长度大于10m分支电缆，应根据超出的数量与规格及敷设的环境执行相应的电缆敷设定额。

4. 电力电缆敷设定额是按照三芯(包括三芯连地)编制的，电缆每增加一芯相应定额增加15%。单芯电力电缆敷设按照同截面电缆敷设定额乘以系数0.70，两芯电缆按照三芯电缆定额执行。截面400mm^{2}以上至800mm^{2}的单芯电力电缆敷设，按照400mm^{2}电力电缆敷设定额乘以系数1.35。截面800mm^{2}以上至1600mm^{2}的单芯电力电缆敷设，按照400mm^{2}电力电缆敷设定额乘以系数1.85。

5. 电缆敷设需要钢索及拉紧装置安装时，应执行本章定额第十二节"配线工程"相关定额。

6. 电缆头制作安装定额中包括镀锡裸铜线、扎索管、接线端子、压接管、螺栓等消耗性材料。定额不包括终端盒、中间盒、保护盒、插接式成品头、铅套管主材及支架安装。

7. 双屏蔽电缆头制作安装执行相应定额人工乘以系数1.05。若接线端子为异型端子，需要单独加工时，应另行计算加工费。

8. 电缆防火设施安装不分规格、材质，执行定额时不做调整。

9. 阻燃槽盒安装定额按照单件槽盒2.05m长度考虑，定额中包括槽盒、接头部件的安装，包括接头防火处理。执行定额时不得因阻燃槽盒的材质、壁厚、单件长度而调整。

10. 电缆敷设定额中不包括支架的制作与安装，工程应用时，执行本章定额第七节"金属构件、穿墙套板安装工程"相关定额。

十六、防雷及接地装置安装工程。

1. 本节定额适用于管廊的防雷接地、变配电系统接地、设备接地以及避雷针(塔)接地等装置安装。

2. 接地极安装与接地母线敷设定额不包括采用爆破法施工、接地电阻率高的土质换土、接地电阻测定工作。工程实际发生时，执行相关定额。

3. 管廊外接地母线敷设定额是按照管廊外整平标高和一般土质综合编制的，包括地沟挖填土和夯实，执行定额时不再计算土方工程量。管廊外接地沟挖深为0.75m，每米沟长土方量为0.34m^3。如设计要求埋设深度与定额不同时，应按照实际土方量调整。如遇有石方、矿渣、积水、障碍物等情况时应另行计算。

4. 本节定额不包括固定防雷接地设施所用的预制混凝土块制作(或购置混凝土块)与安装费用。工程实际发生时,执行房屋建筑与装饰工程相关项目。

十七、配管工程。

1. 配管定额中钢管材质是按照镀锌钢管考虑的,定额不包括采用焊接钢管刷油漆、刷防火漆或防火涂料、管外壁防腐保护以及接线箱、接线盒、支架的制作与安装。接线箱、接线盒安装执行本章定额第十二节"配线工程"相关定额;支架的制作与安装执行本章定额第十七节"管廊支架"相关定额。

2. 工程采用镀锌电线管时,执行镀锌钢管定额计算安装费;镀锌电线管主材费按照镀锌钢管用量另行计算。

3. 定额中刚性阻燃管为刚性 PVC 难燃线管,管材长度一般为 4m/根,管子连接采用专用接头插入法连接,接口密封;半硬质塑料管为阻燃聚乙烯软管,管子连接采用专用接头抹塑料胶后粘接。工程实际安装与定额不同时,执行定额不做调整。

4. 定额中可挠金属套管是指普利卡金属管(PULLKA),主要应用于混凝土内埋管及低压室外电气配线管。可挠金属套管规格见下表。

可挠金属套管规格表(mm)

规格	10#	12#	15#	17#	24#	30#	38#	50#	63#	76#	83#	101#
内径	9.2	11.4	14.1	16.6	23.8	29.3	37.1	49.1	62.6	76	81	100.2
外径	13.3	16.1	19	21.5	28.8	34.9	42.9	54.9	69.1	82.9	88.1	107.3

5. 配管定额是按照各专业间配合施工考虑的,定额中不考虑凿槽、刨沟、凿孔(洞)等费用。

十八、配线工程。

1. 管内穿线定额包括扫管、穿线、焊接包头;线槽配线定额包括清扫线槽、布线、焊接包头。

2. 照明线路中导线截面面积大于 $6mm^2$ 时,执行"穿动力线"相关定额。

3. 接线箱、接线盒安装及盘柜配线定额适用于电压等级小于或等于 380V 电压等级用电系统。定额不包括导线与接线端子材料费。

4. 暗装接线箱、接线盒定额中槽孔按照事先预留考虑,不计算开槽、开孔费用。

十九、照明器具安装工程。

1. 灯具引导线是指灯具吸盘到灯头的连线,除注明者外,均按照灯具自备考虑。如引导线需要另行配置时,其安装费不变,主材费另行计算。

2. 照明灯具安装除特殊说明外,均不包括支架制作与安装。工程实际发生时,执行本章定额第七节"金属构件、穿墙套板安装工程"相关定额。

3. 定额包括灯具组装、安装、利用摇表测量绝缘及一般灯具的试亮工作。

4. 荧光灯具安装定额按照成套型荧光灯考虑,工程实际采用组合式荧光灯时,执行相应的成套型荧光灯安装定额乘以系数 1.10。荧光灯具安装定额适用范围见下表。

荧光灯具安装定额适用范围表

定额名称	灯 具 种 类
成套型荧光灯	单管、双管、三管、四管、吊链式、吊管式、吸顶式、嵌入式、成套独立荧光灯

5. LED 灯安装根据其结构、形式、安装地点,执行相应的灯具安装定额。

6. 灯具安装定额中灯槽、灯孔按照事先预留考虑,不计算开孔费用。

7. 插座箱安装执行相应的配电箱定额。

二十、低压电器设备安装工程。

1. 低压电器安装定额适用于工业低压用电装置及电器的安装。定额综合考虑了型号、功能,执行定额时不做调整。

2. 控制装置安装定额中,除限位开关及水位电气信号装置安装定额外,其他安装定额均未包括支架制作、安装。工程实际发生时,可执行本章定额第七节"金属构件、穿墙套板安装工程"相关定额。

3. 本节定额包括电器安装、接线(除单独计算外)、接地。定额不包括接线端子、保护盒、接线盒、箱体等安装,工程实际发生时,执行相关定额。

二十一、运输设备电气装置安装工程。

1. 起重设备电气安装定额包括电气设备检查接线、电动机检查接线与安装、小车滑线安装、管线敷设、随设备供应的电缆敷设、校线、接线、设备本体灯具安装、接地、负荷试验、程序调试。不包括起重设备本体安装。

2. 定额不包括电源线路及控制开关的安装、电动发电机组安装、基础型钢和钢支架及轨道的制作与安装、接地极与接地干线敷设、电气分系统调试。

二十二、电气设备调试工程。

1. 调试定额是按照现行的配电、用电工程启动试运及验收规程进行编制的,标准与规程未包括的调试项目和调试内容所发生的费用,应结合技术条件及相应的规定另行计算。

2. 调试定额中已经包括熟悉资料、编制调试方案、核对设备、现场调试、填写调试记录、整理调试报告等工作内容。

3. 本节定额所用到的电源是按照永久电源编制的,定额中不包括调试与试验所消耗的电量,其电费已包含在其他费用(甲方费用)中。当工程需要单独计算调试与试验电费时,应按照实际表计电量计算。

4. 分系统调试包括电气设备安装完毕后进行系统联动、对电气设备单体调试进行校验与修正、电气一次设备与二次设备常规的试验等工作内容。非常规的调试与试验执行特殊项目测试与性能验收试验相应的定额子目。

5. 配电装置系统调试中电压等级小于或等于 1kV 的定额适用于所有低压供电回路,如从低压配电装置至分配电箱的供电回路(包括照明供电回路);从配电箱直接至电动机的供电回路已经包括在电动机的负载系统调试定额内。凡供电回路中带有仪表、继电器、电磁开关等调试元件的(不包括刀开关、保险器),均按照调试系统计算。移动电器和以插座连接的家电设备不计算调试费用。配电设备系统调试包括系统内的电缆试验、绝缘耐压试验等调试工作。配电箱内只有开关、熔断器等不含调试元件的供电回路,则不再作为调试系统计算。

6. 根据电动机的形式及规格,计算电动机负载调试。

7. 定额不包括设备的干燥处理和设备本身缺陷造成的元件更换修理,亦未考虑因设备元件质量低劣或安装质量问题对调试工作造成的影响。发生时,按照有关的规定进行处理。

8. 定额是按照新的且合格的设备考虑的。当调试经更换修改的设备、拆迁的旧设备时,定额乘以系数 1.15。

9. 调试定额是按照现行国家标准《电气装置安装工程　电气设备交接试验标准》GB 50150 及相应电气装置安装工程施工及验收系列规范进行编制的,标准与规范未包括的调试项目和调试内容所发生的费用,应结合技术条件及相应的规定另行计算。发电机、变压器、母线、线路的分系统调试中均包括了相应保护调试,"保护装置系统调试"定额适用于单独调试保护系统。

10. 调试定额中已经包括熟悉资料、核对设备、填写试验记录、保护整定值的整定、整理调试报告等工作内容。

11. 调试带负荷调压装置的电力变压器时,调试定额乘以系数 1.12;三线圈变压器、整流变压器、电炉变压器调试按照同容量的电力变压器调试定额乘以系数 1.20。

12. 3 ~ 10kV 母线系统调试定额中包含一组电压互感器,电压等级小于或等于 1kV 母线系统调试定额中不包含电压互感器,定额适用于低压配电装置的各种母线(包括软母线)的调试。

13. 整套启动调试包括变电、配电部分在项目生产投料或使用前后进行的项目电气部分整套调试和配合生产启动试运以及程序校验、运行调整、状态切换、动作试验等内容。不包括在整套启动试运过程中暴露出来的设备缺陷处理或因施工质量、设计质量等问题造成的返工所增加的调试工作量。

14. 其他材料费中包括调试消耗、校验消耗材料费。

二十三、管廊支架。

1. 管廊支架制作安装项目,适用于管廊内钢支架(含立柱及悬臂)制作与安装。

2. 管廊支架制作安装定额不包括支架的除锈、刷油。

工程量计算规则

一、变压器安装工程。

三相变压器、单相变压器、消弧线圈安装根据设备容量及结构性能，按照设计安装数量以“台”为计量单位。

二、配电装置安装工程。

1. 干式电抗器的安装，根据设备重量，按照设计安装数量以“组”为计量单位，每三相为一组。

2. 成套配电柜安装，根据设备功能，按照设计安装数量以“台”为计量单位。

3. 成套配电箱安装，根据箱体半周长，按照设计安装数量以“台”为计量单位。

4. 箱式变电站安装，根据引进技术特征及设备容量，按照设计安装数量以“座”为计量单位。

5. 变压器配电采集器、环网柜配电采集器调试根据系统布置，按照设计安装变压器或环网柜数量，以“台”为计量单位。

6. 开闭所配电采集器调试根据系统布置，以“间隔”为计量单位，一台断路器计算一个间隔。

7. 电压监控切换装置安装、调试，根据系统布置，按照设计安装数量以“台”为计量单位。

8. GPS 时钟安装、调试，根据系统布置，按照设计安装数量，以“套”为计量单位。天线系统不单独计算工程量。

9. 配电自动化子站、主站系统设备调试根据管理需求，以“系统”为计量单位。

10. 电度表、中间继电器安装调试，根据系统布置，按照设计安装数量以“台”为计量单位。

11. 电表采集器、数据集中器安装调试，根据系统布置，按照设计安装数量以“台”为计量单位。

12. 各类服务器、工作站安装，根据系统布置，按照设计安装数量以“台”为计量单位。

三、母线安装工程。

1. 共箱母线安装根据箱体断面及导体截面面积和每相片数规格，按照设计图示安装轴线长度以“m”为计量单位，不计算安装损耗量。

2. 低压（电压等级小于或等于 380V）封闭式插接母线槽安装，根据每相电流容量，按照设计图示安装轴线长度以“m”为计量单位；计算长度时，不计算安装损耗量。母线槽及母线槽专用配件按照安装数量计算主材费。分线箱、始端箱安装根据电流容量，按照设计图示安装数量以“台”为计量单位。

四、配电控制、保护、直流装置安装工程。

1. 控制设备安装根据设备性能和规格，按照设计图示安装数量以“台”为计量单位。

2. 端子板外部接线根据设备外部接线图，按照设计图示接线数量以“个”为计量单位。

3. 直流屏（柜）安装根据设备电流容量，按照设计图示安装数量以“台”为计量单位。

五、蓄电池安装工程。

UPS 安装根据单台设备容量及输入与输出相数，按照设计图示安装数量以“台”为计量单位。

六、交流电动机检查接线工程。

1. 电动机检查接线，根据设备容量，按照设计图示安装数量以“台”为计量单位。

2. 电动机检查接线定额中，每台电动机按照 0.824m 计算金属软管材料费。电机电源线为导线时，其接线端子分导线截面按照“个”计算工程量，执行本章定额第四节“配电控制、保护、直流装置安装工程”相关定额。

七、金属构件、穿墙套板安装工程。

1. 基础槽钢、角钢制作与安装，根据设备布置，按照设计图示安装数量以“m”为计量单位。

2. 电缆桥架支撑架、沿墙支架、铁构件执行本章定额第十七节“管廊支架”相关定额。

3. 金属箱、盒制作按照设计图示安装成品重量以“kg”为计量单位。计算重量时，计算制作螺栓及连接件重量，不计算制作损耗量、焊条重量。

4. 穿墙套板制作与安装根据工艺布置和套板材质，按照设计图示安装数量以“块”为计量单位。

5. 围网、网门制作与安装根据工艺布置，按照设计图示安装成品数量以“m”为计量单位。计算面积时，围网长度按照中心线计算，围网高度按照实际高度计算，不计算围网底至地面的高度。

八、滑触线安装工程。

1. 滑触线安装。根据材质及性能要求，按照设计图示安装成品数量以“m/单相”为计量单位，计算长度时，应考虑滑触线挠度和连接需要增加的工程量，不计算下料、安装损耗量。滑触线另行计算主材费，滑触线安装预留长度按照设计规定计算，设计无规定时按照下表规定计算。

滑触线安装附加和预留长度表

单位：m/根

序号	项　目	预留长度	说　明
1	轻轨滑触线终端	0.8	从最后一个支持点起算
2	安全节能滑触线终端	0.5	从最后一个固定点起算

2. 滑触线支架、拉紧装置、挂式支持器安装。根据构件形式及材质，按照设计图示安装成品数量以“副”或“套”为计量单位，三相一体为1副或1套。

3. 沿钢索移动软电缆按照每根长度以“套”为计量单位，不足每根长度按照1套计算；沿轨道移动软电缆根据截面面积，以“m”为计量单位。

九、配电电缆敷设工程。

1. 入室密封电缆保护管铺设。根据电缆敷设路径，应区别不同敷设方式、敷设位置、管材材质、规格，按照设计图示敷设数量以“m”为计量单位。

2. 电缆桥架安装。根据桥架材质与规格，按照设计图示安装数量以“m”为计量单位。

3. 组合式桥架安装。按照设计图示安装数量以“片”为计量单位；复合支架安装按照设计图示安装数量以“副”为计量单位。

4. 电缆敷设。根据电缆敷设环境与规格，按照设计图示单根敷设数量以“m”为计量单位。不计算电缆敷设损耗量。

(1)预制分支电缆敷设长度按照敷设主电缆长度计算工程量。

(2)计算电缆敷设长度时，应考虑因波形敷设、弛度、电缆绕梁(柱)所增加的长度以及电缆与设备连接、电缆接头等必要的预留长度。预留长度按照设计规定计算，设计无规定时按照下表规定计算。

电缆敷设附加长度计算表

序号	项　目	预留长度(附加)	说　明
1	电缆敷设弛度、波形弯度、交叉	2.5%	按电缆全长计算
2	电缆进入建筑物	2.0m	规范规定最小值
3	电缆进入沟内或吊架时引上(下)预留	1.5m	规范规定最小值
4	变电所进线、出线	1.5m	规范规定最小值
5	电力电缆终端头	1.5m	检修余量最小值
6	电缆中间接头盒	两端各留2.0m	检修余量最小值
7	电缆进控制、保护屏及模拟盘等	高+宽	按盘面尺寸
8	高压开关柜及低压配电盘、柜	2.0m	盘下进出线
9	电缆至电动机	0.5m	从电机接线盒算起
10	厂用变压器	3.00m	从地坪起算
11	电缆绕过梁柱等增加长度	按实计算	按被绕物的断面情况计算增加长度
12	电梯电缆与电缆架固定点	每处0.5m	范围最小值

5. 电缆头制作与安装。根据电压等级与电缆头形式及电缆截面，按照设计图示单根电缆接头数量以“个”为计量单位。

(1)电力电缆和控制电缆均按照一根电缆有两个终端头计算。

(2)电力电缆中间头按照设计规定计算；设计没有规定的以单根长度400m为标准，每增加400m计算一个中间头，增加长度小于400m时计算一个中间头。

6. 电缆防火设施安装。根据防火设施的类型及材料，按照设计用量分别以不同计量单位计算工程量。

十、防雷及接地装置安置工程。

1. 接地极制作与安装。根据材质与土质，按照设计图示安装数量以“根”为计量单位。接地极长度按照设计长度计算，设计无规定时，每根按照2.5m计算。

2. 接地母线敷设。按照设计图示敷设数量以“m”为计量单位。计算长度时，按照设计图示水平和垂直规定长度3.9%计算附加长度(包括转弯、上下波动、避绕障碍物、搭接头等长度)，当设计有规定时，按照设计规定计算。

3. 接地跨接线安装。根据跨接线位置，结合规程规定，按照设计图示跨接数量以“处”为计量单位。户外配电装置构架按照设计要求需要接地时，每组构架计算一处。

4. 电子设备防雷接地装置安装。根据需要避雷的设备，按照个数计算工程量。

5. 等电位装置安装。根据接地系统布置，按照安装数量以“套”为计量单位。

6. 工程项目连成一个母网时，按照一个系统计算接地网测试工程量；单项工程或单位工程自成母网不与工程项目母网相连的独立接地网，单独计算一个系统测试工程量。

十一、配管工程。

1. 配管敷设。根据配管材质与直径，区别敷设位置、敷设方式，按照设计图示安装数量以“m”为计量单位。计算长度时，不计算安装损耗量，不扣除管路中间的接线箱、接线盒、灯头盒、开关盒、插座盒、管件等所占长度。

2. 金属软管敷设。根据金属管直径及每根长度，按照设计图示安装数量以“m”为计量单位。计算长度时，不计算安装损耗量。

3. 线槽敷设根据线槽材质与规格，按照设计图示安装数量以“m”为计量单位。计算长度时，不计算安装损耗量，不扣除管路中间的接线箱、接线盒、灯头盒、开关盒、插座盒、管件等所占长度。

十二、配线工程。

1. 管内穿线。根据导线材质与截面面积，区别照明线与动力线，按照设计图示安装数量以“10m”为计量单位；管内穿多芯软导线根据软导线芯数与单芯软导线截面面积，按照设计图示安装数量以“10m”为计量单位。管内穿线的线路分支接头线长度已综合考虑在定额中，不得另行计算。

2. 线槽配线。根据导线截面面积，按照设计图示安装数量以“10m”为计量单位。

3. 塑料护套线明敷设。根据导线芯数与单芯导线截面面积，按照设计图示安装数量以“10m”为计量单位。

4. 接线箱安装。根据安装形式(明装、暗装)及接线箱半周长，按照设计图示安装数量以“个”为计量单位。

5. 接线盒安装。根据安装形式(明装、暗装)及接线盒类型，按照设计图示安装数量以“个”为计量单位。

6. 盘、柜、箱、板配线。根据导线截面面积，按照设计图示配线数量以“10m”为计量单位。配线进入盘、柜、箱、板时每根线的预留长度按照设计规定计算，设计无规定时按照下表规定计算。

配线进入盘、柜、箱、板的预留线长度表

序号	项目	预留长度	说明
1	各种开关、柜、板	宽+高	盘面尺寸
2	单独安装(无箱、盘)的铁壳开关、闸刀开关、启动器、母线槽进出线盒	0.3m	从安装对象中心算起
3	由地面管子出口引至动力接线箱	1.0m	从管口计算
4	电源与管内导线连接(管内穿线与软、硬母线接头)	1.5m	从管口计算
5	出户线	1.5m	从管口计算

7. 灯具、开关、插座、按钮等预留线，已分别综合在相应项目内，不另行计算。

十三、照明器具安装工程。

1. 照明灯具安装。根据灯具种类、规格，按照设计图示安装数量以“套”为计量单位。

2. 开关、按钮安装。根据安装形式与种类、开关极数及单控与双控，按照设计图示安装数量以“套”为计量单位。

3. 插座安装。根据电源数、定额电流、插座安装形式，按照设计图示安装数量以“套”为计量单位。

十四、低压电器设备安装工程。

1. 控制开关安装。根据开关形式与功能及电流量，按照设计图示安装数量以“个”为计量单位。

2. 熔断器、限位开关安装。根据类型，按照设计图示安装数量以“个”为计量单位。

3. 用电控制装置、安全变压器安装。根据类型与容量，按照设计图示安装数量以“台”为计量单位。

4. 仪表、分流器安装。根据类型与容量，按照设计图示安装数量以“个”或“套”为计量单位。

5. 小母线安装是指电器需要安装的母线，按照实际安装数量以“m”为计量单位。

十五、运输设备电气装置安装工程。

起重设备电气安装根据起重设备形式与起重量及控制地点，按照设计图示安装数量以“台”为计量单位。

十六、电气设备调试工程。

1. 电气调试系统根据电气布置系统图，结合调试定额的工作内容进行划分，按照定额计量单位计算工程量。

2. 电气设备常规试验不单独计算工程量，特殊项目的测试与试验根据工程需要按照实际数量计算工程量。

3. 供电桥回路的断路器、母线分段断路器，均按照独立的输配电设备系统计算调试费。

4. 输配电设备系统调试是按照一侧有一台断路器考虑的，若两侧均有断路器时，则按照两个系统计算。

5. 变压器系统调试是按照每个电压侧有一台断路器考虑的，若断路器多于一台时，则按照相应的电压等级另行计算输配电设备系统调试费。

6. 保护装置系统调试以被保护的对象主体为一套。其工程量按照下列规定计算：

(1)变压器保护调试按照变压器的台数计算。

(2)母线保护调试按照设计规定所保护的母线条数计算。

(3)线路保护调试按照设计规定所保护的进出线回路数计算。

(4)小电流接地保护按照装设该保护装置的套数计算。

7. 自动投入装置系统调试包括继电器、仪表等元件本身和二次回路的调整试验。其工程量按照下列规定计算：

(1)备用电源自动投入装置按照连锁机构的个数计算自动投入装置的系统工程量。一台备用厂用变压器作为三段厂用工作母线备用电源，按照三个系统计算工程量。设置自动投入的两条互为备用的线路或两台变压器，按照两个系统计算工程量。备用电动机自动投入装置亦按此规定计算。

(2)线路自动重合闸系统调试按照采用自动重合闸装置的线路自动断路器的台数计算系统工程量。综合重合闸亦按此规定计算。

8. 直流监视系统调试包括继电器、仪表等元件本身和二次回路的调整试验。以蓄电池的组数为一个系统计算工程量。

9. 柴油发电机及不间断电源系统调试按照安装的柴油发电机及不间断电源台数计算工程量。

10. 电动机负载调试是指电动机连带机械设备及装置一并进行调试。电动机负载调试根据电机的控制方式、功率按照电动机的台数计算工程量。

11. 具有较高控制技术的电气工程，应按照控制方式计算系统调试工程量。

12. 成套开闭所根据开关间隔单元数量，按照成套的单个箱体数量计算工程量。

13. 成套箱式变电站根据变压器容量,按照成套的单个箱体数量计算工程量。

14. 配电智能系统调试根据间隔数量,以“系统”为计量单位。一个站点为一个系统。一个柱上配电终端若接入主(子)站,可执行两个以下间隔的分系统调试定额,若就地保护则不能执行系统调试定额。

15. 整套启动调试根据高压侧电压等级不分容量按照“座”计算工程量。

(1)用电工程项目电气部分整套启动调试随用电工程项目统一考虑,不单独计算有关用电电气整套启动调试费用。

(2)用户端配电站(室)根据高压侧电压等级(接受端电压等级)计算配电整套启动调试费。

(3)中心变电站至用户端配电室(含箱式变电站)的输电线路,根据输电电压等级计算输电线路整套启动调试费;用户端配电室(含箱式变电站)至用户各区域或用电设备的配电电缆、电线工程不计算输电整套启动调试费。

16. 特殊项目测试与性能验收试验根据技术标准与测试的工作内容,按照实际测试与试验的设备或装置数量计算工程量。

十七、管廊支架。

管廊支架制作安装按设计图示单件重量,以“100kg”为计量单位。单件重量指单根托臂或单根立柱的重量。

1. 变压器安装工程

工作内容：开箱检查、本体就位、器身检查；套管、油枕及散热器清洗；油柱试验、风扇油泵电机检查接线、附件安装、垫铁制作与安装、补充注油及安装后整体密封试验、接地、补漆、单体调试。

计量单位：台

定额编号				2-2-1	2-2-2	2-2-3
项目				油浸式变压器		
				容量(kV·A)		
				≤250	≤500	≤1000
名称			单位	消耗量		
人工	合计工日		工日	9.7740	11.2580	21.5270
	其中	普工	工日	2.5410	2.9270	5.5970
		一般技工	工日	5.3760	6.1920	11.8400
		高级技工	工日	1.8570	2.1390	4.0900
材料	白布		kg	0.450	0.450	0.540
	白纱布带 20mm×20m		卷	1.000	1.500	1.500
	低碳钢焊条(综合)		kg	0.300	0.300	0.300
	电力复合脂		kg	0.050	0.050	0.050
	镀锌扁钢(综合)		kg	4.500	4.500	4.500
	镀锌铁丝 ϕ2.5~4.0		kg	1.000	1.000	1.000
	防锈漆 C53-1		kg	0.600	0.900	1.300
	酚醛磁漆		kg	0.200	0.200	0.200
	酚醛调和漆		kg	1.000	1.200	1.800
	钢垫板 δ1~2		kg	5.000	5.000	6.000
	聚乙烯薄膜 δ0.05		m^2	1.500	1.500	3.000
	滤油纸 300×300		张	20.000	30.000	50.000
	棉纱		kg	0.400	0.500	0.600
	汽油(综合)		kg	0.300	0.400	0.600
	青壳纸 δ0.1~1.0		kg	0.150	0.150	0.200
	铁砂布 0#~2#		张	0.250	0.500	0.500
	氧气		m^3	—	—	0.800
	乙炔气		kg	—	—	0.340
	其他材料费		%	1.800	1.800	1.800
机械	交流弧焊机 21kV·A		台班	0.280	0.280	0.280
	滤油机 LX100 型		台班	0.701	0.701	0.935
	汽车式起重机 8t		台班	0.561	0.598	0.542
	载重汽车 5t		台班	0.093	0.131	—
	载重汽车 8t		台班	—	—	0.150
仪表	TPFRC 电容分压器交直流高压测量系统		台班	0.308	0.308	0.748
	YDQ 充气式试验变压器		台班	0.308	0.308	0.748
	变压器直流电阻测试仪		台班	0.926	0.926	2.244
	高压绝缘电阻测试仪		台班	0.308	0.308	0.748
	高压试验变压器配套操作箱、调压器		台班	0.616	0.616	1.496
	绝缘油试验仪		台班	0.336	0.336	0.336
	直流高压发生器		台班	0.308	0.308	0.748
	自动介损测试仪		台班	0.308	0.308	0.748

工作内容：开箱检查、本体就位、垫铁制作与安装、附件安装、接地、补漆、单体调试。 **计量单位：**台

定额编号				2-2-4	2-2-5	2-2-6	2-2-7	2-2-8
项目				干式变压器				
				容量(kV·A)				
				≤100	≤250	≤500	≤800	≤1000
名称			单位	消耗量				
人工	合计工日		工日	8.5860	9.1040	10.6620	17.3170	18.1480
	其中	普工	工日	2.2320	2.3670	2.7720	4.5020	4.7180
		一般技工	工日	4.7220	5.0080	5.8640	9.5250	9.9810
		高级技工	工日	1.6310	1.7300	2.0250	3.2900	3.4480
材料	白布		kg	—	—	0.100	0.100	0.100
	低碳钢焊条(综合)		kg	0.300	0.300	0.300	0.300	0.300
	电力复合脂		kg	0.050	0.050	0.050	0.050	0.050
	镀锌扁钢(综合)		kg	4.500	4.500	4.500	4.500	4.500
	镀锌铁丝 ϕ2.5~4.0		kg	0.800	1.000	1.000	1.500	2.000
	防锈漆 C53-1		kg	0.300	0.300	0.500	0.500	1.000
	酚醛调和漆		kg	2.500	2.500	2.500	2.500	3.000
	钢垫板 δ1~2		kg	4.000	4.000	4.000	6.000	6.000
	钢锯条		条	1.000	1.000	1.000	1.000	1.000
	棉纱		kg	0.500	0.500	0.500	0.500	0.500
	汽油(综合)		kg	0.300	0.300	0.500	1.000	1.000
	铁砂布 0#~2#		张	—	—	2.000	2.000	2.000
	其他材料费		%	1.800	1.800	1.800	1.800	1.800
机械	交流弧焊机 21kV·A		台班	0.280	0.280	0.280	0.280	0.280
	汽车式起重机 8t		台班	0.094	0.094	0.112	0.140	0.374
	载重汽车 5t		台班	0.093	0.093	0.112	0.140	—
	载重汽车 8t		台班	—	—	—	—	0.206
仪表	TPFRC 电容分压器交直流高压测量系统		台班	0.308	0.308	0.308	0.748	0.748
	YDQ 充气式试验变压器		台班	0.308	0.308	0.308	0.748	0.748
	变压器直流电阻测试仪		台班	0.926	0.926	0.926	2.244	2.244
	高压绝缘电阻测试仪		台班	0.308	0.308	0.308	0.748	0.748
	高压试验变压器配套操作箱、调压器		台班	0.616	0.616	0.616	1.496	1.496
	直流高压发生器		台班	0.308	0.308	0.308	0.748	0.748
	自动介损测试仪		台班	0.308	0.308	0.308	0.748	0.748

2. 配电装置安装工程

工作内容：开箱检查、安装固定、接地。　　**计量单位：**组

定额编号				2-2-9	2-2-10
项　目				干式电抗器安装	
				重量(t/组)	
				≤1.5	≤4.5
名　称			单位	消　耗　量	
人工	合计工日		工日	5.9660	7.7720
	其中	普工	工日	1.5510	2.0210
		一般技工	工日	3.2810	4.2740
		高级技工	工日	1.1340	1.4770
材料	低碳钢焊条(综合)		kg	0.950	0.950
	电力复合脂		kg	0.050	0.080
	镀锌扁钢(综合)		kg	13.300	13.300
	防锈漆 C53-1		kg	0.380	0.380
	酚醛调和漆		kg	0.380	0.380
	钢垫板 δ1~2		kg	2.900	2.900
	钢锯条		条	1.900	1.900
	焊锡膏		kg	0.020	0.040
	焊锡丝(综合)		kg	0.100	0.200
	棉纱		kg	0.300	0.300
	汽油(综合)		kg	0.400	0.400
	砂子(中砂)		m^3	0.020	0.020
	石棉橡胶垫 2		m^2	1.050	1.050
	水泥 P.C32.5		kg	28.500	28.500
	其他材料费		%	1.800	1.800
机械	交流弧焊机 21kV·A		台班	0.542	0.542
	汽车式起重机 8t		台班	0.093	0.159
	载重汽车 5t		台班	0.093	0.159
	氩弧焊机 500A		台班	0.055	0.055

工作内容:开箱清点检查、就位、找正、固定、柜间连接、连锁装置检查、断路器调整、其他设备检查、导体接触面检查、二次元件拆装、接地、单体调试。

计量单位:台

定额编号				2-2-11	2-2-12	2-2-13	2-2-14
项目				高压成套配电单母线柜			
				附真空断路器柜	电压互感器、避雷器柜	电容器柜	其他电气柜
名称			单位	消耗量			
人工	合计工日		工日	14.1050	6.5700	5.7940	4.1720
	其中	普工	工日	3.6320	1.6920	1.4920	1.0740
		一般技工	工日	8.4630	3.9420	3.4760	2.5040
		高级技工	工日	2.0100	0.9360	0.8260	0.5940
材料	低碳钢焊条 J422(综合)		kg	0.300	0.300	0.300	0.300
	电池 1#		节	0.200	0.200	0.200	0.200
	电力复合脂		kg	0.300	0.300	0.300	0.200
	电珠 2.5V		个	0.100	0.100	0.100	0.100
	调和漆		kg	0.500	0.500	0.500	0.500
	镀锌扁钢(综合)		kg	5.000	5.000	5.000	5.000
	红丹防锈漆		kg	0.500	0.500	0.500	0.500
	酒精工业用 99.5%		kg	0.500	—	—	—
	棉纱		kg	0.100	0.100	0.100	0.100
	平垫铁(综合)		kg	0.500	0.500	0.500	0.500
	汽油 100#		kg	0.250	0.250	0.150	0.100
	砂轮片 ϕ400		片	0.500	0.500	0.500	0.500
	铜芯塑料绝缘电线 BV-3×2.5mm^2		m	2.000	1.000	1.000	—
	其他材料费		%	1.800	1.800	1.800	1.800
机械	交流弧焊机 21kV·A		台班	0.093	0.093	0.093	0.093
	汽车式起重机 8t		台班	0.075	0.075	0.075	0.075
	载重汽车 5t		台班	0.140	0.140	0.140	0.140
仪表	YDQ 充气式试验变压器		台班	0.736	0.467	0.467	0.467
	变压器直流电阻测试仪		台班	—	0.561	—	—
	电感电容测试仪		台班	—	—	0.467	—
	断路器动特性综合测试仪		台班	0.491	—	—	—
	高压绝缘电阻测试仪		台班	0.981	0.467	0.467	0.467
	高压试验变压器配套操作箱、调压器		台班	0.736	0.467	0.467	0.467
	互感器测试仪		台班	—	0.561	—	—
	全自动变比组别测试仪		台班	—	0.561	—	—
	直流高压发生器		台班	—	—	0.467	—

工作内容：开箱清点检查、就位、找正、固定、柜间连接、开关及机构调整、接地、单体调试。

定额编号				2-2-15	2-2-16
项　目				低压成套配电柜	集装箱式配电室
				台	t
名　称			单位	消　耗　量	
人工	合计工日		工日	6.2930	3.7430
	其中	普工	工日	1.6200	0.9640
		一般技工	工日	3.7760	2.2460
		高级技工	工日	0.8970	0.5340
材料	低碳钢焊条 J422(综合)		kg	0.300	—
	低碳钢焊条(综合)		kg	—	0.020
	电力复合脂		kg	—	0.030
	调和漆		kg	0.200	—
	镀锌扁钢(综合)		kg	3.000	0.140
	酚醛调和漆		kg	—	0.030
	钢垫板 $\delta 1 \sim 2$		kg	—	0.800
	钢垫板(综合)		kg	0.300	—
	钢锯条		条	1.000	—
	焊锡膏		kg	—	0.005
	焊锡丝(综合)		kg	—	0.040
	胶木线夹		个	—	2.800
	棉纱		kg	0.500	0.015
	汽油 100#		kg	0.200	—
	塑料软管 De5		m	—	0.500
	铜接线端子 DT-25		个	2.030	—
	异型塑料管 $\phi 2.5 \sim 5$		m	—	1.800
	硬铜绞线 TJ-2.5~4mm^2		m	0.800	—
	自粘性塑料带 20mm×20m		卷	—	0.025
	其他材料费		%	1.800	1.800
机械	交流弧焊机 21kV·A		台班	0.093	0.019
	平板拖车组 20t		台班	—	0.019
	汽车式起重机 8t		台班	0.131	—
	汽车式起重机 32t		台班	—	0.028
	载重汽车 5t		台班	0.093	—
仪表	2000A 大电流发生器		台班	0.561	—

工作内容:测定、打孔、固定、接线、开关及机构调整、接地。 **计量单位**:台

定额编号				2-2-17	2-2-18	2-2-19	2-2-20	2-2-21	2-2-22
项目				成套配电箱安装					
				落地式	悬挂、嵌入式(半周长)				
					0.5m	1.0m	1.5m	2.5m	3.0m
名称			单位	消耗量					
人工	合计工日		工日	2.0650	0.6830	1.0230	1.3150	1.5920	1.9120
	其中	普工	工日	0.5320	0.1760	0.2630	0.3380	0.4100	0.4920
		一般技工	工日	1.2380	0.4100	0.6140	0.7890	0.9560	1.1470
		高级技工	工日	0.2940	0.0970	0.1460	0.1870	0.2270	0.2730
材料	醇酸防锈漆 C53-1		kg	0.020	0.010	—	0.010	0.020	0.024
	低碳钢焊条 J422(综合)		kg	0.180	—	—	—	0.150	0.150
	电力复合脂		kg	0.050	0.410	0.410	0.410	0.410	0.492
	镀锌扁钢(综合)		kg	1.800	—	—	—	1.500	1.500
	酚醛调和漆 各色		kg	0.050	0.030	0.030	0.030	0.050	0.060
	棉纱		kg	0.100	0.080	0.100	0.100	0.120	0.144
	平垫铁(综合)		kg	0.300	0.150	0.150	0.150	0.200	0.240
	松香焊锡丝(综合)		m	0.150	0.050	0.070	0.080	0.100	0.100
	塑料管(综合)		kg	0.300	0.130	0.150	0.180	0.250	0.300
	铜接线端子 DT-6		个	—	2.030	2.030	2.030	2.030	4.060
	硬铜绞线 TJ-2.5~4mm^2		m	—	3.132	5.618	6.461	8.320	12.880
	自粘性塑料带 20mm×20m		卷	0.200	0.100	0.100	0.150	0.200	0.240
	其他材料费		%	1.800	1.800	1.800	1.800	1.800	1.800
机械	交流弧焊机 21kV·A		台班	0.103	—	—	—	0.093	0.112
	汽车式起重机 8t		台班	0.084	—	—	—	—	—
	载重汽车 4t		台班	0.050	—	—	—	—	—

工作内容: 开箱清点检查、就位、找正、固定、连锁装置检查、导体接触面检查、接地、补漆处理等。

计量单位:座

定额编号				2-2-23	2-2-24	2-2-25	2-2-26
项目				欧式箱式变电站安装			
				变压器容量(kV·A)			
				≤100	≤315	≤630	≤1000
名称			单位	消耗量			
人工	合计工日		工日	6.3250	8.3010	9.8040	12.0890
	其中	普工	工日	1.6290	2.1380	2.5240	3.1130
		一般技工	工日	3.7950	4.9810	5.8820	7.2530
		高级技工	工日	0.9010	1.1820	1.3970	1.7230
材料	变压器油		kg	0.600	0.800	1.000	1.200
	低碳钢焊条 J422(综合)		kg	0.450	0.450	0.450	0.450
	电力复合脂		kg	0.200	0.200	0.300	0.300
	调和漆		kg	0.600	0.600	0.600	0.800
	镀锌扁钢(综合)		kg	144.000	168.000	190.000	216.000
	红丹防锈漆		kg	0.600	0.600	0.600	0.800
	棉纱		kg	0.750	0.750	0.750	0.850
	平垫铁(综合)		kg	11.000	14.500	18.500	21.000
	汽油 100#		kg	0.800	0.800	1.000	1.200
	其他材料费		%	1.800	1.800	1.800	1.800
机械	交流弧焊机 21kV·A		台班	0.234	0.234	0.234	0.234
	汽车式起重机 8t		台班	0.374	0.374	0.374	0.374
	载重汽车 5t		台班	0.467	0.467	0.467	—
	载重汽车 8t		台班	—	—	—	0.467

工作内容: 安装:开箱检查、清洁、安装、固定、接地;调试:插件外观检查、通电初步检查、装置参数检查、就地分合测试、三遥功能测试、对故障的识别和控制功能测试、保护功能检测及传动试验。

定额编号				2-2-27	2-2-28	2-2-29	2-2-30	2-2-31	2-2-32
项目				变压器配电采集器		开闭所配电采集器		环网柜配电采集器	
				安装	调试	安装	调试	安装	调试
				台			间隔	台	
名称			单位	消耗量					
人工	合计工日		工日	0.7180	2.1550	1.2920	4.3090	1.7960	3.9500
	其中	普工	工日	0.1530	0.4580	0.2740	0.9160	0.3820	0.8400
		一般技工	工日	0.3950	1.1850	0.7110	2.3700	0.9870	2.1730
		高级技工	工日	0.1700	0.5110	0.3070	1.0230	0.4270	0.9380
材料	半圆头铜螺钉带螺母 M4×10		套	—	—	—	—	3.000	—
	扁钢(综合)		kg	2.000	—	2.000	—	2.000	—
	低碳钢焊条 J422(综合)		kg	—	—	—	—	0.300	—
	棉纱		kg	0.100	—	0.100	—	0.500	—
	铜芯塑料绝缘电线 BV-3×2.5mm^2		m	—	—	—	—	1.000	—
	脱脂棉		kg	—	0.500	—	0.500	—	0.100
	其他材料费		%	1.800	1.800	1.800	1.800	1.800	1.800
机械	交流弧焊机 21kV·A		台班	—	—	—	—	0.350	—
	载重汽车 5t		台班	0.028	—	0.047	—	0.187	—
仪表	笔记本电脑		台班	—	0.200	—	0.200	—	0.200

工作内容:1、2.安装:开箱检查、清洁、安装、固定、接地。调试:插件外观检查、通电初步检查、装置参数检查、就地分合测试、三遥功能测试、对故障的识别和控制功能测试、保护功能检测及传动试验。

3、4、5.①GPS时钟安装、调试:开箱检查、清洁、安装、固定、接地、安装天线、通电检查、对时。②配电自动化子站柜安装(也称中压监控单元):开箱检查、清洁、安装、固定、接地、软件安装。③配电网自动化子站本体调试:技术准备、屏幕显示及打印制表测试、遥测量采集及显示试验,状态量采集及显示告警试验、事件顺序记录分辨率测试、遥控功能测试、画面响应时间测试。

定额编号				2-2-33	2-2-34	2-2-35	2-2-36	2-2-37
项目				电压监控切换装置		GPS时钟	配电自动化子站柜	
				安装	调试	安装		调试
				台	台	套	台	系统
名称			单位	消耗量				
人工	合计工日		工日	1.2920	3.2320	2.5140	2.5140	10.7720
	其中	普工	工日	0.2740	0.6870	0.5350	0.5350	2.2890
		一般技工	工日	0.7110	1.7780	1.3820	1.3820	5.9250
		高级技工	工日	0.3070	0.7680	0.5970	0.5970	2.5580
材料	脱脂棉		kg	—	0.500	—	—	—
	半圆头铜螺钉带螺母 M4×10		套	—	—	—	3.000	—
	扁钢(综合)		kg	2.500	—	—	2.000	—
	低碳钢焊条 J422(综合)		kg	—	—	—	0.300	—
	棉纱		kg	0.100	—	—	0.500	—
	铜芯塑料绝缘电线 BV-3×2.5mm^2		m	—	—	—	1.000	—
	其他材料费		%	1.800	1.800	1.800	1.800	1.800
机械	交流弧焊机 21kV·A		台班	—	—	—	0.350	—
	载重汽车 5t		台班	0.047	—	—	0.140	—
仪表	笔记本电脑		台班	—	0.200	—	—	—
	网络测试仪		台班	—	—	—	—	1.402
	误码率测试仪		台班	—	—	—	—	0.935

工作内容:①服务器、工作站等主站设备安装调试:开箱检查、清洁、定位安装、互联、接口检查、设备加电、本体调试;操作系统、应用软件等安装检测,包括数据库软件、人机交互软件、通信软件、配电监控、管理应用软件等。②安全隔离装置安装、物理防火墙安装、调试:技术准备、开箱检查、清洁、定位安装、互联、接口检查,设备加电调试、安全策略设置、功能检查。③调制解调器、路由器安装调试:技术准备、开箱检查、清洁、定位安装、互联、接口检查,设备加电调试、安全策略设置、功能调试。

计量单位:系统

定额编号				2-2-38	2-2-39	2-2-40
项目				服务器及系统软件	工作站及系统软件	安全隔离装置、防火墙
名称			单位	消耗量		
人工	合计工日		工日	3.5900	3.2320	2.5600
	其中	普工	工日	0.7630	0.6870	0.5440
		一般技工	工日	1.9750	1.7780	1.4080
		高级技工	工日	0.8520	0.7680	0.6080
材料	脱脂棉		kg	0.020	0.020	0.040
	其他材料费		%	1.800	1.800	1.800
机械	载重汽车 5t		台班	0.047	0.047	0.019
仪表	笔记本电脑		台班	—	—	0.047

工作内容：①服务器、工作站等主站设备安装调试：开箱检查、清洁、定位安装、互联、接口检查、设备加电、本体调试；操作系统、应用软件等安装检测，包括数据库软件、人机交互软件、通信软件、配电监控、管理应用软件等。②安全隔离装置安装、物理防火墙安装、调试：技术准备、开箱检查、清洁、定位安装、互联、接口检查，设备加电调试、安全策略设置、功能检查。③调制解调器、路由器安装调试：技术准备、开箱检查、清洁、定位安装、互联、接口检查，设备加电调试、安全策略设置、功能调试。

定额编号				2-2-41	2-2-42	2-2-43	2-2-44	2-2-45
项　目				调制解调器	路由器	双机切换装置设备	局域网交换机	配电自动化主站系统本体调试
				系统	台	台	台	系统
名　称			单位	消　耗　量				
人工	合计工日		工日	1.2920	1.7960	1.2780	2.1550	57.4520
	其中	普工	工日	0.2740	0.3820	0.2720	0.4580	12.2080
		一般技工	工日	0.7110	0.9870	0.7030	1.1850	31.5990
		高级技工	工日	0.3070	0.4270	0.3040	0.5110	13.6450
材料	脱脂棉		kg	0.020	0.040	0.020	0.040	—
	其他材料费		%	1.800	1.800	1.800	1.800	1.800
仪表	笔记本电脑		台班	0.093	0.327	0.561	0.561	28.037
	网络测试仪		台班	—	—	0.467	0.137	14.019
	误码率测试仪		台班	—	—	0.467	—	14.019

工作内容：1、2、3、4. ①安装：开箱检查、清洁、安装、固定、柜(箱)内校接线、挂牌。②调试：外观检查、通电初步检查、载波通信、继电器控制功能测试。

5、6. ①安装：开箱检查、清洁、安装、固定、柜(箱)内校接线、挂牌。②中间继电器的调试：通电初步检查、继电器控制功能测试。③采集器、集中器的调试：通电初步检查、装置参数检查、测量功能、自动功能、通信功能检测。④服务器、工作站等主站设备安装调试：技术准备、开箱检查、清洁、定位安装、互联、接口检查，设备加电、本体调试；操作系统、应用软件安装检测。

计量单位：块

定额编号				2-2-46	2-2-47	2-2-48	2-2-49	2-2-50	2-2-51
项　目				单相电度表		三相电度表		中间继电器	
				安装	调试	安装	调试	安装	调试
名　称			单位	消　耗　量					
人工	合计工日		工日	0.3590	0.1080	0.5030	0.1440	0.1800	0.1800
	其中	普工	工日	0.0770	0.0230	0.1070	0.0310	0.0380	0.0380
		一般技工	工日	0.1970	0.0590	0.2760	0.0790	0.0990	0.0990
		高级技工	工日	0.0860	0.0260	0.1200	0.0340	0.0430	0.0430
材料	标志牌塑料扁形		个	1.000	—	1.000	—	—	—
	铅标志牌		个	1.000	2.000	2.000	2.000	—	—
	半圆头镀锌螺栓 M2～5×15～50		套	—	—	—	—	4.000	—
	冲击钻头 $\phi10$		个	0.200	—	0.200	—	0.300	—
	记号笔		支	—	—	—	—	0.200	—
	棉纱		kg	0.050	0.050	0.050	0.050	0.050	0.050
	尼龙扎带(综合)		根	10.000	—	18.000	—	5.000	—
	普通钻头 $\phi4$～6		kg	1.000	—	1.000	—	0.200	—
	塑料号牌		个	—	—	—	—	1.200	1.000
	其他材料费		%	1.800	1.800	1.800	1.800	1.800	1.800
仪表	现场测试仪 PLT301A		台班	—	0.280	—	0.374	—	—
	微机继电保护测试仪		台班	—	—	—	—	—	0.093

工作内容:①安装:开箱检查、清洁、安装、固定、柜(箱)内校接线、挂牌。②中间继电器的调试:通电初步检查、继电器控制功能测试。③采集器、集中器的调试:通电初步检查、装置参数检查、测量功能、自动功能、通信功能检测。④服务器、工作站等主站设备安装调试:技术准备、开箱检查、清洁、定位安装、互联、接口检查,设备加电、本体调试;操作系统、应用软件安装检测。

计量单位:台

定额编号				2-2-52	2-2-53	2-2-54	2-2-55	2-2-56	2-2-57
项目				电表采集器		数据集中器		通信前置机	数据库服务器
				安装	调试	安装	调试		
名称			单位	消耗量					
人工	合计工日		工日	0.2160	0.2160	0.3590	0.7900	2.0840	5.0990
	其中	普工	工日	0.0460	0.0460	0.0770	0.1680	0.4430	1.0830
		一般技工	工日	0.1190	0.1190	0.1970	0.4350	1.1460	2.8040
		高级技工	工日	0.0510	0.0510	0.0860	0.1870	0.4950	1.2110
材料	半圆头镀锌螺栓 M(2~5)×(15~50)		套	4.000	—	—	—	—	—
	冲击钻头 ϕ10		个	0.300	—	0.300	—	—	—
	记号笔		支	0.200	—	0.200	—	0.200	0.200
	聚氯乙烯相色带(红、黄、绿、黑)		卷	—	—	—	—	0.300	0.400
	棉纱		kg	0.100	0.100	0.100	0.100	—	—
	尼龙扎带(综合)		根	4.000	—	—	6.000	10.000	10.000
	普通钻头 ϕ4~6		kg	0.200	—	0.200	—	—	—
	塑料号牌		个	1.200	1.000	1.200	—	2.000	3.000
	脱脂棉		kg	—	—	—	—	0.100	0.200
	其他材料费		%	1.800	1.800	1.800	1.800	1.800	1.800
机械	叉式起重机 3t		台班	—	—	—	—	0.093	0.187
仪表	笔记本电脑		台班	—	0.187	—	0.935	0.467	3.364
	网络测试仪		台班	—	0.093	—	—	1.121	—
	微机继电保护测试仪		台班	—	—	—	0.187	—	—
	误码率测试仪		台班	—	0.187	—	0.935	0.561	—
	现场测试仪 PLT301A		台班	—	0.187	—	0.467	—	—

工作内容:①安装:开箱检查、清洁、安装、固定、柜(箱)内校接线、挂牌。②中间继电器的调试:通电初步检查、继电器控制功能测试。③采集器、集中器的调试:通电初步检查、装置参数检查、测量功能、自动功能、通信功能检测。④服务器、工作站等主站设备安装调试:技术准备、开箱检查、清洁、定位安装、互联、接口检查,设备加电、本体调试;操作系统、应用软件安装检测。

计量单位:台

定额编号				2-2-58	2-2-59	2-2-60	2-2-61	2-2-62
项　目				系统运行管理工作站	集抄工作站	台变监控工作站	远程工作站	WEB 服务器
名　称			单位	消　耗　量				
人工	合计工日		工日	1.3640	1.3280	1.3280	1.2920	1.4360
	其中	普工	工日	0.2900	0.2820	0.2820	0.2740	0.3050
		一般技工	工日	0.7510	0.7310	0.7310	0.7110	0.7900
		高级技工	工日	0.3240	0.3150	0.3150	0.3070	0.3410
材料	记号笔		支	0.200	0.200	0.200	0.200	0.200
	聚氯乙烯相色带(红、黄、绿、黑)		卷	0.300	0.250	0.250	0.250	0.250
	尼龙扎带(综合)		根	10.000	10.000	10.000	10.000	10.000
	塑料号牌		个	4.000	4.000	5.000	5.000	5.000
	脱脂棉		kg	0.100	0.100	0.100	0.100	0.100
	其他材料费		%	1.800	1.800	1.800	1.800	1.800
机械	叉式起重机 3t		台班	0.093	0.093	0.093	0.093	0.093
仪表	笔记本电脑		台班	0.561	0.467	0.561	0.748	0.467
	网络测试仪		台班	1.402	1.121	—	—	0.374
	误码率测试仪		台班	0.748	—	—	—	—

3. 母线安装工程

工作内容：配合基础铁件安装、清点检查、吊装、调整箱体、连接固定、接地、刷漆、配合调试。

计量单位：m

定额编号				2-2-63	2-2-64	2-2-65	2-2-66
项目				共箱铜母线安装			
				箱体 900×500（mm）	箱体 1000×550（mm）	箱体 1100×600（mm）	箱体 1200×650（mm）
				导体3相单片 100×8（mm）	导体3相单片 100×10（mm）	导体3相2片 100×10（mm）	导体3相3片 100×10（mm）
名称			单位	消耗量			
人工	合计工日		工日	1.9520	2.0300	2.3210	2.5920
	其中	普工	工日	0.5070	0.5280	0.6040	0.6740
		一般技工	工日	1.0740	1.1160	1.2760	1.4260
		高级技工	工日	0.3710	0.3860	0.4410	0.4920
材料	瓷嘴		个	0.300	0.350	0.350	0.350
	低碳钢焊条（综合）		kg	0.100	0.100	0.100	0.100
	电力复合脂		kg	0.070	0.070	0.075	0.080
	镀锌扁钢（综合）		kg	2.021	2.021	2.021	2.021
	镀锌铁丝 ϕ2.5～4.0		kg	0.120	0.120	0.150	0.150
	酚醛调和漆		kg	0.200	0.200	0.200	0.200
	钢垫板 δ1～2		kg	2.200	2.400	2.538	2.638
	钢锯条		条	0.300	0.300	0.300	0.300
	共箱铜母线		m	1.000	1.000	1.000	1.000
	棉纱		kg	0.120	0.120	0.150	0.150
	喷漆		kg	1.073	1.100	1.150	1.295
	汽油（综合）		kg	0.250	0.250	0.300	0.300
	天那水		kg	1.992	2.050	2.278	2.590
	铁砂布 0#～2#		张	0.200	0.200	0.250	0.250
	氧气		m^3	0.040	0.040	0.040	0.050
	乙炔气		kg	0.017	0.017	0.017	0.022
	紫铜电焊条 T107 ϕ3.2		kg	0.200	0.200	0.200	0.200
	氩气		m^3	0.380	0.400	0.400	0.400
	钍钨极棒		g	0.300	0.350	0.350	0.350
	其他材料费		%	1.800	1.800	1.800	1.800
机械	电动空气压缩机 0.6m^3/min		台班	0.533	0.561	0.561	0.561
	交流弧焊机 21kV·A		台班	0.187	0.187	0.187	0.187
	汽车式起重机 8t		台班	0.234	0.262	0.262	0.262
	载重汽车 5t		台班	0.047	0.056	0.056	0.056
	氩弧焊机 500A		台班	0.140	0.140	0.140	0.140

工作内容：配合基础铁件安装、清点检查、吊装、调整箱体、连接固定、接地、刷漆、配合调试。

计量单位：m

定额编号			2-2-67	2-2-68	2-2-69	2-2-70
项目			共箱铝母线安装			
			箱体 900×500(mm)	箱体 1000×550(mm)	箱体 1100×600(mm)	箱体 1200×650(mm)
			导体3相单片 120×10(mm)	导体3相2片 120×10(mm)	导体3相3片 120×10(mm)	导体3相4片 120×10(mm)
名称		单位	消耗量			
人工	合计工日	工日	1.8640	1.9870	2.1380	2.3180
	其中 普工	工日	0.4850	0.5170	0.5560	0.6030
	其中 一般技工	工日	1.0250	1.0930	1.1760	1.2750
	其中 高级技工	工日	0.3540	0.3780	0.4060	0.4400
材料	瓷嘴	个	0.300	0.350	0.350	0.350
	低碳钢焊条(综合)	kg	0.100	0.100	0.100	0.100
	电力复合脂	kg	0.070	0.075	0.085	0.100
	镀锌扁钢(综合)	kg	2.021	2.021	2.021	2.021
	镀锌铁丝 ϕ2.5~4.0	kg	0.120	0.120	0.150	0.150
	酚醛调和漆	kg	0.150	0.170	0.180	0.200
	钢垫板 δ1~2	kg	2.200	2.400	2.538	2.638
	钢锯条	条	0.200	0.200	0.300	0.300
	共箱铝母线	m	1.000	1.000	1.000	1.000
	铝焊条 L109ϕ4	kg	0.200	0.200	0.200	0.200
	棉纱	kg	0.120	0.120	0.150	0.150
	喷漆	kg	1.073	1.150	1.200	1.295
	汽油(综合)	kg	0.250	0.250	0.300	0.300
	天那水	kg	1.992	2.050	2.278	2.590
	铁砂布 $0^{\#}$~$2^{\#}$	张	0.250	0.250	0.250	0.300
	氧气	m^3	0.040	0.040	0.050	0.050
	乙炔气	kg	0.017	0.018	0.022	0.022
	氩气	m^3	0.380	0.400	0.400	0.400
	钍钨极棒	g	0.300	0.350	0.350	0.350
	其他材料费	%	1.800	1.800	1.800	1.800
机械	电动空气压缩机 0.6m^3/min	台班	0.421	0.467	0.514	0.561
	交流弧焊机 21kV·A	台班	0.187	0.187	0.187	0.187
	汽车式起重机 8t	台班	0.234	0.252	0.262	0.262
	载重汽车 5t	台班	0.047	0.051	0.056	0.056
	氩弧焊机 500A	台班	0.140	0.140	0.140	0.140

工作内容：开箱检查、接头清洗处理、绝缘测试、吊装就位、母线槽连接、配件连接、固定、接地、补漆。

计量单位：m

定额编号				2-2-71	2-2-72	2-2-73	2-2-74
项　目				低压封闭式插接母线槽安装			
				每相电流(A)			
				≤400	≤800	≤1250	≤2000
名　称			单位	消　耗　量			
人工	合计工日		工日	0.1790	0.2390	0.2980	0.4460
	其中	普工	工日	0.0470	0.0620	0.0780	0.1160
		一般技工	工日	0.0980	0.1310	0.1640	0.2460
		高级技工	工日	0.0340	0.0450	0.0560	0.0850
材料	低碳钢焊条(综合)		kg	0.200	0.200	0.200	0.220
	电力复合脂		kg	0.010	0.010	0.015	0.015
	镀锌扁钢(综合)		kg	0.330	0.460	1.200	2.100
	镀锌铁丝 ϕ2.5~4.0		kg	0.030	0.030	0.030	0.030
	酚醛调和漆		kg	0.013	0.016	0.020	0.025
	棉纱		kg	0.040	0.040	0.040	0.060
	母线槽		m	1.000	1.000	1.000	1.000
	尼龙砂轮片 ϕ400		片	0.010	0.025	0.035	0.045
	汽油(综合)		kg	0.043	0.043	0.052	0.052
	铁砂布 0#~2#		张	0.100	0.200	0.250	0.300
	铜接线端子 DT-35		个	0.812	0.812	0.812	0.812
	铜芯塑料绝缘软电线 BVR-35mm²		m	0.244	0.244	0.244	0.244
	其他材料费		%	1.800	1.800	1.800	1.800
机械	叉式起重机 5t		台班	0.010	0.013	0.018	0.020
	交流弧焊机 21kV·A		台班	0.079	0.079	0.079	0.079

4.配电控制、保护、直流装置安装工程

工作内容:开箱、检查、安装、电器、表计及继电器等附件的拆装、送交试验、盘内整理及一次校线、接线、补漆。

计量单位:台

定额编号				2-2-75	2-2-76	2-2-77	2-2-78	2-2-79	2-2-80
项目				控制屏	继电、信号屏	模拟屏		配电屏	弱电控制返回屏
						屏宽≤1m	屏宽≤2m		
名称			单位	消耗量					
人工	合计工日		工日	2.6960	3.3100	6.4110	10.3640	2.6900	2.8440
	其中	普工	工日	0.7010	0.8600	1.6670	2.6950	0.6990	0.7390
		一般技工	工日	1.4830	1.8210	3.5250	5.7000	1.4800	1.5640
		高级技工	工日	0.5120	0.6290	1.2180	1.9690	0.5110	0.5400
材料	低碳钢焊条(综合)		kg	0.150	0.150	0.150	0.250	0.150	0.150
	电力复合脂		kg	0.050	0.050	0.050	0.050	0.050	0.050
	电气绝缘胶带 18mm×10mm×0.13mm		卷	0.050	0.050	0.050	0.100	0.050	0.050
	镀锌扁钢(综合)		kg	1.500	1.500	1.500	2.500	1.500	1.500
	酚醛调和漆		kg	0.100	0.100	0.100	0.160	0.050	0.050
	钢垫板 δ1~2		kg	0.200	0.200	0.300	0.500	0.200	0.200
	焊锡膏		kg	—	—	—	—	0.040	—
	焊锡丝(综合)		kg	—	—	—	—	0.200	—
	胶木线夹		个	10.000	15.000	15.000	24.000	6.000	6.000
	棉纱		kg	0.100	0.100	0.100	0.200	0.100	0.100
	塑料软管 De5		m	1.200	1.500	1.500	2.000	0.500	0.500
	异型塑料管 ϕ2.5~5		m	6.000	6.000	12.000	20.000	6.000	6.000
	其他材料费		%	1.800	1.800	1.800	1.800	1.800	1.800
机械	交流弧焊机 21kV·A		台班	0.093	0.093	0.093	0.140	0.093	0.093
	汽车式起重机 8t		台班	0.093	0.093	0.252	0.374	0.093	0.093
	载重汽车 4t		台班	0.056	0.056	0.093	0.140	0.056	0.056

工作内容：开箱、检查、安装，各种电器、表计等附件的拆装，送交试验，盘内整理，一次接线、补漆。

计量单位：台

<table>
<tr><td colspan="3">定额编号</td><td>2-2-81</td><td>2-2-82</td><td>2-2-83</td><td>2-2-84</td></tr>
<tr><td colspan="3" rowspan="2">项　目</td><td colspan="2">控制台</td><td>集中控制台</td><td rowspan="2">同期小屏控制箱</td></tr>
<tr><td>宽≤1m</td><td>宽≤2m</td><td>宽≤4m</td></tr>
<tr><td colspan="2">名　称</td><td>单位</td><td colspan="4">消　耗　量</td></tr>
<tr><td rowspan="4">人工</td><td>合计工日</td><td>工日</td><td>3.1960</td><td>5.3920</td><td>10.0340</td><td>1.0810</td></tr>
<tr><td>其中 普工</td><td>工日</td><td>0.8310</td><td>1.4020</td><td>2.6090</td><td>0.2810</td></tr>
<tr><td>其中 一般技工</td><td>工日</td><td>1.7580</td><td>2.9660</td><td>5.5190</td><td>0.5950</td></tr>
<tr><td>其中 高级技工</td><td>工日</td><td>0.6070</td><td>1.0240</td><td>1.9070</td><td>0.2050</td></tr>
<tr><td rowspan="10">材料</td><td>低碳钢焊条(综合)</td><td>kg</td><td>0.100</td><td>0.100</td><td>0.500</td><td>0.100</td></tr>
<tr><td>镀锌扁钢(综合)</td><td>kg</td><td>3.000</td><td>3.000</td><td>5.000</td><td>1.000</td></tr>
<tr><td>酚醛磁漆</td><td>kg</td><td>0.030</td><td>0.050</td><td>0.100</td><td>0.010</td></tr>
<tr><td>酚醛调和漆</td><td>kg</td><td>0.100</td><td>0.200</td><td>0.800</td><td>0.030</td></tr>
<tr><td>钢垫板 δ1~2</td><td>kg</td><td>0.300</td><td>0.300</td><td>6.050</td><td>0.100</td></tr>
<tr><td>胶木线夹</td><td>个</td><td>8.000</td><td>12.000</td><td>20.030</td><td>8.000</td></tr>
<tr><td>棉纱</td><td>kg</td><td>0.100</td><td>0.150</td><td>0.300</td><td>0.030</td></tr>
<tr><td>塑料软管 De5</td><td>m</td><td>0.500</td><td>1.500</td><td>2.000</td><td>0.500</td></tr>
<tr><td>异型塑料管 φ2.5~5</td><td>m</td><td>6.000</td><td>12.000</td><td>18.000</td><td>5.000</td></tr>
<tr><td>其他材料费</td><td>%</td><td>1.800</td><td>1.800</td><td>1.800</td><td>1.800</td></tr>
<tr><td rowspan="4">机械</td><td>交流弧焊机 21kV·A</td><td>台班</td><td>0.093</td><td>0.093</td><td>0.093</td><td>0.047</td></tr>
<tr><td>汽车式起重机 8t</td><td>台班</td><td>0.056</td><td>0.093</td><td>0.093</td><td>0.047</td></tr>
<tr><td>汽车式起重机 32t</td><td>台班</td><td>—</td><td>—</td><td>0.093</td><td>—</td></tr>
<tr><td>载重汽车 4t</td><td>台班</td><td>0.056</td><td>0.093</td><td>0.093</td><td>0.047</td></tr>
</table>

工作内容：开箱、检查、安装、表计拆装、试验、校线、套绝缘管、压焊端子、接线、补漆；送交试验。

定额编号				2-2-85	2-2-86	2-2-87	2-2-88	2-2-89	2-2-90
项目				户内端子箱安装	端子板安装	无端子外部接线(mm^2)		有端子外部接线(mm^2)	
						≤2.5	≤6	≤2.5	≤6
				台	组	个	个	个	个
名称			单位	消耗量					
人工	合计工日		工日	1.2340	0.0460	0.0120	0.0170	0.0180	0.0250
	其中	普工	工日	0.3210	0.0120	0.0030	0.0050	0.0050	0.0070
		一般技工	工日	0.6790	0.0250	0.0060	0.0090	0.0100	0.0140
		高级技工	工日	0.2340	0.0090	0.0030	0.0030	0.0030	0.0050
材料	白布		kg	0.200	0.100	0.010	0.010	0.015	0.015
	半圆头螺钉 M10×100		10套	—	0.410	—	—	—	—
	低碳钢焊条(综合)		kg	0.500	—	—	—	—	—
	镀锌扁钢(综合)		kg	1.500	—	—	—	—	—
	防锈漆 C53-1		kg	0.150	—	—	—	—	—
	酚醛调和漆		kg	0.300	—	—	—	—	—
	钢锯条		条	1.000	—	—	—	—	—
	焊锡膏		kg	—	—	—	—	0.001	0.001
	焊锡丝(综合)		kg	—	—	—	—	0.005	0.005
	合页		副	1.000	—	—	—	—	—
	黄蜡带 20mm×10m		卷	—	—	0.252	0.252	0.252	0.252
	角钢(综合)		kg	2.000	—	—	—	—	—
	汽油(综合)		kg	—	—	—	—	0.010	0.020
	清油		kg	0.150	—	—	—	—	—
	塑料软管 De6		m	—	—	0.100	0.100	0.100	0.100
	铁砂布 $0^{\#}$~$2^{\#}$		张	0.500	0.500	0.100	0.100	0.100	0.100
	铜接线端子 DT-2.5		个	—	—	—	—	1.015	—
	铜接线端子 DT-6		个	—	—	—	—	—	1.015
	铜芯橡皮花线 BXH2×16/0.15mm^2		m	1.500	—	—	—	—	—
	异型塑料管 ϕ2.5~5		m	—	—	0.025	0.025	0.025	0.025
	其他材料费		%	1.800	1.800	1.800	1.800	1.800	1.800
机械	交流弧焊机 21kV·A		台班	0.121	—	—	—	—	—

工作内容：削线头、套绝缘管、焊接头、包缠绝缘带。 **计量单位：**个

定额编号				2-2-91	2-2-92	2-2-93	2-2-94
项目				焊铜接线端子			
				导线截面(mm²)			
				≤16	≤35	≤70	≤120
名称			单位	消耗量			
人工	合计工日		工日	0.0170	0.0230	0.0280	0.0420
	其中	普工	工日	0.0050	0.0060	0.0070	0.0110
		一般技工	工日	0.0090	0.0130	0.0150	0.0230
		高级技工	工日	0.0030	0.0040	0.0050	0.0080
材料	白布		kg	0.030	0.030	0.040	0.040
	电气绝缘胶带 18mm×10m×0.13mm		卷	0.022	0.040	0.050	0.070
	钢锯条		条	—	0.020	0.025	0.030
	焊锡膏		kg	0.001	0.002	0.004	0.008
	焊锡丝(综合)		kg	0.010	0.023	0.044	0.079
	黄蜡带 20mm×10m		卷	0.024	0.040	0.056	0.064
	汽油(综合)		kg	0.050	0.060	0.080	0.100
	铁砂布 0#~2#		张	0.100	0.100	0.150	0.150
	铜接线端子 DT-10		个	0.508	—	—	—
	铜接线端子 DT-16		个	0.508	—	—	—
	铜接线端子 DT-25		个	—	0.508	—	—
	铜接线端子 DT-35		个	—	0.508	—	—
	铜接线端子 DT-50		个	—	—	0.508	—
	铜接线端子 DT-70		个	—	—	0.508	—
	铜接线端子 DT-95		个	—	—	—	0.508
	铜接线端子 DT-120		个	—	—	—	0.508
	其他材料费		%	1.800	1.800	1.800	1.800

工作内容：削线头、套绝缘管、焊接头、包缠绝缘带。 **计量单位：**个

定额编号				2-2-95	2-2-96	2-2-97	2-2-98
项目				焊铜接线端子			
				导线截面(mm²)			
				≤185	≤240	≤300	≤400
名称			单位	消耗量			
人工	合计工日		工日	0.0550	0.0620	0.0800	0.1040
	其中	普工	工日	0.0140	0.0160	0.0210	0.0270
		一般技工	工日	0.0310	0.0340	0.0440	0.0570
		高级技工	工日	0.0100	0.0120	0.0150	0.0200
材料	白布		kg	0.050	0.050	0.056	0.060
	电力复合脂		kg	0.004	0.005	0.007	0.009
	电气绝缘胶带 18mm×10m×0.13mm		卷	0.100	0.100	0.120	0.130
	钢锯条		条	0.035	0.035	0.040	0.040
	焊锡膏		kg	0.010	0.012	0.016	0.020
	焊锡丝(综合)		kg	0.100	0.120	0.160	0.203
	黄蜡带 20mm×10m		卷	0.100	0.100	0.136	0.168
	汽油(综合)		kg	0.120	0.120	0.150	0.160
	铁砂布 0#~2#		张	0.200	0.200	0.250	0.250
	铜接线端子 DT-150		个	0.508	—	—	—
	铜接线端子 DT-185		个	0.508	—	—	—
	铜接线端子 DT-240		个	—	1.015	—	—
	铜接线端子 DT-300		个	—	—	1.015	—
	铜接线端子 DT-400		个	—	—	—	1.015
	其他材料费		%	1.800	1.800	1.800	1.800

工作内容:削线头、套绝缘管、压接头、包缠绝缘带。 **计量单位**:个

定额编号			2-2-99	2-2-100	2-2-101	2-2-102
项目			压铜接线端子			
			导线截面(mm^2)			
			≤16	≤35	≤70	≤120
名称		单位	消耗量			
人工	合计工日	工日	0.0250	0.0370	0.0760	0.1500
	其中 普工	工日	0.0070	0.0090	0.0200	0.0390
	其中 一般技工	工日	0.0140	0.0210	0.0410	0.0830
	其中 高级技工	工日	0.0050	0.0070	0.0150	0.0280
材料	白布	kg	0.015	0.020	0.025	0.080
	电力复合脂	kg	0.002	0.003	0.005	0.007
	电气绝缘胶带 18mm×10m×0.13mm	卷	0.022	0.040	0.050	0.070
	钢锯条	条	—	0.020	0.025	0.030
	黄蜡带 20mm×10m	卷	0.024	0.040	0.056	0.064
	汽油(综合)	kg	0.020	0.030	0.035	0.040
	铁砂布 0#~2#	张	0.100	0.100	0.150	0.350
	铜接线端子 DT-10	个	0.508	—	—	—
	铜接线端子 DT-16	个	0.508	—	—	—
	铜接线端子 DT-25	个	—	0.508	—	—
	铜接线端子 DT-35	个	—	0.508	—	—
	铜接线端子 DT-50	个	—	—	0.508	—
	铜接线端子 DT-70	个	—	—	0.508	—
	铜接线端子 DT-95	个	—	—	—	0.508
	铜接线端子 DT-120	个	—	—	—	0.508
	其他材料费	%	1.800	1.800	1.800	1.800

工作内容：削线头、套绝缘管、压接头、包缠绝缘带。　　**计量单位：**个

定额编号				2－2－103	2－2－104	2－2－105	2－2－106
项　目				压铜接线端子			
				导线截面（mm^2）			
				≤185	≤240	≤300	≤400
名　称			单位	消　耗　量			
人工	合计工日		工日	0.1760	0.2000	0.2630	0.3380
	其中	普工	工日	0.0460	0.0520	0.0680	0.0880
		一般技工	工日	0.0960	0.1100	0.1450	0.1850
		高级技工	工日	0.0330	0.0380	0.0500	0.0640
材料	白布		kg	0.040	0.050	0.056	0.060
	电力复合脂		kg	0.010	0.013	0.020	0.028
	电气绝缘胶带 18mm×10m×0.13mm		卷	0.080	0.100	0.120	0.150
	钢锯条		条	0.035	0.035	0.040	0.040
	黄蜡带 20mm×10m		卷	0.100	0.100	0.120	0.120
	接头专用枪子弹		发	—	—	1.015	1.015
	汽油（综合）		kg	0.046	0.050	0.060	0.065
	铁砂布 0#～2#		张	0.200	0.200	0.250	0.250
	铜接线端子 DT－150		个	0.508	—	—	—
	铜接线端子 DT－185		个	0.508	—	—	—
	铜接线端子 DT－240		个	—	1.015	—	—
	铜接线端子 DT－300		个	—	—	1.015	—
	铜接线端子 DT－400		个	—	—	—	1.015
	其他材料费		%	1.800	1.800	1.800	1.800

工作内容：削线头、套绝缘管、压接头、包缠绝缘带。　　　　计量单位：个

定额编号				2-2-107	2-2-108	2-2-109	2-2-110
项目				压铝接线端子			
				导线截面(mm^2)			
				≤16	≤35	≤70	≤120
名称			单位	消耗量			
人工	合计工日		工日	0.0110	0.0170	0.0320	0.0680
	其中	普工	工日	0.0030	0.0050	0.0080	0.0180
		一般技工	工日	0.0060	0.0090	0.0180	0.0370
		高级技工	工日	0.0020	0.0030	0.0060	0.0130
材料	白布		kg	0.005	0.005	0.008	0.008
	电力复合脂		kg	0.002	0.003	0.005	0.007
	电气绝缘胶带 18mm×10m×0.13mm		卷	0.022	0.040	0.050	0.070
	钢锯条		条	—	0.020	0.025	0.030
	黄蜡带 20mm×10m		卷	0.024	0.040	0.056	0.064
	铝接线端子 DL-10mm²		个	0.508	—	—	—
	铝接线端子 DL-16mm²		个	0.508	—	—	—
	铝接线端子 DL-25mm²		个	—	0.508	—	—
	铝接线端子 DL-35mm²		个	—	0.508	—	—
	铝接线端子 DL-50mm²		个	—	—	0.508	—
	铝接线端子 DL-70mm²		个	—	—	0.508	—
	铝接线端子 DL-95mm²		个	—	—	—	0.508
	铝接线端子 DL-120mm²		个	—	—	—	0.508
	铁砂布 0#~2#		张	0.100	0.100	0.150	0.150
	其他材料费		%	1.800	1.800	1.800	1.800

工作内容:削线头、套绝缘管、压接头、包缠绝缘带。　　计量单位:个

定额编号				2-2-111	2-2-112	2-2-113	2-2-114
项　目				压铝接线端子			
				导线截面(mm^2)			
				≤185	≤240	≤300	≤400
名　称			单位	消　耗　量			
人工	合计工日		工日	0.0780	0.0900	0.1140	0.1360
	其中	普工	工日	0.0210	0.0230	0.0300	0.0360
		一般技工	工日	0.0430	0.0500	0.0630	0.0750
		高级技工	工日	0.0150	0.0170	0.0210	0.0260
材料	白布		kg	—	0.010	0.010	0.013
	电力复合脂		kg	0.008	0.013	0.020	0.028
	电气绝缘胶带 18mm×10m×0.13mm		卷	0.080	0.100	0.120	0.150
	钢锯条		条	0.035	0.035	0.042	0.050
	黄蜡带 20mm×10m		卷	0.080	0.100	0.136	0.168
	接头专用枪子弹		发	—	—	1.015	1.015
	铝接线端子 DL-150mm²		个	0.508	—	—	—
	铝接线端子 DL-185mm²		个	0.508	—	—	—
	铝接线端子 DL-240mm²		个	—	1.015	—	—
	铝接线端子 DL-300mm²		个	—	—	1.015	—
	铝接线端子 DL-400mm²		个	—	—	—	1.015
	铁砂布 0#~2#		张	0.150	0.200	0.250	0.250
	其他材料费		%	1.800	1.800	1.800	1.800

工作内容:开箱检查、清洁搬运、划线定位、安装固定、调整垂直与水平、安装附件、绝缘测试、通电前检查、单机主要电气性能调试等。　　计量单位:台

定额编号				2-2-115	2-2-116
项　目				高频开关电源安装	
				电流(A)	
				≤50	≤100
名　称			单位	消　耗　量	
人工	合计工日		工日	2.6570	4.2370
	其中	普工	工日	0.6910	1.1020
		一般技工	工日	1.4620	2.3300
		高级技工	工日	0.5040	0.8050
材料	棉纱		kg	0.200	0.200
	铜接线端子 100A		个	4.000	4.000
	硬铜绞线 TJ-35mm²		m	5.000	5.000
	其他材料费		%	1.800	1.800
仪表	高压绝缘电阻测试仪		台班	0.935	0.935

工作内容:开箱、检查、安装、电器、表计及继电器等附件的拆装、送交试验、盘内整理及一次接线、补漆。

计量单位:台

定额编号				2-2-117	2-2-118	2-2-119
项　目				直流屏(柜)安装		
				蓄电池屏(柜)	直流馈电屏	屏边
名　称			单位	消 耗 量		
人工	合计工日		工日	4.1690	2.2580	0.1760
	其中	普工	工日	1.0840	0.5870	0.0460
		一般技工	工日	2.2930	1.2420	0.0970
		高级技工	工日	0.7920	0.4290	0.0330
材料	标志牌塑料扁形		个	1.000	—	—
	道林纸		张	—	0.020	—
	低碳钢焊条(综合)		kg	0.500	—	—
	电池		节	—	0.200	—
	电力复合脂		kg	0.050	0.050	—
	电气绝缘胶带 18mm×10m×0.13mm		卷	0.050	0.050	—
	电珠 2.5V		个	—	0.100	—
	镀锌扁钢(综合)		kg	3.000	—	—
	镀锌铁丝 ϕ1.2~1.6		kg	0.020	0.020	—
	酚醛磁漆		kg	0.010	0.020	—
	酚醛调和漆		kg	—	—	0.200
	钢垫板 δ1~2		kg	0.300	0.200	—
	钢锯条		条	2.000	—	—
	机油		kg	—	0.050	—
	棉纱		kg	0.200	0.050	—
	明角片		m^2	—	0.020	—
	尼龙绳 ϕ0.5~1		kg	0.010	—	—
	汽油(综合)		kg	0.100	0.050	—
	天那水		kg	—	0.020	—
	铁砂布 $0^{\#}$~$2^{\#}$		张	1.000	1.000	—
	异型塑料管 ϕ2.5~5		m	0.200	—	—
	其他材料费		%	1.800	1.800	1.800
机械	交流弧焊机 21kV·A		台班	0.121	—	—
	汽车式起重机 8t		台班	0.037	0.037	—
	载重汽车 4t		台班	0.037	0.037	—

5. 蓄电池安装工程

工作内容：开箱、检查、安装底座、接线、接地、动作试验。 **计量单位：**台

定额编号				2－2－120	2－2－121
项目				不间断电源 UPS 安装	
				单相(kV·A)	三相(kV·A)
				≤30	≤100
名称			单位	消耗量	
人工	合计工日		工日	2.8680	5.5400
	其中	普工	工日	0.8820	1.7040
		一般技工	工日	1.5780	3.0470
		高级技工	工日	0.4090	0.7890
材料	热塑管		m	0.310	0.440
	铜接线端子 100A		个	3.300	6.600
	硬铜绞线 TJ－35mm^2		m	1.950	3.550
	其他材料费		%	1.800	1.800
机械	叉式起重机 5t		台班	—	0.040
	载重汽车 5t		台班	0.040	0.040

6. 交流电动机检查接线工程

工作内容：检查定子、转子和轴承，吹扫，测量空气间隙，手动盘车检查电机转动情况，接地，空载试运转。 **计量单位：**台

定额编号				2－2－122	2－2－123	2－2－124	2－2－125	2－2－126
项目				交流异步电动机检查接线				
				功率(kW)				
				≤3	≤13	≤30	≤100	≤220
名称			单位	消耗量				
人工	合计工日		工日	0.8160	1.5590	2.4410	3.8950	5.1310
	其中	普工	工日	0.1330	0.2530	0.3970	0.6330	0.8340
		一般技工	工日	0.4900	0.9350	1.4640	2.3370	3.0790
		高级技工	工日	0.1940	0.3700	0.5800	0.9250	1.2180
材料	低碳钢焊条(综合)		kg	0.040	0.070	0.100	0.100	0.100
	电		kW·h	2.000	6.000	12.000	30.000	66.000
	电力复合脂		kg	0.020	0.030	0.040	0.060	0.080
	电气绝缘胶带 18mm×10m×0.13mm		卷	0.150	0.200	0.250	0.500	0.700
	镀锌扁钢(综合)		kg	1.500	2.400	2.400	2.400	2.400
	焊锡膏		kg	0.020	0.030	0.040	0.040	0.060
	焊锡丝(综合)		kg	0.080	0.140	0.200	0.200	0.300
	黄蜡带 20mm×10m		卷	0.800	1.400	2.000	2.000	2.000
	金属软管 D25		m	0.824	0.824	—	—	—
	金属软管 D40		m	—	—	0.824	—	—
	金属软管 D50		m	—	—	—	0.824	0.824
	金属软管活接头 $\phi25$		套	2.040	2.040	—	—	—
	金属软管活接头 $\phi40$		套	—	—	2.040	—	—
	金属软管活接头 $\phi50$		套	—	—	—	2.040	2.040
	汽油(综合)		kg	0.120	0.210	0.300	0.600	1.000
	其他材料费		%	1.800	1.800	1.800	1.800	1.800
机械	电动空气压缩机 0.6m^3/min		台班	0.093	0.093	0.121	0.121	0.121
	交流弧焊机 21kV·A		台班	0.037	0.065	0.093	0.093	0.093

工作内容:检查定子、转子和轴承,吹扫,测量空气间隙,调整和研磨电刷,手动盘车检查电机转动情况,接地,空载试运转。

计量单位:台

定额编号			2-2-127	2-2-128	2-2-129	2-2-130	2-2-131
项目			交流防爆电动机检查接线				
			功率(kW)				
			≤3	≤13	≤30	≤100	≤200
名称		单位	消耗量				
人工	合计工日	工日	2.1420	2.8430	3.8590	5.1730	6.8180
	其中 普工	工日	0.3480	0.4620	0.6270	0.8400	1.1080
	其中 一般技工	工日	1.2850	1.7060	2.3160	3.1040	4.0910
	其中 高级技工	工日	0.5090	0.6750	0.9170	1.2290	1.6190
材料	低碳钢焊条(综合)	kg	0.100	0.100	0.100	0.100	0.100
	电	kW·h	2.000	6.000	12.000	30.000	60.000
	电力复合脂	kg	0.020	0.030	0.040	0.060	0.080
	电气绝缘胶带 18mm×10m×0.13mm	卷	0.250	0.300	0.400	0.750	1.000
	镀锌扁钢(综合)	kg	1.500	2.400	2.400	2.400	2.400
	焊锡膏	kg	0.040	0.040	0.040	0.060	0.080
	焊锡丝(综合)	kg	0.200	0.200	0.200	0.300	0.400
	黄蜡带 20mm×10m	卷	1.800	2.320	2.760	3.680	4.600
	金属软管 D25	m	0.824	0.824	—	—	—
	金属软管 D40	m	—	—	0.824	—	—
	金属软管 D50	m	—	—	—	0.824	0.824
	金属软管活接头 ϕ25	套	2.040	2.040	—	—	—
	金属软管活接头 ϕ40	套	—	—	2.040	—	—
	金属软管活接头 ϕ50	套	—	—	—	2.040	2.040
	汽油(综合)	kg	0.120	0.210	0.300	0.600	1.000
	其他材料费	%	1.800	1.800	1.800	1.800	1.800
机械	电动空气压缩机 0.6m^3/min	台班	0.093	0.093	0.121	0.121	0.121
	交流弧焊机 21kV·A	台班	0.093	0.093	0.093	0.093	0.093

7. 金属构件、穿墙套板安装工程

工作内容:平直、下料、钻孔、安装、接地、油漆。

计量单位:m

定额编号			2-2-132	2-2-133
项目			基础槽钢制作、安装	基础角钢制作、安装
名称		单位	消耗量	
人工	合计工日	工日	0.1150	0.0860
	其中 普工	工日	0.0350	0.0270
	其中 一般技工	工日	0.0640	0.0480
	其中 高级技工	工日	0.0160	0.0120
材料	低碳钢焊条(综合)	kg	0.066	0.055
	镀锌扁钢(综合)	kg	0.237	0.237
	酚醛调和漆	kg	0.010	0.010
	钢板(综合)	kg	0.100	0.050
	钢筋 ϕ10 以内	kg	0.411	0.411
	基础槽(角)钢	m	1.010	1.010
	砂轮片 ϕ400	片	0.010	0.010
	其他材料费	%	1.800	1.800
机械	交流弧焊机 21kV·A	台班	0.024	0.022

工作内容：制作、平直、划线、下料、钻孔、组对、焊接、刷油（喷漆）、安装、补刷油。

定额编号				2－2－134	2－2－135	2－2－136	2－2－137	2－2－138
项　目				一般铁构件制作	一般铁构件安装	轻型铁构件制作	轻型铁构件安装	金属箱、盒制作
				t	t	t	t	kg
名　称			单位	消　耗　量				
人工	合计工日		工日	46.7020	33.9540	61.0940	39.6140	0.1660
	其中	普工	工日	14.3610	10.4410	18.7870	12.1820	0.0510
		一般技工	工日	25.6860	18.6750	33.6020	21.7870	0.0910
		高级技工	工日	6.6550	4.8380	8.7060	5.6450	0.0240
材料	白布		kg	1.000	2.000	2.000	2.000	0.002
	扁钢（综合）		kg	220.000	—	—	—	—
	低碳钢焊条（综合）		kg	14.000	18.000	12.000	6.000	0.015
	镀锌六角螺栓带螺母2平垫1弹垫M10×100以内		10套	51.500	—	29.870	—	0.020
	防锈漆 C53－1		kg	3.000	0.300	3.700	0.300	0.036
	酚醛调和漆		kg	2.000	0.200	2.000	0.200	—
	钢锯条		条	—	10.000	—	10.000	0.020
	胶木板		kg	2.804	0.935	—	—	—
	角钢（综合）		kg	750.000	—	—	—	0.050
	喷漆		kg	—	—	—	—	0.032
	热轧薄钢板 $\delta 1.0\sim1.5$		kg	—	—	1040.000	—	1.040
	砂轮片 $\phi 400$		片	1.500	0.010	1.500	0.010	0.001
	石膏粉		kg	—	—	—	—	0.007
	铁砂布 $0^{\#}\sim2^{\#}$		张	25.000	—	15.000	—	0.030
	油漆溶剂油		kg	1.000	—	1.000	—	—
	圆钢（综合）		kg	80.000	—	—	—	—
	其他材料费		%	1.800	1.800	1.800	1.800	1.800
机械	扳边机 2×1500		台班	—	—	2.336	—	0.004
	电动空气压缩机 $0.6m^3/min$		台班	—	—	3.738	—	0.006
	交流弧焊机 21kV·A		台班	6.916	6.262	6.075	7.477	0.009

工作内容:穿通板平直、下料、制作、焊接、打洞、安装、接地、油漆。 **计量单位:块**

定额编号				2-2-139	2-2-140	2-2-141	2-2-142	2-2-143
项目				穿墙板制作与安装				
				石棉水泥板	塑料板	电木板	环氧树脂板	钢板
名称			单位	消耗量				
人工	合计工日		工日	1.2470	0.9200	2.0840	2.0840	0.9860
	其中	普工	工日	0.3840	0.2830	0.6410	0.6410	0.3030
		一般技工	工日	0.6860	0.5060	1.1470	1.1470	0.5430
		高级技工	工日	0.1780	0.1310	0.2970	0.2970	0.1400
材料	白布		kg	0.100	0.100	0.100	0.100	0.100
	低碳钢焊条(综合)		kg	0.280	0.280	0.350	0.350	0.330
	镀锌扁钢(综合)		kg	1.580	1.580	2.400	2.400	1.550
	防锈漆 C53-1		kg	0.130	0.130	0.080	0.080	0.400
	酚醛调和漆		kg	0.220	0.110	0.250	0.250	0.300
	钢板(综合)		kg	—	—	—	—	12.360
	钢锯条		条	2.000	2.000	2.000	2.000	2.000
	环氧树脂板		块	—	—	—	1.050	—
	胶木板		kg	—	—	5.119	—	—
	角钢(综合)		kg	8.000	8.000	17.000	17.000	9.150
	聚氯乙烯板(综合)		kg	—	5.220	—	—	—
	棉纱		kg	—	—	0.010	—	—
	清油		kg	—	—	0.050	—	—
	石棉水泥板 δ20		m^2	0.310	—	—	—	—
	铁砂布 0# ~2#		张	0.100	0.100	0.100	0.100	0.100
	氧气		m^3	—	—	—	—	0.520
	乙炔气		kg	—	—	—	—	0.220
	其他材料费		%	1.800	1.800	1.800	1.800	1.800
机械	交流弧焊机 21kV·A		台班	0.140	0.140	0.206	0.206	0.168
	立式钻床 25mm		台班	—	0.028	—	—	0.009

工作内容：制作、平直、划线、下料、钻孔、组对、焊接、刷油（漆）、安装、补刷油。　　**计量单位：**m^2

定额编号				2-2-144	2-2-145	2-2-146	2-2-147
项　目				金属围网制作	金属围网安装	金属网门制作	金属网门安装
名　称			单位	消耗量			
人工	合计工日		工日	0.5950	0.3180	0.6620	0.3540
	其中	普工	工日	0.1830	0.0980	0.2040	0.1090
		一般技工	工日	0.3270	0.1750	0.3640	0.1940
		高级技工	工日	0.0850	0.0450	0.0940	0.0500
材料	白布		kg	—	0.100	—	0.100
	低碳钢焊条（综合）		kg	0.030	0.030	0.030	0.030
	镀锌钢丝网 $\phi1.6\times20\times20$		m^2	1.100	—	1.100	—
	镀锌铁丝 $\phi2.5\sim4.0$		kg	—	0.200	—	0.200
	防锈漆 C53-1		kg	0.070	0.030	0.070	0.030
	酚醛调和漆		kg	0.070	0.030	0.070	0.030
	钢管		kg	—	—	6.800	—
	钢锯条		条	0.300	0.200	0.300	0.200
	合页		副	—	2.000	—	2.000
	角钢（综合）		kg	27.900	3.100	23.800	3.100
	门锁及五金		套	—	—	0.625	—
	清油		kg	0.100	—	0.100	—
	砂轮片 $\phi400$		片	0.010	—	0.015	—
	铁砂布 $0^{\#}\sim2^{\#}$		张	1.500	—	1.500	—
	紫铜板（综合）		kg	0.070	—	0.070	—
	其他材料费		%	1.800	1.800	1.800	1.800
机械	电动空气压缩机 $0.6m^3/min$		台班	—	0.187	—	0.187
	交流弧焊机 21kV·A		台班	0.019	0.009	0.019	0.009

8. 滑触线安装工程

工作内容：平直、除锈、刷油、支架、滑触线、补偿器安装。 **计量单位：**10m/单相

定额编号				2-2-148	2-2-149	2-2-150
项目				轻型滑触线安装		
				铜质Ⅰ型	铜钢组合	沟型
名称			单位	消耗量		
人工	合计工日		工日	6.8310	6.7140	1.4220
	其中	普工	工日	2.1030	2.0660	0.4340
		一般技工	工日	3.7530	3.6900	0.7830
		高级技工	工日	0.9750	0.9580	0.2050
材料	白布		kg	0.100	0.100	0.100
	低碳钢焊条(综合)		kg	0.400	1.201	0.300
	酚醛调和漆		kg	0.601	0.801	0.100
	钢锯条		条	0.501	0.501	0.200
	焊锡膏		kg	0.050	0.020	0.010
	焊锡丝(综合)		kg	0.420	0.160	0.020
	滑触线		m·单相	10.050	10.050	10.050
	汽油(综合)		kg	0.100	0.100	0.100
	铁砂布 0#~2#		张	1.001	1.001	0.501
	铜接线端子 DT-95		个	0.200	0.200	—
	型钢(综合)		kg	0.801	2.603	—
	氧气		m^3	1.201	0.300	0.200
	乙炔气		kg	0.521	0.130	0.090
	硬铜绞线 TJ-95mm^2		kg	0.240	0.170	—
	其他材料费		%	1.800	1.800	1.800
机械	交流弧焊机 21kV·A		台班	0.105	0.294	—
	汽车式起重机 8t		台班	0.200	0.095	—
	型钢剪断机 500mm		台班	0.147	0.053	—

工作内容：开箱检查、测位、划线、组装、调直、固定、安装导电器及触滑线。　　　　**计量单位：**10m/单相

定额编号				2-2-151	2-2-152
项　目				安全节能型滑触线安装	
				电流(A)	
				≤100	≤200
名　称			单位	消　耗　量	
人工	合计工日		工日	1.8630	2.2140
	其中	普工	工日	0.5720	0.6830
		一般技工	工日	1.0260	1.2150
		高级技工	工日	0.2650	0.3160
材料	白布		kg	0.050	0.050
	低碳钢焊条(综合)		kg	0.801	0.901
	酚醛调和漆		kg	0.240	0.270
	钢锯条		条	0.200	0.200
	焊锡膏		kg	0.010	0.010
	焊锡丝(综合)		kg	0.020	0.030
	滑触线		m·单相	10.050	10.050
	汽油(综合)		kg	0.080	0.080
	铁砂布 0#~2#		张	0.601	0.601
	铜接线端子 DT-95		个	0.200	0.200
	型钢(综合)		kg	0.641	0.721
	氧气		m^3	0.320	0.360
	乙炔气		kg	0.140	0.160
	硬铜绞线 TJ-95mm^2		kg	0.100	0.110
	其他材料费		%	1.800	1.800
机械	交流弧焊机 21kV·A		台班	0.200	0.221
	汽车式起重机 8t		台班	0.074	0.084

工作内容:测位、放线、支架及支架器安装、底板钻眼、指示灯安装。

计量单位:副

定额编号				2-2-153	2-2-154	2-2-155	2-2-156	2-2-157	2-2-158
项目				3横架式支架		6横架式支架		工字钢、	指示灯
				螺栓固定	焊接固定	螺栓固定	焊接固定	轻轨支架	安装(套)
名称			单位	消耗量					
人工	合计工日		工日	0.1900	0.1900	0.2820	0.2820	0.5320	0.1360
	其中	普工	工日	0.0580	0.0580	0.0870	0.0870	0.1630	0.0420
		一般技工	工日	0.1040	0.1040	0.1550	0.1550	0.2930	0.0750
		高级技工	工日	0.0270	0.0270	0.0400	0.0400	0.0760	0.0200
材料	白布		kg	0.050	0.050	0.100	0.100	0.150	0.200
	半圆头镀锌螺栓 M(6~12)×(22~80)		10个	—	—	—	—	—	0.612
	彩色灯泡 220V35W		个	—	—	—	—	—	3.000
	低碳钢焊条(综合)		kg	—	0.175	—	0.250	0.500	0.100
	酚醛调和漆		kg	—	0.020	—	0.030	0.040	—
	钢板(综合)		kg	—	—	—	—	—	0.450
	滑触线支持器		套	3.000	3.000	6.000	6.000	6.000	—
	滑触线支架		副	1.005	1.005	1.005	1.005	1.005	—
	绕线电阻 300Ω15W		个	—	—	—	—	—	3.000
	双头螺栓 M16×340		10套	0.204	—	0.204	—	—	—
	氧气		m^3	—	—	—	—	0.230	—
	乙炔气		kg	—	—	—	—	0.100	—
	圆木台(63~138)×22		块	—	—	—	—	—	3.000
	座灯头		个	—	—	—	—	—	3.000
	其他材料费		%	1.800	1.800	1.800	1.800	1.800	1.800
机械	交流弧焊机 21kV·A		台班	—	0.100	—	0.150	0.234	0.019
	汽车式起重机 8t		台班	—	—	—	—	0.056	—

工作内容：划线、下料、钻孔、刷油、绝缘子灌注螺栓、组装、固定、拉紧装置成套组装及安装。

计量单位：套

定额编号				2-2-159	2-2-160	2-2-161	2-2-162
项目				滑触线拉紧装置			挂式滑触线支持器
				扁钢	圆钢	软滑线	
名称			单位	消耗量			
人工	合计工日		工日	0.1080	0.1250	0.5180	0.0360
	其中	普工	工日	0.0330	0.0390	0.1600	0.0110
		一般技工	工日	0.0590	0.0680	0.2840	0.0200
		高级技工	工日	0.0150	0.0180	0.0740	0.0050
材料	白布		kg	0.300	0.300	0.300	0.040
	电车绝缘子 WX-01		个	—	—	—	1.030
	镀锌铁丝 ϕ2.5～4.0		kg	0.100	0.130	0.200	—
	防锈漆 C53-1		kg	0.050	0.050	0.050	—
	酚醛调和漆		kg	0.060	0.060	0.060	—
	角钢(综合)		kg	2.500	2.300	1.150	0.246
	拉紧绝缘子 J-2		个	—	1.020	—	—
	拉紧绝缘子 J-4.5		个	1.020	—	—	—
	青壳纸 δ0.1～1.0		kg	—	—	—	0.052
	水泥 P.O 42.5		kg	—	—	—	0.062
	索具螺旋扣 M14×150		套	1.020	1.020	—	—
	索具螺旋扣 M14×270		套	1.020	1.020	—	—
	索具螺旋扣 M16×250		套	—	—	1.020	—
	其他材料费		%	1.800	1.800	1.800	1.800
机械	台式钻床 16mm		台班	—	—	—	0.007

9. 配电电缆敷设工程

工作内容:下料、法兰制作、打喇叭口、焊接、敷设、密封、紧固、刷油等。 **计量单位:**根

定额编号		2-2-163	2-2-164	2-2-165	2-2-166	2-2-167	2-2-168
项目		入室密封电缆保护管					
		钢管直径(mm)					
		≤50	≤80	≤100	≤125	≤150	≤200
名称	单位	消耗量					
人工 合计工日	工日	0.4660	0.6250	0.6620	0.7750	0.8280	1.5650
其中 普工	工日	0.1650	0.2220	0.2350	0.2750	0.2940	0.5560
其中 一般技工	工日	0.2570	0.3440	0.3650	0.4270	0.4550	0.8600
其中 高级技工	工日	0.0440	0.0590	0.0630	0.0740	0.0790	0.1490
材料 防水水泥砂浆 1:1	m^3	0.050	0.050	0.050	0.050	0.050	0.050
钢板(综合)	kg	4.400	6.600	7.600	9.600	11.800	14.300
焊接钢管 *DN*50	kg	10.420	—	—	—	—	—
焊接钢管 *DN*80	kg	—	17.390	—	—	—	—
焊接钢管 *DN*100	kg	—	—	27.158	—	—	—
焊接钢管 *DN*125	kg	—	—	—	33.750	—	—
焊接钢管 *DN*150	kg	—	—	—	—	40.020	—
焊接钢管 *DN*200	kg	—	—	—	—	—	61.630
沥青清漆	kg	0.400	0.600	0.800	1.000	1.200	1.600
麻绳	kg	0.500	0.600	0.700	0.800	0.900	1.100
普低钢焊条 J507 ϕ3.2	kg	0.130	0.220	0.270	0.340	0.420	0.530
氧气	m^3	0.110	0.140	0.210	0.260	0.310	0.370
乙炔气	kg	0.065	0.085	0.125	0.155	0.185	0.220
其他材料费	%	1.800	1.800	1.800	1.800	1.800	1.800
机械 半自动切割机 100mm	台班	0.030	0.030	0.030	0.040	0.040	0.050
钢材电动煨弯机 500mm 以内	台班	0.020	0.026	0.026	0.026	0.030	0.040
交流弧焊机 21kV·A	台班	0.012	0.021	0.026	0.032	0.036	0.041

工作内容：组对、焊接或螺栓固定、弯头、三通或四通、盖板、隔板、附件安装、接地跨接，桥架修理。

计量单位：10m

定额编号				2-2-169	2-2-170	2-2-171
项目				钢制槽式桥架(宽+高)(mm)		
				≤200	≤400	≤600
名称			单位	消耗量		
人工	合计工日		工日	1.0800	1.8000	2.8800
	其中	普工	工日	0.3320	0.5540	0.8860
		一般技工	工日	0.5940	0.9900	1.5840
		高级技工	工日	0.1540	0.2570	0.4100
材料	低碳钢焊条(综合)		kg	—	—	0.100
	电缆桥架		m	10.100	10.100	10.100
	酚醛防锈漆		kg	0.100	0.120	0.150
	棉纱		kg	0.030	0.050	0.100
	汽油(综合)		kg	0.080	0.100	0.200
	砂轮片 ϕ100		片	0.010	0.010	0.020
	砂轮片 ϕ400		片	0.010	0.010	0.020
	铜接地端子带螺栓 DT-6mm^2		个	1.051	1.051	1.051
	铜芯塑料绝缘软电线 BVR-6mm^2		m	2.252	2.252	2.252
	其他材料费		%	1.800	1.800	1.800
机械	半自动切割机 100mm		台班	0.010	0.010	0.010
	载重汽车 8t		台班	0.010	0.020	0.030
	直流弧焊机 20kV·A		台班	—	—	0.020

工作内容：组对、焊接或螺栓固定、弯头、三通或四通、盖板、隔板、附件安装、接地跨接，桥架修理。

计量单位：10m

定额编号				2-2-172	2-2-173	2-2-174	2-2-175
项目				钢制槽式桥架(宽+高)(mm)			
				≤800	≤1000	≤1200	≤1500
名称			单位	消耗量			
人工	合计工日		工日	3.8970	4.9590	5.9040	6.8040
	其中	普工	工日	1.1990	1.5220	1.8170	2.0940
		一般技工	工日	2.1420	2.7270	3.2490	3.7440
		高级技工	工日	0.5560	0.7100	0.8380	0.9660
材料	低碳钢焊条(综合)		kg	0.170	0.270	0.330	0.501
	电缆桥架		m	10.100	10.100	10.100	10.100
	酚醛防锈漆		kg	0.150	0.200	0.250	0.300
	棉纱		kg	0.120	0.150	0.200	0.300
	汽油(综合)		kg	0.300	0.400	0.501	0.701
	砂轮片 φ100		片	0.020	0.030	0.030	0.030
	砂轮片 φ400		片	0.020	0.030	0.040	0.040
	铜接地端子带螺栓 DT-6mm²		个	1.051	1.051	1.051	1.051
	铜芯塑料绝缘软电线 BVR-6mm²		m	2.202	1.882	1.702	1.702
	其他材料费		%	1.800	1.800	1.800	1.800
机械	半自动切割机 100mm		台班	0.010	0.020	0.020	0.030
	汽车式起重机 16t		台班	0.020	0.030	0.050	0.060
	载重汽车 8t		台班	0.040	0.060	0.070	0.070
	直流弧焊机 20kV·A		台班	0.050	0.090	0.110	0.140

工作内容：组对、焊接或螺栓固定、弯头、三通或四通、盖板、隔板、附件安装、接地跨接，桥架修理。

计量单位：10m

定额编号				2-2-176	2-2-177	2-2-178	2-2-179	2-2-180	2-2-181
项目				钢制梯式桥架（宽+高）(mm)					
				≤200	≤500	≤800	≤1000	≤1200	≤1500
名称			单位	消耗量					
人工	合计工日		工日	0.9090	2.0610	3.0150	4.2840	4.8420	5.9400
	其中	普工	工日	0.2770	0.6360	0.9320	1.3190	1.4850	1.8270
		一般技工	工日	0.5040	1.1340	1.6560	2.3580	2.6640	3.2670
		高级技工	工日	0.1280	0.2910	0.4280	0.6070	0.6930	0.8460
材料	低碳钢焊条（综合）		kg	—	0.160	0.200	0.280	0.501	0.661
	电缆桥架		m	10.100	10.100	10.100	10.100	10.100	10.100
	酚醛防锈漆		kg	0.100	0.120	0.150	0.200	0.250	0.300
	棉纱		kg	0.030	0.080	0.120	0.150	0.200	0.300
	汽油（综合）		kg	0.080	0.100	0.300	0.400	0.501	0.801
	砂轮片 ϕ100		片	0.010	0.010	0.010	0.020	0.020	0.020
	砂轮片 ϕ400		片	0.010	0.010	0.020	0.030	0.030	0.140
	铜接地端子带螺栓 DT-6mm^2		个	1.051	1.051	1.051	1.051	1.051	1.051
	铜芯塑料绝缘软电线 BVR-6mm^2		m	2.252	2.252	2.202	1.882	1.702	1.702
	其他材料费		%	1.800	1.800	1.800	1.800	1.800	1.800
机械	半自动切割机 100mm		台班	0.010	0.010	0.010	0.010	0.010	0.020
	汽车式起重机 16t		台班	—	—	0.010	0.030	0.050	0.060
	载重汽车 8t		台班	0.010	0.020	0.030	0.040	0.060	0.070
	直流弧焊机 20kV·A		台班	—	0.020	0.060	0.110	0.140	0.190

工作内容:组对、焊接或螺栓固定、弯头、三通或四通、盖板、隔板、附件安装、接地跨接,桥架修理。

计量单位:10m

定额编号				2-2-182	2-2-183	2-2-184
项目				钢制托盘式桥架(宽+高)(mm)		
				≤200	≤400	≤600
名称			单位	消耗量		
人工	合计工日		工日	1.0170	1.6740	2.6640
	其中	普工	工日	0.3140	0.5170	0.8210
		一般技工	工日	0.5580	0.9180	1.4670
		高级技工	工日	0.1450	0.2390	0.3760
材料	电缆桥架		m	10.100	10.100	10.100
	酚醛防锈漆		kg	0.050	0.050	0.100
	棉纱		kg	0.020	0.020	0.030
	汽油(综合)		kg	0.050	0.080	0.100
	砂轮片 φ100		片	0.010	0.010	0.010
	铜接地端子带螺栓 DT-6mm²		个	1.051	1.051	1.051
	铜芯塑料绝缘软电线 BVR-6mm²		m	2.252	2.252	2.252
	其他材料费		%	1.800	1.800	1.800
机械	半自动切割机 100mm		台班	0.010	0.010	0.010
	汽车式起重机 16t		台班	—	—	0.010
	载重汽车 8t		台班	0.010	0.020	0.020

工作内容:组对、焊接或螺栓固定、弯头、三通或四通、盖板、隔板、附件安装、接地跨接,桥架修理。

计量单位:10m

定额编号				2-2-185	2-2-186	2-2-187	2-2-188
项目				钢制托盘式桥架(宽+高)(mm)			
				≤800	≤1000	≤1200	≤1500
名称			单位	消耗量			
人工	合计工日		工日	3.5730	4.4010	4.8600	6.4530
	其中	普工	工日	1.0980	1.3560	1.4940	1.9840
		一般技工	工日	1.9620	2.4210	2.6730	3.5460
		高级技工	工日	0.5130	0.6240	0.6930	0.9230
材料	低碳钢焊条(综合)		kg	0.130	0.200	0.250	0.400
	电缆桥架		m	10.100	10.100	10.100	10.100
	酚醛防锈漆		kg	0.150	0.200	0.250	0.300
	棉纱		kg	0.050	0.060	0.100	0.501
	汽油(综合)		kg	0.200	0.400	0.501	0.801
	砂轮片 φ100		片	0.010	0.020	0.020	0.020
	砂轮片 φ400		片	0.200	0.300	0.040	0.040
	铜接地端子带螺栓 DT-6mm²		个	1.051	1.051	1.051	1.051
	铜芯塑料绝缘软电线 BVR-6mm²		m	2.202	1.882	1.702	1.702
	其他材料费		%	1.800	1.800	1.800	1.800
机械	半自动切割机 100mm		台班	0.010	0.190	0.230	0.280
	汽车式起重机 16t		台班	0.020	0.030	0.040	0.050
	载重汽车 8t		台班	0.030	0.030	0.040	0.060
	直流弧焊机 20kV·A		台班	0.030	0.090	0.110	0.190

工作内容：组对、螺栓固定、弯头、三通或四通、盖板、隔板、附件安装、接地跨接，桥架修理。

计量单位：10m

定额编号				2-2-189	2-2-190	2-2-191	2-2-192	2-2-193	2-2-194
项目				玻璃钢槽式桥架（宽+高）(mm)					
				≤200	≤400	≤600	≤800	≤1000	≤1200
名称			单位	消耗量					
人工	合计工日		工日	1.0710	1.6650	2.5650	4.3020	4.7790	5.2650
	其中	普工	工日	0.3320	0.5080	0.7840	1.3190	1.4670	1.6150
		一般技工	工日	0.5850	0.9180	1.4130	2.3670	2.6280	2.8980
		高级技工	工日	0.1540	0.2390	0.3680	0.6160	0.6840	0.7520
材料	电缆桥架		m	10.100	10.100	10.100	10.100	10.100	10.100
	棉纱		kg	0.020	0.030	0.050	0.100	0.200	0.200
	砂轮片 ϕ100		片	0.010	0.010	0.010	0.020	0.030	0.030
	砂轮片 ϕ400		片	0.010	0.010	0.010	0.020	0.020	0.020
	铜接地端子带螺栓 DT-6mm^2		个	1.051	1.051	1.051	1.051	1.051	1.051
	铜芯塑料绝缘软电线 BVR-6mm^2		m	2.252	2.252	2.252	2.002	1.882	1.882
	其他材料费		%	1.800	1.800	1.800	1.800	1.800	1.800
机械	半自动切割机 100mm		台班	0.010	0.010	0.010	0.010	0.020	0.020
	汽车式起重机 8t		台班	—	—	0.010	0.020	0.030	0.030
	载重汽车 8t		台班	0.010	0.010	0.020	0.040	0.060	0.060

工作内容：组对、螺栓固定、弯头、三通或四通、盖板、隔板、附件安装、接地跨接，桥架修理。

计量单位：10m

定额编号				2-2-195	2-2-196	2-2-197	2-2-198	2-2-199	2-2-200
项目				玻璃钢梯式桥架（宽+高）(mm)					
				≤200	≤400	≤600	≤800	≤1000	≤1200
名称			单位	消耗量					
人工	合计工日		工日	0.8820	1.4940	2.1960	3.3480	4.0590	4.4640
	其中	普工	工日	0.2680	0.4610	0.6740	1.0330	1.2460	1.3740
		一般技工	工日	0.4860	0.8190	1.2060	1.8360	2.2320	2.4570
		高级技工	工日	0.1280	0.2140	0.3160	0.4790	0.5810	0.6330
材料	电缆桥架		m	10.100	10.100	10.100	10.100	10.100	10.100
	棉纱		kg	0.020	0.020	0.050	0.100	0.200	0.200
	砂轮片 ϕ100		片	0.010	0.010	0.010	0.020	0.030	0.030
	砂轮片 ϕ400		片	0.010	0.010	0.010	0.020	0.020	0.020
	铜接地端子带螺栓 DT-6mm^2		个	1.051	1.051	1.051	1.051	1.051	1.051
	铜芯塑料绝缘软电线 BVR-6mm^2		m	2.252	2.252	2.252	2.202	1.882	1.882
	其他材料费		%	1.800	1.800	1.800	1.800	1.800	1.800
机械	半自动切割机 100mm		台班	0.010	0.010	0.010	0.010	0.020	0.020
	汽车式起重机 16t		台班	—	—	0.010	0.020	0.030	0.030
	载重汽车 8t		台班	0.010	0.010	0.020	0.040	0.050	0.050

工作内容:组对、螺栓固定、弯头、三通或四通、盖板、隔板、附件安装、接地跨接,桥架修理。

计量单位:10m

定额编号				2-2-201	2-2-202	2-2-203	2-2-204	2-2-205
项目				玻璃钢托盘式桥架(宽+高)(mm)				
				≤300	≤500	≤800	≤1000	≤1200
名称			单位	消耗量				
人工	合计工日		工日	1.5500	2.3040	3.7440	4.5990	5.0670
	其中	普工	工日	0.4800	0.7100	1.1530	1.4120	1.5590
		一般技工	工日	0.8500	1.2690	2.0610	2.5290	2.7900
		高级技工	工日	0.2200	0.3250	0.5300	0.6580	0.7180
材料	电缆桥架		m	10.100	10.100	10.100	10.100	10.100
	棉纱		kg	0.030	0.050	0.100	0.200	0.200
	砂轮片 $\phi100$		片	0.010	0.010	0.020	0.030	0.030
	砂轮片 $\phi400$		片	0.010	0.010	0.020	0.020	0.020
	铜接地端子带螺栓 DT-6mm^2		个	1.051	1.051	1.051	1.051	1.051
	铜芯塑料绝缘软电线 BVR-6mm^2		m	2.202	2.252	2.002	1.882	1.882
	其他材料费		%	1.800	1.800	1.800	1.800	1.800
机械	半自动切割机 100mm		台班	0.010	0.010	0.010	0.020	0.020
	汽车式起重机 16t		台班	—	0.010	0.020	0.030	0.030
	载重汽车 8t		台班	0.010	0.020	0.040	0.060	0.060

工作内容:组对、螺栓固定、弯头、三通或四通、盖板、隔板、附件安装、接地跨接,桥架修理。

计量单位:10m

定额编号				2-2-206	2-2-207	2-2-208	2-2-209	2-2-210	2-2-211
项目				铝合金槽式桥架(宽+高)(mm)					
				≤200	≤400	≤600	≤800	≤1000	≤1200
名称			单位	消耗量					
人工	合计工日		工日	0.7560	1.1610	2.3580	3.6180	4.3290	4.7610
	其中	普工	工日	0.2310	0.3600	0.7290	1.1160	1.3280	1.4670
		一般技工	工日	0.4140	0.6390	1.2960	1.9890	2.3850	2.6190
		高级技工	工日	0.1110	0.1620	0.3330	0.5130	0.6160	0.6750
材料	电缆桥架		m	10.100	10.100	10.100	10.100	10.100	10.100
	棉纱		kg	0.020	0.030	0.050	0.100	0.200	0.200
	砂轮片 $\phi100$		片	0.010	0.010	0.010	0.020	0.030	0.030
	砂轮片 $\phi400$		片	0.010	0.010	0.010	0.020	0.020	0.020
	铜接地端子带螺栓 DT-6mm^2		个	1.051	1.051	1.051	1.051	1.051	1.051
	铜芯塑料绝缘软电线 BVR-6mm^2		m	2.252	2.252	2.252	2.202	1.882	1.882
	其他材料费		%	1.800	1.800	1.800	1.800	1.800	1.800
机械	半自动切割机 100mm		台班	0.010	0.010	0.010	0.010	0.020	0.020
	汽车式起重机 8t		台班	—	—	—	0.010	0.020	0.020
	载重汽车 4t		台班	—	0.010	0.010	0.020	0.030	0.030

工作内容:组对、螺栓固定、弯头、三通或四通、盖板、隔板、附件安装、接地跨接,桥架修理。

计量单位:10m

定额编号				2-2-212	2-2-213	2-2-214	2-2-215	2-2-216	2-2-217
项目				铝合金梯式桥架(宽+高)(mm)					
				≤200	≤400	≤600	≤800	≤1000	≤1200
名称			单位	消耗量					
人工	合计工日		工日	0.7470	0.8370	1.7910	2.6910	3.6000	3.9600
	其中	普工	工日	0.2300	0.2580	0.5540	0.8300	1.1070	1.2180
		一般技工	工日	0.4140	0.4590	0.9810	1.4760	1.9800	2.1780
		高级技工	工日	0.1030	0.1200	0.2570	0.3850	0.5130	0.5640
材料	电缆桥架		m	10.100	10.100	10.100	10.100	10.100	10.100
	棉纱		kg	0.050	0.050	0.080	0.100	0.200	0.200
	砂轮片 $\phi100$		片	0.010	0.010	0.010	0.010	0.020	0.020
	砂轮片 $\phi400$		片	—	—	0.010	0.020	0.020	0.020
	铜接地端子带螺栓 DT-6mm²		个	1.051	1.051	1.051	1.051	1.051	1.051
	铜芯塑料绝缘软电线 BVR-6mm²		m	2.252	2.252	2.252	2.202	1.882	1.882
	其他材料费		%	1.800	1.800	1.800	1.800	1.800	1.800
机械	半自动切割机 100mm		台班	0.010	0.010	0.010	0.010	0.020	0.020
	汽车式起重机 8t		台班	—	—	—	0.010	0.020	0.020
	载重汽车 4t		台班	0.010	0.010	0.010	0.020	0.030	0.030

工作内容:组对、螺栓固定、弯头、三通或四通、盖板、隔板、附件安装、接地跨接,桥架修理。

计量单位:10m

定额编号				2-2-218	2-2-219	2-2-220	2-2-221	2-2-222	2-2-223
项目				铝合金托盘式桥架(宽+高)(mm)					
				≤200	≤400	≤600	≤800	≤1000	≤1200
名称			单位	消耗量					
人工	合计工日		工日	0.9000	0.9990	1.9440	3.3570	3.9780	4.3830
	其中	普工	工日	0.2770	0.3050	0.5990	1.0330	1.2270	1.3470
		一般技工	工日	0.4950	0.5490	1.0710	1.8450	2.1870	2.4120
		高级技工	工日	0.1280	0.1450	0.2740	0.4790	0.5640	0.6240
材料	电缆桥架		m	10.100	10.100	10.100	10.100	10.100	10.100
	棉纱		kg	0.050	0.050	0.080	0.100	0.200	0.200
	砂轮片 $\phi100$		片	0.010	0.010	0.010	0.010	0.020	0.020
	砂轮片 $\phi400$		片	0.010	0.010	0.010	0.020	0.020	0.020
	铜接地端子带螺栓 DT-6mm²		个	1.051	1.051	1.051	1.051	1.051	1.051
	铜芯塑料绝缘软电线 BVR-6mm²		m	2.252	2.252	2.252	2.202	1.882	1.882
	其他材料费		%	1.800	1.800	1.800	1.800	1.800	1.800
机械	半自动切割机 100mm		台班	0.010	0.010	0.010	0.010	0.020	0.020
	汽车式起重机 8t		台班	—	—	—	0.010	0.020	0.020
	载重汽车 4t		台班	0.010	0.010	0.010	0.020	0.030	0.030

工作内容:组对、螺栓连接、安装固定、立柱、托臂膨胀螺栓或焊接固定、螺栓固定,桥架修理。

定额编号				2-2-224	2-2-225
项目				组合式桥架	复合支架安装
				片	副
名称			单位	消耗量	
人工	合计工日		工日	0.2340	0.0850
	其中	普工	工日	0.0720	0.0260
		一般技工	工日	0.1290	0.0470
		高级技工	工日	0.0330	0.0120
材料	锯条(各种规格)		根	—	0.220
	棉纱		kg	0.001	—
	汽油(综合)		kg	0.002	—
	桥架支撑		个	—	2.020
	砂轮片 φ100		片	0.001	—
	砂轮片 φ400		片	0.001	—
	组合式电缆桥架		片	1.010	—
	其他材料费		%	1.800	1.800
机械	半自动切割机 100mm		台班	0.001	—
	载重汽车 4t		台班	0.001	—
	载重汽车 5t		台班	—	0.001

工作内容:划线、定位、打眼、槽体清扫、本体固定、配件安装、接地跨接、补漆,桥架修理。

计量单位:10m

定额编号				2-2-226	2-2-227	2-2-228	2-2-229	2-2-230	2-2-231
项目				防火桥架(宽+高)(mm)					
				≤200	≤400	≤600	≤800	≤1000	≤1200
名称			单位	消耗量					
人工	合计工日		工日	1.1790	1.9800	3.1770	4.2840	5.4630	6.4980
	其中	普工	工日	0.3600	0.6090	0.9780	1.3190	1.6790	2.0020
		一般技工	工日	0.6480	1.0890	1.7460	2.3580	3.0060	3.5730
		高级技工	工日	0.1710	0.2820	0.4530	0.6070	0.7780	0.9230
材料	电缆桥架		m	10.100	10.100	10.100	10.100	10.100	10.100
	砂轮片 φ100		片	0.020	0.020	0.030	0.030	0.030	0.040
	砂轮片 φ400		片	0.020	0.020	0.030	0.030	0.030	0.040
	铜接地端子带螺栓 DT-6mm^2		个	1.051	1.051	1.051	1.051	1.051	1.051
	铜芯塑料绝缘软电线 BVR-6mm^2		m	2.252	2.252	2.252	2.252	2.252	2.252
	其他材料费		%	1.800	1.800	1.800	1.800	1.800	1.800
机械	半自动切割机 100mm		台班	0.010	0.010	0.010	0.010	0.020	0.020
	汽车式起重机 16t		台班	—	—	—	0.020	0.030	0.050
	载重汽车 8t		台班	0.010	0.020	0.030	0.040	0.060	0.070

工作内容：开盘、检查、架线盘、敷设、锯断、排列、整理、固定、配合试验、收盘、临时封头、挂牌、电缆敷设、辅助设施安装及拆除、绝缘电阻测试等。

计量单位：10m

定额编号				2－2－232	2－2－233	2－2－234	2－2－235
项　目				铜芯电力电缆敷设			
				电缆截面（mm²）			
				≤10	≤16	≤35	≤50
名　称			单位	消　耗　量			
人工	合计工日		工日	0.2340	0.3060	0.4230	0.5400
	其中	普工	工日	0.0820	0.1100	0.1460	0.1920
		一般技工	工日	0.1260	0.1620	0.2340	0.2970
		高级技工	工日	0.0260	0.0340	0.0430	0.0510
材料	白布		kg	0.030	0.030	0.050	0.050
	标志牌塑料扁形		个	0.601	0.601	0.601	0.601
	冲击钻头 ϕ8		个	0.010	0.010	—	—
	冲击钻头 ϕ12		个	—	—	0.010	0.010
	电力电缆		m	10.100	10.100	10.100	10.100
	镀锌电缆吊挂 3.0×50		套	0.511	0.511	0.711	0.711
	镀锌电缆卡子 2×35		套	2.342	2.342	2.342	2.342
	封铅含铅 65% 锡 35%		kg	0.060	0.080	0.100	0.120
	合金钢钻头 ϕ10		个	0.020	0.020	0.020	0.020
	沥青绝缘漆		kg	0.010	0.010	0.010	0.010
	膨胀螺栓 M6		10套	0.160	0.160	—	—
	膨胀螺栓 M10		10套	—	—	0.160	0.160
	汽油（综合）		kg	0.050	0.050	0.080	0.080
	橡胶垫 δ2		m²	0.010	0.010	0.010	0.010
	硬脂酸		kg	0.010	0.010	0.010	0.010
	其他材料费		%	1.800	1.800	1.800	1.800
机械	汽车式起重机 8t		台班	0.007	0.007	0.007	0.007
	载重汽车 5t		台班	0.007	0.007	0.007	0.007
仪表	高压绝缘电阻测试仪		台班	0.014	0.014	0.014	0.014

工作内容:开盘、检查、架线盘、敷设、锯断、排列、整理、固定、配合试验、收盘、临时封头、挂牌、电缆敷设、辅助设施安装及拆除、绝缘电阻测试等。

计量单位:10m

定额编号				2-2-236	2-2-237	2-2-238	2-2-239
项目				铜芯电力电缆敷设			
				电缆截面(mm^2)			
				≤70	≤120	≤240	≤400
名称			单位	消耗量			
人工	合计工日		工日	0.6660	0.7920	1.0980	1.6740
	其中	普工	工日	0.2370	0.2830	0.3920	0.5940
		一般技工	工日	0.3690	0.4320	0.6030	0.9180
		高级技工	工日	0.0600	0.0770	0.1030	0.1620
材料	白布		kg	0.050	0.060	0.080	0.100
	标志牌塑料扁形		个	0.601	0.601	0.601	0.841
	冲击钻头 ϕ12		个	0.010	0.010	0.010	0.010
	电缆敷设滚轮(综合)		个	—	0.020	0.020	0.020
	电缆敷设牵引头(综合)		只	—	0.010	0.010	0.010
	电缆敷设转向导轮(综合)		个	—	0.010	0.010	0.010
	电力电缆		m	10.100	10.100	10.100	10.100
	镀锌电缆吊挂 3.0×100		套	—	—	0.621	0.871
	镀锌电缆吊挂 3.0×50		套	0.711	0.671	—	—
	镀锌电缆卡子 2×35		套	2.342	—	—	—
	镀锌电缆卡子 3×50		套	—	2.232	—	—
	镀锌电缆卡子 3×100		套	—	—	2.342	3.003
	封铅含铅 65% 锡 35%		kg	0.140	0.160	0.200	0.280
	合金钢钻头 ϕ10		个	0.020	0.010	—	—
	沥青绝缘漆		kg	0.010	0.020	0.020	0.030
	膨胀螺栓 M10		10套	0.160	0.140	0.140	0.140
	汽油(综合)		kg	0.080	0.100	0.100	0.150
	橡胶垫 δ2		m^2	0.010	0.010	0.010	0.010
	硬脂酸		kg	0.010	0.010	0.010	0.010
	其他材料费		%	1.800	1.800	1.800	1.800
机械	交流弧焊机 21kV·A		台班	—	0.007	0.007	0.007
	汽车式起重机 8t		台班	0.007	0.007	—	—
	汽车式起重机 10t		台班	—	—	0.020	0.047
	载重汽车 5t		台班	0.007	0.007	0.020	0.047
仪表	高压绝缘电阻测试仪		台班	0.014	0.014	0.014	0.014

工作内容：开盘、检查、架线盘、安装挂具、吊装、收线盘、卡固、敷设、测量绝缘电阻、挂标牌、绝缘电阻测试等。

计量单位：10m

定额编号				2-2-240	2-2-241	2-2-242	2-2-243
项目				预制分支电缆敷设			
				主电缆截面(mm^2)			
				≤10	≤16	≤25	≤35
名称			单位	消耗量			
人工	合计工日		工日	0.7470	1.0260	1.4400	1.8540
	其中	普工	工日	0.2650	0.3650	0.5110	0.6570
		一般技工	工日	0.4140	0.5670	0.7920	1.0170
		高级技工	工日	0.0680	0.0940	0.1370	0.1800
材料	标志牌		个	0.601	0.601	0.601	0.601
	柴油		kg	0.030	0.030	0.030	0.030
	电力电缆		m	10.000	10.000	10.000	10.000
	镀锌电缆卡子 2×35		套	10.310	10.310	10.310	10.310
	镀锌膨胀螺栓 M10		10个	0.661	0.661	0.661	0.661
	汽油 70#~90#		kg	0.080	0.080	0.080	0.080
	汽油(综合)		kg	0.230	0.230	0.230	0.230
	橡胶垫 δ2		m^2	0.030	0.030	0.030	0.030
	其他材料费		%	1.800	1.800	1.800	1.800
机械	汽车式起重机 8t		台班	0.007	0.007	0.007	0.007
	载重汽车 5t		台班	0.007	0.007	0.007	0.007
仪表	高压绝缘电阻测试仪		台班	0.014	0.014	0.014	0.014

工作内容:开盘、检查、架线盘、安装挂具、吊装、收线盘、卡固、敷设、测量绝缘电阻、挂标牌、绝缘电阻测试等。

计量单位:10m

定额编号				2-2-244	2-2-245	2-2-246	2-2-247
项目				预制分支电缆敷设			
				主电缆截面(mm^2)			
				≤50	≤70	≤95	≤120
名称			单位	消耗量			
人工	合计工日		工日	2.2230	2.5920	3.3750	4.1580
	其中	普工	工日	0.7850	0.9220	1.1960	1.4790
		一般技工	工日	1.2240	1.4220	1.8540	2.2860
		高级技工	工日	0.2140	0.2480	0.3250	0.3930
材料	标志牌		个	0.601	0.601	0.601	0.601
	柴油		kg	0.230	0.230	4.044	1.522
	电力电缆		m	10.000	10.000	10.000	10.000
	镀锌电缆卡子 2×35		套	10.310	10.310	—	—
	镀锌电缆卡子 3×35		套	—	—	10.310	10.310
	镀锌膨胀螺栓 M8		10个	—	—	0.661	0.661
	镀锌膨胀螺栓 M10		10个	0.661	0.661	—	—
	汽油 70#~90#		kg	0.100	0.100	0.100	0.100
	汽油(综合)		kg	0.470	0.470	—	—
	橡胶垫 δ2		m^2	0.030	0.030	0.030	0.030
	其他材料费		%	1.800	1.800	1.800	1.800
机械	汽车式起重机 8t		台班	0.007	0.007	0.007	0.007
	载重汽车 5t		台班	0.007	0.007	—	—
	载重汽车 10t		台班	—	—	0.047	0.007
仪表	高压绝缘电阻测试仪		台班	0.014	0.014	0.014	0.014

工作内容：开盘、检查、架线盘、安装挂具、吊装、收线盘、卡固、敷设、测量绝缘电阻、挂标牌、绝缘电阻测试等。

计量单位：10m

定额编号				2-2-248	2-2-249	2-2-250	2-2-251	2-2-252
项目				预制分支电缆敷设				
				主电缆截面(mm^2)				
				≤150	≤185	≤240	≤300	≤400
名称			单位	消耗量				
人工	合计工日		工日	5.0130	5.4540	5.9040	7.0920	8.2620
	其中	普工	工日	1.7800	1.9350	2.0910	2.5200	2.9300
		一般技工	工日	2.7540	2.9970	3.2490	3.8970	4.5450
		高级技工	工日	0.4790	0.5220	0.5640	0.6750	0.7870
材料	标志牌		个	0.601	0.601	0.601	0.601	0.601
	柴油		kg	2.603	2.893	3.483	6.346	6.937
	电力电缆		m	10.000	10.000	10.000	10.000	10.000
	镀锌电缆卡子 3×100		套	10.310	10.310	10.310	10.310	10.310
	镀锌膨胀螺栓 M8		10个	0.661	0.661	0.661	0.661	0.661
	汽油 70#~90#		kg	0.100	0.100	0.100	0.150	0.150
	橡胶垫 δ2		m^2	0.030	0.030	0.030	0.030	0.030
	其他材料费		%	1.800	1.800	1.800	1.800	1.800
机械	汽车式起重机 10t		台班	0.007	0.014	0.014	0.020	0.034
	载重汽车 10t		台班	0.020	0.020	0.020	0.047	0.047
仪表	高压绝缘电阻测试仪		台班	0.014	0.014	0.014	0.014	0.014

工作内容：定位、量尺寸、锯断、剥保护层及绝缘层、清洗、包缠绝缘、压接线管及接线端子、安装、接线。

计量单位：个

定额编号			2-2-253	2-2-254	2-2-255	2-2-256
项目			1kV 以下室内干包式铜芯电力电缆中间头制作与安装			
			电缆截面(mm^2)			
			≤16	≤35	≤50	≤70
名称		单位	消耗量			
人工	合计工日	工日	0.4490	0.7480	0.9130	1.0750
	其中 普工	工日	0.0950	0.1570	0.1920	0.2260
	其中 一般技工	工日	0.2690	0.4490	0.5470	0.6440
	其中 高级技工	工日	0.0860	0.1420	0.1740	0.2040
材料	白布	kg	0.288	0.360	0.440	0.520
	电力复合脂	kg	0.029	0.036	0.044	0.052
	电气绝缘胶带 18mm×10m×0.13mm	卷	0.480	0.600	0.700	0.800
	镀锡裸铜软绞线 TJRX16mm^2	kg	0.250	0.250	0.250	0.250
	封铅含铅 65% 锡 35%	kg	0.346	0.432	0.524	0.616
	焊锡膏	kg	0.010	0.012	0.016	0.020
	焊锡丝(综合)	kg	0.048	0.060	0.080	0.100
	汽油(综合)	kg	0.384	0.480	0.560	0.640
	三色塑料带(综合)	kg	0.240	0.300	0.417	0.533
	铜接线端子 DT-16	个	1.020	1.020	1.020	1.020
	铜压接管 16mm^2	个	3.760	—	—	—
	铜压接管 35mm^2	个	—	3.760	—	—
	铜压接管 50mm^2	个	—	—	3.760	—
	铜压接管 70mm^2	个	—	—	—	3.760
	其他材料费	%	1.800	1.800	1.800	1.800

工作内容：定位、量尺寸、锯断、剥保护层及绝缘层、清洗、包缠绝缘、压接线管及接线端子、安装、接线。

计量单位：个

定额编号				2-2-257	2-2-258	2-2-259
项　目				1kV 以下室内干包式铜芯电力电缆中间头制作与安装		
				电缆截面(mm^2)		
				≤120	≤240	≤400
名　称			单位	消　耗　量		
人工	合计工日		工日	1.2380	1.6160	2.1020
	其中	普工	工日	0.2600	0.3390	0.4410
		一般技工	工日	0.7430	0.9690	1.2610
		高级技工	工日	0.2350	0.3070	0.3990
材料	白布		kg	0.600	0.960	0.960
	电力复合脂		kg	0.060	0.096	0.096
	电气绝缘胶带 18mm×10m×0.13mm		卷	0.900	1.250	1.250
	镀锡裸铜软绞线 TJRX16mm^2		kg	0.250	0.350	0.350
	封铅含铅 65% 锡 35%		kg	0.708	0.852	0.852
	焊锡膏		kg	0.024	0.048	0.048
	焊锡丝(综合)		kg	0.120	0.240	0.240
	汽油(综合)		kg	0.720	0.960	0.960
	三色塑料带(综合)		kg	0.650	1.120	1.120
	铜接线端子 DT-16		个	1.020	1.020	1.020
	铜压接管 120mm^2		个	3.760	—	—
	铜压接管 240mm^2		个	—	3.760	—
	铜压接管 400mm^2		个	—	—	3.760
	其他材料费		%	1.800	1.800	1.800

工作内容：定位、量尺寸、锯断、剥切清洗、内屏蔽层处理、焊接地线、套热缩管、压接线端子、加热成形、安装。

计量单位：个

定额编号				2-2-260	2-2-261	2-2-262	2-2-263
项目				1kV以下热(冷)缩式铜芯电力电缆中间头制作与安装			
				电缆截面(mm²)			
				≤16	≤35	≤50	≤70
名称			单位	消耗量			
人工	合计工日		工日	0.3550	0.5940	0.7070	0.8240
	其中	普工	工日	0.0750	0.1250	0.1480	0.1730
		一般技工	工日	0.2130	0.3560	0.4250	0.4940
		高级技工	工日	0.0670	0.1130	0.1340	0.1570
材料	白布		kg	0.480	0.600	0.720	0.840
	电力复合脂		kg	0.029	0.036	0.044	0.052
	电气绝缘胶带 18mm×10m×0.13mm		卷	0.200	0.250	0.367	0.483
	镀锡裸铜软绞线 TJRX16mm²		kg	0.300	0.300	0.300	0.350
	焊锡膏		kg	0.010	0.012	0.016	0.020
	焊锡丝(综合)		kg	0.048	0.060	0.080	0.100
	聚四氟乙烯带		kg	0.288	0.360	0.440	0.520
	沥青绝缘漆		kg	0.780	0.960	1.120	1.270
	汽油(综合)		kg	0.480	0.600	0.680	0.760
	热缩式电缆中间接头		套	1.020	1.020	1.020	1.020
	三色塑料带 20mm×40m		m	0.248	0.310	0.379	0.448
	铜压接管 16mm²		个	3.760	—	—	—
	铜压接管 35mm²		个	—	3.760	—	—
	铜压接管 50mm²		个	—	—	3.760	—
	铜压接管 70mm²		个	—	—	—	3.760
	其他材料费		%	1.800	1.800	1.800	1.800

工作内容：定位、量尺寸、锯断、剥切清洗、内屏蔽层处理、焊接地线、套热缩管、压接线端子、加热成形、安装。

计量单位：个

定额编号				2-2-264	2-2-265	2-2-266
项　目				1kV以下热(冷)缩式铜芯电力电缆中间头制作与安装		
				电缆截面(mm^2)		
				≤120	≤240	≤400
名　称			单位	消　耗　量		
人工	合计工日		工日	0.9370	1.2120	1.6950
	其中	普工	工日	0.1970	0.2550	0.3560
		一般技工	工日	0.5620	0.7270	1.0170
		高级技工	工日	0.1780	0.2300	0.3220
材料	白布		kg	0.960	1.200	1.560
	电力复合脂		kg	0.060	0.096	0.120
	电气绝缘胶带 18mm×10m×0.13mm		卷	0.600	1.025	1.550
	镀锡裸铜软绞线 TJRX16mm^2		kg	0.350	0.350	0.500
	焊锡膏		kg	0.024	0.048	0.060
	焊锡丝(综合)		kg	0.120	0.240	0.300
	聚四氟乙烯带		kg	0.600	0.840	1.200
	沥青绝缘漆		kg	1.400	1.800	2.400
	汽油(综合)		kg	0.840	1.080	1.200
	热缩式电缆中间接头		套	1.020	1.020	1.020
	三色塑料带 20mm×40m		m	0.517	0.721	1.031
	铜压接管 120mm^2		个	3.760	—	—
	铜压接管 240mm^2		个	—	3.760	—
	铜压接管 400mm^2		个	—	—	3.760
	其他材料费		%	1.800	1.800	1.800

工作内容：定位、量尺寸、锯断、剥切清洗、内屏蔽层处理、焊接地线、套热缩管、压接线端子、加热成形、安装。

计量单位：个

定额编号				2－2－267	2－2－268	2－2－269	2－2－270	2－2－271	2－2－272
项目				10kV以下热(冷)缩式铜芯电力电缆中间头制作与安装					
				电缆截面(mm^2)					
				≤35	≤50	≤70	≤120	≤240	≤400
名称			单位	消耗量					
人工	合计工日		工日	0.8830	1.0420	1.2010	1.3630	1.7400	2.4370
	其中	普工	工日	0.1860	0.2190	0.2520	0.2860	0.3650	0.5120
		一般技工	工日	0.5290	0.6250	0.7210	0.8180	1.0440	1.4620
		高级技工	工日	0.1680	0.1980	0.2280	0.2590	0.3310	0.4630
材料	白布		kg	0.600	0.720	0.840	0.960	1.560	1.800
	电力复合脂		kg	0.036	0.044	0.052	0.060	0.096	0.120
	电气绝缘胶带 18mm×10m×0.13mm		卷	0.350	0.480	0.580	0.750	1.210	1.880
	镀锡裸铜软绞线 TJRX16mm^2		kg	0.250	0.250	0.300	0.300	0.350	0.500
	焊锡膏		kg	0.012	0.016	0.020	0.024	0.048	0.060
	焊锡丝(综合)		kg	0.060	0.080	0.100	0.120	0.240	0.300
	聚四氟乙烯带		kg	0.300	0.367	0.433	0.500	0.700	1.000
	沥青绝缘漆		kg	1.200	1.360	1.520	1.680	2.160	2.880
	汽油(综合)		kg	0.720	8.000	0.880	0.960	1.200	1.440
	热缩式电缆中间接头		套	1.020	1.020	1.020	1.020	1.020	1.020
	三色塑料带 20mm×40m		m	0.500	0.600	0.700	0.800	1.000	1.500
	铜压接管 35mm^2		个	3.060	—	—	—	—	—
	铜压接管 50mm^2		个	—	3.060	—	—	—	—
	铜压接管 70mm^2		个	—	—	3.060	—	—	—
	铜压接管 120mm^2		个	—	—	—	3.060	—	—
	铜压接管 240mm^2		个	—	—	—	—	3.060	—
	铜压接管 400mm^2		个	—	—	—	—	—	3.060
	其他材料费		%	1.800	1.800	1.800	1.800	1.800	1.800

工作内容：定位、量尺寸、锯断、剥保护层及绝缘层、清洗、包缠绝缘、压接线管及接线端子、安装、接线。

计量单位：个

定额编号				2-2-273	2-2-274	2-2-275	2-2-276
项目				1kV 以下室内干包式铜芯电力电缆终端头制作与安装			
				电缆截面(mm²)			
				≤10	≤16	≤35	≤50
名称			单位	消耗量			
人工	合计工日		工日	0.1870	0.2660	0.4420	0.5320
	其中	普工	工日	0.0400	0.0560	0.0930	0.1120
		一般技工	工日	0.1120	0.1590	0.2660	0.3200
		高级技工	工日	0.0360	0.0500	0.0840	0.1010
材料	白布		kg	0.200	0.288	0.360	0.440
	电力复合脂		kg	0.021	0.029	0.036	0.044
	电气绝缘胶带 18mm×10m×0.13mm		卷	0.200	0.240	0.300	0.300
	镀锡裸铜软绞线 TJRX16mm²		kg	0.120	0.160	0.200	0.277
	固定卡子 ϕ90		个	1.154	1.648	2.060	2.060
	焊锡膏		kg	0.007	0.010	0.012	0.016
	焊锡丝(综合)		kg	0.034	0.048	0.060	0.080
	汽油(综合)		kg	0.200	0.288	0.360	0.380
	三色塑料带 20mm×40m		m	0.079	0.112	0.140	0.243
	塑料手套 ST 型		个	1.050	1.050	1.050	1.050
	铜接线端子 DT-16		个	4.780	4.780	1.020	1.020
	铜接线端子 DT-35		个	—	—	3.760	—
	铜接线端子 DT-50		个	—	—	—	3.760
	其他材料费		%	1.800	1.800	1.800	1.800

工作内容:定位、量尺寸、锯断、剥保护层及绝缘层、清洗、包缠绝缘、压接线管及接线端子、安装、接线。

计量单位:个

定额编号				2-2-277	2-2-278	2-2-279	2-2-280
项目				1kV以下室内干包式铜芯电力电缆终端头制作与安装			
				电缆截面(mm^2)			
				≤70	≤120	≤240	≤400
名称			单位	消耗量			
人工	合计工日		工日	0.6210	0.7110	0.9320	1.0260
	其中	普工	工日	0.1300	0.1490	0.1960	0.2150
		一般技工	工日	0.3730	0.4270	0.5600	0.6160
		高级技工	工日	0.1180	0.1350	0.1770	0.1950
材料	白布		kg	0.520	0.600	0.960	1.056
	电力复合脂		kg	0.052	0.060	0.096	0.106
	电气绝缘胶带 18mm×10m×0.13mm		卷	0.300	0.400	0.500	0.600
	镀锡裸铜软绞线 TJRX16mm^2		kg	0.253	0.280	0.350	0.385
	固定卡子 ϕ90		个	2.060	2.060	2.060	2.060
	焊锡膏		kg	0.020	0.024	0.048	0.056
	焊锡丝(综合)		kg	0.100	0.120	0.240	0.360
	汽油(综合)		kg	0.400	0.420	0.480	0.500
	三色塑料带 20mm×40m		m	0.347	0.450	0.700	0.900
	塑料手套 ST 型		个	1.050	1.050	1.050	1.050
	铜接线端子 DT-16		个	1.020	1.020	1.020	1.020
	铜接线端子 DT-70		个	3.760	—	—	—
	铜接线端子 DT-120		个	—	3.760	—	—
	铜接线端子 DT-240		个	—	—	3.760	—
	铜接线端子 DT-400		个	—	—	—	3.760
	其他材料费		%	1.800	1.800	1.800	1.800

工作内容：定位、量尺寸、锯断、剥切清洗、内屏蔽层处理、焊接地线、压接线端子、装热缩管、加热成形、安装、接线。

计量单位：个

定额编号				2-2-281	2-2-282	2-2-283	2-2-284
项目				1kV 室内热(冷)缩式铜芯电力电缆终端头制作与安装			
				电缆截面(mm^2)			
				≤10	≤16	≤35	≤50
名称			单位	消耗量			
人工	合计工日		工日	0.1840	0.2630	0.4370	0.5350
	其中	普工	工日	0.0390	0.0550	0.0920	0.1120
		一般技工	工日	0.1100	0.1580	0.2620	0.3210
		高级技工	工日	0.0350	0.0500	0.0830	0.1020
材料	白布		kg	0.200	0.288	0.360	0.440
	丙酮		kg	0.340	0.480	0.600	0.720
	电力复合脂		kg	0.020	0.029	0.036	0.044
	电气绝缘胶带 18mm×10m×0.13mm		卷	0.200	0.240	0.300	0.440
	镀锡裸铜软绞线 TJRX16mm^2		kg	0.120	0.160	0.200	0.200
	固定卡子 ϕ90		个	2.060	2.060	2.060	2.060
	焊锡膏		kg	0.040	0.058	0.072	0.076
	焊锡丝(综合)		kg	0.200	0.288	0.360	0.380
	户内热缩式电缆终端头		套	1.020	1.020	1.020	1.020
	汽油(综合)		kg	0.400	0.576	0.720	0.800
	三色塑料带 20mm×40m		m	0.300	0.400	0.500	0.600
	铜接线端子 DT-16		个	4.780	4.780	1.020	1.020
	铜接线端子 DT-35		个	—	—	3.760	—
	铜接线端子 DT-50		个	—	—	—	3.760
	其他材料费		%	1.800	1.800	1.800	1.800

工作内容:定位、量尺寸、锯断、剥切清洗、内屏蔽层处理、焊接地线、压接线端子、装热缩管、加热成形、安装、接线。

计量单位:个

定额编号				2-2-285	2-2-286	2-2-287	2-2-288
项目				1kV 室内热(冷)缩式铜芯电力电缆终端头制作与安装			
				电缆截面(mm^2)			
				≤70	≤120	≤240	≤400
名称			单位	消耗量			
人工	合计工日		工日	0.6340	0.7320	0.9750	1.3630
	其中	普工	工日	0.1330	0.1540	0.2050	0.2860
		一般技工	工日	0.3800	0.4390	0.5850	0.8180
		高级技工	工日	0.1210	0.1390	0.1850	0.2590
材料	白布		kg	0.520	0.600	0.960	1.200
	丙酮		kg	0.840	0.960	1.200	1.680
	电力复合脂		kg	0.052	0.060	0.096	0.120
	电气绝缘胶带 18mm×10m×0.13mm		卷	0.580	0.720	1.200	1.860
	镀锡裸铜软绞线 TJRX16mm^2		kg	0.200	0.300	0.350	0.500
	固定卡子 ϕ90		个	2.060	2.060	2.060	2.060
	焊锡膏		kg	0.080	0.084	0.108	0.120
	焊锡丝(综合)		kg	0.400	0.420	0.540	0.600
	户内热缩式电缆终端头		套	1.020	1.020	1.020	1.020
	汽油(综合)		kg	0.880	0.960	1.200	1.560
	三色塑料带 20mm×40m		m	0.700	0.800	1.000	1.500
	铜接线端子 DT-16		个	1.020	1.020	1.020	1.020
	铜接线端子 DT-70		个	3.760	—	—	—
	铜接线端子 DT-120		个	—	3.760	—	—
	铜接线端子 DT-240		个	—	—	3.760	—
	铜接线端子 DT-400		个	—	—	—	3.760
	其他材料费		%	1.800	1.800	1.800	1.800

工作内容：定位、量尺寸、锯断、剥切清洗、内屏蔽层处理、焊接地线、压接线端子、装热缩管、加热成形、安装、接线。

计量单位：个

定额编号			2-2-289	2-2-290	2-2-291	2-2-292	2-2-293	2-2-294
项目			10kV室内热(冷)缩式铜芯电力电缆终端头制作与安装					
			电缆截面(mm^2)					
			≤35	≤50	≤70	≤120	≤240	≤400
名称		单位	消耗量					
人工	合计工日	工日	0.5820	0.6880	0.7930	0.9000	1.1620	1.6350
	其中 普工	工日	0.1220	0.1440	0.1660	0.1890	0.2440	0.3430
	其中 一般技工	工日	0.3490	0.4130	0.4760	0.5400	0.6970	0.9810
	其中 高级技工	工日	0.1110	0.1310	0.1510	0.1710	0.2210	0.3110
材料	白布	kg	0.360	0.440	0.520	0.600	0.960	1.320
	丙酮	kg	0.600	0.720	0.840	0.960	1.200	1.800
	电力复合脂	kg	0.036	0.044	0.052	0.060	0.096	0.120
	电气绝缘胶带 18mm×10m×0.13mm	卷	0.350	0.550	0.680	0.820	1.560	2.460
	镀锡裸铜软绞线 TJRX16mm^2	kg	0.200	0.200	0.300	0.300	0.350	0.500
	固定卡子 ϕ90	个	2.060	2.060	2.060	2.060	2.060	2.060
	焊锡膏	kg	0.072	0.076	0.080	0.084	0.108	0.120
	焊锡丝(综合)	kg	0.360	0.380	0.400	0.420	0.540	0.600
	户内热缩式电缆终端头	套	1.020	1.020	1.020	1.020	1.020	1.020
	聚四氟乙烯带	kg	0.160	0.200	0.240	0.280	0.400	0.500
	汽油(综合)	kg	0.720	0.800	0.880	0.960	1.200	1.560
	三色塑料带 20mm×40m	m	0.550	0.680	0.780	0.880	1.080	1.590
	铜接线端子 DT-16	个	1.020	1.020	1.020	1.020	1.020	1.020
	铜接线端子 DT-35	个	3.060	—	—	—	—	—
	铜接线端子 DT-50	个	—	3.060	—	—	—	—
	铜接线端子 DT-70	个	—	—	3.060	—	—	—
	铜接线端子 DT-120	个	—	—	—	3.060	—	—
	铜接线端子 DT-240	个	—	—	—	—	3.060	—
	铜接线端子 DT-400	个	—	—	—	—	—	3.060
	其他材料费	%	1.800	1.800	1.800	1.800	1.800	1.800

工作内容：定位、量尺寸、锯断、剥切清洗、内屏蔽层处理、焊接地线、中间头安装。　　计量单位：个

定额编号				2-2-295	2-2-296	2-2-297	2-2-298	2-2-299	2-2-300
项目				10kV 以下成套型电缆中间头安装					
				电缆截面（mm^2）					
				≤35	≤50	≤70	≤120	≤240	≤400
名称			单位	消耗量					
人工	合计工日		工日	0.9050	1.0670	1.2330	1.3960	1.7870	2.4980
	其中	普工	工日	0.1900	0.2240	0.2590	0.2930	0.3750	0.5240
		一般技工	工日	0.5440	0.6410	0.7400	0.8380	1.0720	1.4990
		高级技工	工日	0.1720	0.2030	0.2340	0.2650	0.3390	0.4750
材料	白布		kg	0.500	0.600	0.700	0.800	1.300	1.500
	成套型电缆中间接头		套	1.020	1.020	1.020	1.020	1.020	1.020
	电力复合脂		kg	0.030	0.030	0.040	0.050	0.080	0.100
	焊锡膏		kg	0.010	0.013	0.017	0.020	0.040	0.050
	焊锡丝（综合）		kg	0.050	0.067	0.083	0.100	0.200	0.250
	沥青绝缘漆		kg	5.000	5.000	6.000	7.000	9.000	12.000
	汽油（综合）		kg	0.600	0.600	0.700	0.800	1.000	1.200
	其他材料费		%	1.800	1.800	1.800	1.800	1.800	1.800

工作内容：定位、量尺寸、锯断、剥切清洗、内屏蔽层处理、焊接地线、安装、接线。　　计量单位：个

定额编号				2-2-301	2-2-302	2-2-303	2-2-304	2-2-305	2-2-306
项目				10kV 以下成套型室内电缆终端头安装					
				电缆截面（mm^2）					
				≤35	≤50	≤70	≤120	≤240	≤400
名称			单位	消耗量					
人工	合计工日		工日	0.5930	0.7020	0.8110	0.9230	1.1930	1.7100
	其中	普工	工日	0.1250	0.1470	0.1700	0.1940	0.2500	0.3590
		一般技工	工日	0.3560	0.4210	0.4870	0.5540	0.7160	1.0260
		高级技工	工日	0.1130	0.1330	0.1540	0.1750	0.2270	0.3250
材料	白布		kg	0.300	0.300	0.400	0.500	0.800	1.100
	丙酮		kg	0.500	0.600	0.700	0.800	1.000	1.500
	成套型电缆终端头		套	1.020	1.020	1.020	1.020	1.020	1.020
	电力复合脂		kg	0.030	0.040	0.050	0.050	0.080	0.100
	焊锡膏		kg	0.060	0.060	0.070	0.070	0.090	0.100
	焊锡丝（综合）		kg	0.300	0.300	0.350	0.350	0.450	0.500
	汽油（综合）		kg	0.600	0.600	0.700	0.800	1.000	1.300
	其他材料费		%	1.800	1.800	1.800	1.800	1.800	1.800

工作内容：开盘、检查、架线盘、敷设、切断、排列整理、固定、收盘、临时封头、挂牌。　　计量单位：10m

定额编号				2-2-307	2-2-308	2-2-309	2-2-310	2-2-311
项目				室内铜芯控制电缆敷设				
				电缆芯数(芯)				
				≤6	≤14	≤24	≤37	≤48
名称			单位	消耗量				
人工	合计工日		工日	0.2610	0.2880	0.2970	0.3870	0.5580
	其中	普工	工日	0.0910	0.1000	0.1090	0.1370	0.2010
		一般技工	工日	0.1440	0.1620	0.1620	0.2160	0.3060
		高级技工	工日	0.0260	0.0260	0.0260	0.0340	0.0510
材料	白布		kg	0.020	0.030	0.040	0.040	0.050
	标志牌塑料扁形		个	0.601	0.601	0.601	0.601	0.601
	电气绝缘胶带 18mm×10m×0.13mm		卷	0.010	0.010	0.010	0.010	0.010
	镀锌电缆卡子 2×35		套	2.342	2.342	2.342	2.342	2.342
	钢锯条		条	0.100	0.100	0.110	0.110	0.110
	控制电缆		m	10.150	10.150	10.150	10.150	10.150
	汽油(综合)		kg	0.030	0.070	0.080	0.090	0.100
	其他材料费		%	1.800	1.800	1.800	1.800	1.800
机械	汽车式起重机 8t		台班	—	0.010	0.010	0.010	0.010
	载重汽车 5t		台班	—	0.010	0.010	0.010	0.010

工作内容：定位、量尺寸、锯断、剥切、包缠绝缘、安装、校接线。　　计量单位：个

定额编号				2-2-312	2-2-313	2-2-314	2-2-315	2-2-316
项目				控制电缆终端头制作与安装				
				电缆芯数(芯)				
				≤6	≤14	≤24	≤37	≤48
名称			单位	消耗量				
人工	合计工日		工日	0.2650	0.4270	0.5810	0.8460	1.2870
	其中	普工	工日	0.0560	0.0900	0.1220	0.1780	0.2700
		一般技工	工日	0.1580	0.2560	0.3490	0.5080	0.7720
		高级技工	工日	0.0500	0.0810	0.1100	0.1610	0.2450
材料	白布		kg	0.200	0.300	0.350	0.400	0.500
	电气绝缘胶带 18mm×10m×0.13mm		卷	0.100	0.200	0.300	0.400	0.450
	镀锡裸铜软绞线 TJRX16mm^2		kg	0.140	0.140	0.140	0.140	0.140
	端子号牌		个	5.000	12.000	21.000	32.000	41.000
	固定卡子 ϕ40		个	1.030	1.030	1.030	1.030	1.030
	焊锡膏		kg	0.020	0.030	0.030	0.040	0.050
	焊锡丝(综合)		kg	0.100	0.150	0.170	0.190	0.240
	尼龙扎带(综合)		根	10.000	10.000	15.000	15.000	15.000
	汽油(综合)		kg	0.100	0.150	0.180	0.200	0.250
	三色塑料带 20mm×40m		m	0.200	0.500	0.800	1.000	1.500
	塑料软管 De5		m	0.040	0.190	0.320	0.570	0.740
	套管 KT2 型		个	1.050	1.050	1.050	1.050	1.050
	铜接线端子 DT-16		个	1.020	1.020	1.020	1.020	1.020
	其他材料费		%	1.800	1.800	1.800	1.800	1.800

工作内容：清扫、堵洞、安装防火槽盒(隔板)、防火涂料、防火包、防火带、清理现场等。

定额编号				2-2-317	2-2-318	2-2-319	2-2-320	2-2-321
项目				电缆防火设施安装				
				阻燃槽盒(宽+高)(mm)		防火隔板	防火槽	防火带
				≤550	>550			
				10m	10m	m^2	10m	10m
名称			单位	消耗量				
人工	合计工日		工日	7.6320	11.7090	0.9250	0.4590	0.2050
	其中	普工	工日	2.7300	4.1830	0.3310	0.1660	0.0720
		一般技工	工日	3.8160	5.8590	0.4620	0.2270	0.1030
		高级技工	工日	1.0860	1.6670	0.1320	0.0670	0.0310
材料	镀锌铁丝 ϕ4.0		kg	0.450	0.551	—	—	—
	防火带		m	—	—	—	—	10.200
	防火隔板		m^2	—	—	1.080	—	—
	钢锯条		条	—	—	2.000	—	—
	锯条(各种规格)		根	8.108	11.011	—	—	—
	阻燃槽盒		m	10.050	10.050	—	10.500	—
	其他材料费		%	1.800	1.800	1.800	1.800	1.800

工作内容：清扫、堵洞、安装防火槽盒(隔板)、防火涂料、防火包、防火带、清理现场等。

定额编号				2-2-322	2-2-323	2-2-324	2-2-325
项目				电缆防火设施安装			
				防火墙	防火包	防火堵料	防火涂料
				m^2	t	t	kg
名称			单位	消耗量			
人工	合计工日		工日	0.3490	14.9500	45.0510	0.2240
	其中	普工	工日	0.1250	5.3450	16.1060	0.0800
		一般技工	工日	0.1740	7.4750	22.5260	0.1120
		高级技工	工日	0.0500	2.1300	6.4200	0.0320
材料	板枋材		m^3	—	—	0.150	—
	镀锌铁丝(综合)		kg	—	—	6.000	—
	防火包		t	—	1.080	—	—
	防火堵料		t	—	—	1.080	—
	防火墙		m^2	1.080	—	—	—
	防火涂料		kg	—	—	—	1.080
	汽油 100#		kg	—	—	—	0.350
	水		t	—	—	0.200	—
	其他材料费		%	1.800	1.800	1.800	1.800

10. 防雷及接地装置安装工程

工作内容：尖端及加固帽加工、接地极打入地下及埋设、下料、加工、焊接。 **计量单位：**根

定额编号				2-2-326	2-2-327	2-2-328	2-2-329	2-2-330	2-2-331
项目				接地极(板)制作与安装					
				钢管接地极		角钢接地极		圆钢接地极	
				普通土	坚土	普通土	坚土	普通土	坚土
名称			单位	消耗量					
人工	合计工日		工日	0.2740	0.3100	0.1900	0.2210	0.1380	0.2570
	其中	普工	工日	0.0840	0.0950	0.0580	0.0670	0.0420	0.0790
		一般技工	工日	0.1500	0.1700	0.1040	0.1220	0.0760	0.1410
		高级技工	工日	0.0390	0.0440	0.0270	0.0320	0.0200	0.0370
材料	低碳钢焊条(综合)		kg	0.200	0.200	0.150	0.150	0.160	0.160
	镀锌扁钢(综合)		kg	0.260	0.260	0.260	0.260	0.130	0.130
	镀锌钢管 *DN*50		kg	6.880	6.880	—	—	—	—
	镀锌角钢(综合)		kg	—	—	9.150	9.150	—	—
	镀锌圆钢		kg	—	—	—	—	10.100	10.100
	钢锯条		条	1.500	1.500	1.000	1.000	0.170	0.170
	沥青清漆		kg	0.020	0.020	0.020	0.020	0.010	0.010
	其他材料费		%	1.800	1.800	1.800	1.800	1.800	1.800
机械	交流弧焊机 21kV·A		台班	0.252	0.252	0.168	0.168	0.140	0.140

工作内容：尖端及加固帽加工、接地极打入地下及埋设、下料、加工、焊接。 **计量单位：**块

定额编号				2-2-332	2-2-333
项目				接地极(板)制作与安装	
				接地极板	
				铜板	钢板
名称			单位	消耗量	
人工	合计工日		工日	1.4900	1.5890
	其中	普工	工日	0.4580	0.4890
		一般技工	工日	0.8190	0.8740
		高级技工	工日	0.2120	0.2270
材料	低碳钢焊条(综合)		kg	—	0.300
	接地钢板		块	—	1.005
	接地铜板		块	1.005	—
	汽油(综合)		kg	1.000	1.000
	铜焊粉		kg	0.120	—
	氧气		m^3	4.200	—
	乙炔气		kg	1.810	—
	紫铜电焊条 T107 ϕ3.2		kg	0.420	—
	其他材料费		%	1.800	1.800
机械	交流弧焊机 21kV·A		台班	—	0.140

工作内容:挖地沟、接地母线平直、下料、测位、打眼、埋卡子、煨弯(机)、敷设、焊接、回填土夯实、刷漆。

计量单位:m

定额编号				2-2-334	2-2-335	2-2-336
项目				接地母线敷设		
				户内接地母线敷设	户外接地母线敷设	户外铜接地绞线敷设
名称			单位	消耗量		
人工	合计工日		工日	0.0820	0.2390	0.2340
	其中	普工	工日	0.0250	0.0740	0.0720
		一般技工	工日	0.0450	0.1310	0.1290
		高级技工	工日	0.0120	0.0340	0.0330
材料	低碳钢焊条(综合)		kg	0.021	0.030	—
	镀锌扁钢(综合)		kg	2.500	3.200	—
	酚醛调和漆		kg	0.005	—	—
	钢管保护管 $\phi40\times400$		根	0.100	—	—
	钢锯条		条	0.100	0.100	0.100
	接地铜导线		m	—	—	1.050
	沥青清漆		kg	—	0.006	—
	棉纱		kg	0.001	—	—
	铁砂布 0#~2#		张	—	—	0.100
	铜焊粉		kg	—	—	0.002
	氧气		m^3	—	—	0.023
	乙炔气		kg	—	—	0.090
	紫铜电焊条 T107 $\phi3.2$		kg	—	—	0.021
	其他材料费		%	1.800	1.800	1.800
机械	交流弧焊机 21kV·A		台班	0.010	0.007	—

工作内容:下料、钻孔、煨弯(机)、敷设、挖填土、固定、刷漆。

计量单位:处

定额编号				2-2-337	2-2-338	2-2-339
项目				接地跨接线安装		
				接地网	构架接地	钢制、铝制窗接地
名称			单位	消耗量		
人工	合计工日		工日	0.0660	1.3760	0.1390
	其中	普工	工日	0.0200	0.4230	0.0420
		一般技工	工日	0.0360	0.7570	0.0770
		高级技工	工日	0.0090	0.1960	0.0200
材料	低碳钢焊条(综合)		kg	0.040	0.130	0.071
	镀锌扁钢(综合)		kg	0.459	7.280	—
	镀锌接地端子板双孔		个	—	—	1.015
	镀锌接地线板 40×5×120		个	—	1.130	—
	防锈漆 C53-1		kg	0.004	—	0.008
	酚醛调和漆		kg	—	0.050	—
	钢锯条		条	0.100	1.000	0.100
	铅油(厚漆)		kg	0.002	—	0.004
	清油		kg	0.001	—	0.002
	热轧圆盘条 $\phi10$ 以内		kg	—	—	0.488
	其他材料费		%	1.800	1.800	1.800
机械	交流弧焊机 21kV·A		台班	0.019	0.065	0.034

工作内容:下料、煨弯(机)、固定、焊接、补漆。　　计量单位:基

定额编号				2-2-340	2-2-341	2-2-342
项　目				桩承台接地		
				≤3 根桩连接	≤7 根桩连接	≤10 根桩连接
名　称			单位	消　耗　量		
人工	合计工日		工日	1.4630	2.0650	3.0400
	其中	普工	工日	0.4500	0.6350	0.9350
		一般技工	工日	0.8050	1.1360	1.6720
		高级技工	工日	0.2090	0.2940	0.4330
材料	低碳钢焊条 J422 $\phi3.2$		kg	1.043	1.472	2.168
	镀锌扁钢(综合)		kg	11.969	16.901	24.881
	防锈漆 C53-1		kg	0.104	0.147	0.217
	钢锯条		条	2.234	3.155	4.645
	铅油(厚漆)		kg	0.052	0.074	0.108
	清油		kg	0.030	0.042	0.062
	其他材料费		%	1.800	1.800	1.800
机械	交流弧焊机 21kV·A		台班	0.487	0.688	1.013

工作内容:开箱、检查、划线、打孔、安装、固定、接线、检验。　　计量单位:个

定额编号				2-2-343	2-2-344	2-2-345	2-2-346
项　目				设备防雷装置安装			
				计算机信号避雷器	总电源避雷器	分电源避雷器	直流电源避雷器
名　称			单位	消　耗　量			
人工	合计工日		工日	0.1130	0.3020	0.3020	0.1870
	其中	普工	工日	0.0290	0.0780	0.0780	0.0480
		一般技工	工日	0.0680	0.1810	0.1810	0.1130
		高级技工	工日	0.0160	0.0430	0.0430	0.0270
材料	棉纱		kg	0.050	0.050	0.050	0.050
	膨胀螺栓 M6		套	—	4.080	2.040	1.020
	热缩管 $\phi50$		m	—	0.150	0.100	0.100
	其他材料费		%	1.800	1.800	1.800	1.800

工作内容:除锈、下料、焊接、压接线端子、接线、接地。 **计量单位**:处

定额编号				2-2-347	2-2-348
项目				等电位装置安装	
				等电位末端金属体与绝缘导线连接	等电位端子盒安装
					套
名称			单位	消耗量	
人工	合计工日		工日	0.0370	0.0720
	其中	普工	工日	0.0090	0.0190
		一般技工	工日	0.0230	0.0430
		高级技工	工日	0.0050	0.0100
材料	等电位端子盒安装		个	—	1.005
	电力复合脂		kg	0.001	—
	镀锌自攻螺钉 ST(4~6)×(10~16)		10个	0.156	—
	焊锡		kg	0.005	—
	焊锡膏		kg	0.001	—
	汽油 93#~97#		kg	0.020	—
	铜线端子 20A		个	1.018	—
	铜芯塑料绝缘电线 BV-4mm^2		m	0.750	0.750
	其他材料费		%	1.800	1.800

工作内容:除锈、下料、焊接、压接线端子、接线、接地。 **计量单位**:组

定额编号				2-2-349	2-2-350
项目				接地系统测试	
				独立接地装置	接地网
				≤6根接地极	系统
名称			单位	消耗量	
人工	合计工日		工日	2.1870	5.4680
	其中	普工	工日	0.2520	0.6290
		一般技工	工日	1.3120	3.2810
		高级技工	工日	0.6230	1.5590
材料	白布		kg	0.280	0.540
	金属清洗剂		kg	0.650	1.380
	铜芯塑料绝缘电线 BV-4mm^2		m	2.150	5.460
	其他材料费		%	1.800	1.800
仪表	接地电阻测试仪		台班	1.682	4.206

11. 配管工程

工作内容：测位、划线、打眼、埋螺栓、锯管、套丝、煨弯(机)、配管、接地、穿引线、补漆。 **计量单位**：10m

定额编号				2-2-351	2-2-352	2-2-353	2-2-354
项目				镀锌钢管敷设			
				砖、混凝土结构明配			
				公称直径(*DN*)			
				≤15	≤20	≤25	≤32
名称			单位	消耗量			
人工	合计工日		工日	0.8730	0.9000	0.9900	1.0890
	其中	普工	工日	0.3560	0.3650	0.4010	0.4370
		一般技工	工日	0.4320	0.4500	0.4950	0.5490
		高级技工	工日	0.0860	0.0860	0.0940	0.1030
材料	冲击钻头 ϕ6~8		个	0.170	0.170	0.120	0.120
	醇酸清漆		kg	0.030	0.030	0.040	0.050
	镀锌地线夹 15		套	6.396	—	—	—
	镀锌地线夹 20		套	—	6.396	—	—
	镀锌地线夹 25		套	—	—	6.396	—
	镀锌地线夹 32		套	—	—	—	6.396
	镀锌钢管		m	10.300	10.300	10.300	10.300
	镀锌钢管接头 15×2.75		个	1.652	—	—	—
	镀锌钢管接头 20×2.75		个	—	1.652	—	—
	镀锌钢管接头 25×3.25		个	—	—	1.652	—
	镀锌钢管接头 32×3.25		个	—	—	—	1.652
	镀锌钢管卡子 *DN*15		个	12.372	—	—	—
	镀锌钢管卡子 *DN*20		个	—	12.372	—	—
	镀锌钢管卡子 *DN*25		个	—	—	8.559	—
	镀锌钢管卡子 *DN*32		个	—	—	—	8.559
	镀锌钢管塑料护口 *DN*15~20		个	4.124	4.124	—	—
	镀锌钢管塑料护口 *DN*25		个	—	—	1.552	—
	镀锌钢管塑料护口 *DN*32		个	—	—	—	1.552
	镀锌锁紧螺母 *DN*15×1.5		个	4.124	—	—	—
	镀锌锁紧螺母 *DN*20×1.5		个	—	4.124	—	—
	镀锌锁紧螺母 *DN*25×3		个	—	—	1.602	—
	镀锌锁紧螺母 *DN*32×3		个	—	—	—	1.602
	镀锌铁丝 ϕ1.2~2.2		kg	0.080	0.080	0.080	0.080
	钢锯条		条	0.300	0.300	0.200	0.200
	木螺钉 *d*4×65		10个	2.503	2.503	1.732	1.732
	铅油(厚漆)		kg	0.060	0.070	0.100	0.130
	塑料胀管 ϕ6~8		个	26.426	26.426	18.278	18.278
	铜芯塑料绝缘软电线 BVR-4mm^2		m	1.441	1.742	2.042	2.452
	油漆溶剂油		kg	0.050	0.060	0.070	0.090
	其他材料费		%	1.800	1.800	1.800	1.800

工作内容:测位、划线、打眼、埋螺栓、锯管、套丝、煨弯(机)、配管、接地、穿引线、补漆。 **计量单位**:10m

定额编号			2-2-355	2-2-356	2-2-357	2-2-358
项目			镀锌钢管敷设			
			砖、混凝土结构明配			
			公称直径(*DN*)			
			≤40	≤50	≤65	≤80
名称		单位	消耗量			
人工	合计工日	工日	1.3680	1.3860	2.2140	3.0420
	其中 普工	工日	0.5560	0.5650	0.8930	1.2300
	其中 一般技工	工日	0.6840	0.6930	1.1070	1.5210
	其中 高级技工	工日	0.1280	0.1280	0.2140	0.2910
材料	冲击钻头 ϕ6~8	个	0.090	0.100	0.100	0.100
	醇酸清漆	kg	0.060	0.100	0.100	0.100
	镀锌地线夹 40	套	6.396	—	—	—
	镀锌地线夹 50	套	—	6.406	—	—
	镀锌地线夹 65	套	—	—	6.206	—
	镀锌地线夹 80	套	—	—	—	6.206
	镀锌钢管	m	10.300	10.300	10.300	10.300
	镀锌钢管接头 40×3.5	个	1.652	—	—	—
	镀锌钢管接头 50×3.5	个	—	1.602	—	—
	镀锌钢管接头 65×3.75	个	—	—	1.502	—
	镀锌钢管接头 80×4	个	—	—	—	1.502
	镀锌钢管卡子 *DN*40	个	6.807	—	—	—
	镀锌钢管卡子 *DN*50	个	—	6.807	—	—
	镀锌钢管卡子 *DN*65	个	—	—	5.205	—
	镀锌钢管卡子 *DN*80	个	—	—	—	5.205
	镀锌钢管塑料护口 *DN*40	个	1.552	—	—	—
	镀锌钢管塑料护口 *DN*50	个	—	1.502	—	—
	镀锌钢管塑料护口 *DN*65	个	—	—	1.502	—
	镀锌钢管塑料护口 *DN*80	个	—	—	—	1.502
	镀锌锁紧螺母 *DN*40×3	个	1.602	—	—	—
	镀锌锁紧螺母 *DN*50×3	个	—	2.002	—	—
	镀锌锁紧螺母 *DN*65×3	个	—	—	2.002	—
	镀锌锁紧螺母 *DN*80×3	个	—	—	—	2.002
	镀锌铁丝 ϕ1.2~2.2	kg	0.080	0.100	0.100	0.100
	钢锯条	条	0.300	0.300	0.300	0.501
	木螺钉 *d*4×65	10个	0.691	0.701	—	—
	膨胀螺栓 M6	10套	0.671	0.701	1.001	1.001
	铅油(厚漆)	kg	0.150	0.200	0.200	0.200
	塑料胀管 ϕ6~8	个	7.267	7.307	—	—
	铜芯塑料绝缘软电线 BVR-4mm^2	m	2.933	3.504	4.304	5.105
	油漆溶剂油	kg	0.110	0.100	0.200	0.200
	其他材料费	%	1.800	1.800	1.800	1.800
机械	钢材电动煨弯机 500mm 以内	台班	—	0.011	0.011	0.032
	管子切断机 150mm	台班	—	0.011	0.011	0.011

工作内容：测位、划线、打眼、埋螺栓、锯管、套丝、煨弯(机)、配管、接地、穿引线、补漆。 **计量单位：**10m

定额编号				2-2-359	2-2-360	2-2-361
项　目				镀锌钢管敷设		
				砖、混凝土结构明配		
				公称直径(*DN*)		
				≤100	≤125	≤150
名　称			单位	消　耗　量		
人工	合计工日		工日	3.1410	4.3920	5.7600
	其中	普工	工日	1.2760	1.7770	2.3330
		一般技工	工日	1.5660	2.1960	2.8800
		高级技工	工日	0.2990	0.4190	0.5470
材料	冲击钻头 $\phi6\sim8$		个	0.100	0.100	0.100
	醇酸清漆		kg	0.100	0.200	0.200
	镀锌地线夹 100		套	6.206	—	—
	镀锌地线夹 125		套	—	1.602	—
	镀锌地线夹 150		套	—	—	1.652
	镀锌钢管		m	10.300	10.300	10.300
	镀锌钢管接头 100×4		个	1.502	—	—
	镀锌钢管接头 125×4.5		个	—	0.801	—
	镀锌钢管接头 150×4.5		个	—	—	0.821
	镀锌钢管卡子 *DN*100		个	5.205	—	—
	镀锌钢管卡子 *DN*125		个	—	2.903	—
	镀锌钢管卡子 *DN*150		个	—	—	2.883
	镀锌钢管塑料护口 *DN*100		个	1.502	—	—
	镀锌锁紧螺母 *DN*100×3		个	2.002	—	—
	镀锌铁丝 $\phi1.2\sim2.2$		kg	0.100	0.100	0.100
	钢锯条		条	0.501	—	—
	膨胀螺栓 M6		10套	1.001	0.601	0.571
	铅油(厚漆)		kg	0.300	0.400	0.440
	铜芯塑料绝缘软电线 BVR-4mm^2		m	6.306	2.002	2.432
	油漆溶剂油		kg	0.300	0.300	0.380
	其他材料费		%	1.800	1.800	1.800
机械	钢材电动煨弯机 500mm 以内		台班	0.032	0.032	0.105
	管子切断机 150mm		台班	0.011	0.011	0.053

工作内容：测位、划线、锯管、套丝、煨弯(机)、沟坑修整、配管、接地、穿引线、补漆。 **计量单位：**10m

定额编号				2-2-362	2-2-363	2-2-364	2-2-365	2-2-366	2-2-367
项目				镀锌钢管敷设					
				砖、混凝土结构暗配					
				公称直径(*DN*)					
				≤15	≤20	≤25	≤32	≤40	≤50
名称			单位	消耗量					
人工	合计工日		工日	0.4680	0.4680	0.5580	0.5580	0.9180	1.0260
	其中	普工	工日	0.1910	0.1910	0.2280	0.2280	0.3740	0.4190
		一般技工	工日	0.2340	0.2340	0.2790	0.2790	0.4590	0.5130
		高级技工	工日	0.0430	0.0430	0.0510	0.0510	0.0860	0.0940
材料	醇酸清漆		kg	—	—	—	0.100	0.100	0.070
	镀锌地线夹 15		套	6.406	—	—	—	—	—
	镀锌地线夹 20		套	—	6.406	—	—	—	—
	镀锌地线夹 25		套	—	—	6.406	—	—	—
	镀锌地线夹 32		套	—	—	—	6.406	—	—
	镀锌地线夹 40		套	—	—	—	—	6.406	—
	镀锌地线夹 50		套	—	—	—	—	—	6.396
	镀锌钢管		m	10.300	10.300	10.300	10.300	10.300	10.300
	镀锌钢管接头 15×2.75		个	1.602	—	—	—	—	—
	镀锌钢管接头 20×2.75		个	—	1.602	—	—	—	—
	镀锌钢管接头 25×3.25		个	—	—	1.602	—	—	—
	镀锌钢管接头 32×3.25		个	—	—	—	1.602	—	—
	镀锌钢管接头 40×3.5		个	—	—	—	—	1.602	—
	镀锌钢管接头 50×3.5		个	—	—	—	—	—	1.652
	镀锌钢管塑料护口 *DN*15~20		个	4.124	4.124	—	—	—	—
	镀锌钢管塑料护口 *DN*25		个	—	—	1.502	—	—	—
	镀锌钢管塑料护口 *DN*32		个	—	—	—	1.502	—	—
	镀锌钢管塑料护口 *DN*40		个	—	—	—	—	1.502	—
	镀锌钢管塑料护口 *DN*50		个	—	—	—	—	—	1.552
	镀锌锁紧螺母 *DN*15×1.5		个	4.124	—	—	—	—	—
	镀锌锁紧螺母 *DN*20×1.5		个	—	4.124	—	—	—	—
	镀锌锁紧螺母 *DN*25×3		个	—	—	2.002	—	—	—
	镀锌锁紧螺母 *DN*40×3		个	—	—	—	—	2.002	—
	镀锌锁紧螺母 *DN*50×3		个	—	—	—	—	—	1.602
	镀锌铁丝 ϕ1.2~2.2		kg	0.100	0.100	0.100	0.100	0.100	0.100
	钢锯条		条	0.300	0.300	0.200	0.200	0.300	0.300
	铅油(厚漆)		kg	0.100	0.100	0.100	0.100	0.100	0.180
	铜芯塑料绝缘软电线 BVR-4mm^2		m	1.401	1.702	2.002	2.503	2.903	3.524
	油漆溶剂油		kg	—	—	—	—	0.100	0.060
	其他材料费		%	1.800	1.800	1.800	1.800	1.800	1.800
机械	钢材电动煨弯机 500mm 以内		台班	—	—	—	—	—	0.011
	管子切断机 150mm		台班	—	—	—	—	—	0.011

工作内容:测位、划线、锯管、套丝、煨弯(机)、沟坑修整、配管、接地、穿引线、补漆。　　**计量单位**:10m

定额编号				2-2-368	2-2-369	2-2-370	2-2-371	2-2-372
项　目				镀锌钢管敷设				
				砖、混凝土结构暗配				
				公称直径(*DN*)				
				≤65	≤80	≤100	≤125	≤150
名　称			单位	消　耗　量				
人工	合计工日		工日	1.4940	2.2140	2.3400	2.9520	4.1940
	其中	普工	工日	0.6020	0.8930	0.9480	1.1940	1.6950
		一般技工	工日	0.7470	1.1070	1.1700	1.4760	2.0970
		高级技工	工日	0.1450	0.2140	0.2220	0.2820	0.4020
材料	醇酸清漆		kg	0.090	0.110	0.140	0.170	0.200
	镀锌地线夹 65		套	12.372	—	—	—	—
	镀锌地线夹 80		套	—	6.186	—	—	—
	镀锌地线夹 100		套	—	—	6.186	—	—
	镀锌地线夹 125		套	—	—	—	1.652	—
	镀锌地线夹 150		套	—	—	—	—	1.652
	镀锌钢管		m	10.300	10.300	10.300	10.300	10.300
	镀锌钢管接头 65×3.75		个	1.552	—	—	—	—
	镀锌钢管接头 80×4		个	—	1.552	—	—	—
	镀锌钢管接头 100×4		个	—	—	1.552	—	—
	镀锌钢管接头 125×4.5		个	—	—	—	0.821	—
	镀锌钢管接头 150×4.5		个	—	—	—	—	0.821
	镀锌钢管塑料护口 *DN*65		个	1.552	—	—	—	—
	镀锌钢管塑料护口 *DN*80		个	—	1.552	—	—	—
	镀锌钢管塑料护口 *DN*100		个	—	—	1.552	—	—
	镀锌锁紧螺母 *DN*65×3		个	1.602	—	—	—	—
	镀锌锁紧螺母 *DN*80×3		个	—	1.602	—	—	—
	镀锌锁紧螺母 *DN*100×3		个	—	—	1.602	—	—
	镀锌铁丝 ϕ1.2~2.2		kg	0.100	0.100	0.100	0.110	0.110
	钢锯条		条	0.300	0.450	0.450	—	—
	铅油(厚漆)		kg	0.210	0.240	0.310	0.380	0.440
	铜芯塑料绝缘软电线 BVR-4mm^2		m	4.284	5.145	6.296	2.042	2.432
	油漆溶剂油		kg	0.090	0.100	0.130	0.160	0.180
	其他材料费		%	1.800	1.800	1.800	1.800	1.800
机械	钢材电动煨弯机 500mm 以内		台班	0.032	0.032	0.032	0.105	0.105
	管子切断机 150mm		台班	0.011	0.011	0.011	0.053	0.053

工作内容:测位、划线、锯管、套丝、煨弯(机)、配管、接地、穿引线、补漆。 **计量单位**:10m

定额编号				2-2-373	2-2-374	2-2-375
项目				镀锌钢管敷设		
				钢模板暗配		
				公称直径(*DN*)		
				≤15	≤20	≤25
名称			单位	消耗量		
人工	合计工日		工日	0.4680	0.5130	0.6480
	其中	普工	工日	0.1910	0.2100	0.2640
		一般技工	工日	0.2340	0.2520	0.3240
		高级技工	工日	0.0430	0.0510	0.0600
材料	醇酸清漆		kg	0.030	0.030	0.040
	镀锌地线夹 15		套	6.396	—	—
	镀锌地线夹 20		套	—	6.396	—
	镀锌地线夹 25		套	—	—	6.396
	镀锌钢管		m	10.300	10.300	10.300
	镀锌钢管接头 15×2.75		个	1.652	—	—
	镀锌钢管接头 20×2.75		个	—	1.652	—
	镀锌钢管接头 25×3.25		个	—	—	1.652
	镀锌钢管塑料护口 *DN*15~20		个	2.252	2.252	—
	镀锌钢管塑料护口 *DN*25		个	—	—	1.552
	镀锌锁紧螺母 *DN*15×3		个	2.252	—	—
	镀锌锁紧螺母 *DN*20×3		个	—	2.252	—
	镀锌锁紧螺母 *DN*25×3		个	—	—	1.602
	镀锌铁丝 ϕ1.2~2.2		kg	0.100	0.100	0.100
	钢锯条		条	0.300	0.300	0.200
	铅油(厚漆)		kg	0.060	0.070	0.100
	铜芯塑料绝缘软电线 BVR-4mm^2		m	1.441	1.742	2.042
	油漆溶剂油		kg	0.020	0.020	0.030
	其他材料费		%	1.800	1.800	1.800
机械	钢材电动煨弯机 500mm 以内		台班	—	—	0.011

工作内容:测位、划线、锯管、套丝、煨弯(机)、配管、接地、穿引线、补漆。　　计量单位:10m

定额编号			2-2-376	2-2-377	2-2-378
项　目			镀锌钢管敷设		
			钢模板暗配		
			公称直径(DN)		
			≤32	≤40	≤50
名　称		单位	消耗量		
人工	合计工日	工日	0.6660	1.0620	1.1520
	其中 普工	工日	0.2730	0.4280	0.4650
	其中 一般技工	工日	0.3330	0.5310	0.5760
	其中 高级技工	工日	0.0600	0.1030	0.1110
材料	醇酸清漆	kg	0.050	0.060	0.070
	镀锌地线夹 32	套	6.396	—	—
	镀锌地线夹 40	套	—	6.396	—
	镀锌地线夹 50	套	—	—	6.396
	镀锌钢管	m	10.300	10.300	10.300
	镀锌钢管接头 32×3.25	个	1.652	—	—
	镀锌钢管接头 40×3.5	个	—	1.652	—
	镀锌钢管接头 50×3.5	个	—	—	1.652
	镀锌钢管塑料护口 DN32	个	1.552	—	—
	镀锌钢管塑料护口 DN40	个	—	1.552	—
	镀锌钢管塑料护口 DN50	个	—	—	1.552
	镀锌锁紧螺母 DN32×3	个	1.602	—	—
	镀锌锁紧螺母 DN40×3	个	—	1.602	—
	镀锌锁紧螺母 DN50×3	个	—	—	1.602
	镀锌铁丝 ϕ1.2~2.2	kg	0.100	0.100	0.100
	钢锯条	条	0.200	0.300	0.300
	铅油(厚漆)	kg	0.130	0.150	0.180
	铜芯塑料绝缘软电线 BVR-4mm^2	m	2.452	2.933	3.524
	油漆溶剂油	kg	0.040	0.050	0.060
	其他材料费	%	1.800	1.800	1.800
机械	钢材电动煨弯机 500mm 以内	台班	0.011	0.011	0.011
	管子切断机 150mm	台班	—	—	0.011

工作内容：测位、划线、打眼、上卡子、安装支架、锯管、套丝、煨弯（机）、配管、接地、穿引线、补漆。

计量单位：10m

定额编号				2-2-379	2-2-380	2-2-381	2-2-382
项目				镀锌钢管敷设			
				钢结构支架配管			
				公称直径（DN）			
				≤15	≤20	≤25	≤32
名称			单位	消耗量			
人工	合计工日		工日	0.6030	0.6480	0.7740	0.8100
	其中	普工	工日	0.2460	0.2640	0.3100	0.3280
		一般技工	工日	0.2970	0.3240	0.3870	0.4050
		高级技工	工日	0.0600	0.0600	0.0770	0.0770
材料	半圆头螺钉 M(6~8)×(12~30)		10套	2.452	2.452	1.692	1.692
	醇酸清漆		kg	0.030	0.030	0.040	0.050
	镀锌地线夹 15		套	6.396	—	—	—
	镀锌地线夹 20		套	—	6.396	—	—
	镀锌地线夹 25		套	—	—	6.396	—
	镀锌地线夹 32		套	—	—	—	6.396
	镀锌钢管		m	10.300	10.300	10.300	10.300
	镀锌钢管接头 15×2.75		个	1.652	—	—	—
	镀锌钢管接头 20×2.75		个	—	1.652	—	—
	镀锌钢管接头 25×3.25		个	—	—	1.652	—
	镀锌钢管接头 32×3.25		个	—	—	—	1.652
	镀锌钢管卡子 *DN*15		个	12.372	—	—	—
	镀锌钢管卡子 *DN*20		个	—	12.372	—	—
	镀锌钢管卡子 *DN*25		个	—	—	8.559	—
	镀锌钢管卡子 *DN*32		个	—	—	—	8.559
	镀锌钢管塑料护口 *DN*15~20		个	4.124	4.124	—	—
	镀锌钢管塑料护口 *DN*25		个	—	—	1.552	—
	镀锌钢管塑料护口 *DN*32		个	—	—	—	1.552
	镀锌锁紧螺母 *DN*15×3		个	4.124	—	—	—
	镀锌锁紧螺母 *DN*20×3		个	—	4.124	—	—
	镀锌锁紧螺母 *DN*25×3		个	—	—	1.602	—
	镀锌锁紧螺母 *DN*32×3		个	—	—	—	1.602
	镀锌铁丝 ϕ1.2~2.2		kg	0.080	0.080	0.080	0.080
	钢锯条		条	0.300	0.300	0.200	0.200
	铅油（厚漆）		kg	0.060	0.070	0.100	0.130
	铜芯塑料绝缘软电线 BVR-4mm^2		m	1.441	1.742	2.042	2.452
	油漆溶剂油		kg	0.050	0.060	0.070	0.090
	其他材料费		%	1.800	1.800	1.800	1.800
机械	钢材电动煨弯机 500mm 以内		台班	—	—	—	0.011

工作内容:测位、划线、打眼、上卡子、安装支架、锯管、套丝、煨弯(机)、配管、接地、穿引线、补漆。

计量单位:10m

定额编号				2-2-383	2-2-384	2-2-385	2-2-386
项目				镀锌钢管敷设			
				钢结构支架配管			
				公称直径(*DN*)			
				≤40	≤50	≤65	≤80
名称			单位	消耗量			
人工	合计工日		工日	1.1970	1.2960	2.0160	2.7270
	其中	普工	工日	0.4830	0.5280	0.8200	1.1030
		一般技工	工日	0.6030	0.6480	1.0080	1.3680
		高级技工	工日	0.1110	0.1200	0.1880	0.2570
材料	半圆头螺钉 M(6~8)×(12~30)		10套	1.351	1.351	1.021	1.021
	醇酸清漆		kg	0.060	0.070	0.090	0.110
	镀锌地线夹 40		套	6.396	—	—	—
	镀锌地线夹 50		套	—	6.396	—	—
	镀锌地线夹 65		套	—	—	6.186	—
	镀锌地线夹 80		套	—	—	—	6.186
	镀锌钢管		m	10.300	10.300	10.300	10.300
	镀锌钢管接头 40×3.5		个	1.652	—	—	—
	镀锌钢管接头 50×3.5		个	—	1.652	—	—
	镀锌钢管接头 65×3.75		个	—	—	1.552	—
	镀锌钢管接头 80×4		个	—	—	—	1.552
	镀锌钢管卡子 *DN*40		个	6.807	—	—	—
	镀锌钢管卡子 *DN*50		个	—	6.807	—	—
	镀锌钢管卡子 *DN*65		个	—	—	5.155	—
	镀锌钢管卡子 *DN*80		个	—	—	—	5.155
	镀锌钢管塑料护口 *DN*40		个	1.552	—	—	—
	镀锌钢管塑料护口 *DN*50		个	—	1.552	—	—
	镀锌钢管塑料护口 *DN*65		个	—	—	1.552	—
	镀锌钢管塑料护口 *DN*80		个	—	—	—	1.552
	镀锌锁紧螺母 *DN*40×3		个	1.602	—	—	—
	镀锌锁紧螺母 *DN*50×3		个	—	0.160	—	—
	镀锌锁紧螺母 *DN*65×3		个	—	—	1.602	—
	镀锌锁紧螺母 *DN*80×3		个	—	—	—	1.602
	镀锌铁丝 φ1.2~2.2		kg	0.080	0.080	0.080	0.080
	钢锯条		条	0.300	0.300	0.300	0.450
	铅油(厚漆)		kg	0.150	0.190	0.210	0.240
	铜芯塑料绝缘软电线 BVR-4mm²		m	2.933	3.524	4.284	5.145
	油漆溶剂油		kg	0.110	0.140	0.180	0.210
	其他材料费		%	1.800	1.800	1.800	1.800
机械	钢材电动煨弯机 500mm 以内		台班	0.011	0.011	0.032	0.032
	管子切断机 150mm		台班	—	0.011	0.011	0.011

工作内容:测位、划线、打眼、上卡子、安装支架、锯管、套丝、煨弯(机)、配管、接地、穿引线、补漆。

计量单位:10m

定额编号				2-2-387	2-2-388	2-2-389
项目				镀锌钢管敷设		
				钢结构支架配管		
				公称直径(*DN*)		
				≤100	≤125	≤150
名称			单位	消耗量		
人工	合计工日		工日	2.9520	4.3200	5.5620
	其中	普工	工日	1.1940	1.7500	2.2510
		一般技工	工日	1.4760	2.1600	2.7810
		高级技工	工日	0.2820	0.4100	0.5300
材料	半圆头螺钉 M(6~8)×(12~30)		10套	1.021	0.571	0.571
	醇酸清漆		kg	0.140	0.170	0.200
	镀锌地线夹 100		套	6.186	—	—
	镀锌地线夹 125		套	—	1.652	—
	镀锌地线夹 150		套	—	—	1.652
	镀锌钢管		m	10.300	10.300	10.300
	镀锌钢管接头 100×4		个	1.552	—	—
	镀锌钢管接头 125×4.5		个	—	0.821	—
	镀锌钢管接头 150×4.5		个	—	—	0.821
	镀锌钢管卡子 *DN*100		个	5.155	—	—
	镀锌钢管卡子 *DN*125		个	—	2.843	—
	镀锌钢管卡子 *DN*150		个	—	—	2.843
	镀锌钢管塑料护口 *DN*100		个	1.552	—	—
	镀锌锁紧螺母 *DN*100×3		个	1.602	—	—
	镀锌铁丝 ϕ1.2~2.2		kg	0.080	0.080	0.080
	钢锯条		条	0.450	—	—
	铅油(厚漆)		kg	0.310	0.380	0.440
	铜芯塑料绝缘软电线 BVR-4mm^2		m	6.296	2.042	2.432
	油漆溶剂油		kg	0.270	0.330	0.380
	其他材料费		%	1.800	1.800	1.800
机械	钢材电动煨弯机 500mm 以内		台班	0.032	0.105	0.105
	管子切断机 150mm		台班	0.011	0.053	0.053

工作内容:测位、划线、打眼、埋螺栓、锯管、套丝、煨弯(机)、配管、接地、穿引线、补漆。 **计量单位:**10m

定额编号			2-2-390	2-2-391	2-2-392	2-2-393	2-2-394
项　目			防爆钢管敷设				
			砖、混凝土结构明配				
			公称直径(*DN*)				
			≤15	≤20	≤25	≤32	≤40
名　称		单位	消　耗　量				
人工	合计工日	工日	1.1340	1.2240	1.3680	1.4220	1.6020
	其中 普工	工日	0.4560	0.4920	0.5560	0.5740	0.6470
	其中 一般技工	工日	0.5670	0.6120	0.6840	0.7110	0.8010
	其中 高级技工	工日	0.1110	0.1200	0.1280	0.1370	0.1540
材料	冲击钻头 ϕ6~8	个	0.170	0.170	0.120	0.120	0.120
	醇酸清漆	kg	0.030	0.030	0.040	0.050	0.060
	电力复合脂	kg	0.050	0.050	0.060	0.060	0.070
	镀锌钢管	m	10.300	10.300	10.300	10.300	10.300
	镀锌钢管活接头 *DN*25	个	—	—	1.552	—	—
	镀锌钢管活接头 *DN*32	个	—	—	—	1.552	—
	镀锌钢管接头 15×2.75	个	1.652	—	—	—	—
	镀锌钢管接头 20×2.75	个	—	1.652	—	—	—
	镀锌钢管接头 25×3.25	个	—	—	1.652	—	—
	镀锌钢管接头 32×3.25	个	—	—	—	1.652	—
	镀锌钢管接头 40×3.5	个	—	—	—	—	1.652
	镀锌钢管卡子 *DN*15	个	12.372	—	—	—	—
	镀锌钢管卡子 *DN*20	个	—	12.372	—	—	—
	镀锌钢管卡子 *DN*25	个	—	—	8.559	—	—
	镀锌钢管卡子 *DN*32	个	—	—	—	8.559	—
	镀锌钢管卡子 *DN*40	个	—	—	—	—	8.559
	镀锌钢管塑料护口 *DN*15~20	个	2.252	2.252	—	—	—
	镀锌钢管塑料护口 *DN*25	个	—	—	1.552	—	—
	镀锌钢管塑料护口 *DN*32	个	—	—	—	1.552	—
	镀锌钢管塑料护口 *DN*40	个	—	—	—	—	1.552
	镀锌铁丝 ϕ1.2~2.2	kg	0.080	0.080	0.080	0.080	0.080
	防爆活接头	个	2.580	2.580	1.550	1.550	—
	钢锯条	条	0.300	0.300	0.200	0.200	0.300
	木螺钉 *d*4×65	10个	2.503	2.503	1.732	1.732	0.691
	膨胀螺栓 M6	10套	—	—	—	—	0.671
	铅油(厚漆)	kg	0.070	0.080	0.110	0.140	0.160
	塑料胀管 ϕ6~8	个	26.426	26.426	18.278	18.278	7.267
	油漆溶剂油	kg	0.050	0.060	0.070	0.090	0.110
	其他材料费	%	1.800	1.800	1.800	1.800	1.800
机械	钢材电动煨弯机 500mm 以内	台班	—	—	0.011	0.011	0.011
	管子切断套丝机 159mm	台班	—	—	0.011	0.011	0.011

工作内容：测位、划线、打眼、埋螺栓、锯管、套丝、煨弯(机)、配管、接地、穿引线、补漆。 **计量单位**：10m

定额编号				2-2-395	2-2-396	2-2-397	2-2-398
项目				防爆钢管敷设			
				砖、混凝土结构明配			
				公称直径(DN)			
				≤50	≤65	≤80	≤100
名称			单位	消耗量			
人工	合计工日		工日	1.7460	2.5200	3.1140	3.2040
	其中	普工	工日	0.7110	1.0210	1.2580	1.2940
		一般技工	工日	0.8730	1.2600	1.5570	1.6020
		高级技工	工日	0.1620	0.2390	0.2990	0.3080
材料	冲击钻头 $\phi6\sim8$		个	0.090	0.070	0.070	0.070
	醇酸清漆		kg	0.070	0.090	0.110	0.140
	电力复合脂		kg	0.070	0.080	0.080	0.090
	镀锌钢管		m	10.300	10.300	10.300	10.300
	镀锌钢管接头 50×3.5		个	1.652	—	—	—
	镀锌钢管接头 65×3.75		个	—	1.552	—	—
	镀锌钢管接头 80×4		个	—	—	1.552	—
	镀锌钢管接头 100×4		个	—	—	—	1.552
	镀锌钢管卡子 *DN*50		个	6.807	—	—	—
	镀锌钢管卡子 *DN*65		个	—	5.155	—	—
	镀锌钢管卡子 *DN*80		个	—	—	5.155	—
	镀锌钢管卡子 *DN*100		个	—	—	—	5.155
	镀锌钢管塑料护口 *DN*50		个	1.552	—	—	—
	镀锌钢管塑料护口 *DN*65		个	—	1.552	—	—
	镀锌钢管塑料护口 *DN*80		个	—	—	1.552	—
	镀锌钢管塑料护口 *DN*100		个	—	—	—	1.552
	镀锌铁丝 $\phi1.2\sim2.2$		kg	0.080	0.080	0.080	0.080
	钢锯条		条	0.300	0.300	0.450	0.450
	木螺钉 *d*4×65		10个	0.691	—	—	—
	膨胀螺栓 M6		10套	0.671	1.021	1.021	1.021
	铅油(厚漆)		kg	0.200	0.230	0.250	0.330
	塑料胀管 $\phi6\sim8$		个	7.267	—	—	—
	油漆溶剂油		kg	0.140	0.180	0.210	0.270
	其他材料费		%	1.800	1.800	1.800	1.800
机械	钢材电动煨弯机 500mm 以内		台班	0.011	0.021	0.021	0.021
	管子切断套丝机 159mm		台班	0.011	0.011	0.011	0.011

工作内容:测位、划线、打眼、埋螺栓、锯管、套丝、煨弯(机)、配管、接地、气密性试验、穿引线、补漆。

计量单位:10m

定额编号			2-2-399	2-2-400	2-2-401	2-2-402	2-2-403
项目			防爆钢管敷设				
			砖、混凝土结构暗配				
			公称直径(DN)				
			≤15	≤20	≤25	≤32	≤40
名称		单位	消耗量				
人工	合计工日	工日	0.6300	0.6930	0.8280	0.9000	1.2960
	其中 普工	工日	0.2550	0.2830	0.3370	0.3650	0.5280
	其中 一般技工	工日	0.3150	0.3420	0.4140	0.4500	0.6480
	其中 高级技工	工日	0.0600	0.0680	0.0770	0.0860	0.1200
材料	电力复合脂	kg	0.050	0.050	0.060	0.060	0.070
	镀锌钢管	m	10.300	10.300	10.300	10.300	10.300
	镀锌钢管接头 15×2.75	个	1.652	—	—	—	—
	镀锌钢管接头 20×2.75	个	—	1.652	—	—	—
	镀锌钢管接头 25×3.25	个	—	—	1.652	—	—
	镀锌钢管接头 32×3.25	个	—	—	—	1.652	—
	镀锌钢管接头 40×3.5	个	—	—	—	—	1.652
	镀锌钢管塑料护口 DN15~20	个	4.124	4.124	—	—	—
	镀锌钢管塑料护口 DN25	个	—	—	1.552	—	—
	镀锌钢管塑料护口 DN32	个	—	—	—	1.552	—
	镀锌钢管塑料护口 DN40	个	—	—	—	—	1.552
	镀锌铁丝 ϕ1.2~2.2	kg	0.100	0.100	0.100	0.100	0.100
	防爆活接头	个	4.120	4.120	1.550	1.550	—
	钢锯条	条	0.300	0.300	0.200	0.200	0.300
	铅油(厚漆)	kg	0.010	0.010	0.010	0.020	0.030
	油漆溶剂油	kg	0.020	0.020	0.030	0.040	0.050
	其他材料费	%	1.800	1.800	1.800	1.800	1.800
机械	钢材电动煨弯机 500mm 以内	台班	—	—	0.011	0.011	0.011
	管子切断套丝机 159mm	台班	—	—	0.011	0.011	0.011

工作内容:测位、划线、打眼、埋螺栓、锯管、套丝、煨弯(机)、配管、接地、气密性试验、穿引线、补漆。

计量单位:10m

定额编号				2-2-404	2-2-405	2-2-406	2-2-407
项目				防爆钢管敷设			
				砖、混凝土结构暗配			
				公称直径(*DN*)			
				≤50	≤65	≤80	≤100
名称			单位	消耗量			
人工	合计工日		工日	1.4400	1.8900	2.6820	2.7720
	其中	普工	工日	0.5830	0.7650	1.0850	1.1210
		一般技工	工日	0.7200	0.9450	1.3410	1.3860
		高级技工	工日	0.1370	0.1800	0.2570	0.2650
材料	电力复合脂		kg	0.070	0.080	0.080	0.090
	镀锌钢管		m	10.300	10.300	10.300	10.300
	镀锌钢管接头 50×3.5		个	1.652	—	—	—
	镀锌钢管接头 65×3.75		个	—	1.552	—	—
	镀锌钢管接头 80×4		个	—	—	1.552	—
	镀锌钢管接头 100×4		个	—	—	—	1.552
	镀锌钢管塑料护口 *DN*50		个	1.552	—	—	—
	镀锌钢管塑料护口 *DN*65		个	—	1.552	—	—
	镀锌钢管塑料护口 *DN*80		个	—	—	1.552	—
	镀锌钢管塑料护口 *DN*100		个	—	—	—	1.552
	镀锌铁丝 ϕ1.2~2.2		kg	0.100	0.100	0.100	0.100
	钢锯条		条	0.300	0.300	0.450	0.450
	铅油(厚漆)		kg	0.030	0.040	0.040	0.050
	油漆溶剂油		kg	0.060	0.090	0.100	0.130
	其他材料费		%	1.800	1.800	1.800	1.800
机械	钢材电动煨弯机 500mm 以内		台班	0.011	0.032	0.032	0.032
	管子切断套丝机 159mm		台班	0.011	0.011	0.032	0.032

工作内容:测位、划线、打眼、埋螺栓、锯管、套丝、煨弯(机)、配管、接地、气密性试验、穿引线、补漆。

计量单位:10m

定额编号				2-2-408	2-2-409	2-2-410	2-2-411	2-2-412
项目				防爆钢管敷设				
				钢结构支架配管				
				公称直径(*DN*)				
				≤15	≤20	≤25	≤32	≤40
名称			单位	消耗量				
人工	合计工日		工日	0.9000	0.9810	1.0440	1.1340	1.4670
	其中	普工	工日	0.3650	0.4010	0.4190	0.4560	0.5920
		一般技工	工日	0.4500	0.4860	0.5220	0.5670	0.7380
		高级技工	工日	0.0860	0.0940	0.1030	0.1110	0.1370
材料	半圆头螺钉 M(6~8)×(12~30)		10套	2.452	2.452	1.692	1.692	1.351
	醇酸清漆		kg	0.030	0.030	0.040	0.040	0.060
	电力复合脂		kg	0.050	0.050	0.060	0.060	0.070
	镀锌钢管		m	10.300	10.300	10.300	10.300	10.300
	镀锌钢管接头 15×2.75		个	1.652	—	—	—	—
	镀锌钢管接头 20×2.75		个	—	1.652	—	—	—
	镀锌钢管接头 25×3.25		个	—	—	1.652	—	—
	镀锌钢管接头 32×3.25		个	—	—	—	1.652	—
	镀锌钢管接头 40×3.5		个	—	—	—	—	1.652
	镀锌钢管卡子 *DN*15		个	12.372	—	—	—	—
	镀锌钢管卡子 *DN*20		个	—	12.372	—	—	—
	镀锌钢管卡子 *DN*25		个	—	—	8.559	—	—
	镀锌钢管卡子 *DN*32		个	—	—	—	8.559	—
	镀锌钢管卡子 *DN*40		个	—	—	—	—	6.807
	镀锌钢管塑料护口 *DN*15~20		个	4.124	4.124	—	—	—
	镀锌钢管塑料护口 *DN*25		个	—	—	1.552	—	—
	镀锌钢管塑料护口 *DN*32		个	—	—	—	1.552	—
	镀锌钢管塑料护口 *DN*40		个	—	—	—	—	1.552
	镀锌铁丝 ϕ1.2~2.2		kg	0.080	0.080	0.080	0.080	0.080
	防爆活接头		个	4.120	4.120	1.550	1.550	—
	钢锯条		条	0.300	0.300	0.200	0.200	0.300
	铅油(厚漆)		kg	0.070	0.080	0.110	0.140	0.160
	油漆溶剂油		kg	0.050	0.060	0.070	0.090	0.110
	其他材料费		%	1.800	1.800	1.800	1.800	1.800
机械	钢材电动煨弯机 500mm 以内		台班	—	—	0.011	0.011	0.011
	管子切断套丝机 159mm		台班	—	—	0.011	0.011	0.011

工作内容：测位、划线、打眼、埋螺栓、锯管、套丝、煨弯（机）、配管、接地、气密性试验、穿引线、补漆。

计量单位：10m

定额编号				2-2-413	2-2-414	2-2-415	2-2-416
项目				防爆钢管敷设			
				钢结构支架配管			
				公称直径(DN)			
				≤50	≤65	≤80	≤100
名称			单位	消耗量			
人工	合计工日		工日	1.5930	2.3400	3.0330	3.2940
	其中	普工	工日	0.6470	0.9480	1.2300	1.3310
		一般技工	工日	0.7920	1.1700	1.5120	1.6470
		高级技工	工日	0.1540	0.2220	0.2910	0.3160
材料	半圆头螺钉 M(6~8)×(12~30)		10套	1.351	1.021	1.021	1.021
	醇酸清漆		kg	0.070	0.090	0.110	0.140
	电力复合脂		kg	0.070	0.080	0.080	0.090
	镀锌钢管		m	10.300	10.300	10.300	10.300
	镀锌钢管接头 50×3.5		个	1.652	—	—	—
	镀锌钢管接头 65×3.75		个	—	1.552	—	—
	镀锌钢管接头 80×4		个	—	—	1.552	—
	镀锌钢管接头 100×4		个	—	—	—	1.552
	镀锌钢管卡子 DN50		个	6.807	—	—	—
	镀锌钢管卡子 DN65		个	—	5.155	—	—
	镀锌钢管卡子 DN80		个	—	—	5.155	—
	镀锌钢管卡子 DN100		个	—	—	—	5.155
	镀锌钢管塑料护口 DN50		个	1.552	—	—	—
	镀锌钢管塑料护口 DN65		个	—	1.552	—	—
	镀锌钢管塑料护口 DN80		个	—	—	1.552	—
	镀锌钢管塑料护口 DN100		个	—	—	—	1.552
	镀锌铁丝 ϕ1.2~2.2		kg	0.080	0.080	0.080	0.080
	钢锯条		条	0.300	0.300	0.450	0.450
	铅油（厚漆）		kg	0.200	0.230	0.250	0.330
	油漆溶剂油		kg	0.140	0.180	0.210	0.270
	其他材料费		%	1.800	1.800	1.800	1.800
机械	钢材电动煨弯机 500mm 以内		台班	0.011	0.032	0.032	0.032
	管子切断套丝机 159mm		台班	0.011	0.011	0.032	0.032

工作内容:测位、划线、沟坑修整、断管、配管、固定、接地、清理、穿引线。 **计量单位:**10m

定额编号				2-2-417	2-2-418	2-2-419	2-2-420	2-2-421	2-2-422
项目				可挠金属套管敷设					
				砖、混凝土结构暗配					
				规格					
				10#	12#	15#	17#	24#	30#
名称			单位	消耗量					
人工	合计工日		工日	0.3510	0.3690	0.3780	0.3960	0.4320	0.4500
	其中	普工	工日	0.1460	0.1460	0.1550	0.1640	0.1730	0.1820
		一般技工	工日	0.1710	0.1890	0.1890	0.1980	0.2160	0.2250
		高级技工	工日	0.0340	0.0340	0.0340	0.0340	0.0430	0.0430
材料	镀锌铁丝 φ1.2~2.2		kg	0.070	0.070	0.070	0.060	0.070	0.070
	钢锯条		条	0.110	0.110	0.110	0.110	0.110	0.110
	焊锡膏		kg	—	—	—	—	—	0.010
	接地卡子(综合)		个	3.303	3.303	3.303	3.303	3.303	3.303
	可挠金属套管护口 BP-10		个	1.582	—	—	—	—	—
	可挠金属套管护口 BP-12		个	—	1.582	—	—	—	—
	可挠金属套管护口 BP-15		个	—	—	1.582	—	—	—
	可挠金属套管护口 BP-17		个	—	—	—	1.582	—	—
	可挠金属套管护口 BP-24		个	—	—	—	—	1.582	—
	可挠金属套管护口 BP-30		个	—	—	—	—	—	1.582
	可挠金属套管接头 KS-10		个	1.682	—	—	—	—	—
	可挠金属套管接头 KS-12		个	—	1.682	—	—	—	—
	可挠金属套管接头 KS-15		个	—	—	1.682	—	—	—
	可挠金属套管接头 KS-17		个	—	—	—	1.682	—	—
	可挠金属套管接头 KS-24		个	—	—	—	—	1.682	—
	可挠金属套管接头 KS-30		个	—	—	—	—	—	1.682
	可挠性金属套管		m	10.600	10.600	10.600	10.600	10.600	10.600
	铜芯塑料绝缘软电线 BVR-4mm²		m	0.400	0.400	0.400	0.400	0.450	0.450
	锡基钎料		kg	0.020	0.020	0.020	0.020	0.020	0.020
	其他材料费		%	1.800	1.800	1.800	1.800	1.800	1.800

工作内容：测位、划线、沟坑修整、断管、配管、固定、接地、清理、穿引线。 **计量单位：**10m

定额编号				2-2-423	2-2-424	2-2-425	2-2-426	2-2-427	2-2-428
项目				可挠金属套管敷设					
				砖、混凝土结构暗配					
				规格					
				38#	50#	63#	76#	83#	101#
名称			单位	消耗量					
人工	合计工日		工日	0.4680	0.4860	0.5130	0.5400	0.5580	0.6030
	其中	普工	工日	0.1910	0.2000	0.2100	0.2190	0.2280	0.2460
		一般技工	工日	0.2340	0.2430	0.2520	0.2700	0.2790	0.2970
		高级技工	工日	0.0430	0.0430	0.0510	0.0510	0.0510	0.0600
材料	镀锌铁丝 ϕ1.2~2.2		kg	0.070	0.070	0.070	0.080	0.080	0.080
	钢锯条		条	0.110	0.110	0.110	0.110	0.110	0.110
	焊锡膏		kg	0.010	0.010	0.010	0.010	0.010	0.010
	接地卡子(综合)		个	3.303	3.303	3.303	3.303	3.303	3.303
	可挠金属套管护口 BP-38		个	1.582	—	—	—	—	—
	可挠金属套管护口 BP-50		个	—	1.582	—	—	—	—
	可挠金属套管护口 BP-63		个	—	—	1.582	—	—	—
	可挠金属套管护口 BP-76		个	—	—	—	1.582	—	—
	可挠金属套管护口 BP-83		个	—	—	—	—	1.582	—
	可挠金属套管护口 BP-101		个	—	—	—	—	—	1.582
	可挠金属套管接头 KS-38		个	1.682	—	—	—	—	—
	可挠金属套管接头 KS-50		个	—	1.682	—	—	—	—
	可挠金属套管接头 KS-63		个	—	—	1.582	—	—	—
	可挠金属套管接头 KS-76		个	—	—	—	1.582	—	—
	可挠金属套管接头 KS-83		个	—	—	—	—	1.582	—
	可挠金属套管接头 KS-101		个	—	—	—	—	—	1.582
	可挠性金属套管		m	10.600	10.600	10.600	10.600	10.600	10.600
	铜芯塑料绝缘软电线 BVR-4mm^2		m	0.450	0.621	0.621	0.681	0.681	0.741
	锡基钎料		kg	0.020	0.030	0.030	0.030	0.030	0.030
	其他材料费		%	1.800	1.800	1.800	1.800	1.800	1.800

工作内容：测位、划线、打眼、下胀管、连接管件、配管、上螺钉、穿引线。　　**计量单位**：10m

定额编号				2-2-429	2-2-430	2-2-431	2-2-432
项目				刚性阻燃管敷设			
				砖、混凝土结构明配			
				外径(mm)			
				16	20	25	32
名称			单位	消耗量			
人工	合计工日		工日	0.6660	0.7200	0.7380	0.7920
	其中	普工	工日	0.2730	0.2920	0.3010	0.3190
		一般技工	工日	0.3330	0.3600	0.3690	0.3960
		高级技工	工日	0.0600	0.0680	0.0680	0.0770
材料	冲击钻头 $\phi6\sim8$		个	0.230	0.230	0.160	0.160
	镀锌铁丝 $\phi1.2\sim2.2$		kg	0.040	0.040	0.040	0.040
	刚性阻燃管		m	10.600	10.600	10.600	10.600
	钢锯条		条	0.100	0.100	0.100	0.100
	木螺钉 $d4\times65$		10个	3.333	3.333	2.412	2.412
	难燃塑料管接头 15		个	2.102	—	—	—
	难燃塑料管接头 20		个	—	2.102	—	—
	难燃塑料管接头 25		个	—	—	2.102	—
	难燃塑料管接头 32		个	—	—	—	2.102
	难燃塑料管卡子 15		个	16.817	—	—	—
	难燃塑料管卡子 20		个	—	16.817	—	—
	难燃塑料管卡子 25		个	—	—	12.192	—
	难燃塑料管卡子 32		个	—	—	—	12.192
	难燃塑料管三通 15		个	0.320	—	—	—
	难燃塑料管三通 20		个	—	0.320	—	—
	难燃塑料管三通 25		个	—	—	0.320	—
	难燃塑料管三通 32		个	—	—	—	0.320
	难燃塑料管伸缩接头 15		个	0.210	—	—	—
	难燃塑料管伸缩接头 20		个	—	0.210	—	—
	难燃塑料管伸缩接头 25		个	—	—	0.210	—
	难燃塑料管伸缩接头 32		个	—	—	—	0.210
	难燃塑料管弯头 15		个	0.210	—	—	—
	难燃塑料管弯头 20		个	—	0.210	—	—
	难燃塑料管弯头 25		个	—	—	0.210	—
	难燃塑料管弯头 32		个	—	—	—	0.210
	塑料胀管 $\phi6\sim8$		个	32.533	32.533	25.546	25.546
	粘合剂		kg	0.010	0.010	0.010	0.010
	其他材料费		%	1.800	1.800	1.800	1.800

工作内容:测位、划线、打眼、下胀管、连接管件、配管、上螺钉、穿引线。 **计量单位:**10m

定额编号				2-2-433	2-2-434	2-2-435
项目				刚性阻燃管敷设		
				砖、混凝土结构明配		
				外径(mm)		
				40	50	65
名称			单位	消耗量		
人工	合计工日		工日	0.7920	0.8280	0.8820
	其中	普工	工日	0.3190	0.3370	0.3560
		一般技工	工日	0.3960	0.4140	0.4410
		高级技工	工日	0.0770	0.0770	0.0860
材料	冲击钻头 $\phi6\sim12$		个	0.110	0.110	0.040
	镀锌铁丝 $\phi1.2\sim2.2$		kg	0.040	0.040	0.040
	刚性阻燃管		m	10.600	10.600	10.600
	钢锯条		条	0.100	0.100	0.100
	木螺钉 $d4\times65$		10个	1.692	1.692	1.271
	难燃塑料管接头 40		个	2.102	—	—
	难燃塑料管接头 50		个	—	2.102	—
	难燃塑料管接头 65		个	—	—	2.102
	难燃塑料管卡子 40		个	8.519	—	—
	难燃塑料管卡子 50		个	—	8.519	—
	难燃塑料管卡子 65		个	—	—	6.416
	难燃塑料管三通 40		个	0.320	—	—
	难燃塑料管三通 50		个	—	0.320	—
	难燃塑料管三通 65		个	—	—	0.320
	难燃塑料管伸缩接头 40		个	0.210	—	—
	难燃塑料管伸缩接头 50		个	—	0.210	—
	难燃塑料管伸缩接头 65		个	—	—	0.210
	难燃塑料管弯头 40		个	0.210	—	—
	难燃塑料管弯头 50		个	—	0.210	—
	难燃塑料管弯头 65		个	—	—	0.210
	塑料胀管 $\phi6\sim8$		个	17.838	17.838	13.433
	粘合剂		kg	0.020	0.020	0.020
	其他材料费		%	1.800	1.800	1.800

工作内容:测位、划线、接管、配管、固定、穿引线。　　**计量单位**:10m

定额编号				2-2-436	2-2-437	2-2-438	2-2-439
项目				刚性阻燃管敷设			
				砖、混凝土结构暗配			
				外径(mm)			
				16	20	25	32
名称			单位	消耗量			
人工	合计工日		工日	0.5040	0.5400	0.5670	0.6120
	其中	普工	工日	0.2010	0.2190	0.2280	0.2460
		一般技工	工日	0.2520	0.2700	0.2880	0.3060
		高级技工	工日	0.0510	0.0510	0.0510	0.0600
材料	镀锌铁丝 ϕ1.2~2.2		kg	0.070	0.080	0.070	0.070
	刚性阻燃管		m	10.600	10.600	10.600	10.600
	钢锯条		条	0.100	0.100	0.100	0.100
	难燃塑料管接头 15		个	2.583	—	—	—
	难燃塑料管接头 20		个	—	2.583	—	—
	难燃塑料管接头 25		个	—	—	2.583	—
	难燃塑料管接头 32		个	—	—	—	2.583
	粘合剂		kg	0.010	0.010	0.010	0.010
	其他材料费		%	1.800	1.800	1.800	1.800

工作内容:测位、划线、接管、配管、固定、穿引线。　　**计量单位**:10m

定额编号				2-2-440	2-2-441	2-2-442
项目				刚性阻燃管敷设		
				砖、混凝土结构暗配		
				外径(mm)		
				40	50	65
名称			单位	消耗量		
人工	合计工日		工日	0.6480	0.6660	0.7020
	其中	普工	工日	0.2640	0.2730	0.2830
		一般技工	工日	0.3240	0.3330	0.3510
		高级技工	工日	0.0600	0.0600	0.0680
材料	镀锌铁丝 ϕ1.2~2.2		kg	0.070	0.070	0.070
	刚性阻燃管		m	10.600	10.600	10.600
	钢锯条		条	0.100	0.100	0.150
	难燃塑料管接头 40		个	2.583	—	—
	难燃塑料管接头 50		个	—	2.583	—
	难燃塑料管接头 65		个	—	—	2.583
	粘合剂		kg	0.010	0.010	0.020
	其他材料费		%	1.800	1.800	1.800

工作内容:测位、划线、打眼、敷设、固定、穿引线。 **计量单位**:10m

定额编号				2-2-443	2-2-444	2-2-445	2-2-446	2-2-447	2-2-448
项目				半硬质塑料管敷设					
				砖、混凝土结构暗配					
				外径(mm)					
				16	20	25	32	40	50
名称			单位	消耗量					
人工	合计工日		工日	0.4320	0.5040	0.6300	0.7380	0.8280	0.9540
	其中	普工	工日	0.1730	0.2010	0.2550	0.3010	0.3370	0.3830
		一般技工	工日	0.2160	0.2520	0.3150	0.3690	0.4140	0.4770
		高级技工	工日	0.0430	0.0510	0.0600	0.0680	0.0770	0.0940
材料	半硬质塑料管		m	10.600	10.600	10.600	10.600	10.600	10.600
	镀锌铁丝 ϕ1.2~2.2		kg	0.070	0.080	0.070	0.070	0.070	0.070
	钢锯条		条	0.100	0.100	0.100	0.100	0.100	0.100
	套接管		m	0.090	0.100	0.120	0.120	0.200	0.210
	粘合剂		kg	0.010	0.010	0.010	0.010	0.010	0.010
	其他材料费		%	1.800	1.800	1.800	1.800	1.800	1.800

工作内容:测位、划线、钻孔、敷设、固定、穿引线。 **计量单位**:10m

定额编号				2-2-449	2-2-450	2-2-451	2-2-452	2-2-453	2-2-454
项目				半硬质塑料管敷设					
				钢模板暗配					
				外径(mm)					
				16	20	25	32	40	50
名称			单位	消耗量					
人工	合计工日		工日	0.2880	0.3420	0.4320	0.5130	0.5670	0.6660
	其中	普工	工日	0.1180	0.1370	0.1730	0.2100	0.2280	0.2730
		一般技工	工日	0.1440	0.1710	0.2160	0.2520	0.2880	0.3330
		高级技工	工日	0.0260	0.0340	0.0430	0.0510	0.0510	0.0600
材料	半硬质塑料管		m	10.600	10.600	10.600	10.600	10.600	10.600
	镀锌铁丝 ϕ1.2~2.2		kg	0.070	0.080	0.070	0.070	0.070	0.070
	钢锯条		条	0.100	0.100	0.100	0.100	0.100	0.100
	套接管		m	0.090	0.100	0.120	0.120	0.200	0.210
	粘合剂		kg	0.010	0.010	0.010	0.010	0.010	0.010
	其他材料费		%	1.800	1.800	1.800	1.800	1.800	1.800

工作内容:测位、划线、量尺寸、断管、连接接头、钻孔、敷设、固定。　　计量单位:10m

定额编号				2-2-455	2-2-456	2-2-457	2-2-458	2-2-459	2-2-460
项　目				波纹电线管敷设					
				内径(mm)					
				≤16	≤20	≤25	≤32	≤40	≤50
名　称			单位	消　耗　量					
人工	合计工日		工日	1.7010	2.0340	2.1780	2.3400	2.6730	3.0600
	其中	普工	工日	0.6930	0.8200	0.8840	0.9480	1.0850	1.2390
		一般技工	工日	0.8460	1.0170	1.0890	1.1700	1.3320	1.5300
		高级技工	工日	0.1620	0.1970	0.2050	0.2220	0.2570	0.2910
材料	半圆头螺钉 M(6~12)×(12~50)		10套	5.626	5.626	5.626	5.626	5.626	5.626
	镀锌铁丝 ϕ1.2~2.2		kg	0.040	0.040	0.040	0.040	0.040	0.040
	钢锯条		条	1.001	1.001	1.001	1.001	1.001	1.001
	难燃波纹管		m	10.300	10.300	10.300	10.300	10.300	10.300
	难燃波纹管接头 *DN*15		个	13.664	—	—	—	—	—
	难燃波纹管接头 *DN*20		个	—	13.664	—	—	—	—
	难燃波纹管接头 *DN*25		个	—	—	13.664	—	—	—
	难燃波纹管接头 *DN*32		个	—	—	—	13.664	—	—
	难燃波纹管接头 *DN*40		个	—	—	—	—	13.664	—
	难燃波纹管接头 *DN*50		个	—	—	—	—	—	13.664
	难燃波纹管卡子 *DN*15		个	27.838	—	—	—	—	—
	难燃波纹管卡子 *DN*20		个	—	27.838	—	—	—	—
	难燃波纹管卡子 *DN*25		个	—	—	27.838	—	—	—
	难燃波纹管卡子 *DN*32		个	—	—	—	27.838	—	—
	难燃波纹管卡子 *DN*40		个	—	—	—	—	27.838	—
	难燃波纹管卡子 *DN*50		个	—	—	—	—	—	27.838
	其他材料费		%	1.800	1.800	1.800	1.800	1.800	1.800

工作内容：量尺寸、断管、连接接头、钻孔、攻丝、固定、接地。

计量单位：10m

定额编号				2-2-461	2-2-462	2-2-463	2-2-464	2-2-465	2-2-466
项　目				金属软管敷设					
				内径(mm)					
				≤16	≤20	≤25	≤32	≤40	≤50
				每根长≤0.5m					
名　称			单位	消　耗　量					
人工	合计工日		工日	2.3640	2.8140	2.9840	3.2290	3.6790	4.1630
	其中	普工	工日	1.1230	1.3310	1.4130	1.5300	1.7390	1.9740
		一般技工	工日	1.1090	1.3250	1.4040	1.5190	1.7350	1.9580
		高级技工	工日	0.1330	0.1580	0.1670	0.1800	0.2050	0.2310
材料	半圆头螺钉 M(6~12)×(12~50)		10套	8.168	8.168	8.168	13.884	8.168	8.168
	镀锌地线夹 15		套	30.931	—	—	—	—	—
	镀锌地线夹 20		套	—	30.931	—	—	—	—
	镀锌地线夹 25		套	—	—	30.931	—	—	—
	镀锌地线夹 32		套	—	—	—	30.931	—	—
	镀锌地线夹 40		套	—	—	—	—	30.931	—
	镀锌地线夹 50		套	—	—	—	—	—	30.931
	金属软管		m	10.300	10.300	10.300	10.300	10.300	10.300
	金属软管接头 *DN*15		个	10.310	—	—	—	—	—
	金属软管接头 *DN*20		个	—	10.310	—	—	—	—
	金属软管接头 *DN*25		个	—	—	10.310	—	—	—
	金属软管接头 *DN*32		个	—	—	—	10.310	—	—
	金属软管接头 *DN*40		个	—	—	—	—	10.310	—
	金属软管接头 *DN*50		个	—	—	—	—	—	51.552
	金属软管卡子 *DN*15		个	22.022	—	—	—	—	—
	金属软管卡子 *DN*20		个	—	22.022	—	—	—	—
	金属软管卡子 *DN*25		个	—	—	22.022	—	—	—
	金属软管卡子 *DN*32		个	—	—	—	22.022	—	—
	金属软管卡子 *DN*40		个	—	—	—	—	22.022	—
	金属软管卡子 *DN*50		个	—	—	—	—	—	41.241
	其他材料费		%	1.800	1.800	1.800	1.800	1.800	1.800

工作内容：量尺寸、断管、连接接头、钻孔、攻丝、固定、接地。　　　　**计量单位：**10m

定额编号				2-2-467	2-2-468	2-2-469	2-2-470	2-2-471	2-2-472
项目				金属软管敷设					
				内径(mm)					
				≤16	≤20	≤25	≤32	≤40	≤50
				每根长≤1m					
名称			单位	消耗量					
人工	合计工日		工日	1.5740	1.9730	2.0820	2.2190	2.5690	2.9230
	其中	普工	工日	0.7430	0.9330	0.9870	1.0510	1.2140	1.3860
		一般技工	工日	0.7420	0.9290	0.9790	1.0440	1.2100	1.3750
		高级技工	工日	0.0900	0.1110	0.1150	0.1240	0.1450	0.1620
材料	半圆头螺钉 M(6~12)×(12~50)		10套	5.716	5.716	5.716	5.716	5.716	5.716
	镀锌地线夹 15		套	13.744	—	—	—	—	—
	镀锌地线夹 20		套	—	13.744	—	—	—	—
	镀锌地线夹 25		套	—	—	13.744	—	—	—
	镀锌地线夹 32		套	—	—	—	13.744	—	—
	镀锌地线夹 40		套	—	—	—	—	13.744	—
	镀锌地线夹 50		套	—	—	—	—	—	13.744
	金属软管		m	10.300	10.300	10.300	10.300	10.300	10.300
	金属软管接头 *DN*15		个	26.807	—	—	—	—	—
	金属软管接头 *DN*20		个	—	26.807	—	—	—	—
	金属软管接头 *DN*25		个	—	—	26.807	—	—	—
	金属软管接头 *DN*32		个	—	—	—	26.807	—	—
	金属软管接头 *DN*40		个	—	—	—	—	26.807	—
	金属软管接头 *DN*50		个	—	—	—	—	—	26.807
	金属软管卡子 *DN*15		个	29.469	—	—	—	—	—
	金属软管卡子 *DN*20		个	—	29.469	—	—	—	—
	金属软管卡子 *DN*25		个	—	—	29.469	—	—	—
	金属软管卡子 *DN*32		个	—	—	—	29.469	—	—
	金属软管卡子 *DN*40		个	—	—	—	—	29.469	—
	金属软管卡子 *DN*50		个	—	—	—	—	—	29.469
	其他材料费		%	1.800	1.800	1.800	1.800	1.800	1.800

工作内容:量尺寸、断管、连接接头、钻孔、攻丝、固定、接地。

计量单位:10m

定额编号				2-2-473	2-2-474	2-2-475	2-2-476	2-2-477	2-2-478
项目				金属软管敷设					
				内径(mm)					
				≤16	≤20	≤25	≤32	≤40	≤50
				每根长>1m					
名称			单位	消耗量					
人工	合计工日		工日	1.0440	1.1520	1.2600	1.4040	1.5300	1.8270
	其中	普工	工日	0.4190	0.4650	0.5100	0.5650	0.6200	0.7380
		一般技工	工日	0.5220	0.5760	0.6300	0.7020	0.7650	0.9180
		高级技工	工日	0.1030	0.1110	0.1200	0.1370	0.1450	0.1710
材料	半圆头螺钉 M(6~12)×(12~50)		10套	2.503	2.503	2.503	2.503	2.503	2.503
	镀锌地线夹 15		套	7.928	—	—	—	—	—
	镀锌地线夹 20		套	—	7.928	—	—	—	—
	镀锌地线夹 25		套	—	—	7.928	—	—	—
	镀锌地线夹 32		套	—	—	—	7.928	—	—
	镀锌地线夹 40		套	—	—	—	—	7.928	—
	镀锌地线夹 50		套	—	—	—	—	—	7.928
	金属软管		m	10.300	10.300	10.300	10.300	10.300	10.300
	金属软管接头 *DN*15		个	18.559	—	—	—	—	—
	金属软管接头 *DN*20		个	—	18.559	—	—	—	—
	金属软管接头 *DN*25		个	—	—	18.559	—	—	—
	金属软管接头 *DN*32		个	—	—	—	18.559	—	—
	金属软管接头 *DN*40		个	—	—	—	—	18.559	—
	金属软管接头 *DN*50		个	—	—	—	—	—	18.559
	金属软管卡子 *DN*15		个	12.372	—	—	—	—	—
	金属软管卡子 *DN*20		个	—	12.372	—	—	—	—
	金属软管卡子 *DN*25		个	—	—	12.372	—	—	—
	金属软管卡子 *DN*32		个	—	—	—	12.372	—	—
	金属软管卡子 *DN*40		个	—	—	—	—	24.745	—
	金属软管卡子 *DN*50		个	—	—	—	—	—	24.745
	铜芯塑料绝缘软电线 BVR-4mm^2		m	5.345	6.206	7.077	8.288	9.670	11.391
	其他材料费		%	1.800	1.800	1.800	1.800	1.800	1.800

工作内容:划线、定位、打眼、槽体清扫、本体固定、配件安装、接地跨接。　　计量单位:10m

定额编号				2-2-479	2-2-480	2-2-481	2-2-482	2-2-483
项目				金属线槽敷设				
				宽+高(mm)				
				≤50	≤80	≤120	≤300	≤600
名称			单位	消耗量				
人工	合计工日		工日	0.5580	0.7020	0.9270	1.6920	2.0880
	其中	普工	工日	0.2280	0.2830	0.3740	0.6840	0.8470
		一般技工	工日	0.2790	0.3510	0.4680	0.8460	1.0440
		高级技工	工日	0.0510	0.0680	0.0860	0.1620	0.1970
材料	半圆头镀锌螺栓 M(2~5)×(15~50)		10个	6.006	6.006	6.006	6.006	6.006
	金属线槽		m	10.300	10.300	10.300	10.300	10.300
	铜接地端子带螺栓 DT-6mm^2		个	1.051	1.051	1.051	1.051	1.051
	铜芯塑料绝缘软电线 BVR-6mm^2		m	2.553	2.553	2.553	2.553	2.553
	其他材料费		%	1.800	1.800	1.800	1.800	1.800

12. 配线工程

工作内容:扫管、涂滑石粉、穿线、编号、焊接包头。　　计量单位:10m

定额编号				2-2-484	2-2-485	2-2-486	2-2-487
项目				管内穿线			
				铜芯照明线			
				导线截面(mm^2)			
				≤1.5	≤2.5	≤4	≤6
名称			单位	消耗量			
人工	合计工日		工日	0.0720	0.0810	0.0540	0.0540
	其中	普工	工日	0.0270	0.0270	0.0180	0.0180
		一般技工	工日	0.0360	0.0450	0.0270	0.0270
		高级技工	工日	0.0090	0.0090	0.0090	0.0090
材料	电气绝缘胶带 18mm×10m×0.13mm		卷	0.030	0.030	0.020	0.030
	绝缘电线		m	11.600	11.600	11.000	11.000
	棉纱		kg	0.020	0.020	0.020	0.020
	汽油(综合)		kg	0.050	0.050	0.050	0.060
	锡基钎料		kg	0.020	0.020	0.020	0.030
	其他材料费		%	1.800	1.800	1.800	1.800

工作内容:扫管、涂滑石粉、穿线、编号、焊接包头。

计量单位:10m

定额编号				2-2-488	2-2-489	2-2-490	2-2-491	2-2-492
项目				管内穿线				
				铜芯动力线				
				导线截面(mm^2)				
				≤0.8	≤1.5	≤2.5	≤4	≤6
名称			单位	消耗量				
人工	合计工日		工日	0.0540	0.0540	0.0630	0.0720	0.0720
	其中	普工	工日	0.0180	0.0180	0.0180	0.0270	0.0270
		一般技工	工日	0.0270	0.0270	0.0360	0.0360	0.0360
		高级技工	工日	0.0090	0.0090	0.0090	0.0090	0.0090
材料	电气绝缘胶带 18mm×10m×0.13mm		卷	0.050	0.070	0.070	0.080	0.090
	绝缘电线		m	10.500	10.500	10.500	10.500	10.500
	棉纱		kg	0.020	0.020	0.020	0.030	0.030
	汽油(综合)		kg	0.040	0.050	0.050	0.060	0.060
	锡基钎料		kg	0.010	0.010	0.010	0.010	0.010
	其他材料费		%	1.800	1.800	1.800	1.800	1.800

工作内容:扫管、涂滑石粉、穿线、编号、焊接包头。

计量单位:10m

定额编号				2-2-493	2-2-494	2-2-495	2-2-496	2-2-497
项目				管内穿线				
				铜芯动力线				
				导线截面(mm^2)				
				≤10	≤16	≤25	≤35	≤50
名称			单位	消耗量				
人工	合计工日		工日	0.0810	0.0810	0.0990	0.0990	0.1980
	其中	普工	工日	0.0270	0.0270	0.0360	0.0360	0.0730
		一般技工	工日	0.0450	0.0450	0.0540	0.0540	0.1080
		高级技工	工日	0.0090	0.0090	0.0090	0.0090	0.0170
材料	电气绝缘胶带 18mm×10m×0.13mm		卷	0.100	0.110	0.120	0.130	0.140
	绝缘电线		m	10.500	10.500	10.500	10.500	10.500
	棉纱		kg	0.040	0.040	0.050	0.050	0.060
	汽油(综合)		kg	0.070	0.070	0.080	0.080	0.090
	锡基钎料		kg	0.010	0.010	0.010	0.020	0.020
	其他材料费		%	1.800	1.800	1.800	1.800	1.800

工作内容：扫管、涂滑石粉、穿线、编号、焊接包头。　　　计量单位：10m

定额编号				2-2-498	2-2-499	2-2-500	2-2-501	2-2-502	2-2-503
项目				管内穿线					
				铜芯动力线					
				导线截面（mm^2）					
				≤70	≤95	≤120	≤150	≤185	≤240
名称			单位	消耗量					
人工	合计工日		工日	0.2070	0.2520	0.2610	0.4410	0.4680	0.8370
	其中	普工	工日	0.0730	0.0910	0.0910	0.1550	0.1640	0.3010
		一般技工	工日	0.1170	0.1350	0.1440	0.2430	0.2610	0.4590
		高级技工	工日	0.0170	0.0260	0.0260	0.0430	0.0430	0.0770
材料	电气绝缘胶带 18mm×10m×0.13mm		卷	0.150	0.160	0.170	0.180	0.190	0.200
	焊锡膏		kg	0.010	0.010	0.010	0.010	0.010	0.010
	绝缘电线		m	10.500	10.500	10.500	10.500	10.500	10.500
	棉纱		kg	0.060	0.070	0.070	0.080	0.090	0.100
	汽油（综合）		kg	0.090	0.100	0.100	0.110	0.110	0.130
	锡基钎料		kg	0.020	0.020	0.020	0.020	0.020	0.030
	其他材料费		%	1.800	1.800	1.800	1.800	1.800	1.800

工作内容：扫管、涂滑石粉、穿线、编号、焊接包头。　　　计量单位：10m

定额编号				2-2-504	2-2-505	2-2-506	2-2-507	2-2-508
项目				管内穿线				
				二芯软导线				
				单芯导线截面（mm^2）				
				≤0.75	≤1	≤1.5	≤2.5	≤4
名称			单位	消耗量				
人工	合计工日		工日	0.0540	0.0720	0.0720	0.0810	0.0810
	其中	普工	工日	0.0180	0.0270	0.0270	0.0270	0.0270
		一般技工	工日	0.0270	0.0360	0.0360	0.0450	0.0450
		高级技工	工日	0.0090	0.0090	0.0090	0.0090	0.0090
材料	电气绝缘胶带 18mm×10m×0.13mm		卷	0.080	0.090	0.100	0.110	0.120
	棉纱		kg	0.020	0.020	0.020	0.020	0.030
	汽油（综合）		kg	0.050	0.060	0.060	0.060	0.070
	铜芯多股绝缘电线		m	10.800	10.800	10.800	10.800	10.800
	锡基钎料		kg	0.010	0.010	0.010	0.010	0.010
	其他材料费		%	1.800	1.800	1.800	1.800	1.800

工作内容：扫管、涂滑石粉、穿线、编号、焊接包头。　　计量单位：10m

定额编号				2-2-509	2-2-510	2-2-511	2-2-512	2-2-513
项　目				管内穿线				
				四芯软导线				
				单芯导线截面(mm^2)				
				≤0.75	≤1	≤1.5	≤2.5	≤4
名　称			单位	消　耗　量				
人工	合计工日		工日	0.0810	0.0810	0.0990	0.0990	0.0990
	其中	普工	工日	0.0270	0.0270	0.0360	0.0360	0.0360
		一般技工	工日	0.0450	0.0450	0.0540	0.0540	0.0540
		高级技工	工日	0.0090	0.0090	0.0090	0.0090	0.0090
材料	电气绝缘胶带 18mm×10m×0.13mm		卷	0.110	0.140	0.150	0.160	0.170
	棉纱		kg	0.020	0.020	0.020	0.020	0.020
	汽油(综合)		kg	0.060	0.070	0.070	0.070	0.080
	铜芯多股绝缘电线		m	10.800	10.800	10.800	10.800	10.800
	锡基钎料		kg	0.010	0.010	0.010	0.010	0.020
	其他材料费		%	1.800	1.800	1.800	1.800	1.800

工作内容：扫管、涂滑石粉、穿线、编号、焊接包头。　　计量单位：10m

定额编号				2-2-514	2-2-515	2-2-516	2-2-517	2-2-518
项　目				管内穿线				
				八芯软导线				
				单芯导线截面(mm^2)				
				≤0.75	≤1	≤1.5	≤2.5	≤4
名　称			单位	消　耗　量				
人工	合计工日		工日	0.1080	0.1080	0.1170	0.1170	0.1260
	其中	普工	工日	0.0360	0.0360	0.0450	0.0450	0.0450
		一般技工	工日	0.0630	0.0630	0.0630	0.0630	0.0720
		高级技工	工日	0.0090	0.0090	0.0090	0.0090	0.0090
材料	电气绝缘胶带 18mm×10m×0.13mm		卷	0.170	0.200	0.230	0.240	0.250
	焊锡膏		kg	—	—	—	0.010	0.010
	棉纱		kg	—	0.030	0.030	0.030	0.040
	汽油(综合)		kg	0.060	0.070	0.070	0.070	0.080
	铜芯多股绝缘电线		m	10.800	10.800	10.800	10.800	10.800
	锡基钎料		kg	0.010	0.020	0.020	0.020	0.030
	其他材料费		%	1.800	1.800	1.800	1.800	1.800

工作内容：扫管、涂滑石粉、穿线、编号、焊接包头。　　　　计量单位：10m

定额编号				2-2-519	2-2-520	2-2-521	2-2-522
项目				管内穿线			
				十六芯软导线			
				单芯导线截面（mm^2）			
				≤0.75	≤1	≤1.5	≤2.5
名称			单位	消耗量			
人工	合计工日		工日	0.1260	0.1260	0.1440	0.1530
	其中	普工	工日	0.0450	0.0450	0.0460	0.0550
		一般技工	工日	0.0720	0.0720	0.0810	0.0810
		高级技工	工日	0.0090	0.0090	0.0170	0.0170
材料	电气绝缘胶带 18mm×10m×0.13mm		卷	0.260	0.300	0.340	0.380
	焊锡膏		kg	0.010	0.010	0.010	0.010
	棉纱		kg	0.020	0.030	0.030	0.030
	汽油（综合）		kg	0.070	0.080	0.080	0.080
	铜芯多股绝缘电线		m	10.800	10.800	10.800	10.800
	锡基钎料		kg	0.020	0.020	0.020	0.020
	其他材料费		%	1.800	1.800	1.800	1.800

工作内容：清扫线槽、放线、编号、对号、接焊包头。　　　　计量单位：10m

定额编号				2-2-523	2-2-524	2-2-525	2-2-526
项目				线槽配线			
				导线截面（mm^2）			
				≤2.5	≤6	≤16	≤35
名称			单位	消耗量			
人工	合计工日		工日	0.0720	0.0810	0.0990	0.1260
	其中	普工	工日	0.0180	0.0270	0.0280	0.0370
		一般技工	工日	0.0450	0.0450	0.0540	0.0720
		高级技工	工日	0.0090	0.0090	0.0170	0.0170
材料	扁形塑料绑带		m	0.541	0.541	0.541	0.541
	标志牌塑料扁形		个	0.601	0.601	0.601	0.601
	绝缘电线		m	10.500	10.500	10.500	10.500
	棉纱		kg	0.030	0.030	0.030	0.040
	其他材料费		%	1.800	1.800	1.800	1.800

工作内容：清扫线槽、放线、编号、对号、接焊包头。 **计量单位**：10m

定额编号			2-2-527	2-2-528	2-2-529	2-2-530
项目			线槽配线			
			导线截面(mm²)			
			≤70	≤120	≤185	≤240
名称		单位	消耗量			
人工	合计工日	工日	0.1620	0.3510	0.4860	0.8640
	其中 普工	工日	0.0460	0.1110	0.1480	0.2670
	其中 一般技工	工日	0.0900	0.1890	0.2700	0.4770
	其中 高级技工	工日	0.0260	0.0510	0.0680	0.1200
材料	扁形塑料绑带	m	0.541	0.541	0.541	0.541
	标志牌塑料扁形	个	0.601	0.601	0.601	0.601
	绝缘电线	m	10.500	10.500	10.500	10.500
	棉纱	kg	0.040	0.050	0.060	0.060
	其他材料费	%	1.800	1.800	1.800	1.800

工作内容：测位、划线、打眼、埋螺钉、下过墙管、上卡子、配线、接焊包头。 **计量单位**：10m

定额编号			2-2-531	2-2-532	2-2-533	2-2-534	2-2-535	2-2-536
项目			塑料护套线明敷设					
			砖、混凝土结构					
			二芯单芯导线截面(mm²)			三芯单芯导线截面(mm²)		
			≤2.5	≤6	≤10	≤2.5	≤6	≤10
名称		单位	消耗量					
人工	合计工日	工日	0.6570	0.6660	0.7830	0.7020	0.7110	0.8100
	其中 普工	工日	0.2010	0.2010	0.2380	0.2110	0.2200	0.2470
	其中 一般技工	工日	0.3960	0.4050	0.4680	0.4230	0.4230	0.4860
	其中 高级技工	工日	0.0600	0.0600	0.0770	0.0680	0.0680	0.0770
材料	钢精扎头 1#~5#	包	0.731	0.731	0.731	0.731	0.731	0.731
	水泥 P.O 32.5	kg	0.501	0.501	0.501	0.601	0.601	0.601
	塑料绝缘导线	m	11.100	10.490	10.490	11.100	10.490	10.490
	鞋钉 20	kg	0.020	0.020	0.020	0.020	0.020	0.020
	直瓷管 ϕ(19~25)×300	根	—	—	—	—	1.241	1.241
	直瓷管 ϕ(9~15)×305	个	1.552	1.241	1.241	1.852	—	—
	其他材料费	%	1.800	1.800	1.800	1.800	1.800	1.800

工作内容:测位、划线、打眼、配线、接焊包头。 **计量单位**:10m

定额编号				2-2-537	2-2-538	2-2-539	2-2-540	2-2-541	2-2-542
项目				塑料护套线明敷设					
				沿钢索					
				二芯单芯导线截面(mm^2)			三芯单芯导线截面(mm^2)		
				≤2.5	≤6	≤10	≤2.5	≤6	≤10
名称			单位	消耗量					
人工	合计工日		工日	0.1890	0.2520	0.3690	0.2520	0.3330	0.4860
	其中	普工	工日	0.0550	0.0730	0.1100	0.0730	0.1010	0.1460
		一般技工	工日	0.1170	0.1530	0.2250	0.1530	0.1980	0.2970
		高级技工	工日	0.0170	0.0260	0.0340	0.0260	0.0340	0.0430
材料	半圆头镀锌螺栓 M(2~5)×(15~50)		10个	0.370	0.290	0.180	0.370	0.290	0.180
	钢精扎头 1#~5#		包	0.511	0.511	0.511	0.511	0.511	0.511
	热轧薄钢板 60×110×1.5		块	1.802	1.401	0.901	1.802	1.401	0.901
	塑料绝缘导线		m	10.790	10.490	10.490	10.790	10.490	10.490
	其他材料费		%	1.800	1.800	1.800	1.800	1.800	1.800

工作内容:测位、划线、打眼、下过墙管、配料、粘结底板、上卡子、配线、接焊包头。 **计量单位**:10m

定额编号				2-2-543	2-2-544	2-2-545	2-2-546	2-2-547	2-2-548
项目				塑料护套线明敷设					
				砖、混凝土结构粘结					
				二芯单芯导线截面(mm^2)			三芯单芯导线截面(mm^2)		
				≤2.5	≤6	≤10	≤2.5	≤6	≤10
名称			单位	消耗量					
人工	合计工日		工日	0.3870	0.4230	0.5490	0.4140	0.5130	0.6930
	其中	普工	工日	0.1190	0.1280	0.1650	0.1280	0.1560	0.2110
		一般技工	工日	0.2340	0.2520	0.3330	0.2430	0.3060	0.4140
		高级技工	工日	0.0340	0.0430	0.0510	0.0430	0.0510	0.0680
材料	钢筋扎头底板		kg	0.040	0.040	0.040	0.040	0.040	0.040
	钢精扎头 1#~5#		包	0.731	0.731	0.731	0.731	0.731	0.731
	塑料绝缘导线		m	11.100	10.490	10.490	10.490	10.490	10.490
	粘合剂		kg	0.290	0.290	0.290	0.290	0.290	0.290
	直瓷管 φ(19~25)×300		根	—	—	—	—	1.241	1.241
	直瓷管 φ(9~15)×305		个	1.552	1.241	1.241	1.852	—	—
	其他材料费		%	1.800	1.800	1.800	1.800	1.800	1.800

工作内容:测位、打眼、埋螺栓、箱子开孔、补漆、固定。　　计量单位:个

定额编号			2－2－549	2－2－550	2－2－551	2－2－552
项目			接线箱明装			
			半周长(mm)			
			≤700	≤1500	≤2000	≤2500
名称		单位	消耗量			
人工	合计工日	工日	0.6600	0.8960	1.0540	1.2120
	其中 普工	工日	0.2030	0.2760	0.3240	0.3730
	其中 一般技工	工日	0.3630	0.4930	0.5800	0.6670
	其中 高级技工	工日	0.0940	0.1270	0.1500	0.1730
材料	冲击钻头 ϕ8	个	0.028	—	—	—
	冲击钻头 ϕ10	个	—	0.028	0.028	0.028
	接线箱	个	1.000	1.000	1.000	1.000
	膨胀螺栓 M6	10套	0.408	—	—	—
	膨胀螺栓 M8	10套	—	0.408	0.408	0.408
	其他材料费	%	1.800	1.800	1.800	1.800

工作内容:测位、打眼、埋螺栓、箱子开孔、补漆、固定。　　计量单位:个

定额编号			2－2－553	2－2－554	2－2－555	2－2－556
项目			接线箱暗装			
			半周长(mm)			
			≤700	≤1500	≤2000	≤2500
名称		单位	消耗量			
人工	合计工日	工日	0.7370	1.1260	1.4230	1.7200
	其中 普工	工日	0.2270	0.3460	0.4370	0.5290
	其中 一般技工	工日	0.4050	0.6190	0.7830	0.9460
	其中 高级技工	工日	0.1050	0.1610	0.2030	0.2450
材料	接线箱	个	1.000	1.000	1.000	1.000
	水泥砂浆 1:2	m^3	—	0.002	0.002	0.003
	其他材料费	%	1.800	1.800	1.800	1.800

工作内容:测位、固定、修孔。　　　　计量单位:个

定额编号			2-2-557	2-2-558	2-2-559	2-2-560	2-2-561
项目			暗装开关(插座)盒	暗装接线盒	明装普通接线盒	明装防爆接线盒	钢索上安装接线盒
名称		单位	消耗量				
人工	合计工日	工日	0.0330	0.0310	0.0550	0.0860	0.0180
	其中 普工	工日	0.0100	0.0090	0.0170	0.0270	0.0060
	其中 一般技工	工日	0.0180	0.0170	0.0310	0.0470	0.0100
	其中 高级技工	工日	0.0050	0.0040	0.0080	0.0120	0.0030
材料	半圆头镀锌螺栓 M(2~5)×(15~50)	10个	—	—	—	—	0.204
	冲击钻头 $\phi6\sim8$	个	—	—	0.014	0.014	—
	镀锌钢管塑料护口 *DN*15~20	个	1.030	2.225	—	—	—
	镀锌锁紧螺母 *DN*15×3	10个	0.103	—	—	—	—
	镀锌锁紧螺母 *DN*20×3	10个	—	0.223	—	—	—
	接线盒	个	1.020	1.020	1.020	1.020	1.020
	木螺钉 *d*4×65	10个	—	—	0.208	0.208	—
	塑料胀管 $\phi6\sim8$	个	—	—	2.200	2.200	—
	其他材料费	%	1.800	1.800	1.800	1.800	1.800

工作内容:放线、下料、包绝缘带、排线、卡线、校线、接线。　　　　计量单位:10m

定额编号			2-2-562	2-2-563	2-2-564	2-2-565	2-2-566
项目			盘、柜、箱、板配线				
			导线截面(mm²)				
			≤2.5	≤6	≤10	≤25	≤50
名称		单位	消耗量				
人工	合计工日	工日	0.3600	0.4320	0.4950	0.7200	0.9360
	其中 普工	工日	0.1110	0.1290	0.1570	0.2210	0.2860
	其中 一般技工	工日	0.1980	0.2430	0.2700	0.3960	0.5130
	其中 高级技工	工日	0.0510	0.0600	0.0680	0.1030	0.1370
材料	导线	m	10.200	10.200	10.200	10.200	10.200
	电力复合脂	kg	0.010	0.010	0.010	0.020	0.030
	电气绝缘胶带 18mm×10m×0.13mm	卷	0.400	0.400	0.400	0.501	0.561
	钢精扎头 1#~5#	包	0.330	0.330	0.330	—	—
	钢锯条	条	—	—	—	0.501	0.801
	焊锡膏	kg	0.010	0.010	0.010	0.020	0.060
	焊锡丝(综合)	kg	0.100	0.100	0.150	0.220	0.601
	黄蜡带 20mm×10m	卷	0.240	0.240	0.240	0.521	0.601
	棉纱	kg	0.050	0.050	0.080	0.080	0.100
	尼龙扎带(综合)	根	16.016	16.016	16.016	16.016	16.016
	汽油(综合)	kg	0.200	0.200	0.220	0.220	0.601
	塑料软管(综合)	kg	0.020	0.020	0.030	—	—
	铁砂布 0#~2#	张	2.002	2.002	2.503	2.503	2.803
	异型塑料管 $\phi2.5\sim5$	m	0.400	0.400	0.400	—	—
	其他材料费	%	1.800	1.800	1.800	1.800	1.800

13. 照明器具安装工程

工作内容: 1. 测定、划线、打眼、埋塑料膨胀管、上塑料圆台、灯具组装、吊链加工、接线、焊接包头等。

2、3、4. 测位、划线、打眼、埋塑料膨胀管、上塑料圆台(木台)、吊链、吊管加工、灯具组装、焊接包头等。

计量单位:套

定额编号				2-2-567	2-2-568	2-2-569	2-2-570
项目				灯具安装			
				普通壁灯	吊链式荧光灯		
					单管	双管	三管
名称			单位	消耗量			
人工	合计工日		工日	0.1300	0.1470	0.1840	0.2070
	其中	普工	工日	0.0390	0.0450	0.0560	0.0630
		一般技工	工日	0.0780	0.0880	0.1110	0.1240
		高级技工	工日	0.0120	0.0140	0.0170	0.0200
材料	成套灯具		套	1.010	1.010	1.010	1.010
	冲击钻头 $\phi6\sim8$		个	0.028	0.014	0.014	0.014
	吊盒		个	—	2.040	2.040	2.040
	瓜子灯链大号		m	—	3.030	3.030	3.030
	木螺钉 $d(2\sim4)\times(6\sim65)$		个	4.160	6.240	6.240	6.240
	塑料圆台		块	—	2.100	2.100	2.100
	塑料胀管 $\phi6\sim8$		个	4.400	2.200	2.200	2.200
	铜接线端子 20A		个	1.015	1.015	1.015	1.015
	铜芯塑料绝缘电线 BV-2.5mm^2		m	0.458	0.458	0.458	0.458
	铜芯橡皮花线 BXH2×23/0.15mm^2		m	—	1.527	1.527	1.527
	其他材料费		%	1.800	1.800	1.800	1.800

工作内容: 测位、划线、打眼、埋塑料膨胀管、上塑料圆台(木台)、吊链、吊管加工、灯具组装、焊接包头等。

计量单位:套

定额编号				2-2-571	2-2-572	2-2-573	2-2-574	2-2-575	2-2-576
项目				灯具安装					
				吊管式荧光灯			吸顶式荧光灯		
				单管	双管	三管	单管	双管	三管
名称			单位	消耗量					
人工	合计工日		工日	0.1530	0.1930	0.2160	0.1390	0.1750	0.1970
	其中	普工	工日	0.0470	0.0590	0.0660	0.0420	0.0530	0.0600
		一般技工	工日	0.0920	0.1160	0.1300	0.0840	0.1050	0.1180
		高级技工	工日	0.0150	0.0180	0.0210	0.0130	0.0160	0.0190
材料	成套灯具		套	1.010	1.010	1.010	1.010	1.010	1.010
	冲击钻头 $\phi6\sim8$		个	0.014	0.014	0.014	0.014	0.014	0.014
	灯具吊杆 $\phi15$		根	2.040	2.040	2.040	—	—	—
	木螺钉 $d(2\sim4)\times(6\sim65)$		个	6.240	6.240	6.240	2.080	2.080	2.080
	塑料圆台		块	2.100	2.100	2.100	—	—	—
	塑料胀管 $\phi6\sim8$		个	2.200	2.200	2.200	2.200	2.200	2.200
	铜接线端子 20A		个	1.015	1.015	1.015	1.015	1.015	1.015
	铜芯塑料绝缘电线 BV-2.5mm^2		m	4.123	4.123	4.123	1.069	1.069	1.069
	其他材料费		%	1.800	1.800	1.800	1.800	1.800	1.800

工作内容:1、2、3、4. 测位、划线、打眼、埋塑料膨胀管、上塑料圆台(木台)、吊链、吊管加工、灯具组装、焊接包头等。

5. 测位、划线、打眼、埋螺栓、上底台、支架安装、灯具安装、接线、焊接包头等。 **计量单位**:套

定额编号				2-2-577	2-2-578	2-2-579	2-2-580	2-2-581
项目				灯具安装				
				嵌入式荧光灯				防爆荧光灯
				单管	双管	三管	四管	
名称			单位	消耗量				
人工	合计工日		工日	0.1620	0.2610	0.3210	0.3860	0.2700
	其中	普工	工日	0.0490	0.0800	0.0980	0.1180	0.0830
		一般技工	工日	0.0970	0.1570	0.1930	0.2310	0.1490
		高级技工	工日	0.0150	0.0250	0.0310	0.0370	0.0380
材料	镀锌槽型吊码单边 $\delta=3$		个	2.060	2.060	—	—	—
	镀锌槽型吊码双边 $\delta=3$		个	—	—	2.060	2.060	—
	镀锌圆钢吊杆带4个螺母4个垫圈 $\phi8$		根	2.100	2.100	4.200	4.200	—
	成套灯具		套	1.010	1.010	1.010	1.010	1.010
	冲击钻头 $\phi10$		个	0.011	0.011	0.023	0.023	0.028
	膨胀螺栓 M8		套	—	—	—	—	4.080
	铜接线端子 20A		个	1.015	1.015	1.015	1.015	1.015
	铜芯塑料绝缘电线 BV-2.5mm^2		m	3.512	3.512	3.512	3.512	3.054
	其他材料费		%	1.800	1.800	1.800	1.800	1.800

工作内容:测位、划线、打眼、清扫盒子、上塑料台、缠钢丝弹簧垫、装开关和按钮、接线、装盖、埋塑料胀管。 **计量单位**:套

定额编号				2-2-582	2-2-583	2-2-584	2-2-585	2-2-586	2-2-587
项目				开关、按钮安装					
				拉线普通开关	跷板普通开关	跷板普通暗开关			
					明装	单控≤3联	单控≤6联	双控≤3联	双控≤6联
名称			单位	消耗量					
人工	合计工日		工日	0.0540	0.0510	0.0570	0.0700	0.0600	0.0700
	其中	普工	工日	0.0160	0.0160	0.0170	0.0210	0.0180	0.0210
		一般技工	工日	0.0320	0.0310	0.0340	0.0420	0.0360	0.0420
		高级技工	工日	0.0050	0.0050	0.0050	0.0070	0.0060	0.0070
材料	半圆头镀锌螺栓 M(2~5)×(15~50)		10个	—	—	0.208	0.208	0.208	0.208
	冲击钻头 $\phi6\sim8$		个	0.007	0.007	—	—	—	—
	木螺钉 $d(2\sim4)\times(6\sim65)$		个	4.200	4.200	—	—	—	—
	塑料台		个	1.050	1.050	—	—	—	—
	塑料胀管 $\phi6\sim8$		个	1.100	1.100	—	—	—	—
	铜芯塑料绝缘电线 BV-2.5mm^2		m	0.305	0.305	0.458	0.955	0.573	1.061
	照明开关		只	1.020	1.020	1.020	1.020	1.020	1.020
	其他材料费		%	1.800	1.800	1.800	1.800	1.800	1.800

工作内容：1、2. 测位、划线、打眼、清扫盒子、上塑料台、缠钢丝弹簧垫、装开关和按钮、接线、装盖、埋塑料胀管。
3、4、5. 测位、划线、打洞眼、上木台、装开关、保险盒接线、装盖、塑料膨胀管等。

计量单位：套

定额编号				2-2-588	2-2-589	2-2-590	2-2-591	2-2-592
项目				开关、按钮安装				
				按钮	密封开关	拉线带保险盒开关		扳手带保险盒开关
					电流≤5A	明装	防水	明装
名称			单位	消耗量				
人工	合计工日		工日	0.0540	0.0870	0.0630	0.0990	0.0590
	其中	普工	工日	0.0160	0.0270	0.0190	0.0300	0.0180
		一般技工	工日	0.0320	0.0520	0.0380	0.0590	0.0350
		高级技工	工日	0.0050	0.0090	0.0060	0.0090	0.0060
材料	半圆头镀锌螺栓 M(2～5)×(15～50)		10个	0.208	—	—	—	—
	成套按钮		套	1.020	—	—	—	—
	密封开关		套	—	1.020	—	—	—
	木螺钉 $d(2\sim4)\times(6\sim65)$		个	—	2.080	—	—	—
	冲击钻头 $\phi8$		个	—	—	0.014	0.014	0.014
	瓷圆保险盒		个	—	—	1.020	1.020	1.020
	木螺钉 $d2.5\times20$		10个	—	—	0.416	0.416	0.416
	木螺钉 $d4\times65$		10个	—	—	0.208	0.208	0.208
	塑料胀管 $\phi6\sim8$		个	—	—	2.200	2.200	2.200
	铜芯塑料绝缘电线 BV-2.5mm^2		m	0.305	0.515	0.305	0.305	0.305
	照明开关		只	—	—	1.020	1.020	1.020
	其他材料费		%	1.800	1.800	1.800	1.800	1.800

工作内容：测位、划线、打眼、埋塑料胀管、装插座、接线、装盖。

计量单位：套

定额编号				2-2-593	2-2-594	2-2-595	2-2-596	2-2-597	2-2-598
项目				插座安装					
				单相明插座		单相带接地明插座		三相带接地明插座	
				电流(A)					
				≤15	≤30	≤15	≤30	≤15	≤30
名称			单位	消耗量					
人工	合计工日		工日	0.0570	0.0660	0.0680	0.0740	0.0740	0.0800
	其中	普工	工日	0.0170	0.0200	0.0210	0.0230	0.0230	0.0250
		一般技工	工日	0.0340	0.0400	0.0410	0.0440	0.0440	0.0480
		高级技工	工日	0.0050	0.0060	0.0070	0.0070	0.0070	0.0080
材料	成套插座		套	1.020	1.020	1.020	1.020	1.020	1.020
	冲击钻头 $\phi6\sim8$		个	0.014	0.014	0.014	0.014	0.014	0.014
	木螺钉 $d(2\sim4)\times(6\sim65)$		个	4.160	4.160	4.160	4.160	2.080	2.080
	木螺钉 $d(4.5\sim6)\times(15\sim100)$		10个	—	—	—	—	0.208	0.208
	塑料台		个	—	—	—	—	—	1.050
	塑料胀管 $\phi6\sim8$		个	2.200	2.200	2.200	2.200	2.200	2.200
	铜芯塑料绝缘电线 BV-2.5mm^2		m	0.305	—	0.458	—	0.610	—
	铜芯塑料绝缘电线 BV-4mm^2		m	—	0.305	—	0.458	—	0.610
	其他材料费		%	1.800	1.800	1.800	1.800	1.800	1.800

工作内容:测位、划线、打眼、清扫盒子、装插座、接线。 **计量单位**:套

定额编号				2-2-599	2-2-600	2-2-601	2-2-602	2-2-603	2-2-604
项目				插座安装					
				单相暗插座		单相带接地暗插座		三相带接地暗插座	
				电流(A)					
				≤15	≤30	≤15	≤30	≤15	≤30
名称			单位	消耗量					
人工	合计工日		工日	0.0570	0.0590	0.0680	0.0740	0.0740	0.0800
	其中	普工	工日	0.0170	0.0180	0.0210	0.0230	0.0230	0.0250
		一般技工	工日	0.0340	0.0350	0.0410	0.0440	0.0440	0.0480
		高级技工	工日	0.0050	0.0060	0.0070	0.0070	0.0070	0.0080
材料	半圆头镀锌螺栓 M(2~5)×(15~50)		10个	0.208	0.208	0.208	0.208	0.208	0.208
	成套插座		套	1.020	1.020	1.020	1.020	1.020	1.020
	铜芯塑料绝缘电线 BV-2.5mm^2		m	0.305	—	0.458	—	0.610	—
	铜芯塑料绝缘电线 BV-4mm^2		m	—	0.305	—	0.458	—	0.610
	其他材料费		%	1.800	1.800	1.800	1.800	1.800	1.800

工作内容:测位、划线、打眼、埋螺栓、清扫盒子、装插座、接线。 **计量单位**:套

定额编号				2-2-605	2-2-606	2-2-607	2-2-608	2-2-609	2-2-610
项目				插座安装					
				单相防爆插座		单相带接地防爆插座		三相带接地防爆插座	
				电流(A)					
				≤15	≤60	≤15	≤60	≤15	≤60
名称			单位	消耗量					
人工	合计工日		工日	0.0960	0.1290	0.0960	0.1290	0.1150	0.1510
	其中	普工	工日	0.0290	0.0390	0.0290	0.0390	0.0350	0.0460
		一般技工	工日	0.0580	0.0770	0.0580	0.0770	0.0690	0.0910
		高级技工	工日	0.0090	0.0120	0.0090	0.0120	0.0110	0.0150
材料	冲击钻头 $\phi8$		个	0.028	0.028	0.028	0.028	0.028	0.028
	防爆插座		个	1.020	1.020	1.020	1.020	1.020	1.020
	膨胀螺栓 M6		套	4.080	4.080	4.080	4.080	4.080	4.080
	铜芯塑料绝缘电线 BV-2.5mm^2		m	0.305	—	0.458	—	0.610	—
	铜芯塑料绝缘电线 BV-4mm^2		m	—	0.305	—	0.458	—	0.610
	其他材料费		%	1.800	1.800	1.800	1.800	1.800	1.800

工作内容：1、2、3. 测位、划线、打眼、上木台、装开关、保险盒接线、装盖、塑料膨胀管。

4、5. 安装底座、插头插座线焊接、对号、测位、打眼、焊接安装等。

6. 开箱清点、测定、划线、打眼、埋螺栓、灯具拼装固定、挂装饰部件、灯具安装、焊接包头等。

计量单位：套

定额编号			2-2-611	2-2-612	2-2-613	2-2-614	2-2-615	2-2-616
项目			插座安装					灯具安装
			单相带保险盒插座			多联组合开关插座		疏散指示灯
			电流(A)			明装	暗装	
			≤10	≤15	≤30			
名称		单位	消耗量					
人工	合计工日	工日	0.0590	0.1350	0.1690	0.1350	0.1620	0.1660
人工	其中 普工	工日	0.0180	0.0410	0.0510	0.0410	0.0490	0.0510
人工	其中 一般技工	工日	0.0350	0.0810	0.1020	0.0810	0.0970	0.0910
人工	其中 高级技工	工日	0.0060	0.0130	0.0160	0.0130	0.0150	0.0240
材料	插座	个	1.005	1.005	1.005	—	—	—
材料	瓷插式熔断器	个	—	1.010	1.010	—	—	—
材料	瓷圆保险盒	个	1.020	—	—	—	—	—
材料	木螺钉 $d2.5\times25$	10个	0.416	0.416	0.416	—	—	—
材料	木螺钉 $d4\times40$	10个	—	—	—	0.208	—	—
材料	木螺钉 $d4\times75$	10个	0.208	0.208	0.208	—	—	—
材料	半圆头螺钉	10套	—	—	—	—	0.416	—
材料	多联组合开关插座	套	—	—	—	1.000	1.000	—
材料	开关盒(暗装)	个	—	—	—	—	1.000	—
材料	成套灯具	套	—	—	—	—	—	1.010
材料	冲击钻头 $\phi6\sim8$	个	0.014	0.014	0.014	0.014	—	0.014
材料	木螺钉 $d(2\sim4)\times(6\sim65)$	个	—	—	—	—	—	2.080
材料	塑料接线柱双线	个	—	—	—	—	—	1.030
材料	塑料胀管 $\phi6\sim8$	个	2.200	2.200	2.200	2.200	—	2.200
材料	铜接线端子 20A	个	—	—	—	—	—	1.015
材料	铜芯塑料绝缘电线 BV-2.5mm^2	m	0.458	0.458	0.458	—	—	0.458
材料	其他材料费	%	1.800	1.800	1.800	1.800	1.800	1.800

14. 低压电器设备安装工程

工作内容:1、2、3、4. 开箱检查、触头检查及清洗处理、绝缘测试、开关安装、接线、接地。

5. 测位、打眼、埋螺栓、校线、安装、接地、成品检查、接线动作试验等。 **计量单位:**台

定额编号				2-2-617	2-2-618	2-2-619	2-2-620	2-2-621
项目				插接式空气开关箱安装				
				≤100A	≤250A	≤630A	≤1250A	节能开关箱
名称			单位	消耗量				
人工	合计工日		工日	0.5960	0.8940	1.7880	2.6820	0.7030
	其中	普工	工日	0.1540	0.2300	0.4610	0.6910	0.1810
		一般技工	工日	0.3570	0.5360	1.0730	1.6090	0.4220
		高级技工	工日	0.0850	0.1270	0.2550	0.3820	0.1000
材料	插接式空气开关箱		台	1.000	1.000	1.000	1.000	—
	电力复合脂		kg	0.050	0.070	0.090	0.120	—
	汽油(综合)		kg	0.100	0.150	0.200	0.250	—
	铜接线端子 DT-35		个	2.030	2.030	2.030	2.030	—
	铜芯塑料绝缘软电线 BVR-35mm^2		m	0.611	0.611	0.611	0.611	—
	半圆头螺钉 M6×20		套	—	—	—	—	1.030
	冲击钻头 ϕ10		个	—	—	—	—	0.028
	弹簧垫圈 M6		个	—	—	—	—	1.030
	端子头异型管		m	—	—	—	—	0.100
	节能开关箱		套	—	—	—	—	1.000
	膨胀螺栓 M8		套	—	—	—	—	4.080
	铜芯塑料绝缘电线 BV-6mm^2		m	—	—	—	—	0.500
	其他材料费		%	1.800	1.800	1.800	1.800	1.800
仪表	高压绝缘电阻测试仪		台班	0.305	0.305	0.305	0.305	—

工作内容：开箱、检查、安装、接线、接地。 计量单位：个

定额编号				2-2-622	2-2-623	2-2-624	2-2-625	2-2-626
项目				控制开关安装				
				DW万能式自动空气开关	电动式自动空气开关	手动式自动空气开关	手柄式刀型开关	操作机构式刀型开关
名称			单位	消耗量				
人工	合计工日		工日	1.6690	1.4080	0.4760	0.8760	1.1670
	其中	普工	工日	0.4300	0.3620	0.1220	0.2250	0.3000
		一般技工	工日	1.0010	0.8440	0.2860	0.5260	0.7000
		高级技工	工日	0.2380	0.2010	0.0680	0.1250	0.1670
材料	白布		kg	0.050	—	—	0.300	0.500
	刀型开关操作机构式		个	—	—	—	—	1.000
	刀型开关手柄式		个	—	—	—	1.000	—
	低碳钢焊条(综合)		kg	0.100	0.200	—	—	—
	电力复合脂		kg	0.050	0.030	0.020	0.020	0.020
	镀锌扁钢(综合)		kg	0.940	0.940	—	—	—
	棉纱		kg	—	0.050	—	—	—
	汽油(综合)		kg	0.200	0.200	—	—	—
	铁砂布 0#~2#		张	0.500	0.500	0.300	0.800	1.000
	铜接线端子 DT-10		个	2.030	2.030	—	—	—
	橡胶护套圈 ϕ6~32		个	—	—	—	6.000	—
	硬铜绞线 TJ-10mm^2		kg	0.050	0.050	—	—	—
	自动空气开关 DW 万能式		个	1.000	—	—	—	—
	自动空气开关电动		个	—	1.000	—	—	—
	自动空气开关手动		个	—	—	1.000	—	—
	其他材料费		%	1.800	1.800	1.800	1.800	1.800
机械	交流弧焊机 21kV·A		台班	0.094	0.094	—	—	—

工作内容:开箱、检查、安装、接线、接地。 **计量单位:**个

定额编号				2-2-627	2-2-628	2-2-629	2-2-630	2-2-631	2-2-632
项目				控制开关安装					
				带熔断器式刀型开关	铁壳刀型开关	胶盖闸刀开关		普通型组合控制开关	防爆型组合控制开关
						单相	三相		
名称			单位	消耗量					
人工	合计工日		工日	0.8520	0.3520	0.0960	0.1310	0.1730	0.2630
	其中	普工	工日	0.2200	0.0910	0.0250	0.0330	0.0450	0.0680
		一般技工	工日	0.5110	0.2110	0.0580	0.0780	0.1040	0.1580
		高级技工	工日	0.1210	0.0500	0.0140	0.0190	0.0250	0.0380
材料	白布		kg	0.500	0.300	0.100	0.150	0.050	0.100
	保险丝 10A		轴	—	—	0.080	0.120	—	—
	刀型开关带熔断器式		个	1.000	—	—	—	—	—
	低碳钢焊条(综合)		kg	—	0.040	—	—	—	0.050
	电力复合脂		kg	0.020	0.020	0.010	0.020	—	—
	镀锌扁钢(综合)		kg	—	0.300	—	—	—	0.300
	胶盖闸刀开关单相		个	—	—	1.010	—	—	—
	胶盖闸刀开关三相		个	—	—	—	1.010	—	—
	木螺钉 $d4 \times 65$		个	—	4.160	2.080	2.080	—	—
	熔丝 30~40A		条	—	3.000	—	—	—	—
	铁壳开关		个	—	1.010	—	—	—	—
	铁砂布 $0^{\#} \sim 2^{\#}$		张	0.500	—	—	—	0.500	0.500
	铜接线端子 DT-6		个	—	—	—	—	—	2.030
	铜接线端子 DT-10		个	—	2.030	—	—	—	—
	橡胶护套圈 $\phi 6 \sim 32$		个	6.000	6.000	6.000	6.000	—	—
	硬铜绞线 TJ-6mm^2		kg	—	—	—	—	—	0.020
	硬铜绞线 TJ-10mm^2		kg	—	0.050	—	—	—	—
	组合控制开关防爆型		个	—	—	—	—	—	1.000
	组合控制开关普通型		个	—	—	—	—	1.000	—
	其他材料费		%	1.800	1.800	1.800	1.800	1.800	1.800
机械	交流弧焊机 21kV·A		台班	—	0.047	—	—	—	0.019

工作内容:开箱、检查、安装、接线、接地。 计量单位:个

定额编号				2-2-633	2-2-634	2-2-635	2-2-636
项目				控制开关安装			
				万能转换开关	单式漏电保护开关		
					单极	三极	四极
名称			单位	消耗量			
人工	合计工日		工日	0.4640	0.2330	0.3290	0.4580
	其中	普工	工日	0.1200	0.0600	0.0840	0.1180
		一般技工	工日	0.2790	0.1400	0.1970	0.2750
		高级技工	工日	0.0660	0.0330	0.0470	0.0650
材料	白布		kg	0.050	0.050	0.060	0.070
	钢锯条		条	—	0.050	0.080	1.000
	漏电保护开关		个	—	1.000	1.000	1.000
	塑料软管 De5		m	—	0.020	0.030	0.040
	铁砂布 0#~2#		张	0.500	0.500	0.500	0.800
	万能转换开关		个	1.000	—	—	—
	其他材料费		%	1.800	1.800	1.800	1.800

工作内容:开箱、检查、安装、接线、接地。 计量单位:个

定额编号				2-2-637	2-2-638	2-2-639	2-2-640
项目				控制开关安装			
				组合式漏电保护开关(回路个数)		单相漏电保护开关	三相漏电保护开关
				≤10	≤20		
名称			单位	消耗量			
人工	合计工日		工日	0.9840	1.3100	0.1130	0.2390
	其中	普工	工日	0.2530	0.3370	0.0290	0.0610
		一般技工	工日	0.5900	0.7870	0.0680	0.1430
		高级技工	工日	0.1400	0.1860	0.0160	0.0340
材料	白布		kg	0.080	0.100	—	—
	半圆头镀锌螺栓 M5×40		个	—	—	2.040	4.080
	钢锯条		条	1.000	1.200	—	—
	漏电保护开关		个	1.000	1.000	1.000	1.000
	漏电保护开关组合式(回路数10个以内)		个	1.000	—	—	—
	漏电保护开关组合式(回路数20个以内)		个	—	1.000	—	—
	塑料软管 De5		m	0.070	0.100	—	—
	铁砂布 0#~2#		张	1.000	1.000	—	—
	橡胶护套圈 φ6~32		个	—	—	4.000	6.000
	其他材料费		%	1.800	1.800	1.800	1.800

工作内容：开箱、清扫、检查、测位、装开关、接线、试闸等。　　　　**计量单位：**个

定额编号				2-2-641	2-2-642	2-2-643	2-2-644	2-2-645
项　目				DZ 自动空气断路器安装				
				额定电流(A)				
				≤30	≤60	≤100	≤200	≤400
名　称			单位	消　耗　量				
人工	合计工日		工日	0.1130	0.2990	0.3460	0.3820	0.5480
	其中	普工	工日	0.0290	0.0770	0.0890	0.0980	0.1410
		一般技工	工日	0.0680	0.1790	0.2070	0.2290	0.3290
		高级技工	工日	0.0160	0.0430	0.0500	0.0550	0.0780
材料	半圆头镀锌螺栓 M5×40		个	2.040	2.040	4.080	—	—
	自动空气断路器 DZ 型		个	1.000	1.000	1.000	1.000	1.000
	其他材料费		%	1.800	1.800	1.800	1.800	1.800

工作内容：开箱、检查、安装、接线、接地。　　　　**计量单位：**个

定额编号				2-2-646	2-2-647	2-2-648	2-2-649	2-2-650
项　目				熔断器安装			限位开关安装	
				瓷插螺旋式	管式	防爆式	普通式	防爆式
名　称			单位	消　耗　量				
人工	合计工日		工日	0.0900	0.4100	0.1730	0.3520	0.4640
	其中	普工	工日	0.0230	0.1060	0.0450	0.0910	0.1200
		一般技工	工日	0.0540	0.2470	0.1040	0.2110	0.2790
		高级技工	工日	0.0130	0.0580	0.0250	0.0500	0.0660
材料	白布		kg	0.050	0.050	0.050	0.150	0.150
	保险丝 10A		轴	0.060	—	—	—	—
	低碳钢焊条(综合)		kg	—	—	0.040	0.150	0.190
	镀锌扁钢(综合)		kg	—	—	—	0.700	1.100
	焊锡膏		kg	0.010	0.010	0.010	—	—
	焊锡丝(综合)		kg	0.030	0.050	0.040	—	—
	热轧圆盘条 ϕ10 以内		kg	—	—	0.170	—	—
	熔断器		组	1.010	1.010	1.010	—	—
	石棉橡胶板 δ1.5		m^2	0.010	—	—	—	—
	铜接线端子 DT-6		个	—	—	2.030	2.030	2.030
	限位开关		个	—	—	—	1.000	1.000
	橡胶护套圈 ϕ6~32		个	2.000	2.000	—	—	—
	硬铜绞线 TJ-6mm^2		kg	—	—	0.030	0.030	0.030
	其他材料费		%	1.800	1.800	1.800	1.800	1.800
机械	交流弧焊机 21kV·A		台班	—	—	0.009	0.047	0.047

工作内容：开箱、检查、安装、触头调整、注油、接线、接地。 计量单位：台

定额编号				2－2－651	2－2－652	2－2－653	2－2－654	2－2－655
项目				用电控制装置安装				
				控制器		接触器、磁力启动器	Y－△自耦减压启动器	磁力控制器
				主令	鼓形、凸轮形			
名称			单位	消耗量				
人工	合计工日		工日	1.1670	1.1670	1.1670	1.4000	0.3520
	其中	普工	工日	0.3000	0.3000	0.3000	0.3610	0.0910
		一般技工	工日	0.7000	0.7000	0.7000	0.8400	0.2110
		高级技工	工日	0.1670	0.1670	0.1670	0.1990	0.0500
材料	Y－△自耦减压启动器		台	—	—	—	1.000	—
	白布		kg	—	0.150	0.170	0.050	0.020
	磁力控制器		个	—	—	—	—	1.000
	低碳钢焊条(综合)		kg	0.100	0.100	—	0.100	0.050
	电力复合脂		kg	0.030	0.050	0.020	0.020	0.020
	镀锌扁钢(综合)		kg	0.670	0.200	—	0.790	1.200
	酚醛调和漆		kg	—	—	—	—	0.020
	焊锡膏		kg	—	—	0.020	—	—
	焊锡丝(综合)		kg	—	—	0.090	—	—
	接触器		台	—	—	1.000	—	—
	控制器		个	1.000	1.000	—	—	—
	塑料软管 De5		m	0.050	0.050	0.050	0.050	0.050
	铁砂布 0#～2#		张	—	—	0.500	—	0.500
	铜接线端子 DT－6		个	—	2.030	—	—	—
	铜接线端子 DT－10		个	2.030	—	2.030	2.030	—
	硬铜绞线 TJ－6mm^2		kg	—	0.030	—	—	—
	硬铜绞线 TJ－10mm^2		kg	0.050	—	0.050	0.050	—
	其他材料费		%	1.800	1.800	1.800	1.800	1.800
机械	交流弧焊机 21kV·A		台班	0.037	0.019	—	0.037	0.047

工作内容：开箱、检查、安装、触头调整、注油、接线、接地。

定额编号				2-2-656	2-2-657	2-2-658	2-2-659	2-2-660
项　目				用电控制装置安装				
				快速自动开关			按钮	
				≤1000A	≤2000A	≤4000A	普通型	防爆型
				台	台	台	个	个
名　称			单位	消　耗　量				
人工	合计工日		工日	2.9800	4.2120	5.4820	0.1730	0.2930
	其中	普工	工日	0.7680	1.0850	1.4120	0.0450	0.0750
		一般技工	工日	1.7870	2.5270	3.2890	0.1040	0.1760
		高级技工	工日	0.4250	0.6000	0.7810	0.0250	0.0420
材料	按钮防爆型		个	—	—	—	—	1.000
	按钮普通型		个	—	—	—	1.000	—
	白布		kg	0.020	0.030	0.040	0.100	0.100
	低碳钢焊条(综合)		kg	0.100	0.100	0.100	—	—
	电力复合脂		kg	0.060	0.100	0.140	—	—
	镀锌扁钢(综合)		kg	2.000	2.000	2.000	—	—
	酚醛调和漆		kg	0.050	0.050	0.050	—	—
	焊锡膏		kg	0.020	0.020	0.030	—	—
	焊锡丝(综合)		kg	0.150	0.200	0.250	—	—
	快速自动开关		台	1.000	1.000	1.000	—	—
	塑料软管 De5		m	0.040	0.060	0.100	0.050	0.050
	铜接线端子 DT-6		个	—	—	—	2.030	2.030
	硬铜绞线 TJ-6mm²		kg	—	—	—	0.020	0.020
	其他材料费		%	1.800	1.800	1.800	1.800	1.800
机械	交流弧焊机 21kV·A		台班	0.047	0.047	0.047	—	—

工作内容：开箱、检查、安装、触头调整、注油、接线、接地。

定额编号				2－2－661	2－2－662	2－2－663
项目				电阻器安装		油浸频敏变阻器安装
				一箱	每增一箱	
				箱	箱	台
名称			单位	消耗量		
人工	合计工日		工日	0.8160	0.4460	1.6330
	其中	普工	工日	0.2100	0.1150	0.4210
		一般技工	工日	0.4900	0.2680	0.9790
		高级技工	工日	0.1160	0.0630	0.2330
材料	白布		kg	0.080	0.060	0.100
	低碳钢焊条(综合)		kg	0.100	—	0.100
	电力复合脂		kg	0.020	0.020	0.020
	电阻器		箱	1.000	1.000	—
	镀锌扁钢(综合)		kg	0.320	—	0.670
	塑料软管 De5		m	0.150	0.080	—
	铜接线端子 DT－6		个	2.030	2.030	—
	铜接线端子 DT－10		个	—	—	2.030
	硬铜绞线 TJ－6mm^2		kg	0.030	0.030	—
	硬铜绞线 TJ－10mm^2		kg	—	—	0.050
	油浸频敏变阻器		台	—	—	1.000
	其他材料费		%	1.800	1.800	1.800
机械	交流弧焊机 21kV·A		台班	0.047	—	0.037

工作内容：开箱、清扫、检查、测位、划线、打眼、固定变压器、接线、接地、埋螺栓。　　**计量单位：**台

定额编号				2－2－664	2－2－665	2－2－666
项目				安全变压器安装		
				(容量:V·A)		
				≤500	≤1000	≤3000
名称			单位	消耗量		
人工	合计工日		工日	0.2030	0.2150	0.2810
	其中	普工	工日	0.0520	0.0560	0.0720
		一般技工	工日	0.1220	0.1290	0.1680
		高级技工	工日	0.0290	0.0310	0.0400
材料	沉头螺钉 M6×55～65		个	4.080	4.080	4.080
	干式安全变压器		台	1.000	1.000	1.000
	硬铜绞线 TJ－2.5～4mm^2		m	0.510	0.510	0.510
	其他材料费		%	1.800	1.800	1.800

工作内容：开箱检查、盘上划线、钻孔、安装固定、写字编号、下料布线、上卡子。 计量单位：个

定额编号				2-2-667	2-2-668	2-2-669
项目				测量表计安装	继电器安装	辅助电压互感器安装
名称			单位	消耗量		
人工	合计工日		工日	0.2680	0.3570	0.4890
	其中	普工	工日	0.0690	0.0920	0.1260
		一般技工	工日	0.1610	0.2140	0.2930
		高级技工	工日	0.0380	0.0510	0.0690
材料	标志牌塑料扁形		个	—	—	1.000
	测量表计		个	1.000	—	—
	电力复合脂		kg	0.010	0.010	0.020
	电压互感器		台	—	—	1.000
	钢锯条		条	—	—	0.500
	焊锡膏		kg	0.010	0.010	—
	焊锡丝（综合）		kg	0.030	0.030	—
	继电器		台	—	1.000	—
	棉纱		kg	0.050	—	0.050
	塑料软管 De5		m	0.400	0.500	—
	铁砂布 0#~2#		张	0.100	0.020	—
	异型塑料管 ϕ2.5~5		m	0.100	0.150	—
	其他材料费		%	1.800	1.800	1.800

工作内容:测位、划线、安装、配管、穿线、接线、刷油。 **计量单位**:套

定额编号				2-2-670	2-2-671	2-2-672
项目				水位电气信号装置安装		
				机械式	电子式	液位式
名称			单位	消耗量		
人工	合计工日		工日	2.4130	1.8350	2.2460
	其中	普工	工日	0.6210	0.4730	0.5780
		一般技工	工日	1.4480	1.1010	1.3480
		高级技工	工日	0.3440	0.2620	0.3200
材料	白布		kg	0.100	0.100	0.100
	半圆头螺钉 M10×100		套	20.000	—	—
	测量表计		个	1.000	1.000	1.000
	低碳钢焊条(综合)		kg	0.050	0.050	0.050
	地脚螺栓 M10×100		套	4.080	2.040	2.040
	镀锌扁钢(综合)		kg	1.300	—	—
	镀锌铁丝 ϕ1.2~2.2		kg	0.010	—	—
	镀锌圆钢 ϕ10~25		kg	1.700	—	—
	防锈漆 C53-1		kg	0.100	0.100	0.100
	酚醛布板		kg	0.730	0.600	1.210
	酚醛调和漆		kg	0.100	0.100	0.100
	钢板(综合)		kg	3.110	0.660	2.100
	钢丝绳 ϕ4.5		m	15.000	—	—
	铝板(综合)		kg	0.210	—	—
	木板标尺 170×85×20		块	1.000	—	—
	木螺钉 d(4.5~6)×(15~100)		个	8.400	—	—
	铁砂布 0#~2#		张	0.500	0.500	0.500
	铜六角螺栓带螺母 M6×30		套	—	6.100	8.200
	铸铁坨 5kg		个	1.000	—	—
	紫铜板(综合)		kg	—	0.500	0.600
	其他材料费		%	1.800	1.800	1.800
机械	交流弧焊机 21kV·A		台班	0.037	0.019	0.019
	立式钻床 25mm		台班	0.093	0.047	0.047
	普通车床 400×1000(mm)		台班	0.187	—	—

工作内容:检查、测位、校线、编号、套塑料管、绑扎测量、接地、接线动作试验等。 **计量单位**:m

定额编号				2-2-673
项目				低压电器装置接线
				小母线安装
名称			单位	消耗量
人工	合计工日		工日	0.1490
	其中	普工	工日	0.0380
		一般技工	工日	0.0890
		高级技工	工日	0.0210
材料	电气绝缘胶带 18mm×10m×0.13mm		卷	0.060
	焊锡膏		kg	0.020
	焊锡丝(综合)		kg	0.030
	黄蜡带 20mm×10m		卷	0.010
	棉纱		kg	0.200
	汽油(综合)		kg	0.200
	塑料软管 De6		m	0.800
	铁砂布 0#~2#		张	1.000
	铜芯塑料绝缘电线 BV-2.5mm^2		m	0.458
	其他材料费		%	1.800

15. 运输设备电气装置安装工程

工作内容: 开箱、检查、清点、电气设备安装、管线敷设、挂电缆、接线、接地、摇测绝缘、配合负荷试验。

计量单位:台

定额编号				2-2-674	2-2-675	2-2-676
项目				电动葫芦电气安装		
				起重量(t)		
				≤2	≤5	≤10
名称			单位	消耗量		
人工	合计工日		工日	3.2510	3.9050	6.9370
	其中	普工	工日	0.8370	1.0060	1.7860
		一般技工	工日	1.9500	2.3430	4.1630
		高级技工	工日	0.4630	0.5570	0.9880
材料	白布		kg	0.352	0.352	0.352
	白纱布带 20mm×20m		卷	0.440	0.440	0.440
	电力复合脂		kg	0.176	0.176	0.176
	电气绝缘胶带 18mm×10m×0.13mm		卷	0.704	0.704	0.704
	钢筋 φ10 以内		kg	4.224	4.224	4.224
	钢丝绳		kg	8.716	8.716	8.716
	钢索拉紧装置		套	1.100	1.100	1.100
	普低钢焊条 J507 φ3.2		kg	0.176	0.176	0.176
	汽油(综合)		kg	0.440	0.440	0.440
	纱布		张	0.880	0.880	0.880
	塑料带 20mm×40m		卷	0.176	0.176	0.176
	塑料软管 De6		m	8.800	8.800	8.800
	铜接线端子 DT-16		个	2.200	2.200	2.200
	其他材料费		%	1.800	1.800	1.800
机械	交流弧焊机 21kV·A		台班	0.023	0.023	0.023
	直流弧焊机 40kV·A		台班	0.148	0.148	0.148

16. 电气设备调试工程

工作内容:1、2. 变压器、断路器、互感器、隔离开关、风冷及油循环冷却系统电气装置、常规保护装置等一、二次回路的调试及空投试验。

3、4、5、6. 自动开关或断路器、隔离开关、常规保护装置、电测量仪表、电力电缆等一、二次回路系统的调试。

计量单位:系统

定额编号				2-2-677	2-2-678	2-2-679	2-2-680	2-2-681	2-2-682
项目				变压器分系统调试		≤1kV交流供电输配电装置分系统调试	≤10kV交流供电输配电装置分系统调试		
				容量(kV·A)			带负荷隔离开关	带断路器	带电抗器
				≤800	≤2000				
名称			单位	消耗量					
人工	合计工日		工日	6.3460	16.0530	1.8500	3.2000	4.5000	5.8000
	其中	普工	工日	0.7620	1.9260	0.2220	0.3840	0.5400	0.6960
		一般技工	工日	3.1730	8.0270	0.9250	1.6000	2.2500	2.9000
		高级技工	工日	2.4110	6.1000	0.7030	1.2160	1.7100	2.2040
材料	铜芯橡皮绝缘电线 BX-2.5mm²		m	1.339	1.758	0.240	0.720	0.720	0.720
	自粘性橡胶带 25mm×20m		卷	0.670	0.875	0.120	0.360	0.360	0.360
	其他材料费		%	2.000	2.000	2.000	2.000	2.000	2.000
仪表	变压器特性综合测试台		台班	0.547	1.093	—	—	—	—
	计时/计频器/校准器		台班	0.820	2.734	—	—	—	—
	交/直流低电阻测试仪		台班	0.820	1.640	—	—	—	—
	全自动变比组别测试仪		台班	0.820	1.640	—	—	—	—
	数字频率计		台班	0.820	1.640	—	—	—	—
	数字示波器		台班	0.766	1.533	—	—	—	—
	YDQ 充气式试验变压器		台班	—	—	—	0.500	0.800	1.000
	电缆测试仪		台班	—	—	0.841	0.841	1.682	1.682
	高压绝缘电阻测试仪		台班	0.547	1.093	—	0.841	0.841	0.841
	高压试验变压器配套操作箱、调压器		台班	—	—	—	0.500	0.800	1.000
	手持式万用表		台班	0.820	1.914	1.682	1.682	1.682	1.682
	数字电桥		台班	0.547	1.640	—	—	1.682	1.682
	微机继电保护测试仪		台班	0.547	1.914	—	—	1.682	1.682
	相位表		台班	0.766	1.533	0.789	0.789	0.789	0.789
	振荡器		台班	—	—	0.789	0.789	0.789	0.789

工作内容:1、2. ①母线系统查线。②二次回路调试。③保护、信号动作试验。④绝缘监察装置试验。
3、4、5、6. 保护装置本体及二次回路的调整试验。

定额编号				2-2-683	2-2-684	2-2-685	2-2-686	2-2-687	2-2-688
项目				母线分系统调试		变压器保护装置分系统调试	母线保护装置分系统调试	线路保护装置分系统调试	小电流接地保护装置分系统调试
				电压≤1kV	电压≤10kV				
				段	段	套(台)	套(台)	套(台)	套(台)
名称			单位	消耗量					
人工	合计工日		工日	1.3000	3.8000	4.6100	4.3390	4.8810	3.2530
	其中	普工	工日	0.1560	0.4560	0.5530	0.5210	0.5860	0.3900
		一般技工	工日	0.6500	1.9000	2.3050	2.1690	2.4400	1.6270
		高级技工	工日	0.4940	1.4440	1.7520	1.6490	1.8550	1.2360
材料	铜芯橡皮绝缘电线 BX-2.5mm^2		m	0.166	0.498	4.459	4.197	4.721	3.148
	自粘性橡胶带 25mm×20m		卷	0.083	0.025	2.230	2.098	2.361	1.574
	其他材料费		%	2.000	2.000	2.000	2.000	2.000	2.000
仪表	电感电容测试仪		台班	0.841	0.841	—	—	—	—
	电能校验仪		台班	—	0.841	—	—	—	—
	高压绝缘电阻测试仪		台班	0.841	1.682	—	—	—	—
	数字电桥		台班	—	1.682	—	—	—	—
	数字电压表		台班	—	0.841	—	—	—	—
	直流高压发生器		台班	0.841	2.523	—	—	—	—
	光纤接口试验设备		台班	—	—	1.223	1.151	1.295	0.863
	计时/计频器/校准器		台班	—	—	2.181	2.052	2.309	1.539
	频率合成信号发生器		台班	—	—	2.181	2.052	2.309	1.539
	手持式万用表		台班	0.841	1.682	2.617	2.463	2.771	1.847
	数字频率计		台班	—	—	1.308	1.231	1.385	0.924
	数字示波器		台班	—	—	1.308	1.231	1.385	0.924
	微机继电保护测试仪		台班	—	1.682	2.181	2.052	2.309	1.539
	相位表		台班	—	—	1.223	1.151	1.295	0.863

工作内容:1、2、3、4. 自动装置、继电器及控制回路的调整试验。
5、6. 装置本体及控制回路系统的调整试验。

定额编号				2-2-689	2-2-690	2-2-691	2-2-692	2-2-693	2-2-694
项目				备用电源自动投入装置分系统调试	备用电机自动投入装置分系统调试	线路自动重合闸分系统调试		直流监测分系统调试	柴油发电机分系统调试
						单侧电源	双侧电源		容量(kW)
									≤600
				系统(套)	系统(套)	系统(套)	系统(套)	系统	台
名称			单位	消耗量					
人工	合计工日		工日	3.1000	1.3000	2.8010	5.6000	9.5130	1.8880
	其中	普工	工日	0.3720	0.1560	0.3360	0.6720	1.1410	0.2270
		一般技工	工日	1.5500	0.6500	1.4000	2.8000	4.7560	0.9440
		高级技工	工日	1.1780	0.4940	1.0640	2.1280	3.6150	0.7170
材料	铜芯橡皮绝缘电线 BX-2.5mm^2		m	8.000	8.000	8.000	8.000	3.440	1.307
	自粘性橡胶带 25mm×20m		卷	0.700	0.700	0.700	0.700	1.720	0.654
	其他材料费		%	2.000	2.000	2.000	2.000	2.000	2.000
仪表	相位电压测试仪		台班	1.262	0.421	0.421	1.682	—	—
	2000A 大电流发生器		台班	—	—	—	—	2.691	—
	计时/计频器/校准器		台班	—	—	0.841	1.682	2.018	0.227
	三相精密测试电源		台班	1.262	0.421	0.841	2.523	—	0.227
	手持式万用表		台班	1.682	0.841	0.841	2.523	2.691	0.227
	数字示波器		台班	—	—	—	—	0.673	0.227
	微机继电保护测试仪		台班	1.682	0.841	0.421	2.523	2.691	0.227

工作内容:1、2、3.装置本体及控制回路系统的调整试验。
4、5.无功补偿装置本体及二次回路的调整试验。
6.①二次回路查线。②投运试验。

定额编号				2-2-695	2-2-696	2-2-697	2-2-698	2-2-699	2-2-700
项目				不间断电源分系统调试			无功补偿装置分系统调试		故障录波分系统调试
				容量(kV·A)			电容器	电抗器	配电室
				≤10	≤30	≤100	电压≤1kV	干式	
				台	台	台	组	组	座
名称			单位	消耗量					
人工	合计工日		工日	2.6800	4.5000	6.8000	2.3330	5.6000	1.2580
	其中	普工	工日	0.3220	0.5400	0.8160	0.2800	0.6720	0.1510
		一般技工	工日	1.3400	2.2500	3.4000	1.1660	2.8000	0.6290
		高级技工	工日	1.0180	1.7100	2.5840	0.8870	2.1280	0.4780
材料	铜芯橡皮绝缘电线 BX-2.5mm²		m	0.722	0.867	1.156	0.115	0.598	0.684
	自粘性橡胶带 25mm×20m		卷	0.393	0.471	0.578	0.083	0.299	0.342
	其他材料费		%	2.000	2.000	2.000	2.000	2.000	2.000
仪表	计时/计频器/校准器		台班	0.756	0.910	1.240	—	—	—
	三相精密测试电源		台班	0.756	0.910	1.240	—	—	—
	数字示波器		台班	0.756	0.910	1.240	—	—	—
	微机继电保护测试仪		台班	0.756	0.910	1.240	—	—	—
	电感电容测试仪		台班	—	—	—	0.841	—	—
	调谐试验装置		台班	—	—	—	0.786	—	—
	高压绝缘电阻测试仪		台班	—	—	—	0.841	0.841	—
	手持式万用表		台班	0.756	0.910	1.240	1.682	1.682	—
	数字电桥		台班	—	—	—	—	0.841	—
	数字电压表		台班	—	—	—	—	0.841	—
	直流高压发生器		台班	—	—	—	0.841	0.841	—
	保护故障子站模拟系统		台班	—	—	—	—	—	0.067
	笔记本电脑		台班	—	—	—	—	—	0.067
	回路电阻测试仪		台班	—	—	—	—	—	0.134
	继电保护检验仪		台班	—	—	—	—	—	3.004
	三相多功能钳形相位伏安表		台班	—	—	—	—	—	0.067

工作内容：1、2. 电动机、励磁机、断路器、保护装置、启动设备和一、二次回路的调试。
3、4. 电动机、开关、保护装置、电缆等及一、二次回路调试。　　**计量单位**：台

定额编号				2-2-701	2-2-702	2-2-703	2-2-704
项目				普通型 380V 交流同步电机负载调试		交流异步电动机负载调试	
						低压笼型	
				直接启动	降压启动	刀开关控制	电磁控制
名称			单位	消耗量			
人工	合计工日		工日	7.0000	10.6400	1.0640	2.1270
	其中	普工	工日	0.8400	1.2770	0.1280	0.2550
		一般技工	工日	3.5000	5.3200	0.5320	1.0640
		高级技工	工日	2.6600	4.0430	0.4040	0.8080
材料	铜芯橡皮绝缘电线 BX-2.5mm^2		m	0.363	0.363	0.400	0.800
	自粘性橡胶带 25mm×20m		卷	0.181	0.181	0.200	0.400
	其他材料费		%	2.000	2.000	2.000	2.000
仪表	多倍频感应耐压试验器		台班	0.253	0.253	—	—
	计时/计频器/校准器		台班	1.514	2.018	—	—
	电缆测试仪		台班	0.505	0.505	0.505	0.505
	电能校验仪		台班	0.505	0.757	—	0.253
	高压绝缘电阻测试仪		台班	0.505	0.757	0.505	1.009
	手持式万用表		台班	1.514	2.018	0.505	0.505
	数字电桥		台班	0.505	0.505	0.505	0.505
	微机继电保护测试仪		台班	1.514	2.018	—	0.505
	转速表		台班	0.505	0.505	0.505	0.505

工作内容：电动机、开关、保护装置、电缆等及一、二次回路调试。　　**计量单位**：台

定额编号				2-2-705	2-2-706	2-2-707	2-2-708	2-2-709
项目				交流异步电动机负载调试				
				低压笼型		低压绕线型		
				非电量连锁	带过流保护	电磁控制	速断、过流保护	反时限过流保护
名称			单位	消耗量				
人工	合计工日		工日	2.8000	4.2560	5.8810	8.9600	10.6400
	其中	普工	工日	0.3360	0.5110	0.7060	1.0750	1.2770
		一般技工	工日	1.4000	2.1280	2.9400	4.4800	5.3200
		高级技工	工日	1.0640	1.6170	2.2350	3.4050	4.0430
材料	铜芯橡皮绝缘电线 BX-2.5mm^2		m	1.000	1.800	2.000	2.600	3.200
	自粘性橡胶带 25mm×20m		卷	0.500	0.900	1.000	1.300	1.600
	其他材料费		%	2.000	2.000	2.000	2.000	2.000
仪表	电缆测试仪		台班	0.505	0.505	0.561	0.561	0.561
	电能校验仪		台班	0.253	1.009	1.121	1.402	1.682
	高压绝缘电阻测试仪		台班	1.009	1.009	1.121	1.121	1.121
	计时/计频器/校准器		台班	—	1.009	1.682	4.205	4.486
	手持式万用表		台班	0.505	1.514	2.243	2.804	3.364
	数字电桥		台班	0.505	0.505	1.121	1.402	1.402
	微机继电保护测试仪		台班	0.505	1.514	1.682	4.205	4.486
	转速表		台班	0.505	0.505	0.561	0.561	0.561

工作内容:包括开闭所配电装置内所有回路设备的单体及分系统调试工作。 计量单位:座

定额编号				2-2-710	2-2-711	2-2-712	2-2-713
项目				10kV 及以下开闭所成套装置分系统调试			
				断路器操作			
				开关间隔单元(个)			
				≤3	≤5	≤7	>7
名称			单位	消耗量			
人工	合计工日		工日	11.3260	15.7320	17.6190	22.0240
	其中	普工	工日	1.3590	1.8880	2.1140	2.6430
		一般技工	工日	5.6630	7.8660	8.8100	11.0120
		高级技工	工日	4.3040	5.9780	6.6950	8.3690
材料	铜芯橡皮绝缘电线 BX-2.5mm^2		m	0.696	0.836	1.003	1.203
	自粘性橡胶带 25mm×20m		卷	0.348	0.418	0.501	0.602
	其他材料费		%	2.000	2.000	2.000	2.000
仪表	2000A 大电流发生器		台班	1.402	1.869	2.336	2.804
	TPFRC 电容分压器交直流高压测量系统		台班	1.792	2.486	2.787	3.981
	YDQ 充气式试验变压器		台班	1.792	2.486	2.787	3.981
	电能校验仪		台班	3.028	4.206	4.710	6.729
	断路器动特性综合测试仪		台班	1.402	1.869	2.336	2.804
	伏安特性测试仪		台班	1.402	1.869	2.336	2.804
	高压核相仪		台班	3.028	4.206	4.710	6.729
	高压绝缘电阻测试仪		台班	1.402	1.869	2.336	2.654
	高压试验变压器配套操作箱、调压器		台班	1.792	2.486	2.787	3.981
	回路电阻测试仪		台班	1.402	1.869	2.336	2.804
	继电保护装置试验仪		台班	1.402	1.869	2.336	2.804

工作内容：包括开闭所配电装置内所有回路设备的单体及分系统调试工作。　　**计量单位：座**

定额编号				2-2-714	2-2-715	2-2-716	2-2-717
项　目				10kV 及以下开闭所成套装置分系统调试			
				负荷开关操作			
				开关间隔单元(个)			
				≤3	≤5	≤7	>7
名　称			单位	消　耗　量			
人工	合计工日		工日	10.0680	14.1580	16.6750	18.8770
	其中	普工	工日	1.2080	1.6990	2.0010	2.2650
		一般技工	工日	5.0340	7.0790	8.3380	9.4390
		高级技工	工日	3.8260	5.3800	6.3360	7.1730
材料	铜芯橡皮绝缘电线 BX - 2.5mm²		m	0.696	0.836	1.003	1.203
	自粘性橡胶带 25mm×20m		卷	0.348	0.418	0.501	0.602
	其他材料费		%	2.000	2.000	2.000	2.000
仪表	TPFRC 电容分压器交直流高压测量系统		台班	1.402	1.869	2.804	3.738
	YDQ 充气式试验变压器		台班	1.402	1.869	2.804	3.738
	电能校验仪		台班	3.925	5.607	6.542	7.477
	高压核相仪		台班	3.925	5.607	6.542	7.477
	高压绝缘电阻测试仪		台班	1.402	1.869	2.804	3.738
	高压试验变压器配套操作箱、调压器		台班	1.402	1.869	2.804	3.738
	回路电阻测试仪		台班	1.402	1.869	2.804	3.738

工作内容：包括成套箱型配电装置内所有回路设备的单体及分系统调试工作。 **计量单位**：座

定额编号				2-2-718	2-2-719	2-2-720	2-2-721	2-2-722
项目				组合型成套箱式变电站分系统调试				
				变压器容量(kV·A)				
				≤315	≤1000	≤2000	2×400 单台容量≤400	2×630 单台容量≤630
名称			单位	消耗量				
人工	合计工日		工日	9.3140	11.1550	13.8440	15.1020	17.6190
	其中	普工	工日	1.1180	1.3390	1.6610	1.8120	2.1140
		一般技工	工日	4.6570	5.5770	6.9220	7.5510	8.8100
		高级技工	工日	3.5390	4.2390	5.2610	5.7390	6.6950
材料	铜芯橡皮绝缘电线 BX-2.5mm²		m	0.696	1.393	1.741	1.339	1.607
	自粘性橡胶带 25mm×20m		卷	0.348	0.696	0.870	0.670	0.804
	其他材料费		%	2.000	2.000	2.000	2.000	2.000
仪表	2000A 大电流发生器		台班	0.935	1.315	1.869	1.869	2.336
	TPFRC 电容分压器交直流高压测量系统		台班	0.935	1.315	1.869	1.869	2.336
	YDQ 充气式试验变压器		台班	0.935	1.315	1.869	1.869	2.336
	变压器特性综合测试台		台班	0.935	1.315	1.869	1.869	2.336
	变压器直流电阻测试仪		台班	0.935	1.315	1.869	1.869	2.336
	电能校验仪		台班	3.785	4.678	5.981	5.140	6.542
	高压核相仪		台班	4.206	5.155	6.542	6.729	8.411
	高压绝缘电阻测试仪		台班	0.935	1.315	1.869	1.869	2.336
	高压试验变压器配套操作箱、调压器		台班	1.870	2.630	3.738	3.738	4.672
	回路电阻测试仪		台班	0.935	1.315	1.869	1.869	2.336
	全自动变比组别测试仪		台班	0.935	1.315	1.869	1.869	2.336
	微机继电保护测试仪		台班	1.870	2.630	3.738	3.738	4.672
	直流高压发生器		台班	0.935	1.315	1.869	1.869	2.336
	自动介损测试仪		台班	0.935	1.315	1.869	1.869	2.336

工作内容:1.①元件检查。②二次回路调试。③网络设备试验。④间隔层闭锁逻辑验证。⑤AVQC功能设定、测试。⑥UPS、GPS系统调试。⑦后台计算机系统调试。⑧同期系统调试。⑨远动功能系统调试。⑩中央信号系统调试。
2.①五防回路闭锁装置调试。②回路查线。③电气闭锁、系统闭锁调试。　**计量单位**:座

定额编号				2-2-723	2-2-724
项目				微机监控分系统调试	五防分系统调试
				配电室	
名称			单位	消耗量	
人工	合计工日		工日	6.8660	1.8880
	其中	普工	工日	0.8240	0.2270
		一般技工	工日	3.4330	0.9440
		高级技工	工日	2.6090	0.7170
材料	铜芯橡皮绝缘电线 BX-2.5mm²		m	0.645	1.025
	自粘性橡胶带 25mm×20m		卷	0.323	0.513
	其他材料费		%	2.000	2.000
仪表	2000A大电流发生器		台班	2.856	—
	计时/计频器/校准器		台班	2.856	0.595
	手持式万用表		台班	2.448	0.510
	微机继电保护测试仪		台班	2.856	0.595

工作内容:①主(子)站与各终端设备联调内容:技术准备、编制信息表、控制权限检查、三遥功能测试、保护功能检测及传动试验、规约调试。②主站与子站设备联调内容:技术准备、编制信息表、规约调试、三遥信息上传下达测试、信息核对。
计量单位:系统

定额编号				2-2-725	2-2-726	2-2-727	2-2-728	2-2-729
项目				配电智能分系统调试				
				主(子)站与终端联调				
				≤2个间隔	≤6个间隔	≤12个间隔	≤20个间隔	>20个间隔
名称			单位	消耗量				
人工	合计工日		工日	3.0200	10.0680	18.1230	26.1760	30.2040
	其中	普工	工日	0.3620	1.2080	2.1750	3.1410	3.6240
		一般技工	工日	1.5100	5.0340	9.0610	13.0880	15.1020
		高级技工	工日	1.1480	3.8260	6.8870	9.9470	11.4780
材料	超五类屏蔽双绞线		m	1.000	2.000	3.000	4.000	4.000
	其他材料费		%	2.000	2.000	2.000	2.000	2.000
仪表	网络测试仪		台班	0.748	2.243	2.990	3.738	4.486
	误码率测试仪		台班	0.748	2.243	2.990	3.738	4.486

工作内容:①主(子)站与各终端设备联调内容:技术准备、编制信息表、控制权限检查、三遥功能测试、保护功能检测及传动试验、规约调试。②主站与子站设备联调内容:技术准备、编制信息表、规约调试、三遥信息上传下达测试、信息核对。

计量单位:系统

定额编号				2-2-730	2-2-731	2-2-732	2-2-733	2-2-734
项目				配电智能分系统调试				
				主站与子站联调				
				≤2 个间隔	≤6 个间隔	≤12 个间隔	≤20 个间隔	>20 个间隔
名称			单位	消耗量				
人工	合计工日		工日	2.0140	4.0270	6.0410	8.0550	10.0680
	其中	普工	工日	0.2420	0.4830	0.7250	0.9670	1.2080
		一般技工	工日	1.0070	2.0140	3.0200	4.0270	5.0340
		高级技工	工日	0.7650	1.5300	2.2960	3.0610	3.8260
材料	超五类屏蔽双绞线		m	1.000	2.000	3.000	4.000	4.000
	其他材料费		%	2.000	2.000	2.000	2.000	2.000
仪表	网络测试仪		台班	0.374	0.748	1.122	1.495	1.869
	误码率测试仪		台班	0.374	0.748	0.748	1.122	1.346

工作内容:①主(子)站与各终端设备联调内容:技术准备、编制信息表、控制权限检查、三遥功能测试、保护功能检测及传动试验、规约调试。②主站与子站设备联调内容:技术准备、编制信息表、规约调试、三遥信息上传下达测试、信息核对。

计量单位:系统

定额编号				2-2-735	2-2-736	2-2-737
项目				配电智能分系统调试		
				电能表与电表采集器联调	数据集中器与电表采集器联调	主站与数据集中器联调
名称			单位	消耗量		
人工	合计工日		工日	1.5730	1.1200	1.8880
	其中	普工	工日	0.1890	0.1340	0.2270
		一般技工	工日	0.7870	0.5600	0.9440
		高级技工	工日	0.5980	0.4260	0.7170
材料	超五类屏蔽双绞线		m	1.000	1.000	1.000
	其他材料费		%	2.000	2.000	2.000
仪表	笔记本电脑		台班	0.327	0.561	0.561
	网络测试仪		台班	—	0.467	0.187
	误码率测试仪		台班	—	0.467	—

工作内容:①受电前准备。②受电时一、二次回路定相、核相。③电流、电压测量。④保护、合环、同期回路检查。⑤冲击合闸试验和受电后试验。⑥试运行。 **计量单位:**座

定额编号				2-2-738	2-2-739	2-2-740
项目				组合型成套箱式变电站整套启动调试	≤1kV 配电站(室)整套启动调试	≤10kV 及以下开关站整套启动调试
名称			单位	消耗量		
人工	合计工日		工日	4.5000	5.5000	8.5000
	其中	普工	工日	0.1580	0.1930	0.2980
		一般技工	工日	1.5750	1.9250	2.9750
		高级技工	工日	2.7670	3.3820	5.2270
材料	自粘性橡胶带 25mm×20m		卷	0.874	1.136	1.248
	其他材料费		%	2.000	2.000	2.000
仪表	笔记本电脑		台班	2.500	3.500	4.800
	回路电阻测试仪		台班	0.226	0.293	0.376
	数字电压表		台班	0.127	0.165	0.211
	数字示波器		台班	0.262	0.341	0.437
	相位表		台班	0.127	0.165	0.211

工作内容:①试验前准备工作。②电压电流互感器二次负荷现场测试。③数据处理,出具报告。 **计量单位:**组

定额编号				2-2-741
项目				计量二次回路阻抗测试
名称			单位	消耗量
人工	合计工日		工日	1.8880
	其中	普工	工日	0.1320
		一般技工	工日	1.0390
		高级技工	工日	0.7170
材料	铜芯橡皮绝缘电线 BX-2.5mm^2		m	0.024
	自粘性橡胶带 25mm×20m		卷	0.012
	其他材料费		%	2.000
仪表	电压电流互感器二次负荷在线测试仪		台班	1.402
	关口计量表测试专用车		台班	1.402

17. 管廊支架

工作内容：切断、调直、煨制、钻孔、组对、焊接。

计量单位：100kg

定额编号				2-2-742	2-2-743	2-2-744	2-2-745	2-2-746
项目				钢支架制作				
				单件重量(kg以内)				
				5	10	30	50	100
名称			单位	消耗量				
人工	合计工日		工日	5.6190	4.7520	4.1060	3.6720	3.4600
	其中	普工	工日	1.4050	1.1880	1.0260	0.9180	0.8650
		一般技工	工日	3.6520	3.0880	2.6690	2.3870	2.2490
		高级技工	工日	0.5620	0.4750	0.4110	0.3670	0.3460
材料	低碳钢焊条 J422 ϕ3.2		kg	3.084	2.851	2.570	1.966	1.754
	电		kW·h	0.062	0.044	0.038	0.033	0.030
	尼龙砂轮片 ϕ100		片	0.092	0.064	0.056	0.048	0.044
	尼龙砂轮片 ϕ400		片	1.728	1.152	1.080	0.893	0.835
	型钢(综合)		kg	105.000	105.000	105.000	105.000	105.000
	氧气		m^3	2.715	1.833	1.622	1.272	1.104
	乙炔气		kg	0.905	0.611	0.554	0.424	0.368
	其他材料费		%	2.000	2.000	2.000	2.000	2.000
机械	电焊机(综合)		台班	2.171	1.845	1.537	1.176	1.049
	立式钻床 25mm		台班	0.464	0.958	0.972	0.844	0.707
	砂轮切割机 ϕ400		台班	1.176	0.784	0.735	0.608	0.568
	台式钻床 16mm		台班	1.067	0.225	0.173	0.107	—

工作内容：打、堵洞眼、栽(埋)螺栓、安装。

计量单位：100kg

定额编号				2-2-747	2-2-748	2-2-749	2-2-750	2-2-751
项目				钢支架安装				
				单件重量(kg以内)				
				5	10	30	50	100
名称			单位	消耗量				
人工	合计工日		工日	3.0260	2.5590	2.2100	1.9810	1.8620
	其中	普工	工日	0.7570	0.6400	0.5530	0.4950	0.4650
		一般技工	工日	1.9670	1.6630	1.4370	1.2870	1.2100
		高级技工	工日	0.3030	0.2560	0.2210	0.1980	0.1860
材料	冲击钻头 ϕ10~20		个	1.351	1.081	1.039	0.810	0.613
	低碳钢焊条 J422 ϕ3.2		kg	3.629	2.424	2.020	1.544	1.378
	电		kW·h	3.300	2.640	2.520	1.960	1.500
	机油		kg	0.603	0.482	0.459	0.360	0.270
	六角螺栓带螺母、垫圈(综合)		kg	4.243	3.389	3.230	2.533	1.900
	膨胀螺栓(综合)		kg	4.240	2.823	2.153	1.267	0.950
	水泥砂浆 1:2.5		m^3	0.075	0.053	0.048	0.038	0.032
	氧气		m^3	1.461	0.987	0.894	0.684	0.594
	乙炔气		kg	0.487	0.329	0.298	0.228	0.198
	其他材料费		%	2.000	2.000	2.000	2.000	2.000
机械	电焊机(综合)		台班	1.705	1.450	1.208	0.924	0.824

第三章　消 防 工 程

说　明

一、本章定额包括水灭火系统、气体灭火系统、火灾自动报警系统和消防系统调试等项目。

二、本章定额编制的主要技术依据有：

1.《自动喷水灭火系统设计规范》GB 50084—2005；

2.《自动喷水灭火系统施工及验收规范》GB 50261—2005；

3.《沟槽式连接管道工程技术规程》CECS 151—2003；

4.《火灾自动报警系统设计规范》GB 50116—2013；

5.《火灾自动报警系统施工及验收规范》GB 50166—2007；

6.《气体灭火系统设计规范》GB 50370—2005；

7.《气体灭火系统施工及验收规范》GB 50263—2007；

8.《二氧化碳灭火系统设计规范》GB 50193—2010；

9.《消防联动控制系统》GB 16806—2006；

10.《通用安装工程工程量计算规范》GB 50856—2013；

11.《通用安装工程消耗量定额》TY 02-31-2015；

12.《城市综合管廊工程技术规范》GB 50838—2015；

13.《建设工程劳动定额》LD/T-2008；

14.《全国统一安装工程基础定额》GJD-201- 2006；

15.《建设工程施工机械台班费用编制规则》(2015)；

16.《建设工程施工仪器仪表台班费用编制规则》(2015)。

三、本章定额不包括下列内容：

1. 阀门、套管、支架、不锈钢管、铜管等安装(注明者除外)，执行“第四章 给排水工程”相应项目；

2. 管道刷油、防腐蚀、绝热工程。

四、界限划分：

1. 消防系统管道以在管廊本体内安装为主，以管廊外墙外边缘为界；管廊外管道执行《通用安装工程消耗量定额》相应项目。

2. 与市政给水管道的界限：以与市政给水管道碰头点(井)为界。

五、水灭火系统。

1. 水灭火系统适用于综合管廊设置的水灭火系统的管道、各种组件、消火栓等安装。

2. 管道安装相关规定：

(1)钢管(法兰连接)定额中包括管件及法兰安装，但管件、法兰数量应按设计图纸用量另行计算，螺栓按设计用量加3%损耗计算：

(2)若设计或规范要求钢管需要镀锌，其镀锌及场外运输另行计算；

(3)管道安装(沟槽连接)已包括直接卡箍件安装，其他沟槽管件另行执行相关项目；

(4)消火栓管道采用无缝钢管焊接时，定额中包括管件安装，管件主材依据设计图纸数量另计工程量：

(5)消火栓管道采用钢管(沟槽连接)时，执行水喷淋钢管(沟槽连接)相关项目。

3. 沟槽式法兰阀门安装执行沟槽管件安装相应项目，人工乘以系数1.10。

4. 报警装置安装项目，定额中已包括装配管、泄放试验管及水力警铃出水管安装，水力警铃进水管。

按图示尺寸执行管道安装相应项目；其他报警装置适用于雨淋、干湿两用及预作用报警装置。

5. 水流指示器(马鞍型连接)项目,主材中包括胶圈、U型卡;若设计要求水流指示器采用丝接时,执行本册定额第四章《给排水工程》丝接阀门相应项目。

6. 喷头、报警装置及水流指示器安装定额均按管网系统试压、冲洗合格后安装考虑的,定额中已包括丝堵、临时短管的安装、拆除及摊销。

7. 消防水泵接合器安装,定额中包括法兰接管及弯管底座(消火栓三通)的安装,本身价值另行计算。

六、气体灭火系统。

1. 气体灭火系统适用于综合管廊中设置的七氟丙烷、IG541、二氧化碳灭火系统中的管道、管件、系统装置及组件等的安装。

2. 定额中的无缝钢管、钢制管件、选择阀安装及系统组件试验等适用于七氟丙烷、IG541灭火系统;遇高压二氧化碳灭火系统时,定额人工、机械乘以系数1.20。

3. 管道及管件安装定额:

(1)中压加厚无缝钢管(法兰连接)定额包括管件及法兰安装,但管件、法兰数量应按设计用量另行计算,螺栓按设计用量加3%损耗计算。

(2)若设计或规范要求钢管需要镀锌,其镀锌及场外运输另行计算。

4. 气体灭火系统管道若采用不锈钢管、铜管时,管道及管件安装执行《通用安装工程消耗量定额》相应项目。

5. 贮存装置安装定额,包括灭火剂贮存容器和驱动瓶的安装固定支框架、系统组件(集流管,容器阀,气、液单向阀,高压软管)、安全阀等贮存装置和驱动装置的安装及氮气增压。二氧化碳贮存装置安装不需增压,执行定额时应扣除高纯氮气,其余不变。称重装置价值含在贮存装置设备价中。

6. 二氧化碳称重检漏装置包括泄漏报警开关、配重及支架安装。

7. 管网系统包括管道、选择阀、气液单向阀、高压软管等组件。管网系统试验工作内容包括充氮气,但氮气消耗量另行计算。

8. 气体灭火系统装置调试费执行第四章相应子目。

七、火灾自动报警系统。

1. 火灾自动报警系统适用于综合管廊设置的火灾自动报警系统的安装。

2. 火灾自动报警系统定额均包括以下工作内容:

(1)设备和箱、机及元件的搬运,开箱检查,清点,杂物回收,安装就位,接地,密封,箱、机内的校线、接线、压接端头(挂锡)、编码,测试、清洗,记录整理等。

(2)本体调试。

3. 安装定额中箱、机是以成套装置编制的,柜式及琴台式均执行落地式安装相应项目。

4. 闪灯执行声光报警器。

5. 电气火灾监控系统:

(1)报警控制器按点数执行火灾自动报警控制器安装。

(2)探测器模块按输入回路数量执行多输入模块安装。

(3)剩余电流互感器执行相关电气安装定额。

(4)温度传感器执行线性探测器安装定额。

6. 火灾自动报警系统定额不包括事故照明及疏散指示控制装置安装内容,执行“第二章 电气设备安装工程”相应项目。

7. 火灾报警控制微机安装中不包括消防系统应用软件开发内容。

八、消防系统调试。

1. 系统调试是指消防报警和防火控制装置灭火系统安装完毕且联通,并达到国家有关消防施工验收规范、标准,进行的全系统检测、调整和试验。

2. 定额中不包括气体灭火系统调试试验时采取的安全措施,应另行计算。

3. 自动报警系统装置包括各种探测器、手动报警按钮和报警控制器，灭火系统控制装置包括消火栓、自动喷水、七氟丙烷、二氧化碳等固定灭火系统的控制装置。

4. 切断非消防电源的点数以执行切除非消防电源的模块数量确定点数。

工程量计算规则

一、水灭火系统。

1. 管道安装按设计图示管道中心线长度以“10m”为计量单位。不扣除阀门、管件及各种组件所占长度。

2. 管件连接分规格以“10 个”为计量单位。沟槽管件主材包括卡箍及密封圈以“套”为计量单位。

3. 喷头、水流指示器按设计图示数量计算。按安装部位、方式、分规格以“个”为计量单位。

4. 报警装置、消火栓、消防水泵接合器均按设计图示数量计算。报警装置、消火栓、消防水泵接合器分形式，按成套产品以“组”为计量单位；成套产品包括的内容详见《通用安装工程消耗量定额》附录一。

5. 末端试水装置按设计图示数量计算，分规格以“组”为计量单位。

6. 灭火器按设计图示数量计算，分形式以“具、组”为计量单位。

二、气体灭火系统。

1. 管道安装按设计图示管道中心线长度，以“10m”为计量单位。不扣除阀门、管件及各种组件所占长度。

2. 钢制管件连接分规格，以“10 个”为计量单位。

3. 气体驱动装置管道按设计图示管道中心线长度计算，以“10m”为计量单位。

4. 选择阀、喷头安装按设计图示数量计算，分规格、连接方式以“个”为计量单位。

5. 贮存装置、称重检漏装置、无管网气体灭火装置安装按设计图示数量计算，以“套”为计量单位。

6. 管网系统试验按贮存装置数量，以“套”为计量单位。

三、火灾自动报警系统。

1. 火灾报警系统按设计图示数量计算。

2. 点型探测器按设计图示数量计算，不分规格、型号、安装方式与位置，以“个”、“对”为计量单位。探测器安装包括了探头和底座的安装及本体调试。红外光速探测器是成对使用的，在计算时一对为两只。

3. 线型探测器依据探测器长度、信号转换装置数量、报警终端电阻数量按设计图示数量计算，分别以“m”、“台”、“个”为计量单位。

4. 空气采样管依据图示设计长度计算，以“m”为计量单位；极早期空气采样报警器依据探测回路数按设计图示计算，以“台”为计量单位。

5. 区域报警控制箱、联动控制箱、火灾报警系统控制主机、联动控制主机、报警联动一体机按设计图示数量计算，区分不同点数、安装方式，以“台”为计量单位。

四、消防系统调试。

1. 自动报警系统调试区分不同点数根据集中报警器台数按系统计算。自动报警系统包括各种探测器、报警器、报警按钮、报警控制器组成的报警系统，其点数按具有地址编码的器件数量计算。火灾事故广播、消防通信系统调试按消防广播喇叭及音箱、电话插孔和消防通信的电话分机的数量分别以“10只”或“部”为计量单位。

2. 自动喷水灭火系统调试按水流指示器数量以“点(支路)”为计量单位；消火栓灭火系统按消火栓启泵按钮数量以“点”为计量单位；消防水炮控制装置系统调试按水炮数量以“点”为计量单位。

3. 防火控制装置调试按设计图示数量计算。

4. 气体灭火系统装置调试按调试、检验和验收所消耗的试验容量总数计算，以“点”为计量单位。

气体灭火系统调试,是由七氟丙烷、IG541、二氧化碳等组成的灭火系统按气体灭火系统装置的瓶头阀以点计算。

5. 电气火灾监控系统调试按模块点数执行自动报警系统调试相应子目。

1. 水灭火系统

工作内容:检查及清扫管材、切管、套丝、调直、管道及管件安装、丝口刷漆、水压试验、水冲洗。

计量单位:10m

定额编号				2-3-1	2-3-2	2-3-3
项目				水喷淋钢管		
				镀锌钢管(螺纹连接)		
				公称直径(mm 以内)		
				25	32	40
名称			单位	消耗量		
人工	合计工日		工日	1.8240	2.1010	2.8260
	其中	普工	工日	0.4560	0.5250	0.7060
		一般技工	工日	1.1860	1.3660	1.8370
		高级技工	工日	0.1820	0.2100	0.2830
材料	镀锌钢管		m	10.050	10.050	10.050
	镀锌钢管接头管件 *DN*25		个	5.900	—	—
	镀锌钢管接头管件 *DN*32		个	—	6.870	—
	镀锌钢管接头管件 *DN*40		个	—	—	8.610
	棉纱头		kg	0.240	0.280	0.280
	尼龙砂轮片 $\phi500 \times 25 \times 4$		片	0.120	0.150	0.260
	铅油(厚漆)		kg	0.061	0.088	0.160
	热轧厚钢板 $\delta8.0 \sim 20$		kg	0.490	0.490	0.490
	水		m^3	0.582	0.582	0.582
	线麻		kg	0.006	0.009	0.016
	压力表 0~1.6MPa(带弯带阀)		套	0.020	0.020	0.020
	银粉漆		kg	0.021	0.021	0.027
	其他材料费		%	3.000	3.000	3.000
机械	管子切断套丝机 159mm		台班	0.120	0.220	0.300
	试压泵 3MPa		台班	0.015	0.015	0.015

工作内容:检查及清扫管材、切管、套丝、调直、管道及管件安装、丝口刷漆、水压试验、水冲洗。

计量单位:10m

定额编号			2-3-4	2-3-5	2-3-6	2-3-7
项目			水喷淋钢管			
			镀锌钢管(螺纹连接)			
			公称直径(mm以内)			
			50	65	80	100
名称		单位	消耗量			
人工	合计工日	工日	2.9730	3.3130	3.5530	3.5940
	其中 普工	工日	0.7440	0.8290	0.8890	0.8990
	其中 一般技工	工日	1.9320	2.1530	2.3090	2.3360
	其中 高级技工	工日	0.2970	0.3310	0.3550	0.3590
材料	镀锌钢管	m	10.050	9.950	9.950	9.950
	镀锌钢管接头管件 *DN*100	个	—	—	—	5.200
	镀锌钢管接头管件 *DN*50	个	8.080	—	—	—
	镀锌钢管接头管件 *DN*65	个	—	7.560	—	—
	镀锌钢管接头管件 *DN*80	个	—	—	7.410	—
	镀锌铁丝 ϕ4.0~2.8	kg	—	—	—	0.080
	机油	kg	—	—	—	0.070
	棉纱头	kg	0.300	0.380	0.420	0.490
	尼龙砂轮片 ϕ400	片	—	—	—	0.480
	尼龙砂轮片 ϕ500×25×4	片	0.240	0.360	0.400	—
	铅油(厚漆)	kg	0.170	0.240	0.340	0.350
	热轧厚钢板 δ12~20	kg	—	—	—	0.490
	热轧厚钢板 δ8.0~20	kg	0.490	0.490	0.490	—
	水	m^3	0.582	0.882	0.882	0.882
	线麻	kg	0.017	0.024	0.034	0.035
	压力表 0~1.6MPa(带弯带阀)	套	0.020	0.020	0.020	0.020
	银粉漆	kg	0.033	0.025	0.025	0.025
	其他材料费	%	3.000	3.000	3.000	3.000
机械	管子切断套丝机 159mm	台班	0.290	0.270	0.320	0.290
	试压泵 3MPa	台班	0.015	0.015	0.015	0.020

工作内容：检查及清扫管材、切管、坡口、对口、调直、焊接法兰、紧螺栓、加垫、管道及管件预安装、拆卸、二次安装、水压试验、水冲洗。

计量单位：10m

定额编号				2-3-8	2-3-9	2-3-10	2-3-11
项目				水喷淋钢管			
				钢管(法兰连接)			
				公称直径(mm以内)			
				100	125	150	200
名称			单位	消耗量			
人工	合计工日		工日	5.3530	5.0740	5.4540	7.2830
	其中	普工	工日	1.3390	1.2690	1.3640	1.8210
		一般技工	工日	3.4790	3.2980	3.5450	4.7340
		高级技工	工日	0.5350	0.5070	0.5450	0.7280
材料	低碳钢焊条 J427 $\phi3.2$		kg	1.650	2.205	2.865	5.940
	钢管		m	10.000	10.000	10.000	10.000
	棉纱头		kg	0.072	0.087	0.104	0.138
	尼龙砂轮片 $\phi400$		片	0.420	0.680	1.730	2.300
	热轧厚钢板 $\delta12\sim20$		kg	0.490	1.476	1.476	1.476
	石棉橡胶板 低压 $\delta0.8\sim6.0$		kg	1.368	1.587	1.932	2.277
	水		m^3	0.882	2.524	2.524	2.650
	压力表 0~1.6MPa(带弯带阀)		套	0.020	0.030	0.030	0.030
	氧气		m^3	1.110	1.670	2.090	3.470
	乙炔气		m^3	0.396	0.596	0.746	1.239
	其他材料费		%	3.000	3.000	3.000	3.000
机械	电动单筒慢速卷扬机 50kN		台班	—	—	—	0.210
	电焊机(综合)		台班	0.635	0.848	1.102	2.285
	汽车式起重机 8t		台班	—	—	—	0.030
	试压泵 3MPa		台班	0.020	0.020	0.037	0.037
	载重汽车 5t		台班	—	—	—	0.020

工作内容：检查及清扫管材、切管、坡口、对口、调直、焊接法兰、紧螺栓、加垫、管道及管件预安装、拆卸、二次安装、水压试验、水冲洗。

计量单位：10m

定额编号				2-3-12	2-3-13	2-3-14	2-3-15
项　目				水喷淋钢管			
				钢管(法兰连接)			
				公称直径(mm 以内)			
				250	300	350	400
名　称			单位	消　耗　量			
人工	合计工日		工日	7.9520	9.1860	10.3760	11.7810
	其中	普工	工日	1.9880	2.2960	2.5940	2.9450
		一般技工	工日	5.1690	5.9710	6.7440	7.6580
		高级技工	工日	0.7950	0.9190	1.0380	1.1780
材料	低碳钢焊条 J427 ϕ3.2		kg	8.370	9.945	14.835	16.755
	钢管		m	9.950	9.950	9.950	9.950
	棉纱头		kg	0.118	0.204	0.237	0.268
	尼龙砂轮片 ϕ400		片	2.710	3.030	3.600	3.840
	热轧厚钢板 δ12~20		kg	2.324	2.324	2.842	2.842
	石棉橡胶板 低压 δ0.8~6.0		kg	2.054	2.280	3.094	3.767
	水		m^3	4.650	4.650	7.950	7.950
	压力表 0~1.6MPa(带弯带阀)		套	0.040	0.040	0.040	0.040
	氧气		m^3	4.130	4.794	6.558	7.421
	乙炔气		m^3	1.475	1.710	2.340	2.650
	其他材料费		%	3.000	3.000	3.000	3.000
机械	电动单筒慢速卷扬机 50kN		台班	0.270	0.320	0.390	0.460
	电焊机(综合)		台班	3.219	3.825	5.706	6.444
	汽车式起重机 8t		台班	0.030	0.030	0.040	0.050
	试压泵 3MPa		台班	0.037	0.080	0.080	0.080
	载重汽车 5t		台班	0.020	0.020	0.030	0.040

工作内容:检查及清扫管材、切管、压槽、对口、调直、涂抹润滑剂、上胶圈、安装卡箍件、紧螺栓、水压试验、水冲洗。

计量单位:10m

定额编号				2-3-16	2-3-17	2-3-18	2-3-19
项目				水喷淋钢管			
				钢管(沟槽连接)管道安装			
				公称直径(mm 以内)			
				65	80	100	125
名称			单位	消耗量			
人工	合计工日		工日	1.9050	2.1000	2.2590	2.6150
	其中	普工	工日	0.4760	0.5250	0.5650	0.6540
		一般技工	工日	1.2380	1.3650	1.4680	1.7000
		高级技工	工日	0.1910	0.2100	0.2260	0.2620
材料	钢管		m	10.150	10.150	10.150	10.100
	沟槽直接头(含胶圈)		套	1.667	1.667	1.667	1.667
	棉纱头		kg	0.047	0.056	0.072	0.087
	尼龙砂轮片 ϕ400		片	0.144	0.156	0.176	0.185
	热轧厚钢板 δ12~20		kg	0.490	0.490	0.490	1.476
	水		m^3	0.882	0.882	0.882	2.524
	压力表 0~1.6MPa(带弯带阀)		套	0.020	0.020	0.020	0.030
	其他材料费		%	3.000	3.000	3.000	3.000
机械	滚槽机		台班	0.052	0.063	0.069	0.087
	试压泵 3MPa		台班	0.015	0.015	0.020	0.020

工作内容：检查及清扫管材、切管、压槽、对口、调直、涂抹润滑剂、上胶圈、安装卡箍件、紧螺栓、水压试验、水冲洗。

计量单位：10m

定额编号				2-3-20	2-3-21	2-3-22	2-3-23
项　目				水喷淋钢管			
				钢管（沟槽连接）管道安装			
				公称直径（mm 以内）			
				150	200	250	300
名　称			单位	消　耗　量			
人工	合计工日		工日	2.8000	3.0390	3.7440	4.2590
	其中	普工	工日	0.7000	0.7600	0.9360	1.0650
		一般技工	工日	1.8200	1.9750	2.4340	2.7680
		高级技工	工日	0.2800	0.3040	0.3740	0.4260
材料	镀锌铁丝 ϕ4.0～2.8		kg	—	—	0.080	0.080
	钢管		m	10.100	10.100	10.100	10.100
	沟槽直接头（含胶圈）		套	1.667	1.667	1.667	1.667
	机油		kg	—	—	0.081	0.089
	棉纱头		kg	0.104	0.134	0.172	0.189
	尼龙砂轮片 ϕ400		片	0.194	0.221	0.330	0.363
	热轧厚钢板 δ12～20		kg	1.476	1.476	2.324	2.324
	润滑剂		kg	—	—	0.053	0.058
	水		m^3	2.524	2.650	4.650	4.650
	压力表 0～1.6MPa（带弯带阀）		套	0.030	0.030	0.040	0.040
	其他材料费		%	3.000	3.000	3.000	3.000
机械	滚槽机		台班	0.104	0.122	0.139	0.139
	汽车式起重机 8t		台班	—	0.020	0.030	0.030
	试压泵 3MPa		台班	0.037	0.037	0.060	0.060
	载重汽车 5t		台班	—	0.010	0.020	0.020

工作内容：外观检查、切管、压槽、对口、涂抹润滑剂、上胶圈、安装卡箍件、紧螺栓。 计量单位：10个

定额编号			2-3-24	2-3-25	2-3-26	2-3-27
项目			水喷淋钢管			
			钢管(沟槽连接)管件安装			
			公称直径(mm以内)			
			65	80	100	125
名称		单位	消耗量			
人工	合计工日	工日	1.9280	2.1300	2.4640	3.7090
	其中 普工	工日	0.4820	0.5320	0.6160	0.9270
	其中 一般技工	工日	1.2530	1.3850	1.6020	2.4110
	其中 高级技工	工日	0.1930	0.2130	0.2460	0.3710
材料	沟槽管件	套	10.050	10.050	10.050	10.050
	机油	kg	0.023	0.032	0.036	0.045
	棉纱头	kg	0.030	0.035	0.039	0.055
	尼龙砂轮片 $\phi400$	片	0.333	0.357	0.370	0.385
	润滑剂	kg	0.080	0.100	0.112	0.115
	其他材料费	%	3.000	3.000	3.000	3.000
机械	滚槽机	台班	0.160	0.192	0.213	0.265
	开孔机 200mm	台班	0.047	0.056	0.063	0.078

工作内容：外观检查、切管、压槽、对口、涂抹润滑剂、上胶圈、安装卡箍件、紧螺栓。 计量单位：10个

定额编号			2-3-28	2-3-29	2-3-30	2-3-31
项目			水喷淋钢管			
			钢管(沟槽连接)管件安装			
			公称直径(mm以内)			
			150	200	250	300
名称		单位	消耗量			
人工	合计工日	工日	4.1830	5.8440	8.7080	9.2600
	其中 普工	工日	1.0460	1.4610	2.1770	2.3150
	其中 一般技工	工日	2.7190	3.7990	5.6600	6.0190
	其中 高级技工	工日	0.4180	0.5840	0.8710	0.9260
材料	钢制管件	个	—	—	10.050	10.050
	沟槽管件	套	10.050	10.050	—	—
	机油	kg	0.054	0.072	0.081	0.085
	棉纱头	kg	0.065	0.084	0.097	0.102
	尼龙砂轮片 $\phi400$	片	0.400	0.460	0.478	0.502
	润滑剂	kg	0.164	0.204	0.264	0.277
	其他材料费	%	3.000	3.000	3.000	3.000
机械	滚槽机	台班	0.320	0.372	0.425	0.447
	开孔机 200mm	台班	0.094	0.110	—	—
	开孔机 400mm	台班	—	—	0.125	0.131

工作内容：检查及清扫管材、切管、套丝、调直、管道及管件安装、丝口刷漆、水压试验、水冲洗。

计量单位：10m

定额编号			2-3-32	2-3-33	2-3-34	2-3-35
项　目			消火栓钢管			
			镀锌钢管(螺纹连接)			
			公称直径(mm 以内)			
			50	65	80	100
名　称		单位	消　耗　量			
人工	合计工日	工日	2.6040	2.8790	2.8210	3.0250
人工	其中 普工	工日	0.6510	0.7200	0.7050	0.7560
人工	其中 一般技工	工日	1.6930	1.8710	1.8340	1.9660
人工	其中 高级技工	工日	0.2600	0.2880	0.2820	0.3030
材料	镀锌钢管	m	10.050	10.050	10.050	10.050
材料	镀锌钢管接头管件 DN50	个	6.570	—	—	—
材料	镀锌钢管接头管件 DN65	个	—	5.960	—	—
材料	镀锌钢管接头管件 DN80	个	—	—	4.240	—
材料	镀锌钢管接头管件 DN100	个	—	—	—	3.870
材料	棉纱头	kg	0.038	0.013	0.013	0.013
材料	尼龙砂轮片 ϕ400	片	0.108	0.292	0.311	0.325
材料	铅油(厚漆)	kg	0.140	0.190	0.200	0.260
材料	热轧厚钢板 δ12～20	kg	0.306	0.490	0.490	0.490
材料	水	m^3	0.582	0.882	0.882	0.882
材料	线麻	kg	0.014	0.019	0.020	0.026
材料	压力表 0～1.6MPa(带弯带阀)	套	0.020	0.020	0.020	0.020
材料	其他材料费	%	3.000	3.000	3.000	3.000
机械	管子切断套丝机 159mm	台班	0.004	0.222	0.189	0.184
机械	试压泵 3MPa	台班	0.015	0.015	0.015	0.020

工作内容:检查及清扫管材、坡口、煨弯、对口、调直、管道及管件连接、水压试验、水冲洗。

计量单位:10m

定额编号				2-3-36	2-3-37	2-3-38	2-3-39	2-3-40	2-3-41
项目				消火栓钢管					
				无缝钢管(焊接)					
				管外径(mm 以内)					
				76	89	108	133	159	219
名称			单位	消耗量					
人工	合计工日		工日	2.4230	2.6780	2.7720	2.9840	3.1030	3.6530
	其中	普工	工日	0.6060	0.6700	0.6930	0.7460	0.7760	0.9140
		一般技工	工日	1.5750	1.7410	1.8020	1.9400	2.0170	2.3740
		高级技工	工日	0.2420	0.2680	0.2770	0.2980	0.3100	0.3650
材料	低碳钢焊条 J427 ϕ3.2		kg	0.720	0.800	1.100	1.470	1.910	2.230
	镀锌铁丝 ϕ4.0~2.8		kg	0.570	0.570	0.570	1.556	1.556	1.556
	棉纱头		kg	0.047	0.056	0.072	0.087	0.104	0.110
	尼龙砂轮片 ϕ400		片	0.450	0.500	0.860	1.100	1.500	1.900
	热轧薄钢板 δ3.5~4.0		kg	0.100	0.100	0.100	0.140	0.140	0.140
	水		m^3	0.882	0.882	0.882	2.524	2.524	2.524
	无缝钢管(综合)		m	10.100	10.100	10.100	10.100	10.100	10.100
	压力表 0~1.6MPa(带弯带阀)		套	0.020	0.020	0.020	0.030	0.030	0.030
	氧气		m^3	1.010	1.190	1.476	1.762	2.182	2.602
	乙炔气		m^3	0.388	0.458	0.568	0.678	0.839	1.001
	其他材料费		%	3.000	3.000	3.000	3.000	3.000	3.000
机械	电焊机(综合)		台班	0.277	0.308	0.423	0.565	0.735	0.926
	试压泵 3MPa		台班	0.015	0.015	0.020	0.020	0.020	0.020

工作内容：外观检查、管口套丝、管件安装、丝堵拆装、喷头追位及安装、装饰盘安装、喷头外观清洁。

计量单位：个

定额编号				2-3-42	2-3-43	2-3-44	2-3-45	2-3-46	2-3-47
项目				水喷淋(雾)喷头					
				无吊顶			有吊顶		
				公称直径(mm以内)					
				15	20	25	15	20	25
名称			单位	消耗量					
人工	合计工日		工日	0.1050	0.1070	0.1090	0.1420	0.1450	0.1470
	其中	普工	工日	0.0260	0.0270	0.0270	0.0360	0.0360	0.0370
		一般技工	工日	0.0680	0.0700	0.0710	0.0920	0.0940	0.0960
		高级技工	工日	0.0110	0.0110	0.0110	0.0140	0.0150	0.0140
材料	镀锌丝堵 *DN*15(堵头)		个	1.000	—	—	1.000	—	—
	镀锌丝堵 *DN*20(堵头)		个	—	1.000	—	—	1.000	—
	镀锌丝堵 *DN*25(堵头)		个	—	—	1.000	—	—	1.000
	镀锌弯头 *DN*25		个	—	—	—	2.020	2.020	—
	镀锌弯头 *DN*32		个	—	—	—	—	—	2.020
	镀锌异径管箍 *DN*25×15		个	1.010	—	—	1.010	—	—
	镀锌异径管箍 *DN*25×20		个	—	1.010	—	—	1.010	—
	镀锌异径管箍 *DN*32×25		个	—	—	1.010	—	—	1.010
	聚四氟乙烯生料带 宽20		m	0.642	0.642	0.642	1.280	1.280	1.280
	尼龙砂轮片 ϕ400		片	0.010	0.013	0.015	0.010	0.020	0.021
	喷头		个	1.010	1.010	1.010	1.010	1.010	1.010
	喷头装饰盘		个	—	—	—	1.010	1.010	1.010
	其他材料费		%	3.000	3.000	3.000	3.000	3.000	3.000
机械	管子切断套丝机 159mm		台班	0.007	0.007	0.007	0.016	0.016	0.016

工作内容：外观检查、切管、套丝、上零件、整体组装、一次水压试验、放水试验。

计量单位：组

定额编号				2-3-48	2-3-49
项目				末端试水装置	
				公称直径(mm以内)	
				25	32
名称			单位	消耗量	
人工	合计工日		工日	1.0040	1.0970
	其中	普工	工日	0.2510	0.2740
		一般技工	工日	0.6530	0.7130
		高级技工	工日	0.1000	0.1100
材料	镀锌三通 *DN*25		个	1.010	—
	镀锌三通 *DN*32		个	—	1.010
	接头 *DN*25		个	1.010	—
	接头 *DN*32		个	—	1.010
	聚四氟乙烯生料带 宽20		m	2.108	2.600
	尼龙砂轮片 ϕ400		片	0.064	0.072
	球阀 *DN*251.6MPa		个	2.020	—
	球阀 *DN*321.6MPa		个	—	2.020
	压力表 0~2.5MPa ϕ50(带表弯)		套	1.000	1.000
	其他材料费		%	3.000	3.000
机械	管子切断套丝机 159mm		台班	0.057	0.089

工作内容:砌支墩、外观检查、切管、法兰连接、紧螺栓、整体安装、充水试验。 **计量单位**:套

定额编号				2-3-50	2-3-51	2-3-52	2-3-53	2-3-54	2-3-55
项目				消防水泵接合器					
				地下式		墙壁式		地上式	
				DN100	DN150	DN100	DN150	DN100	DN150
名称			单位	消耗量					
人工	合计工日		工日	1.0920	1.3190	1.4620	1.8280	2.0900	2.4300
	其中	普工	工日	0.2730	0.3300	0.3660	0.4570	0.5230	0.6080
		一般技工	工日	0.7100	0.8570	0.9500	1.1880	1.3590	1.5800
		高级技工	工日	0.1090	0.1320	0.1460	0.1830	0.2090	0.2430
材料	低碳钢焊条 J427 ϕ3.2		kg	0.221	0.290	0.221	0.290	0.221	0.290
	镀锌钢管 DN25		m	0.400	0.400	0.200	0.200	0.200	0.200
	镀锌六角螺栓带螺母2平垫1弹垫 M16×100以内		10套	1.648	—	1.648	—	1.648	—
	镀锌六角螺栓带螺母2平垫1弹垫 M20×100以内		10套	—	1.648	—	1.648	—	1.648
	混凝土 C20		m^3	0.054	0.054	0.024	0.024	0.030	0.030
	螺纹截止阀 J11T-16DN25		个	1.010	1.010	1.010	1.010	1.010	1.010
	尼龙砂轮片 ϕ400		片	0.057	0.071	0.057	0.071	0.057	0.071
	膨胀螺栓 M16		10套	—	—	4.120	4.120	—	—
	平焊法兰 1.6MPaDN100		片	2.000	—	2.000	—	2.000	—
	平焊法兰 1.6MPaDN150		片	—	2.000	—	2.000	—	2.000
	石棉橡胶板 低压δ0.8~6.0		kg	0.520	0.830	0.680	1.100	0.680	1.100
	消防水泵接合器		套	1.000	1.000	1.000	1.000	1.000	1.000
	其他材料费		%	3.000	3.000	3.000	3.000	3.000	3.000
机械	电焊机(综合)		台班	0.071	0.110	0.071	0.110	0.071	0.110

工作内容:外观检查、压力表检查、灭火器及箱体搬运、就位等。

定额编号			2-3-56	2-3-57
项目			灭火器	
			手提式	推车式
			具	组
名称		单位	消耗量	
人工	合计工日	工日	0.0120	0.0420
	普工	工日	0.0120	0.0420
材料	棉纱头	kg	0.006	0.006
	灭火器	个	1.000	—
	推车式灭火器	组	—	1.000
	其他材料费	%	3.000	3.000
机械	手动液压叉车	台班	0.001	—

工作内容：部件外观检查、切管、坡口、组对、法兰安装、紧螺栓、临时短管装拆、整体组装、部件及配管安装、报警阀泄放试验管安装、报警装置调试。

计量单位：组

定额编号				2-3-58	2-3-59	2-3-60	2-3-61	2-3-62	2-3-63
项　目				湿式报警装置			其他报警装置		
				公称直径(mm 以内)					
				100	150	200	100	150	200
名　称			单位	消　耗　量					
人工	合计工日		工日	3.8700	4.3240	5.3530	4.6450	5.1880	6.4230
	其中	普工	工日	0.9680	1.0810	1.3380	1.1610	1.2970	1.6060
		一般技工	工日	2.5160	2.8110	3.4790	3.0190	3.3720	4.1750
		高级技工	工日	0.3870	0.4320	0.5350	0.4650	0.5190	0.6420
材料	报警装置		套	—	—	—	1.000	1.000	1.000
	镀锌钢管 *DN*20		m	2.000	2.000	2.000	2.000	2.000	2.000
	镀锌钢管 *DN*50		m	2.000	2.000	2.000	2.000	2.000	2.000
	镀锌六角螺栓带螺母 2 平垫 1 弹垫 M16×100 以内		10 套	1.648	—	—	1.648	—	—
	镀锌六角螺栓带螺母 2 平垫 1 弹垫 M20×100 以内		10 套	—	1.648	2.472	—	1.648	2.472
	镀锌弯头 *DN*20		个	2.020	2.020	2.020	2.020	2.020	2.020
	镀锌弯头 *DN*50		个	2.020	2.020	2.020	2.020	2.020	2.020
	沟槽法兰（1.6MPa 以下）		片	2.000	2.000	2.000	2.000	2.000	2.000
	尼龙砂轮片 ϕ400		片	0.050	0.060	0.070	0.050	0.060	0.070
	铅油(厚漆)		kg	0.150	0.280	0.340	0.150	0.280	0.340
	湿式报警装置		套	1.000	1.000	1.000	—	—	—
	石棉橡胶板 低压 δ0.8~6.0		kg	0.350	0.550	0.660	0.350	0.550	0.660
	线麻		kg	0.015	0.028	0.034	0.015	0.028	0.034
	其他材料费		%	3.000	3.000	3.000	3.000	3.000	3.000
机械	管子切断套丝机 159mm		台班	0.034	0.034	0.034	0.034	0.034	0.034
	滚槽机		台班	0.030	0.045	0.060	0.030	0.045	0.060

工作内容：外观检查、功能检测、切管、坡口、法兰安装、紧螺栓、临时短管装拆、安装及调整、试验后复位。

计量单位：个

定额编号				2-3-64	2-3-65	2-3-66	2-3-67	2-3-68
项目				水流指示器(沟槽法兰连接)				
				公称直径(mm 以内)				
				50	80	100	150	200
名称			单位	消耗量				
人工	合计工日		工日	0.6320	0.8250	0.9910	1.3970	1.8490
	其中	普工	工日	0.1580	0.2060	0.2480	0.3490	0.4620
		一般技工	工日	0.4110	0.5360	0.6440	0.9080	1.2020
		高级技工	工日	0.0630	0.0830	0.0990	0.1400	0.1850
材料	镀锌六角螺栓带螺母2平垫1弹垫M16×100以内		10套	0.824	1.648	1.648	—	—
	镀锌六角螺栓带螺母2平垫1弹垫M20×100以内		10套	—	—	—	1.648	2.472
	沟槽法兰(1.6MPa以下)		片	2.000	2.000	2.000	2.000	2.000
	尼龙砂轮片 $\phi400$		片	0.026	0.054	0.057	0.071	0.085
	铅油(厚漆)		kg	0.080	0.120	0.150	0.280	0.340
	石棉橡胶板 低压 $\delta0.8 \sim 6.0$		kg	0.140	0.260	0.350	0.550	0.660
	水流指示器		个	1.000	1.000	1.000	1.000	1.000
	其他材料费		%	3.000	3.000	3.000	3.000	3.000
机械	滚槽机		台班	0.020	0.030	0.030	0.045	0.060

工作内容：外观检查、功能检测、开孔、安装、紧螺栓、卡子固定、调整、试验后复位。

计量单位：个

定额编号				2-3-69	2-3-70	2-3-71	2-3-72	2-3-73
项目				水流指示器(马鞍型连接)				
				公称直径(mm 以内)				
				50	80	100	150	200
名称			单位	消耗量				
人工	合计工日		工日	0.2840	0.3050	0.3190	0.4520	0.5600
	其中	普工	工日	0.0710	0.0760	0.0800	0.1130	0.1400
		一般技工	工日	0.1850	0.1980	0.2070	0.2940	0.3640
		高级技工	工日	0.0280	0.0310	0.0320	0.0450	0.0560
材料	尼龙砂轮片 $\phi100$		片	0.026	0.054	0.057	0.071	0.085
	水流指示器		个	1.000	1.000	1.000	1.000	1.000
	其他材料费		%	3.000	3.000	3.000	3.000	3.000
机械	开孔机 200mm		台班	0.007	0.009	0.009	0.015	0.020

工作内容：外观检查、切管、套丝、箱体及消火栓安装、附件安装、水压试验。　　**计量单位：**套

定额编号				2-3-74	2-3-75	2-3-76	2-3-77
项　目				廊内消火栓(明装)普通		廊内消火栓(明装)自救卷盘	
				公称直径(mm 以内)			
				单栓 65	双栓 65	单栓 65	双栓 65
名　称			单位	消　耗　量			
人工	合计工日		工日	0.8270	1.0550	0.9920	1.2660
	其中	普工	工日	0.2070	0.2640	0.2480	0.3170
		一般技工	工日	0.5380	0.6860	0.6450	0.8230
		高级技工	工日	0.0830	0.1060	0.0990	0.1270
材料	扁钢 60 以内		kg	0.617	0.700	0.659	0.700
	聚四氟乙烯生料带 宽 20		m	1.680	2.240	1.680	2.240
	尼龙砂轮片 ϕ400		片	0.027	0.042	0.027	0.042
	膨胀螺栓 M8		10 套	0.412	0.412	0.412	0.412
	室内消火栓		套	1.000	1.000	1.000	1.000
	其他材料费		%	3.000	3.000	3.000	3.000
机械	管子切断套丝机 159mm		台班	0.013	0.022	0.013	0.022

工作内容：外观检查、切管、套丝、箱体及消火栓安装、附件安装、水压试验。　　**计量单位：**套

定额编号				2-3-78	2-3-79	2-3-80	2-3-81
项　目				廊内消火栓(暗装)普通		廊内消火栓(暗装)自救卷盘	
				公称直径(mm 以内)			
				单栓 65	双栓 65	单栓 65	双栓 65
名　称			单位	消　耗　量			
人工	合计工日		工日	0.9580	1.2230	1.1490	1.4670
	其中	普工	工日	0.2400	0.3060	0.2870	0.3670
		一般技工	工日	0.6230	0.7950	0.7470	0.9540
		高级技工	工日	0.0960	0.1220	0.1150	0.1470
材料	聚四氟乙烯生料带 宽 20		m	1.680	2.240	1.680	2.240
	尼龙砂轮片 ϕ400		片	0.027	0.042	0.027	0.042
	膨胀螺栓 M8		10 套	0.412	0.412	0.412	0.412
	室内消火栓		套	1.000	1.000	1.000	1.000
	其他材料费		%	3.000	3.000	3.000	3.000
机械	管子切断套丝机 159mm		台班	0.013	0.022	0.013	0.022

2. 气体灭火系统

工作内容：检查及清扫管材、切管、套丝、调直、管道预安装、拆卸、二次安装、吹扫、水压试验。

计量单位：10m

定额编号				2-3-82	2-3-83	2-3-84	2-3-85
项目				无缝钢管			
				中压加厚无缝钢管（螺纹连接）			
				公称直径（mm 以内）			
				15	20	25	32
名称			单位	消耗量			
人工	合计工日		工日	1.1250	1.1750	1.2250	1.3760
	其中	普工	工日	0.2810	0.2940	0.3060	0.3440
		一般技工	工日	0.6190	0.6460	0.6740	0.7570
		高级技工	工日	0.2250	0.2350	0.2450	0.2750
材料	加厚无缝钢管		m	10.100	10.100	10.050	10.050
	酒精工业用 99.5%		kg	0.020	0.020	0.020	0.020
	棉纱头		kg	0.200	0.200	0.240	0.280
	尼龙砂轮片 ϕ400		片	0.100	0.100	0.120	0.150
	铅油（厚漆）		kg	0.050	0.060	0.061	0.088
	水		m^3	0.582	0.582	0.582	0.582
	线麻		kg	0.005	0.006	0.006	0.009
	厌氧胶 325# 200g		瓶	0.100	0.100	0.120	0.120
	其他材料费		%	3.000	3.000	3.000	3.000
机械	电动空气压缩机 $3m^3/min$		台班	0.002	0.003	0.003	0.005
	管子切断套丝机 159mm		台班	0.010	0.110	0.120	0.180
	试压泵 25MPa		台班	0.005	0.005	0.007	0.007

工作内容:检查及清扫管材、切管、套丝、调直、管道预安装、拆卸、二次安装、吹扫、水压试验。

计量单位:10m

定额编号			2-3-86	2-3-87	2-3-88	2-3-89
项目			无缝钢管			
			中压加厚无缝钢管(螺纹连接)			
			公称直径(mm 以内)			
			40	50	65	80
名称		单位	消耗量			
人工	合计工日	工日	1.4560	1.5260	1.9000	2.1100
	其中 普工	工日	0.3640	0.3820	0.4750	0.5280
	其中 一般技工	工日	0.8010	0.8390	1.0450	1.1610
	其中 高级技工	工日	0.2910	0.3050	0.3800	0.4220
材料	加厚无缝钢管	m	10.050	10.050	9.950	9.950
	酒精工业用 99.5%	kg	0.020	0.030	0.030	0.030
	棉纱头	kg	0.280	0.300	0.380	0.420
	尼龙砂轮片 ϕ400	片	0.260	0.240	0.360	0.400
	铅油(厚漆)	kg	0.160	0.170	0.240	0.340
	水	m^3	0.582	0.582	0.882	0.882
	线麻	kg	0.016	0.017	0.024	0.034
	厌氧胶 325# 200g	瓶	0.150	0.150	0.190	0.240
	其他材料费	%	3.000	3.000	3.000	3.000
机械	电动空气压缩机 $3m^3/min$	台班	0.006	0.007	0.008	0.009
	管子切断套丝机 159mm	台班	0.190	0.190	0.210	0.210
	试压泵 25MPa	台班	0.008	0.008	0.010	0.010

工作内容:检查及清扫管件、管件预安装、拆卸、油清洗、二次安装。

计量单位:10 个

定额编号			2-3-90	2-3-91	2-3-92	2-3-93
项目			无缝钢管			
			钢制管件(螺纹连接)			
			公称直径(mm 以内)			
			15	20	25	32
名称		单位	消耗量			
人工	合计工日	工日	1.0800	1.3200	1.6600	2.2600
	其中 普工	工日	0.2700	0.3300	0.4150	0.5650
	其中 一般技工	工日	0.5940	0.7260	0.9130	1.2430
	其中 高级技工	工日	0.2160	0.2640	0.3320	0.4520
材料	钢制管件	个	10.100	10.100	10.100	10.100
	酒精工业用 99.5%	kg	0.100	0.100	0.100	0.120
	棉纱头	kg	0.300	0.300	0.300	0.350
	汽油 70# ~90#	kg	0.200	0.200	0.250	0.280
	厌氧胶 325# 200g	瓶	0.600	0.600	0.720	0.720
	其他材料费	%	3.000	3.000	3.000	3.000

工作内容:检查及清扫管件、管件预安装、拆卸、油清洗、二次安装。

计量单位:10个

定额编号			2-3-94	2-3-95	2-3-96	2-3-97
项目			无缝钢管			
			钢制管件(螺纹连接)			
			公称直径(mm以内)			
			40	50	65	80
名称		单位	消耗量			
人工	合计工日	工日	2.6000	3.0700	3.4800	3.7200
	其中 普工	工日	0.6500	0.7680	0.8700	0.9300
	其中 一般技工	工日	1.4300	1.6890	1.9140	2.0460
	其中 高级技工	工日	0.5200	0.6140	0.6960	0.7440
材料	钢制管件	个	10.100	10.100	10.100	10.100
	酒精工业用99.5%	kg	0.120	0.150	0.150	0.200
	棉纱头	kg	0.350	0.400	0.400	0.500
	汽油70#~90#	kg	0.370	0.470	0.520	0.650
	厌氧胶325# 200g	瓶	0.890	0.890	1.160	1.420
	其他材料费	%	3.000	3.000	3.000	3.000

工作内容:检查及清扫管材、切管、坡口、对口、调直、焊接法兰、管道及管件预安装、拆卸、二次安装、吹扫、水压试验。

计量单位:10m

定额编号			2-3-98	2-3-99	2-3-100
项目			无缝钢管		
			中压加厚无缝钢管(法兰连接)		
			公称直径(mm以内)		
			100	125	150
名称		单位	消耗量		
人工	合计工日	工日	8.3900	8.9700	9.5400
	其中 普工	工日	2.0980	2.2430	2.3850
	其中 一般技工	工日	4.6150	4.9340	5.2470
	其中 高级技工	工日	1.6780	1.7940	1.9080
材料	低碳钢焊条J427 ϕ3.2	kg	6.560	9.540	12.520
	电	kW·h	3.380	3.560	4.560
	加厚无缝钢管	m	10.000	10.000	10.000
	棉纱头	kg	0.410	0.420	0.420
	尼龙砂轮片 ϕ400	片	1.860	2.130	2.390
	热轧薄钢板 δ3.5~4.0	kg	0.490	1.476	2.324
	石棉橡胶板 低压 δ0.8~6.0	kg	1.368	1.587	1.932
	水	m^3	0.882	2.524	2.524
	氧气	m^3	2.305	2.805	3.282
	乙炔气	m^3	0.823	1.002	1.172
	其他材料费	%	3.000	3.000	3.000
机械	电动空气压缩机 $3m^3/min$	台班	0.010	0.010	0.015
	电动空气压缩机 $40m^3/min$	台班	0.100	0.100	0.100
	电焊机(综合)	台班	2.360	2.430	2.490
	试压泵25MPa	台班	0.010	0.150	0.200

工作内容：外观检查、切管、煨管、安装、固定、调整等。 **计量单位**：10m

定额编号				2-3-101	2-3-102
项目				气体驱动装置管道	
				管外径(mm 以内)	
				10	14
名称			单位	消耗量	
人工	合计工日		工日	1.1000	1.3200
	其中	普工	工日	0.2750	0.3300
		一般技工	工日	0.6050	0.7260
		高级技工	工日	0.2200	0.2640
材料	开孔器 20		个	0.020	0.020
	棉纱头		kg	0.050	0.050
	铜管卡及螺栓		套	15.000	15.000
	铜锁母 10#		个	2.821	—
	铜锁母 14#		个	—	3.250
	紫铜管		m	10.300	10.300
	其他材料费		%	3.000	3.000
机械	管子切断机 60mm		台班	0.100	0.100

工作内容：外观检查、管口套丝、活接头及阀门安装等。 **计量单位**：个

定额编号				2-3-103	2-3-104	2-3-105	2-3-106	2-3-107	2-3-108
项目				选择阀					
				螺纹连接					
				公称直径(mm 以内)					
				25	32	40	50	65	80
名称			单位	消耗量					
人工	合计工日		工日	0.2800	0.2960	0.4400	0.5000	0.5920	0.7520
	其中	普工	工日	0.0700	0.0740	0.1100	0.1250	0.1480	0.1880
		一般技工	工日	0.1540	0.1630	0.2420	0.2750	0.3260	0.4140
		高级技工	工日	0.0560	0.0590	0.0880	0.1000	0.1180	0.1500
材料	钢制活接头 DN25		个	1.010	—	—	—	—	—
	钢制活接头 DN32		个	—	1.010	—	—	—	—
	钢制活接头 DN40		个	—	—	1.010	—	—	—
	钢制活接头 DN50		个	—	—	—	1.010	—	—
	钢制活接头 DN70		个	—	—	—	—	1.010	—
	钢制活接头 DN80		个	—	—	—	—	—	1.010
	铝牌		个	1.000	1.000	1.000	1.000	1.000	1.000
	棉纱头		kg	0.045	0.053	0.053	0.060	0.060	0.075
	尼龙砂轮片 φ400		片	0.019	0.022	0.025	0.031	0.046	0.054
	汽油 70#~90#		kg	0.038	0.042	0.056	0.071	0.078	0.098
	选择阀		个	1.000	1.000	1.000	1.000	1.000	1.000
	厌氧胶 325# 200g		瓶	0.110	0.110	0.130	0.130	0.170	0.210
	其他材料费		%	3.000	3.000	3.000	3.000	3.000	3.000
机械	管子切断套丝机 159mm		台班	0.037	0.054	0.058	0.058	0.062	0.062

工作内容:外观检查、切管、坡口、对口、法兰及阀门安装。　　计量单位:个

定额编号				2-3-109
项　目				选择阀
				法兰连接
				公称直径(mm以内)
				100
名　称			单位	消耗量
人工	合计工日		工日	1.3100
	其中	普工	工日	0.3280
		一般技工	工日	0.7210
		高级技工	工日	0.2620
材料	低碳钢焊条 J427 $\phi3.2$		kg	0.286
	镀锌六角螺栓带螺母2平垫1弹垫 M16×100以内		10套	1.648
	法兰		片	2.000
	金刚石砂轮片 $\phi400$		片	0.019
	铝牌		个	1.000
	棉纱头		kg	0.045
	石棉橡胶板 $\delta3$		kg	0.346
	选择阀		个	1.000
	氧气		m^3	0.720
	乙炔气		m^3	0.257
	其他材料费		%	3.000
机械	电焊机(综合)		台班	0.071
	普通车床 630×2000(mm)		台班	0.070

工作内容：外观检查、管口套丝、管件安装、丝堵拆装、喷头追位及安装、装饰盘安装、喷头外观清洁。

计量单位：个

定额编号				2-3-110	2-3-111	2-3-112	2-3-113	2-3-114	2-3-115
项　目				气体喷头					
				公称直径(mm 以内)					
				15	20	25	32	40	50
名　称			单位	消　耗　量					
人工	合计工日		工日	0.2000	0.2200	0.2500	0.2800	0.3000	0.3160
	其中	普工	工日	0.0500	0.0550	0.0630	0.0700	0.0730	0.0790
		一般技工	工日	0.1100	0.1210	0.1380	0.1540	0.1670	0.1740
		高级技工	工日	0.0400	0.0440	0.0500	0.0560	0.0600	0.0630
材料	钢制管件		个	2.020	2.020	2.020	2.020	2.020	2.020
	钢制丝堵 DN15		个	0.200	—	—	—	—	—
	钢制丝堵 DN20		个	—	0.200	—	—	—	—
	钢制丝堵 DN25		个	—	—	0.200	—	—	—
	钢制丝堵 DN32		个	—	—	—	0.200	—	—
	钢制丝堵 DN40		个	—	—	—	—	0.200	—
	钢制丝堵 DN50		个	—	—	—	—	—	0.200
	金刚石砂轮片 ϕ400		片	0.010	0.012	0.016	0.018	0.019	0.021
	酒精工业用 99.5%		kg	0.010	0.010	0.010	0.010	0.010	0.010
	聚四氟乙烯生料带 宽 20		m	0.138	0.170	0.214	0.235	0.250	0.260
	棉纱头		kg	0.030	0.030	0.030	0.030	0.030	0.030
	气体喷头		个	1.010	1.010	1.010	1.010	1.010	1.010
	厌氧胶 325# 200g		瓶	0.060	0.060	0.072	0.075	0.080	0.085
	装饰盘		个	1.010	1.010	1.010	1.010	1.010	1.010
	其他材料费		%	3.000	3.000	3.000	3.000	3.000	3.000
机械	电动空气压缩机 40m^3/min		台班	0.010	0.010	0.010	0.010	0.010	0.010
	管子切断套丝机 159mm		台班	0.031	0.033	0.037	0.038	0.039	0.040

工作内容:外观检查、称重、支框架安装、系统组件安装、阀驱动装置、高压软管安装、氮气增压等。

计量单位:套

定额编号				2-3-116	2-3-117	2-3-118	2-3-119	2-3-120	2-3-121
项目				贮存容器					阀驱动装置
				容积(L以内)					
				40	70	90	155	270	4
名称			单位	消耗量					
人工	合计工日		工日	5.0300	7.2300	8.3300	12.8400	20.5400	2.4800
	其中	普工	工日	1.2580	1.8080	2.0830	3.2100	5.1350	0.6200
		一般技工	工日	2.7670	3.9770	4.5820	7.0620	11.2970	1.3640
		高级技工	工日	1.0060	1.4460	1.6660	2.5680	4.1080	0.4960
材料	标志牌		个	1.000	1.000	1.000	1.000	1.000	1.000
	镀锌六角螺栓带螺母2平垫1弹垫M16×100以内		10套	0.206	0.206	0.206	0.206	0.206	0.206
	高纯氮气40L		瓶	1.000	1.500	2.000	3.000	4.000	0.250
	减压阀100		个	0.020	0.020	0.020	0.020	0.020	0.020
	膨胀螺栓M12		10套	0.412	0.412	0.412	0.412	0.412	0.412
	台秤		个	0.010	0.010	0.010	0.010	0.010	0.010
	压力表25MPa(带弯带阀)		块	0.040	0.040	0.040	0.040	0.040	0.040
	厌氧胶$325^{\#}$ 200g		瓶	0.240	0.240	0.240	0.400	0.800	0.160
	其他材料费		%	3.000	3.000	3.000	3.000	3.000	3.000
机械	电动空气压缩机$40m^3/min$		台班	0.800	1.000	1.200	1.500	1.800	0.500
	手动液压叉车		台班	0.500	0.500	0.500	0.500	0.500	—

工作内容:开箱检查、组合装配、安装、固定、试动调整。

计量单位:套

定额编号				2-3-122
项目				二氧化碳称重检漏装置
名称			单位	消耗量
人工	合计工日		工日	1.8500
	其中	普工	工日	0.4630
		一般技工	工日	1.0180
		高级技工	工日	0.370
材料	半圆头镀锌螺栓M(6~12)×(22~80)		10个	0.412
	标志牌		个	1.000
	镀锌六角螺栓带螺母2平垫1弹垫M10×50以内		10套	0.412
	其他材料费		%	3.000

工作内容:外观检查、气体瓶柜安装、系统组件安装、阀驱动装置安装。　**计量单位:**套

定额编号				2-3-123	2-3-124	2-3-125	2-3-126	2-3-127
项　目				无管网气体灭火装置				
				贮存容器容积(L以内)				
				40	70	90	150	240
名　称			单位	消　耗　量				
人工	合计工日		工日	2.0800	4.5000	6.8000	7.5000	12.5000
	其中	普工	工日	0.5200	1.1250	1.7000	1.8750	3.1250
		一般技工	工日	1.1440	2.4750	3.7400	4.1250	6.8750
		高级技工	工日	0.4160	0.9000	1.3600	1.5000	2.5000
材料	镀锌六角螺栓带螺母2平垫1弹垫M16×100以内		10套	0.206	0.206	0.206	0.206	0.206
	铝牌		个	1.000	1.000	1.000	1.000	1.000
	膨胀螺栓 M12		10套	0.412	0.412	0.412	0.412	0.412
	厌氧胶 325# 200g		瓶	0.160	0.240	0.240	0.240	0.400
	其他材料费		%	3.000	3.000	3.000	3.000	3.000
机械	手动液压叉车		台班	0.500	0.500	0.500	0.500	0.500

工作内容:准备工具和材料、安装拆除临时管线、充氮气、停压检查、泄压、清理及烘干、封口。**计量单位:**套

定额编号				2-3-128
项　目				管网系统试验
				气压试验
名　称			单位	消　耗　量
人工	合计工日		工日	0.2200
	其中	普工	工日	0.0550
		一般技工	工日	0.1210
		高级技工	工日	0.0440
材料	低碳钢焊条 J427 ϕ3.2		kg	0.165
	镀锌六角螺栓带螺母2平垫1弹垫M10×50以内		10套	0.250
	减压阀 100		个	0.020
	热轧厚钢板 δ20		kg	0.200
	塑料布		m^2	0.120
	无缝钢管 D22×2.5		m	0.010
	压力表(带弯带阀) 25MPaYBS-WS		套	0.040
	氧气		m^3	0.141
	乙炔气		m^3	0.047
	其他材料费		%	3.000
机械	电焊机(综合)		台班	0.030

3. 火灾自动报警系统

工作内容：底座安装、校线、接头、压接冷压端头、底座压线、编码、探头安装、测试、防护罩安拆等。

定额编号				2-3-129	2-3-130	2-3-131	2-3-132	2-3-133
项目				点型探测器安装				
				感烟	感温	红外光束	火焰	可燃气体
				个	个	对	个	个
名称			单位	消耗量				
人工	合计工日		工日	0.2850	0.2850	2.8500	0.9500	0.2850
	其中	普工	工日	0.0710	0.0710	0.7130	0.2380	0.0710
		一般技工	工日	0.1850	0.1850	1.8530	0.6180	0.1850
		高级技工	工日	0.0290	0.0290	0.2850	0.0950	0.0290
材料	丙烷		kg	—	—	—	—	1.000
	镀铬钢板 δ2.5		m^2	—	—	0.021	0.010	—
	镀铬钢管 D10		m	—	—	0.412	0.824	—
	镀锌螺钉 M(2~5)×(4~50)		个	2.040	2.040	4.080	2.040	2.040
	铜接线卡 1.0~2.5		个	2.030	2.030	4.060	2.030	2.030
	阻燃铜芯塑料绝缘绞型电线 ZR-RVS2×1.5mm²		m	0.153	0.153	1.120	0.153	0.153
	其他材料费		%	3.000	3.000	3.000	3.000	3.000
仪表	火灾探测器试验器		台班	0.030	0.030	0.700	0.090	—
	手持式万用表		台班	0.010	0.010	0.010	0.010	0.010

工作内容：安装、校线、接头、压接冷压端头、线型探测器敷设、编码、测试等。

定额编号				2-3-134	2-3-135	2-3-136
项目				线型探测器安装		
				线型探测器	线性探测器信号转换装置	报警终端电阻
				m	台	个
名称			单位	消耗量		
人工	合计工日		工日	0.1710	1.6340	0.0100
	其中	普工	工日	0.0430	0.4090	0.0030
		一般技工	工日	0.1110	1.0620	0.0070
		高级技工	工日	0.0170	0.1630	0.0010
材料	报警终端电阻		个	—	—	1.050
	标志牌		个	0.006	0.006	—
	木螺钉 d(4.5~6)×(15~100)		10个	—	2.040	—
	尼龙扎带 L=100~150		个	1.838	1.838	—
	塑料胀管 ϕ6~8		个	—	2.100	—
	铜接线卡 1.0~2.5		个	1.575	1.575	—
	线型探测器		m	1.320	—	—
	阻燃铜芯塑料绝缘绞型电线 ZR-RVS2×1.5mm²		m	0.153	0.153	—
	其他材料费		%	3.000	3.000	3.000
仪表	手持式万用表		台班	0.010	0.010	0.010

工作内容:底座安装、校线、接头、压接冷压端头、底座压线、编码、安装、测试等。　　**计量单位:**个

定额编号				2-3-137	2-3-138
项　目				按钮安装	
				火灾报警按钮	消火栓报警按钮
名　称			单位	消　耗　量	
人工	合计工日		工日	0.5000	1.5000
	其中	普工	工日	0.1250	0.3750
		一般技工	工日	0.3250	0.9750
		高级技工	工日	0.0500	0.1500
材料	镀锌螺钉 M(2~5)×(4~50)		个	2.040	2.040
	铜接线卡 1.0~2.5		个	5.075	7.105
	阻燃铜芯塑料绝缘绞型电线 ZR-RVS2×1.5mm^2		m	0.153	0.458
	其他材料费		%	3.000	3.000
仪表	手持式万用表		台班	0.010	0.010

工作内容:底座安装、校线、接头、压接冷压端头、底座压线、编码、安装、测试等。　　**计量单位:**个

定额编号				2-3-139	2-3-140
项　目				消防警铃、声光报警器安装	
				消防警铃	声光报警器
名　称			单位	消　耗　量	
人工	合计工日		工日	0.5990	0.5990
	其中	普工	工日	0.1500	0.1500
		一般技工	工日	0.3890	0.3890
		高级技工	工日	0.0600	0.0600
材料	标志牌		个	1.000	1.000
	棉纱头		kg	0.010	0.010
	木螺钉 d(4.5~6)×(15~100)		10个	0.204	0.306
	塑料异型管 ϕ5		m	0.053	0.053
	塑料胀管 ϕ6~8		个	2.100	3.150
	铜接线卡 1.0~2.5		个	2.030	2.030
	阻燃铜芯塑料绝缘绞型电线 ZR-RVS2×1.5mm^2		m	0.153	0.153
	其他材料费		%	3.000	3.000
仪表	手持式万用表		台班	0.010	—

工作内容：本体安装、采样管制作安装、校线、压线、接地、调试等。

定额编号				2-3-141	2-3-142	2-3-143	2-3-144	2-3-145
项目				空气采样型探测器安装				
				空气采样管	极早期空气采样报警器			
					2路	6路	8路	16路
				m	台	台	台	台
名称			单位	消耗量				
人工	合计工日		工日	0.1810	7.9000	13.8000	17.1000	22.1000
	其中	普工	工日	0.0450	1.9750	3.4500	4.2750	5.5250
		一般技工	工日	0.1180	5.1350	8.9700	11.1150	14.3650
		高级技工	工日	0.0180	0.7900	1.3800	1.7100	2.2100
材料	标志牌		个	—	1.000	1.000	1.000	1.000
	空气采样管		m	1.050	—	—	—	—
	木螺钉 $d(4.5\sim6)\times(15\sim100)$		10个	2.040	—	—	—	—
	尼龙扎带 $L=100\sim150$		个	—	—	18.000	20.000	25.000
	膨胀螺栓 M8		10套	—	0.412	0.412	0.412	0.412
	塑料管卡子 20		个	1.050	—	—	—	—
	塑料胀管 $\phi6\sim8$		个	2.100	—	—	—	—
	阻燃铜芯塑料绝缘绞型电线 ZR-RVS2×1.5mm^2		m	—	0.153	0.153	0.153	0.153
	其他材料费		%	3.000	3.000	3.000	3.000	3.000
仪表	火灾探测器试验器		台班	—	0.030	0.030	0.030	0.030
	手持式万用表		台班	0.010	0.010	0.010	0.010	0.010

工作内容：校线、接头、压接冷压端头、压线、安装、测试等。 **计量单位：**个

定额编号				2-3-146	2-3-147
项目				消防报警电话插孔(电话)安装	
				电话分机	电话插孔
名称			单位	消耗量	
人工	合计工日		工日	0.2090	0.1140
	其中	普工	工日	0.0520	0.0290
		一般技工	工日	0.1360	0.0740
		高级技工	工日	0.0210	0.0110
材料	镀锌螺钉 $M(2\sim5)\times(4\sim50)$		个	—	2.040
	镀锌木螺钉 $d(2\sim5)\times(4\sim50)$		10个	0.204	—
	棉纱头		kg	0.010	0.010
	塑料胀管 $\phi6\sim8$		个	2.100	—
	铜接线卡 1.0~2.5		个	2.030	2.030
	阻燃铜芯塑料绝缘绞型电线 ZR-RVS2×1.5mm^2		m	0.153	0.153
	其他材料费		%	3.000	3.000
仪表	手持式万用表		台班	0.010	0.010

工作内容：校线、接头、压接冷压端头、安装、测试等。　　　　**计量单位**：个

定额编号				2－3－148	2－3－149	2－3－150
项　目				消防广播(扬声器)安装		
				扬声器		音量调节器
				吸顶式(3W－5W)	壁挂式(3W－5W)	
名　称			单位	消　耗　量		
人工	合计工日		工日	0.3710	0.2850	0.0900
	其中	普工	工日	0.0930	0.0710	0.0230
		一般技工	工日	0.2410	0.1850	0.0590
		高级技工	工日	0.0370	0.0290	0.0090
材料	镀锌螺钉 M(2～5)×(4～50)		个	—	—	2.040
	棉纱头		kg	0.010	0.010	0.006
	木螺钉 d(2～4)×(6～65)		10 个	—	0.204	—
	塑料异型管 ϕ5		m	0.053	0.053	0.053
	塑料胀管 ϕ6～8		个	—	2.100	—
	铜接线卡 1.0～2.5		个	2.030	2.030	3.045
	阻燃铜芯塑料绝缘电线 ZR－BV－1.5mm^2		m	—	—	0.458
	阻燃铜芯塑料绝缘绞型电线 ZR－RVS2×1.5mm^2		m	0.153	0.153	—
	其他材料费		%	3.000	3.000	3.000
仪表	手持式万用表		台班	0.010	0.010	0.010

工作内容:校线、接头、压接冷压端头、排线、绑扎、导线标识、安装、补漆、编码、本体调试等。 **计量单位:**个

定额编号				2-3-151	2-3-152	2-3-153	2-3-154	2-3-155	2-3-156
项目				消防专用模块(模块箱)安装					
				模块					
				单输入	多输入	单输出	多输出	单输入 单输出	多输入 多输出
名称			单位	消耗量					
人工	合计工日		工日	1.6340	1.8340	1.7290	2.2900	1.9290	2.4900
	其中	一般技工	工日	1.4710	1.6510	1.5560	2.0610	1.7360	2.2420
		高级技工	工日	0.1630	0.1830	0.1730	0.2290	0.1930	0.2490
材料	标志牌		个	1.000	1.000	1.000	1.000	1.000	1.000
	镀锌螺钉 M(2~5)×(4~50)		个	2.040	2.040	2.040	2.040	2.040	2.040
	棉纱头		kg	0.010	0.010	0.010	0.010	0.010	0.010
	尼龙线卡		个	4.000	8.000	4.000	8.000	4.000	8.000
	尼龙扎带 $L=100\sim150$		个	2.000	4.000	2.000	4.000	2.000	4.000
	铜接线卡 1.0~2.5		个	4.060	6.090	6.090	8.120	8.120	12.180
	阻燃铜芯塑料绝缘绞型电线 ZR-RVS2×1.5mm^2		m	0.305	0.611	0.305	0.611	0.305	0.611
	其他材料费		%	3.000	3.000	3.000	3.000	3.000	3.000
仪表	手持式万用表		台班	0.200	0.400	0.200	0.400	0.200	0.400

工作内容:开箱、检查、箱体安装、接地、涮锡、补漆等。 **计量单位:**台

定额编号				2-3-157	2-3-158
项目				消防专用模块(模块箱)安装	
				模块箱	端子箱
名称			单位	消耗量	
人工	合计工日		工日	0.3520	0.3900
	其中	普工	工日	0.0880	0.0980
		一般技工	工日	0.2290	0.2540
		高级技工	工日	0.0350	0.0390
材料	低碳钢焊条 J427 $\phi3.2$		kg	0.045	0.045
	调和漆		kg	0.045	0.030
	镀锌扁钢(综合)		kg	0.630	0.630
	防锈漆		kg	0.027	0.015
	焊锡		kg	0.020	0.020
	焊锡膏		kg	0.006	0.006
	接地编织铜线		m	0.500	0.500
	膨胀螺栓 M8		10套	0.412	0.412
	铜端子 6mm^2		个	2.030	2.030
	其他材料费		%	3.000	3.000
机械	电焊机(综合)		台班	0.150	0.150

工作内容：外观检查、校线、绝缘电阻遥测、接头挂锡或压接冷压端头、排线、绑扎、导线标识、安装、本体调试、接地等。

计量单位：台

定额编号			2-3-159	2-3-160	2-3-161	2-3-162	2-3-163
项目			区域报警控制箱安装				
			报警控制箱(壁挂)				报警控制箱(落地)
			64点以内	128点以内	256点以内	500点以内	1000点以内
名称		单位	消耗量				
人工	合计工日	工日	4.5000	6.5000	15.3430	25.4930	34.7510
	其中 普工	工日	1.1250	1.6250	3.8360	6.3730	8.6880
	其中 一般技工	工日	2.9250	4.2250	9.9730	16.5700	22.5880
	其中 高级技工	工日	0.4500	0.6500	1.5340	2.5490	3.4750
材料	标志牌	个	1.000	1.000	1.000	1.000	1.000
	低碳钢焊条 J427 $\phi3.2$	kg	0.045	0.045	0.045	0.045	0.045
	调和漆	kg	0.200	0.300	0.045	0.045	0.050
	镀锌扁钢 40×4	kg	0.630	0.630	0.630	0.630	0.630
	镀锌六角螺栓带螺母2平垫1弹垫 M10×100以内	10套	—	—	—	—	0.412
	防锈漆	kg	0.200	0.250	0.027	0.030	0.040
	焊锡	kg	0.150	0.180	0.220	0.380	0.700
	焊锡膏	kg	0.030	0.030	0.060	0.100	0.180
	接地编织铜线	m	0.500	0.500	0.500	0.500	1.000
	尼龙砂轮片 $\phi100$	片	0.200	0.200	0.200	0.300	0.500
	尼龙线卡	个	10.000	12.000	14.000	22.000	40.000
	膨胀螺栓 M8	10套	0.412	0.412	0.412	0.412	—
	汽油 $70^{\#}\sim90^{\#}$	kg	0.300	0.350	0.450	0.620	0.850
	塑料异型管 $\phi5$	m	0.525	0.525	0.578	0.998	1.838
	铜端子 $6mm^2$	个	2.030	2.030	2.030	2.030	—
	铜端子 $16mm^2$	个	—	—	—	—	4.060
	其他材料费	%	3.000	3.000	3.000	3.000	3.000
机械	电焊机(综合)	台班	0.150	0.150	0.150	0.150	0.150
	手动液压叉车	台班	—	—	—	—	0.500
仪表	交/直流低电阻测试仪	台班	0.070	0.070	0.070	0.070	0.070
	手持式万用表	台班	2.000	4.000	5.000	6.000	8.000

工作内容：校线、绝缘电阻遥测、接头挂锡或压接冷压端头、排线、绑扎、导线标识、安装、本体调试、接地等。

计量单位：台

定额编号				2－3－164	2－3－165	2－3－166
项目				联动控制箱安装		
				壁挂		落地
				256点以内	500以内	1000点以内
名称			单位	消耗量		
人工	合计工日		工日	21.1340	22.5110	23.9070
	其中	普工	工日	5.2840	5.6280	5.9770
		一般技工	工日	13.7370	14.6320	15.5400
		高级技工	工日	2.1130	2.2510	2.3910
材料	低碳钢焊条 J427 $\phi3.2$		kg	0.045	0.045	0.045
	调和漆		kg	0.045	0.045	0.050
	镀锌扁钢(综合)		kg	0.630	0.630	0.630
	镀锌六角螺栓带螺母2平垫1弹垫 M10×100以内		10套	—	—	0.412
	防锈漆		kg	0.027	0.030	0.040
	焊锡		kg	0.200	0.360	0.680
	焊锡膏		kg	0.050	0.090	0.170
	接地编织铜线		m	0.500	0.500	1.000
	尼龙砂轮片 $\phi100$		片	0.200	0.300	0.500
	尼龙线卡		个	16.000	24.000	46.000
	膨胀螺栓 M10		10套	0.412	0.412	—
	汽油 $70^{\#}$～$90^{\#}$		kg	0.450	0.860	1.500
	塑料异型管 $\phi5$		m	0.525	0.945	1.785
	铜端子 $6mm^2$		个	2.030	2.030	—
	铜端子 $16mm^2$		个	—	—	4.060
	其他材料费		%	3.000	3.000	3.000
机械	电焊机(综合)		台班	0.150	0.150	0.150
	手动液压叉车		台班	—	—	0.500
仪表	交/直流低电阻测试仪		台班	0.070	0.070	0.070
	手持式万用表		台班	4.000	5.000	8.000

工作内容：校线、绝缘电阻遥测、接头挂锡或压接冷压端头、排线、绑扎、导线标识、安装、本体调试、接地等。

计量单位：台

定额编号				2-3-167	2-3-168	2-3-169
项目				远程控制箱(柜)安装		
				远程控制箱		重复显示器
				3路以内	5路以内	
名称			单位	消耗量		
人工	合计工日		工日	8.3510	10.0130	14.7630
	其中	普工	工日	2.0880	2.5030	3.6910
		一般技工	工日	5.4280	6.5080	9.5960
		高级技工	工日	0.8350	1.0010	1.4760
材料	打印纸卷		盒	0.240	0.300	—
	低碳钢焊条 J427 ϕ3.2		kg	0.045	0.045	0.045
	调和漆		kg	0.045	0.045	0.050
	镀锌扁钢(综合)		kg	0.630	0.630	0.630
	防锈漆		kg	0.027	0.030	0.040
	焊锡		kg	0.130	0.190	0.080
	焊锡膏		kg	0.040	0.050	0.020
	接地编织铜线		m	0.500	0.500	0.500
	膨胀螺栓 M8		10套	0.412	0.412	0.412
	汽油 $70^{\#}\sim90^{\#}$		kg	0.180	0.260	0.200
	塑料异型管 ϕ5		m	0.315	0.525	0.210
	铜端子 $6mm^2$		个	2.030	2.030	—
	铜端子 $16mm^2$		个	—	—	2.030
	其他材料费		%	3.000	3.000	3.000
机械	电焊机(综合)		台班	0.150	0.150	0.150
仪表	交/直流低电阻测试仪		台班	0.070	0.070	0.070
	手持式万用表		台班	2.000	2.500	3.000

工作内容:校线、绝缘电阻遥测、接头挂锡或压接冷压端头、排线、绑扎、导线标识、安装、本体调试、接地等。

计量单位:台

定额编号				2-3-170	2-3-171	2-3-172	2-3-173
项目				火灾报警系统控制主机安装			
				壁挂(点以内)			壁挂(点以外)
				500	1000	2000	
名称			单位	消耗量			
人工	合计工日		工日	26.7500	35.2210	40.7150	56.0710
	其中	普工	工日	6.6880	8.8050	10.1790	14.0180
		一般技工	工日	17.3880	22.8940	26.4650	36.4460
		高级技工	工日	2.6750	3.5220	4.0720	5.6070
材料	标志牌		个	1.000	1.000	1.000	1.000
	打印纸卷		盒	0.320	0.400	0.500	0.600
	低碳钢焊条 J427 ϕ3.2		kg	0.045	0.045	0.045	0.045
	调和漆		kg	0.050	0.060	0.065	0.070
	镀锌扁钢(综合)		kg	0.630	0.630	0.630	0.630
	防锈漆		kg	0.040	0.450	0.500	0.600
	焊锡		kg	0.250	0.500	0.800	1.600
	焊锡膏		kg	0.070	0.130	0.200	0.400
	接地编织铜线		m	0.500	0.500	0.500	0.500
	尼龙线卡		个	15.000	46.000	86.000	120.000
	膨胀螺栓 M10		10套	0.412	0.412	0.412	0.412
	汽油 $70^{\#}\sim90^{\#}$		kg	0.520	0.800	0.920	2.600
	塑料异型管 ϕ5		m	0.630	1.250	2.100	4.200
	铜端子 $6mm^2$		个	2.030	2.030	2.030	2.030
	其他材料费		%	3.000	3.000	3.000	3.000
机械	电焊机(综合)		台班	0.150	0.150	0.150	0.150
仪表	交/直流低电阻测试仪		台班	0.070	0.070	0.070	0.070
	手持式万用表		台班	5.000	7.000	9.000	12.000

工作内容：校线、绝缘电阻遥测、接头挂锡或压接冷压端头、排线、绑扎、导线标识、安装、本体调试、接地等。

计量单位：台

定额编号			2－3－174	2－3－175	2－3－176	2－3－177	2－3－178
项目			火灾报警系统控制主机安装				
			落地(点以内)				落地(点以外)
			500	1000	2000	5000	
名称		单位	消耗量				
人工	合计工日	工日	27.0130	35.3570	41.2630	56.2700	62.2700
人工	其中 普工	工日	6.7530	8.8390	10.3160	14.0680	15.5680
人工	其中 一般技工	工日	17.5580	22.9820	26.8210	36.5760	40.4760
人工	其中 高级技工	工日	2.7010	3.5360	4.1260	5.6270	6.2270
材料	标志牌	个	1.000	1.000	1.000	1.000	1.000
材料	打印纸卷	盒	0.320	0.400	0.500	0.600	0.600
材料	低碳钢焊条 J427 $\phi3.2$	kg	0.045	0.045	0.045	0.045	0.045
材料	调和漆	kg	0.500	0.600	0.650	0.700	0.800
材料	镀锌扁钢(综合)	kg	0.630	0.630	0.630	0.630	0.630
材料	镀锌六角螺栓带螺母 2 平垫 1 弹垫 M10×100 以内	10 套	0.412	0.412	0.412	0.824	1.648
材料	防锈漆	kg	0.030	0.045	0.500	0.600	0.700
材料	焊锡	kg	0.250	0.500	0.800	1.600	1.900
材料	焊锡膏	kg	0.063	0.130	0.200	0.400	0.700
材料	接地编织铜线	m	1.000	1.000	1.000	1.000	1.000
材料	尼龙线卡	个	15.000	46.000	82.000	120.000	150.000
材料	汽油 $70^{\#}$～$90^{\#}$	kg	0.520	0.800	0.920	2.600	2.900
材料	塑料异型管 $\phi5$	m	0.630	1.250	2.100	4.200	8.400
材料	铜端子 $16mm^2$	个	4.060	4.060	4.060	4.060	4.060
材料	其他材料费	%	3.000	3.000	3.000	3.000	3.000
机械	电焊机(综合)	台班	0.150	0.150	0.150	0.150	0.150
机械	手动液压叉车	台班	0.500	0.500	0.500	0.500	0.500
仪表	交/直流低电阻测试仪	台班	0.070	0.070	0.070	0.070	0.070
仪表	手持式万用表	台班	5.000	7.000	9.000	12.000	20.000

工作内容:校线、绝缘电阻遥测、接头挂锡或压接冷压端头、排线、绑扎、导线标识、安装、本体调试、接地等。

计量单位:台

定额编号				2-3-179	2-3-180	2-3-181	2-3-182
项目				联动控制主机安装			
				落地(点以内)			落地(点以外)
				256	500	1000	
名称			单位	消耗量			
人工	合计工日		工日	30.2860	32.2530	34.1530	36.1530
	其中	普工	工日	7.5720	8.0630	8.5380	9.0380
		一般技工	工日	19.6860	20.9640	22.1990	23.4990
		高级技工	工日	3.0290	3.2250	3.4150	3.6150
材料	标志牌		个	1.000	1.000	1.000	1.000
	低碳钢焊条 J427 $\phi3.2$		kg	0.045	0.045	0.045	0.045
	调和漆		kg	0.045	0.500	0.600	0.650
	镀锌扁钢(综合)		kg	0.630	0.630	0.630	0.630
	镀锌六角螺栓带螺母 2 平垫 1 弹垫 M8×100 以内		10 套	0.412	0.412	0.412	0.618
	防锈漆		kg	0.027	0.030	0.045	0.500
	焊锡		kg	0.200	0.360	0.680	0.980
	焊锡膏		kg	0.050	0.090	0.170	0.230
	接地编织铜线		m	1.000	1.000	1.000	1.000
	尼龙线卡		个	16.000	24.000	46.000	68.000
	汽油 70#~90#		kg	0.450	0.860	1.500	1.800
	塑料异型管 $\phi5$		m	0.525	0.945	1.785	2.415
	铜端子 16mm²		个	4.060	4.060	4.060	4.060
	其他材料费		%	3.000	3.000	3.000	3.000
机械	电焊机(综合)		台班	0.150	0.150	0.150	0.150
	手动液压叉车		台班	0.500	0.500	0.500	0.500
仪表	交/直流低电阻测试仪		台班	0.070	0.070	0.070	0.070
	手持式万用表		台班	3.000	4.500	6.000	7.000

工作内容:校线、绝缘电阻遥测、接头挂锡或压接冷压端头、排线、绑扎、导线标识、安装、本体调试、接地等。

计量单位:台

定额编号				2-3-183	2-3-184	2-3-185	2-3-186	2-3-187
项目				消防广播及电话主机(柜)安装				
				消防广播控制柜	广播功率放大器	广播录放盘	矩阵	广播分配器
名称			单位	消耗量				
人工	合计工日		工日	21.1380	0.3600	0.4500	0.3000	4.3990
	其中	普工	工日	5.2850	0.0900	0.1130	0.0750	1.0990
		一般技工	工日	13.7400	0.2340	0.2930	0.1950	2.8600
		高级技工	工日	2.1140	0.0360	0.0450	0.0300	0.4400
材料	标志牌		个	1.000	—	—	—	—
	低碳钢焊条 J427 ϕ3.2		kg	0.045	—	—	—	—
	垫铁		kg	2.000	—	—	—	—
	调和漆		kg	0.045	—	—	—	—
	镀锌扁钢(综合)		kg	1.260	—	—	—	—
	镀锌六角螺栓带螺母 2 平垫 1 弹垫 M8×100 以内		10套	0.412	—	—	—	—
	镀锌螺钉 M(2~5)×(4~50)		个	—	4.080	4.080	—	4.080
	防锈漆		kg	0.027	—	—	—	—
	焊锡		kg	0.570	—	—	—	0.360
	焊锡膏		kg	0.143	—	—	—	0.090
	接地编织铜线		m	1.000	0.500	0.500	0.500	0.500
	汽油 70#~90#		kg	1.640	—	—	—	—
	塑料异型管 ϕ5		m	1.470	—	—	—	0.945
	铜端子 16mm^2		个	4.060	2.030	2.030	2.030	2.030
	铜芯塑料绝缘电线 BV-4mm^2		m	3.054	—	—	—	—
	橡胶板 δ4		kg	0.480	—	—	—	—
	橡胶垫 δ2		m^2	—	0.060	0.050	—	—
	其他材料费		%	3.000	3.000	3.000	3.000	3.000
机械	电焊机(综合)		台班	0.150	—	—	—	—
仪表	交/直流低电阻测试仪		台班	0.070	—	—	—	—
	手持式万用表		台班	3.000	0.500	—	—	—

工作内容：校线、绝缘电阻遥测、接头挂锡或压接冷压端头、排线、绑扎、导线标识、安装、本体调试、接地等。

计量单位：台

定额编号				2-3-188	2-3-189	2-3-190	2-3-191
项目				消防广播及电话主机(柜)安装			
				消防电话主机(路以内)			
				10	30	60	80
名称			单位	消耗量			
人工	合计工日		工日	14.4210	21.5370	25.8500	32.7000
	其中	普工	工日	3.6050	5.3840	6.4630	8.1750
		一般技工	工日	9.3740	13.9990	16.8030	21.2550
		高级技工	工日	1.4420	2.1540	2.5850	3.2700
材料	低碳钢焊条 J427 $\phi 3.2$		kg	0.045	0.045	0.045	0.045
	调和漆		kg	0.030	0.030	0.030	0.030
	镀锌扁钢(综合)		kg	1.220	1.220	1.220	1.220
	镀锌六角螺栓带螺母 2 平垫 1 弹垫 M10×100 以内		10套	0.412	0.412	0.412	0.412
	防锈漆		kg	0.020	0.020	0.020	0.020
	焊锡		kg	0.430	0.830	1.230	1.630
	焊锡膏		kg	0.110	0.210	0.310	0.410
	接地编织铜线		m	1.000	1.000	1.000	1.000
	汽油 70#~90#		kg	0.290	0.640	0.980	1.020
	塑料异型管 $\phi 5$		m	1.050	2.100	3.150	4.200
	铜端子 $16mm^2$		个	4.060	4.060	4.060	4.060
	橡胶垫 $\delta 2$		m^2	—	0.050	0.050	0.050
	其他材料费		%	3.000	3.000	3.000	3.000
机械	电焊机(综合)		台班	0.150	0.150	0.150	0.150
仪表	交/直流低电阻测试仪		台班	0.070	0.070	0.070	0.070
	手持式万用表		台班	3.000	3.000	5.000	7.000

工作内容：计算机主机、显示器、打印机安装、软件安装、调试等。

计量单位：台

定额编号				2-3-192
项目				火灾报警控制微机、图形显示及打印终端
名称			单位	消耗量
人工	合计工日		工日	6.4640
	其中	普工	工日	1.6160
		一般技工	工日	4.2020
		高级技工	工日	0.6460
材料	白绸		m^2	0.220
	打印纸 132-1		箱	0.600
	其他材料费		%	3.000
仪表	手持式万用表		台班	3.000

工作内容：安装、电池安装、电池组接线、本体调试等。　　计量单位：台

定额编号				2-3-193
项目				备用电源及电池主机(柜)
名称			单位	消耗量
人工	合计工日		工日	4.5000
	其中	普工	工日	1.1250
		一般技工	工日	2.9250
		高级技工	工日	0.4500
材料	低碳钢焊条 J427 ϕ3.2		kg	0.045
	调和漆		kg	0.030
	镀锌扁钢(综合)		kg	0.630
	镀锌六角螺栓带螺母 2 平垫 1 弹垫 M8×100 以内		10 套	0.412
	镀锌螺钉 M(2~5)×(4~50)		个	5.600
	防锈漆		kg	0.020
	接地编织铜线		m	1.000
	汽油 $70^{\#}$~$90^{\#}$		kg	0.230
	铜端子 $16mm^2$		个	4.060
	橡胶垫 δ2		m^2	0.020
	其他材料费		%	3.000
机械	电焊机(综合)		台班	0.150
	手动液压叉车		台班	0.500
仪表	手持式万用表		台班	2.000

工作内容:校线、绝缘电阻遥测、接头挂锡或压接冷压端头、排线、绑扎、导线标识、安装、本体调试、接地等。

计量单位:台

定额编号				2-3-194	2-3-195
项　目				火灾报警联动一体机安装	
				壁挂	
				64 点以内	128 点以内
名　称			单位	消　耗　量	
人工	合计工日		工日	6.5000	10.4500
	其中	普工	工日	1.6250	2.6130
		一般技工	工日	4.2250	6.7930
		高级技工	工日	0.6500	1.0450
材料	标志牌		个	1.000	1.000
	低碳钢焊条 J427 $\phi3.2$		kg	0.045	0.045
	调和漆		kg	0.030	0.030
	镀锌扁钢(综合)		kg	0.630	0.630
	防锈漆		kg	0.020	0.020
	焊锡		kg	0.050	0.090
	焊锡膏		kg	0.015	0.025
	接地编织铜线		m	0.500	0.500
	尼龙线卡		个	15.000	20.000
	膨胀螺栓 M10		10 套	0.412	0.412
	汽油 70#~90#		kg	0.560	0.900
	塑料异型管 $\phi5$		m	0.500	0.800
	铜端子 $16mm^2$		个	4.060	4.060
	其他材料费		%	3.000	3.000
机械	电焊机(综合)		台班	0.150	0.150
仪表	交/直流低电阻测试仪		台班	0.070	0.070
	手持式万用表		台班	2.000	3.000

工作内容：校线、绝缘电阻遥测、接头挂锡或压接冷压端头、排线、绑扎、导线标识、安装、本体调试、接地等。

计量单位：台

定额编号			2-3-196	2-3-197	2-3-198	2-3-199	2-3-200	2-3-201
项目			火灾报警联动一体机安装					
			落地					
			256点以内	500点以内	1000点以内	2000点以内	5000点以内	5000点以外
名称		单位	消耗量					
人工	合计工日	工日	25.3800	36.0170	47.1430	55.0170	75.0270	83.0270
	其中 普工	工日	6.3450	9.0040	11.7860	13.7540	18.7570	20.7570
	其中 一般技工	工日	16.4970	23.4110	30.6430	35.7610	48.7680	53.9680
	其中 高级技工	工日	2.5380	3.6020	4.7140	5.5020	7.5030	8.3030
材料	标志牌	个	1.000	1.000	1.000	1.000	1.000	1.000
	低碳钢焊条 J427 ϕ3.2	kg	0.045	0.045	0.045	0.045	0.045	0.045
	调和漆	kg	0.030	0.030	0.030	0.030	0.030	0.030
	镀锌扁钢(综合)	kg	0.630	0.630	0.630	0.630	0.630	0.630
	镀锌六角螺栓带螺母2平垫1弹垫M10×100以内	10套	0.412	0.412	0.412	0.412	0.412	0.412
	防锈漆	kg	0.020	0.020	0.020	0.020	0.020	0.020
	焊锡	kg	0.150	0.250	0.500	0.800	1.600	2.500
	焊锡膏	kg	0.045	0.070	0.130	0.200	0.500	0.900
	接地编织铜线	m	1.000	1.000	0.500	0.500	0.500	0.500
	尼龙线卡	个	25.000	30.000	40.000	95.000	140.000	180.000
	汽油 70#~90#	kg	0.950	3.020	3.500	0.950	3.020	3.500
	塑料异型管 ϕ5	m	1.200	2.500	3.400	4.200	4.800	8.500
	铜端子 16mm²	个	4.060	4.060	4.060	4.060	4.060	4.060
	其他材料费	%	3.000	3.000	3.000	3.000	3.000	3.000
机械	电焊机(综合)	台班	0.150	0.150	0.150	0.150	0.150	0.150
	手动液压叉车	台班	0.500	0.500	0.500	0.500	0.500	0.500
仪表	交/直流低电阻测试仪	台班	0.070	0.070	0.070	6.000	10.000	15.000
	手持式万用表	台班	4.000	5.000	7.000	9.000	12.000	20.000

4. 消防系统调试

工作内容:技术和器具准备、检查接线、绝缘检查、程序装载或校对检查、功能测试、系统试验、记录整理等。

计量单位:系统

定额编号				2-3-202	2-3-203	2-3-204	2-3-205	2-3-206	2-3-207
项目				自动报警系统调试(点以内)					
				64	128	256	500	1000	2000
名称			单位	消耗量					
人工	合计工日		工日	18.1350	30.4490	79.1850	141.5930	238.2890	312.5310
	其中	普工	工日	1.8140	3.0450	7.9190	14.1590	23.8290	31.2530
		一般技工	工日	6.3470	10.6570	27.7150	49.5580	83.4010	109.3860
		高级技工	工日	9.9740	16.7470	43.5520	77.8760	131.0590	171.8920
材料	充电电池 5#		节	10.000	10.000	10.000	10.000	20.000	40.000
	打印纸 132-1		箱	0.050	0.120	0.240	0.320	0.400	0.500
	电气绝缘胶带 18mm×10m×0.13mm		卷	5.600	7.200	8.840	10.030	12.190	16.820
	酒精工业用 99.5%		kg	0.200	0.390	0.460	0.560	0.600	0.700
	铜芯塑料绝缘电线 BV-1.0mm²		m	15.270	15.270	15.270	15.270	15.270	15.270
	其他材料费		%	3.000	3.000	3.000	3.000	3.000	3.000
仪表	对讲机(一对)		台班	4.000	6.000	10.000	30.000	50.000	65.000
	火灾探测器试验器		台班	1.500	2.500	3.000	3.500	5.000	15.000
	交/直流低电阻测试仪		台班	0.500	0.800	0.950	1.000	1.500	2.000
	交流稳压电源		台班	5.000	8.000	10.000	11.000	22.000	30.000
	接地引下线导通电阻测试仪		台班	0.500	0.500	0.500	0.500	0.500	0.500
	手持式万用表		台班	5.000	7.000	9.000	12.000	20,000	35.000
	直流稳压电源		台班	5.000	8.000	10.000	11.000	22.000	30.000

工作内容：技术和器具准备、检查接线、绝缘检查、程序装载或校对检查、功能测试、系统试验、记录整理等。

定额编号				2-3-208	2-3-209	2-3-210	2-3-211
项目				自动报警系统调试(点以内)	自动报警系统调试		
				5000	(5000点以外)每增加256点	广播喇叭及音箱、电话插孔	通信分机
				系统	系统	10只	部
名称			单位	消耗量			
人工	合计工日		工日	468.7970	13.3320	2.3100	0.3500
	其中	普工	工日	46.8800	1.3330	0.2310	0.0350
		一般技工	工日	164.0790	4.6660	0.8090	0.1230
		高级技工	工日	257.8380	7.3330	1.2710	0.1930
材料	充电电池5#		节	100.000	5.000	—	—
	打印纸132-1		箱	0.600	0.060	—	—
	电池5#		节	—	—	16.000	4.000
	电气绝缘胶带18mm×10m×0.13mm		卷	20.820	2.080	—	—
	酒精工业用99.5%		kg	0.900	0.090	—	—
	铜芯塑料绝缘电线BV-1.0mm²		m	15.270	—	—	—
	其他材料费		%	3.000	3.000	3.000	3.000
仪表	对讲机(一对)		台班	130.000	13.000	0.500	0.100
	火灾探测器试验器		台班	45.000	4.500	—	—
	交/直流低电阻测试仪		台班	5.000	0.500	—	—
	交流稳压电源		台班	50.000	—	—	—
	接地引下线导通电阻测试仪		台班	0.500	0.005	—	—
	声级计		台班	—	—	0.800	0.800
	手持式万用表		台班	60.000	6.000	2.600	0.100
	直流稳压电源		台班	50.000	—	—	—

工作内容:技术和器具准备、检查接线、绝缘检查、程序装载或校对检查、功能测试、系统试验、记录整理等。

计量单位:点

定额编号				2-3-212	2-3-213	2-3-214
项目				水灭火控制装置调试		
				消火栓灭火系统	自动喷水灭火系统	消防水炮控制装置调试
名称			单位	消耗量		
人工	合计工日		工日	1.5000	2.0100	4.6000
	其中	普工	工日	0.1500	0.2010	0.4600
		一般技工	工日	0.5250	0.7040	1.6100
		高级技工	工日	0.8250	1.1060	2.5300
材料	电气绝缘胶带 18mm×10m×0.13mm		卷	0.420	0.884	1.060
	酒精工业用 99.5%		kg	0.160	0.400	0.480
	铜芯塑料绝缘电线 BV-1.0mm^2		m	1.527	3.563	15.270
	其他材料费		%	3.000	3.000	3.000
仪表	对讲机(一对)		台班	0.500	1.000	1.000
	火灾探测器试验器		台班	—	1.500	1.000
	手持式万用表		台班	0.500	1.000	1.000

工作内容:技术和器具准备、检查接线、绝缘检查、程序装载或校对检查、功能测试、系统试验、记录整理等。

计量单位:点

定额编号				2-3-215	2-3-216	2-3-217
项目				防火控制装置调试		
				防火卷帘门	电动防火门(窗)	电动防火阀、电动排烟阀、电动正压送风阀
名称			单位	消耗量		
人工	合计工日		工日	0.5000	0.3500	0.6500
	其中	普工	工日	0.0500	0.0350	0.0650
		一般技工	工日	0.1750	0.1230	0.2280
		高级技工	工日	0.2750	0.1930	0.3580
材料	灯泡		个	0.309	0.400	0.480
	铜芯塑料绝缘电线 BV-1.5mm^2		m	0.236	0.236	0.407
	蓄电池 24AH		块	—	—	0.040
	其他材料费		%	3.000	3.000	3.000
仪表	对讲机(一对)		台班	0.500	0.300	0.500
	火灾探测器试验器		台班	0.300	0.300	0.300
	手持式万用表		台班	0.500	0.300	0.500

工作内容：技术和器具准备、检查接线、绝缘检查、程序装载或校对检查、功能测试、系统试验、记录整理等。

定额编号				2-3-218	2-3-219	2-3-220	2-3-221
项目				防火控制装置调试			
				切断非消防电源	消防风机	消防水泵联动调试	消防电梯
				点	点	点	部
名称			单位	消耗量			
人工	合计工日		工日	1.1000	1.2000	1.3000	7.1930
	其中	普工	工日	0.1100	0.1200	0.1300	0.7190
		一般技工	工日	0.3850	0.4200	0.4550	2.5180
		高级技工	工日	0.6050	0.6600	0.7150	3.9560
材料	铜芯塑料绝缘电线 BV-1.5mm^2		m	0.407	0.407	0.611	—
	蓄电池 24AH		块	0.040	—	—	—
	其他材料费		%	3.000	3.000	3.000	3.000
仪表	对讲机(一对)		台班	0.500	0.500	0.800	1.000
	火灾探测器试验器		台班	0.300	0.300	—	1.000
	手持式万用表		台班	0.300	0.300	0.500	1.000

工作内容：工具准备、模拟喷气试验、储存容器切换器操作试验、气体试喷等。 计量单位：点

定额编号				2-3-222	2-3-223	2-3-224	2-3-225	2-3-226
项目				气体灭火系统装置调试				
				试验容器规格(L)				
				40	70	90	155	270
名称			单位	消耗量				
人工	合计工日		工日	3.4000	5.1000	6.8000	9.5000	13.6000
	其中	普工	工日	0.3400	0.5100	0.6800	0.9500	1.3600
		一般技工	工日	1.1900	1.7850	2.3800	3.3250	4.7600
		高级技工	工日	1.8700	2.8050	3.7400	5.2250	7.4800
材料	打印纸 132-1		箱	0.600	0.600	0.600	0.600	0.600
	大膜片		片	1.000	1.000	1.000	1.000	1.000
	电磁铁		块	1.000	1.000	1.000	1.000	1.000
	电气绝缘胶带 18mm×10m×0.13mm		卷	2.000	2.000	2.000	2.000	2.000
	酒精工业用 99.5%		kg	0.900	0.900	0.900	0.900	0.900
	聚四氟乙烯垫		个	1.000	1.000	1.000	1.000	1.000
	试验介质(氮气) 40L		瓶	1.000	—	—	—	—
	试验介质(氮气) 70L		瓶	—	1.000	—	—	—
	试验介质(氮气) 90L		瓶	—	—	1.000	—	—
	试验介质(氮气) 155L		瓶	—	—	—	1.000	—
	试验介质(氮气) 270L		瓶	—	—	—	—	1.000
	小膜片		片	1.000	1.000	1.000	1.000	1.000
	锥形堵块		只	1.000	1.000	1.000	1.000	1.000
	其他材料费		%	3.000	3.000	3.000	3.000	3.000
仪表	对讲机(一对)		台班	1.000	1.000	1.000	1.000	1.000
	火灾探测器试验器		台班	1.000	1.000	1.000	1.000	1.000
	手持式万用表		台班	1.000	1.000	1.000	1.000	1.000

第四章　给排水工程

说　　明

一、本章定额包括给排水管道、管道附件、其他等项目。

二、本章定额适用于综合管廊的给排水系统中的管道、附件、器具及附属设备等安装工程。

三、本章定额编制的主要依据有：

1.《室外给水设计规范》GB 50013—2006；

2.《室外排水设计规范》GB 50014—2006(2014 年版)；

3.《建筑给水排水设计规范》GB 50015—2003(2009 年版)；

4.《给水排水工程基本术语标准》GB/T 50125—2010；

5.《建筑给水排水及采暖工程施工质量验收规范》GB 50242—2002；

6.《给水排水管道工程施工及验收规范》GB 50268—2008；

7.《建筑给水聚丙烯管道工程技术规范》GB/T 50349—2005；

8.《城镇给水排水技术规范》GB 50788—2012；

9.《建筑给水排水薄壁不锈钢管连接技术规程》CECS 277—2010；

10.《通用安装工程工程量计算规范》GB 50856—2013；

11.《城市综合管廊工程技术规范》GB 50838—2015；

12.《通用安装工程消耗量定额》TY 02-31-2015；

13.《建设工程劳动定额》LD/T-2008；

14.《全国统一安装工程基础定额》GJD-201-2006；

15. 现行国家建筑设计标准图集、协会标准、产品标准等其他资料。

四、本章定额不包括以下内容：

1. 本章定额未包括的给排水设备安装执行“第一章 机械设备安装工程”相应项目。

2. 给排水、器具等电气检查、接线工作，执行“第二章 电气设备安装工程”相应项目。

3. 刷油、防腐蚀、绝热工程执行《通用安装工程消耗量定额》TY 02-31-2005 相应项目。

4. 本章凡涉及管沟、工作坑及井类的土方开挖、回填、运输、垫层、基础、砌筑、地沟盖板预制安装、路面开挖及修复、管道混凝土支墩的项目，以及混凝土管道、水泥管道安装执行相关定额项目。

五、界线划分：

给排水系统管道以在管廊本体内安装为主，以管廊外接出雨水井为界。

六、本章各定额项目中，均包括安装物的外观检查。

七、给排水管道。

1. 管道的适用范围：

(1)给水管道适用于压力排水等管道的安装。

(2)塑料管安装适用于 UPVC、PVC、PP-C、PP-R、PE、PB 管等塑料管安装。

(3)镀锌钢管(螺纹连接)项目适用于焊接钢管的螺纹连接。

(4)钢塑复合管安装适用于内涂塑、内外涂塑、内衬塑、外覆塑内衬塑复合管道安装。

(5)钢管沟槽连接适用于镀锌钢管、焊接钢管及无缝钢管等沟槽连接的管道安装。不锈钢管、铜管、复合管的沟槽连接，可参照执行。

2. 管道安装项目中，均包括相应管件安装、水压试验及水冲洗工作内容。各种管件数量系综合取定，执行定额时，成品管件数量可依据设计文件及施工方案计算，定额中其他消耗量均不做调整。

定额管件含量中不含与螺纹阀门配套的活接、对丝，其用量含在螺纹阀门安装项目中。

3. 钢管焊接安装项目中均综合考虑了成品管件和现场煨制弯管、摔制大小头、挖眼三通。

4. 管道安装项目中，除管廊内直埋塑料给水管项目中已包括管卡安装外，均不包括管道支架、管卡、托钩等制作安装以及管道穿墙、板套管制作安装、预留孔洞、堵洞、打洞、凿槽等工作内容，发生时，应按本章第三节相应项目另行计算。

5. 排(雨)水管道包括灌水(闭水)及通球试验工作内容；排水管道不包括止水环、透气帽本体材料，发生时按实际数量另计材料费。

6. 柔性铸铁排水管(机械接口)按带法兰承口的承插式管材考虑。

7. 塑料管热熔连接公称外径 *dn*125 及以上管径按热熔对接连接考虑。

8. 直埋塑料管道是指敷设墙内的塑料给水管段。包括充压隐蔽、水压试验、水冲洗以及地面划线标示等工作内容。

9. 安装带保温层的管道时，可执行相应材质及连接形式的管道安装项目，其人工乘以系数 1.10；管道接头保温执行《通用安装工程消耗量定额》TY 02-31-2015 相应项目，其人工、机械乘以系数 2.00。

八、管道附件。

1. 阀门安装均综合考虑了标准规范要求的强度及严密性试验工作内容。若采用气压试验时，除定额人工外，其他相关消耗量可进行调整。

2. 电磁阀安装项目均包括了配合调试工作内容，不再重复计算。

3. 对夹式蝶阀安装已含双头螺栓用量，在套用与其连接的法兰安装项目时，应将法兰安装项目中的螺栓用量扣除。

4. 与螺纹阀门配套的连接件，如设计与定额中材质不同时，可按设计进行调整。

5. 法兰阀门、法兰式附件安装项目均不包括法兰安装，应另行套用相应法兰安装项目。

6. 每副法兰和法兰式附件安装项目中，均包括一个垫片和一副法兰螺栓的材料用量。各种法兰连接用垫片均按石棉橡胶板考虑，如工程要求采用其他材质可按实调整。

九、其他。

1. 刚性防水套管和柔性防水套管安装项目中，包括了配合预留孔洞及浇筑混凝土工作内容。一般套管制作安装项目，均未包括预留孔洞工作，发生时按本章所列预留孔洞项目另行计算。

2. 套管制作安装项目已包含堵洞工作内容。本章所列堵洞项目，适用于管道在穿墙、板不安装套管时的洞口封堵。

3. 套管内填料按油麻编制，如与设计不符时，可按工程要求调整换算填料。

4. 保温管道穿墙、板采用套管时，按保温层外径规格执行套管相应项目。

5. 管道保护管是指在管道系统中，为避免外力(荷载)直接作用在介质管道外壁上，造成介质管道受损而影响正常使用，在介质管道外部设置的保护性管段。

6. 机械钻孔项目是按混凝土壁及混凝土板考虑的，厚度系综合取定。如实际壁厚度超过 300mm，板厚度超过 220mm 时，按相应项目乘以系数 1.20。砖墙及砌体墙钻孔按机械钻孔项目乘以系数 0.40。

工程量计算规则

一、给排水管道。

1. 各类管道安装按材质、连接形式、规格分别列项，以“10m”为计量单位。定额中铜管、塑料管、复合管(除钢塑复合管外)按公称外径表示，其他管道均按公称直径表示。

2. 各类管道安装工程量，均按设计管道中心线长度，以“10m”为计量单位，不扣除阀门、管件、附件(包括器具组成)及井类所占长度。

二、管道附件。

1. 各种阀门按照不同连接方式、公称直径，以“个”为计量单位。

2. 法兰均区分不同公称直径，以“副”为计量单位。承插盘法兰短管按照不同连接方式、公称直径，以“副”为计量单位。

三、其他。

1. 管道保护管制作与安装，分为钢制和塑料两种材质，区分不同规格，按设计图示管道中心线长度以“10m”为计量单位。

2. 预留孔洞、堵洞项目，按工作介质管道直径，分规格以“10 个”为计量单位。

3. 一般穿墙套管、柔性、刚性套管，按工作介质管道的公称直径，分规格以“个”为计量单位。

4. 成品表箱安装按箱体半周长以“个”为计量单位。

5. 机械钻孔项目，区分混凝土楼板钻孔及混凝土墙体钻孔，按钻孔直径以“10 个”为计量单位。

6. 剔堵槽沟项目，区分砖结构及混凝土结构，按截面尺寸以“10m”为计量单位。

1. 给排水管道

工作内容：调直、切管、套丝、组对、连接，管道及管件安装，水压试验及水冲洗。 **计量单位**：10m

定额编号				2-4-1	2-4-2	2-4-3	2-4-4	2-4-5	2-4-6
项目				镀锌钢管（螺纹连接）公称直径（mm 以内）					
				15	20	25	32	40	50
名称			单位	消耗量					
人工	合计工日		工日	1.6620	1.7390	2.0910	2.2610	2.3090	2.4790
	其中	普工	工日	0.4150	0.4340	0.5230	0.5650	0.5770	0.6190
		一般技工	工日	1.0810	1.1310	1.3590	1.4700	1.5010	1.6120
		高级技工	工日	0.1660	0.1740	0.2090	0.2260	0.2310	0.2480
材料	弹簧压力表 Y-100 0~1.6MPa		块	0.002	0.002	0.002	0.002	0.002	0.003
	低碳钢焊条 J422 ϕ3.2		kg	0.002	0.002	0.002	0.002	0.002	0.002
	镀锌钢管		m	9.910	9.910	9.910	9.910	10.020	10.020
	镀锌铁丝 ϕ2.8~4.0		kg	0.040	0.045	0.068	0.075	0.079	0.083
	给水室内镀锌钢管螺纹管件		个	14.490	12.100	11.400	9.830	7.860	6.610
	焊接钢管 *DN*20		m	0.013	0.014	0.015	0.016	0.016	0.017
	机油		kg	0.158	0.170	0.203	0.206	0.209	0.213
	聚四氟乙烯生料带 宽 20		m	10.980	13.040	15.500	16.020	16.190	16.580
	锯条（各种规格）		根	0.778	0.792	0.815	0.821	0.834	0.839
	六角螺栓		kg	0.004	0.004	0.004	0.005	0.005	0.005
	螺纹阀门 *DN*20		个	0.004	0.004	0.005	0.005	0.005	0.005
	尼龙砂轮片 ϕ400		片	0.033	0.035	0.086	0.117	0.120	0.125
	破布		kg	0.080	0.090	0.150	0.167	0.187	0.213
	热轧厚钢板 δ8.0~15		kg	0.030	0.032	0.034	0.037	0.039	0.042
	水		m^3	0.008	0.014	0.023	0.040	0.053	0.088
	橡胶板 δ1~3		kg	0.007	0.008	0.008	0.009	0.010	0.010
	橡胶软管 *DN*20		m	0.006	0.006	0.007	0.007	0.007	0.008
	压力表弯管 *DN*15		个	0.002	0.002	0.002	0.002	0.002	0.003
	氧气		m^3	0.003	0.003	0.003	0.006	0.006	0.006
	乙炔气		kg	0.001	0.001	0.001	0.002	0.002	0.002
	其他材料费		%	2.000	2.000	2.000	2.000	2.000	2.000
机械	电动单级离心清水泵 100mm		台班	0.001	0.001	0.001	0.001	0.001	0.001
	电焊机（综合）		台班	0.001	0.001	0.001	0.001	0.002	0.002
	吊装机械（综合）		台班	0.002	0.002	0.003	0.004	0.005	0.007
	管子切断套丝机 159mm		台班	0.067	0.079	0.196	0.261	0.284	0.293
	砂轮切割机 ϕ400		台班	0.008	0.010	0.022	0.026	0.028	0.030
	试压泵 3MPa		台班	0.001	0.001	0.001	0.002	0.002	0.002
	载重汽车 5t		台班	—	—	—	—	—	0.003

工作内容:调直、切管、套丝、组对、连接,管道及管件安装,水压试验及水冲洗。 **计量单位**:10m

定额编号				2-4-7	2-4-8	2-4-9	2-4-10	2-4-11
项目				镀锌钢管(螺纹连接)公称直径(mm以内)				
				65	80	100	125	150
名称			单位	消耗量				
人工	合计工日		工日	2.6130	2.7360	3.1260	3.4670	3.8570
	其中	普工	工日	0.6530	0.6840	0.7810	0.8660	0.9640
		一般技工	工日	1.6990	1.7780	2.0320	2.2540	2.5070
		高级技工	工日	0.2610	0.2740	0.3130	0.3470	0.3860
材料	弹簧压力表 Y-100 0~1.6MPa		块	0.003	0.003	0.003	0.003	0.003
	低碳钢焊条 J422 ϕ3.2		kg	0.002	0.003	0.003	0.003	0.003
	镀锌钢管		m	10.020	10.020	10.020	10.020	10.020
	镀锌铁丝 ϕ2.8~4.0		kg	0.085	0.089	0.101	0.107	0.112
	给水室内镀锌钢管螺纹管件		个	5.260	4.630	4.150	3.520	3.410
	焊接钢管 DN20		m	0.019	0.020	0.021	0.022	0.023
	机油		kg	0.215	0.219	0.225	0.241	0.269
	聚四氟乙烯生料带 宽20		m	17.950	19.310	20.880	21.020	21.240
	六角螺栓		kg	0.006	0.006	0.006	0.008	0.012
	螺纹阀门 DN20		个	0.005	0.006	0.006	0.006	0.006
	尼龙砂轮片 ϕ400		片	0.141	0.146	0.158	—	—
	破布		kg	0.238	0.255	0.298	0.323	0.340
	热轧厚钢板 δ8.0~15		kg	0.044	0.047	0.049	0.073	0.110
	水		m^3	0.145	0.204	0.353	0.547	0.764
	橡胶板 δ1~3		kg	0.011	0.011	0.012	0.014	0.016
	橡胶软管 DN20		m	0.008	0.008	0.009	0.009	0.010
	压力表弯管 DN15		个	0.003	0.003	0.003	0.003	0.003
	氧气		m^3	0.006	0.006	0.006	0.006	0.006
	乙炔气		kg	0.002	0.002	0.002	0.002	0.002
	其他材料费		%	2.000	2.000	2.000	2.000	2.000
机械	电动单级离心清水泵 100mm		台班	0.001	0.002	0.002	0.003	0.005
	电焊机(综合)		台班	0.002	0.002	0.002	0.002	0.002
	吊装机械(综合)		台班	0.009	0.012	0.084	0.117	0.123
	管子切断机 150mm		台班	—	—	—	0.065	0.074
	管子切断套丝机 159mm		台班	0.294	0.317	0.320	0.384	0.449
	砂轮切割机 ϕ400		台班	0.031	0.032	0.034	—	—
	试压泵 3MPa		台班	0.002	0.002	0.002	0.003	0.003
	载重汽车 5t		台班	0.004	0.006	0.013	0.016	0.022

工作内容:调直、切管、坡口,煨弯、挖眼接管、异径管制作,组对、焊接,管道及管件安装,水压试验及水冲洗。

计量单位:10m

定额编号			2-4-12	2-4-13	2-4-14	2-4-15
项目			钢管(焊接)公称直径(mm 以内)			
			32	40	50	65
名称		单位	消耗量			
人工	合计工日	工日	1.6240	1.8620	2.1940	2.4710
	其中 普工	工日	0.4060	0.4660	0.5480	0.6180
	其中 一般技工	工日	1.0560	1.2100	1.4270	1.6060
	其中 高级技工	工日	0.1620	0.1860	0.2190	0.2470
材料	弹簧压力表 Y-100 0~1.6MPa	块	0.002	0.002	0.003	0.003
	低碳钢焊条 J422 ϕ3.2	kg	0.238	0.319	0.568	0.727
	电	kW·h	0.250	0.341	0.387	0.415
	镀锌铁丝 ϕ2.8~4.0	kg	0.075	0.079	0.083	0.085
	钢管	m	10.250	10.250	10.120	10.120
	给水室内钢管焊接管件	个	1.050	1.070	1.560	1.170
	焊接钢管 DN20	m	0.016	0.016	0.017	0.019
	机油	kg	0.040	0.050	0.060	0.080
	锯条(各种规格)	根	0.348	0.396	0.405	—
	六角螺栓	kg	0.005	0.005	0.005	0.006
	螺纹阀门 DN20	个	0.005	0.005	0.005	0.005
	尼龙砂轮片 ϕ100	片	0.176	0.234	0.643	0.766
	尼龙砂轮片 ϕ400	片	0.065	0.079	0.082	0.089
	破布	kg	0.167	0.187	0.213	0.238
	热轧厚钢板 δ8.0~15	kg	0.037	0.039	0.042	0.044
	水	m^3	0.040	0.053	0.088	0.145
	橡胶板 δ1~3	kg	0.009	0.010	0.010	0.011
	橡胶软管 DN20	m	0.007	0.007	0.008	0.008
	压力表弯管 DN15	个	0.002	0.002	0.003	0.003
	氧气	m^3	0.171	0.282	0.407	0.639
	乙炔气	kg	0.057	0.094	0.137	0.213
	其他材料费	%	2.000	2.000	2.000	2.000
机械	电动单级离心清水泵 100mm	台班	0.001	0.001	0.001	0.001
	电动弯管机 108mm	台班	0.033	0.035	0.036	0.038
	电焊机(综合)	台班	0.142	0.198	0.341	0.428
	电焊条恒温箱	台班	0.014	0.020	0.034	0.043
	电焊条烘干箱 60×50×75(cm)	台班	0.014	0.020	0.034	0.043
	吊装机械(综合)	台班	0.004	0.005	0.007	0.009
	砂轮切割机 ϕ400	台班	0.021	0.022	0.023	0.023
	试压泵 3MPa	台班	0.002	0.002	0.002	0.002
	载重汽车 5t	台班	—	—	0.003	0.004

工作内容:调直、切管、坡口,煨弯、挖眼接管、异径管制作,组对、焊接,管道及管件安装,水压试验及水冲洗。

计量单位:10m

定额编号				2-4-16	2-4-17	2-4-18	2-4-19	2-4-20
项目				钢管(焊接)公称直径(mm以内)				
				80	100	125	150	200
名称			单位	消耗量				
人工	合计工日		工日	2.7170	3.1360	3.2490	3.6010	4.3890
	其中	普工	工日	0.6790	0.7840	0.8120	0.9000	1.0970
		一般技工	工日	1.7660	2.0380	2.1120	2.3410	2.8530
		高级技工	工日	0.2720	0.3140	0.3250	0.3600	0.4390
材料	弹簧压力表 Y-100 0~1.6MPa		块	0.003	0.003	0.003	0.003	0.003
	低碳钢焊条 J422 ϕ3.2		kg	0.817	0.978	1.217	1.573	2.005
	电		kW·h	0.520	0.529	0.537	0.591	0.748
	镀锌铁丝 ϕ2.8~4.0		kg	0.089	0.101	0.107	0.112	0.131
	钢管		m	10.100	10.100	9.870	9.870	9.870
	给水室内钢管焊接管件		个	1.110	1.020	1.410	1.120	1.030
	焊接钢管 *DN*20		m	0.020	0.021	0.022	0.023	0.024
	机油		kg	0.100	0.100	0.150	0.150	0.170
	六角螺栓		kg	0.006	0.006	0.008	0.012	0.018
	螺纹阀门 *DN*20		个	0.006	0.006	0.006	0.006	0.007
	尼龙砂轮片 ϕ100		片	0.782	0.857	0.836	1.076	1.413
	尼龙砂轮片 ϕ400		片	0.106	0.122	—	—	—
	破布		kg	0.255	0.298	0.323	0.340	0.408
	热轧厚钢板 δ8.0~15		kg	0.047	0.049	0.073	0.110	0.148
	水		m^3	0.204	0.353	0.547	0.764	1.346
	橡胶板 δ1~3		kg	0.011	0.012	0.014	0.016	0.018
	橡胶软管 *DN*20		m	0.008	0.009	0.009	0.010	0.010
	压力表弯管 *DN*15		个	0.003	0.003	0.003	0.003	0.003
	氧气		m^3	0.810	0.960	1.035	1.269	1.536
	乙炔气		kg	0.270	0.320	0.345	0.423	0.512
	其他材料费		%	2.000	2.000	2.000	2.000	2.000
机械	电动单级离心清水泵 100mm		台班	0.002	0.002	0.003	0.005	0.007
	电动弯管机 108mm		台班	0.039	0.041	—	—	—
	电焊机(综合)		台班	0.478	0.529	0.576	0.606	0.779
	电焊条恒温箱		台班	0.048	0.053	0.058	0.061	0.078
	电焊条烘干箱 60×50×75(cm)		台班	0.048	0.053	0.058	0.061	0.078
	吊装机械(综合)		台班	0.012	0.084	0.117	0.123	0.169
	砂轮切割机 ϕ400		台班	0.024	0.025	—	—	—
	试压泵 3MPa		台班	0.002	0.002	0.003	0.003	0.003
	载重汽车 5t		台班	0.006	0.013	0.016	0.022	0.040

工作内容:调直、切管、压槽、对口、涂润滑剂、上胶圈、安装卡箍件,管道及管件安装,水压试验及水冲洗。

计量单位:10m

定额编号			2-4-21	2-4-22	2-4-23	2-4-24	2-4-25	2-4-26
项目			钢管(沟槽连接)公称直径(mm以内)					
			65	80	100	125	150	200
名称		单位	消耗量					
人工	合计工日	工日	2.1590	2.4000	2.6840	3.2320	3.3080	3.7030
人工	其中 普工	工日	0.5400	0.5990	0.6710	0.8080	0.8270	0.9250
人工	其中 一般技工	工日	1.4030	1.5610	1.7440	2.1010	2.1500	2.4070
人工	其中 高级技工	工日	0.2160	0.2400	0.2690	0.3230	0.3310	0.3710
材料	弹簧压力表 Y-100 0~1.6MPa	块	0.003	0.003	0.003	0.003	0.003	0.003
材料	低碳钢焊条 J422 $\phi3.2$	kg	0.002	0.003	0.003	0.003	0.003	0.003
材料	镀锌铁丝 $\phi2.8\sim4.0$	kg	0.085	0.089	0.101	0.107	0.107	0.112
材料	钢管	m	9.680	9.680	9.680	9.780	9.780	9.780
材料	给水室内钢管沟槽管件	个	4.260	4.140	3.600	2.400	1.880	1.670
材料	焊接钢管 *DN*20	m	0.019	0.020	0.021	0.022	0.023	0.024
材料	合金钢钻头(综合)	个	0.016	0.018	0.020	0.021	0.023	0.025
材料	卡箍连接件(含胶圈)	套	10.038	9.810	8.656	6.056	4.904	4.438
材料	六角螺栓	kg	0.006	0.006	0.006	0.008	0.012	0.018
材料	螺纹阀门 *DN*20	个	0.005	0.006	0.006	0.006	0.006	0.007
材料	破布	kg	0.238	0.255	0.298	0.323	0.340	0.408
材料	热轧厚钢板 $\delta8.0\sim15$	kg	0.044	0.047	0.049	0.073	0.110	0.148
材料	润滑剂	kg	0.044	0.047	0.050	0.054	0.059	0.064
材料	水	m^3	0.145	0.204	0.353	0.547	0.764	1.346
材料	橡胶板 $\delta1\sim3$	kg	0.011	0.011	0.012	0.014	0.016	0.018
材料	橡胶软管 *DN*20	m	0.008	0.008	0.009	0.009	0.010	0.010
材料	压力表弯管 *DN*15	个	0.003	0.003	0.003	0.003	0.003	0.003
材料	氧气	m^3	0.006	0.006	0.006	0.006	0.006	0.009
材料	乙炔气	kg	0.002	0.002	0.002	0.002	0.002	0.003
材料	其他材料费	%	2.000	2.000	2.000	2.000	2.000	2.000
机械	电动单级离心清水泵 100mm	台班	0.001	0.002	0.002	0.003	0.005	0.007
机械	电焊机(综合)	台班	0.002	0.002	0.002	0.002	0.002	0.002
机械	吊装机械(综合)	台班	0.009	0.012	0.084	0.117	0.123	0.169
机械	管子切断机 150mm	台班	0.036	0.040	0.046	0.052	0.060	—
机械	管子切断机 250mm	台班	—	—	—	—	—	0.066
机械	滚槽机	台班	0.221	0.238	0.259	0.284	0.317	0.334
机械	开孔机 200mm	台班	0.007	0.008	0.009	0.010	0.011	0.012
机械	试压泵 3MPa	台班	0.002	0.002	0.002	0.003	0.003	0.003
机械	载重汽车 5t	台班	0.004	0.006	0.013	0.016	0.022	0.040

工作内容：调直、切管、管道及管件安装，水压试验及水冲洗。　　计量单位：10m

定额编号				2-4-27	2-4-28	2-4-29	2-4-30
项　目				薄壁不锈钢管(卡压连接) 公称直径(mm 以内)			
				15	20	25	32
名　称			单位	消　耗　量			
人工	合计工日		工日	1.1160	1.2260	1.3290	1.3860
	其中	普工	工日	0.2780	0.3060	0.3320	0.3460
		一般技工	工日	0.7260	0.7970	0.8640	0.9010
		高级技工	工日	0.1120	0.1230	0.1330	0.1390
材料	薄壁不锈钢管		m	9.860	9.860	9.860	9.860
	弹簧压力表 Y-100 0~1.6MPa		块	0.002	0.002	0.002	0.002
	低碳钢焊条 J422 ϕ3.2		kg	0.002	0.002	0.002	0.002
	镀锌铁丝 ϕ2.8~4.0		kg	0.040	0.045	0.068	0.075
	给水室内不锈钢管卡压管件		个	13.410	11.160	10.750	9.370
	焊接钢管 *DN*20		m	0.013	0.014	0.015	0.016
	六角螺栓		kg	0.004	0.004	0.004	0.005
	螺纹阀门 *DN*20		个	0.004	0.004	0.004	0.005
	破布		kg	0.080	0.090	0.150	0.167
	热轧厚钢板 δ8.0~15		kg	0.030	0.032	0.034	0.037
	树脂砂轮切割片 ϕ400		片	0.038	0.045	0.075	0.089
	水		m^3	0.008	0.014	0.023	0.040
	橡胶板 δ1~3		kg	0.007	0.008	0.008	0.009
	橡胶软管 *DN*20		m	0.006	0.006	0.007	0.007
	压力表弯管 *DN*15		个	0.002	0.002	0.002	0.002
	氧气		m^3	0.003	0.003	0.003	0.006
	乙炔气		kg	0.001	0.001	0.001	0.002
	其他材料费		%	2.000	2.000	2.000	2.000
机械	电动单级离心清水泵 100mm		台班	0.001	0.001	0.001	0.001
	电焊机(综合)		台班	0.001	0.001	0.001	0.001
	吊装机械(综合)		台班	0.002	0.002	0.003	0.004
	砂轮切割机 ϕ400		台班	0.017	0.018	0.021	0.024
	试压泵 3MPa		台班	0.001	0.001	0.001	0.002

工作内容:调直、切管、管道及管件安装,水压试验及水冲洗。

计量单位:10m

定额编号				2-4-31	2-4-32	2-4-33	2-4-34	2-4-35
项目				薄壁不锈钢管(卡压连接) 公称直径(mm 以内)				
				40	50	65	80	100
名称			单位	消耗量				
人工	合计工日		工日	1.5070	1.6210	1.7130	1.7660	2.0590
	其中	普工	工日	0.3760	0.4050	0.4280	0.4410	0.5140
		一般技工	工日	0.9800	1.0540	1.1140	1.1480	1.3390
		高级技工	工日	0.1510	0.1620	0.1710	0.1770	0.2060
材料	薄壁不锈钢管		m	9.940	9.870	9.870	9.870	9.870
	弹簧压力表 Y-100 0~1.6MPa		块	0.002	0.003	0.003	0.003	0.003
	低碳钢焊条 J422 ϕ3.2		kg	0.002	0.002	0.002	0.003	0.003
	镀锌铁丝 ϕ2.8~4.0		kg	0.079	0.083	0.085	0.089	0.101
	给水室内不锈钢管卡压管件		个	7.520	6.330	5.260	4.630	4.150
	焊接钢管 *DN*20		m	0.016	0.017	0.019	0.020	0.021
	六角螺栓		kg	0.005	0.005	0.006	0.006	0.006
	螺纹阀门 *DN*20		个	0.005	0.005	0.005	0.006	0.006
	破布		kg	0.187	0.213	0.238	0.255	0.298
	热轧厚钢板 δ8.0~15		kg	0.039	0.042	0.044	0.047	0.049
	树脂砂轮切割片 ϕ400		片	0.101	0.120	0.137	0.145	0.158
	水		m^3	0.053	0.088	0.145	0.204	0.353
	橡胶板 δ1~3		kg	0.010	0.010	0.011	0.011	0.012
	橡胶软管 *DN*20		m	0.007	0.008	0.008	0.008	0.009
	压力表弯管 *DN*15		个	0.002	0.003	0.003	0.003	0.003
	氧气		m^3	0.006	0.006	0.006	0.006	0.006
	乙炔气		kg	0.002	0.002	0.002	0.002	0.002
	其他材料费		%	2.000	2.000	2.000	2.000	2.000
机械	电动单级离心清水泵 100mm		台班	0.001	0.001	0.001	0.002	0.002
	电焊机(综合)		台班	0.002	0.002	0.002	0.002	0.002
	吊装机械(综合)		台班	0.005	0.007	0.009	0.012	0.020
	砂轮切割机 ϕ400		台班	0.026	0.030	0.030	0.032	0.034
	试压泵 3MPa		台班	0.002	0.002	0.002	0.002	0.002
	载重汽车 5t		台班	—	0.003	0.004	0.006	0.009

工作内容:调直、切管、管道及管件安装,水压试验及水冲洗。　　　　**计量单位:**10m

定额编号				2-4-36	2-4-37	2-4-38	2-4-39
项　目				薄壁不锈钢管(卡套连接)公称直径(mm 以内)			
				15	20	25	32
名　称			单位	消耗量			
人工	合计工日		工日	1.0580	1.1080	1.2100	1.3170
	其中	普工	工日	0.2650	0.2760	0.3030	0.3290
		一般技工	工日	0.6880	0.7210	0.7860	0.8560
		高级技工	工日	0.1050	0.1110	0.1210	0.1320
材料	薄壁不锈钢管		m	9.860	9.860	9.860	9.860
	弹簧压力表 Y-100 0~1.6MPa		块	0.002	0.002	0.002	0.002
	低碳钢焊条 J422 ϕ3.2		kg	0.002	0.002	0.002	0.002
	镀锌铁丝 ϕ2.8~4.0		kg	0.040	0.045	0.068	0.075
	给水室内不锈钢管卡套管件		个	13.410	11.160	10.750	9.370
	焊接钢管 *DN*20		m	0.013	0.014	0.015	0.016
	六角螺栓		kg	0.004	0.004	0.004	0.005
	螺纹阀门 *DN*20		个	0.004	0.004	0.004	0.005
	破布		kg	0.080	0.090	0.150	0.167
	热轧厚钢板 δ8.0~15		kg	0.030	0.032	0.034	0.037
	树脂砂轮切割片 ϕ400		片	0.038	0.045	0.075	0.089
	水		m^3	0.008	0.014	0.023	0.040
	橡胶板 δ1~3		kg	0.007	0.008	0.008	0.009
	橡胶软管 *DN*20		m	0.006	0.006	0.007	0.007
	压力表弯管 *DN*15		个	0.002	0.002	0.002	0.002
	氧气		m^3	0.003	0.003	0.003	0.006
	乙炔气		kg	0.001	0.001	0.001	0.002
	其他材料费		%	2.000	2.000	2.000	2.000
机械	电动单级离心清水泵 100mm		台班	0.001	0.001	0.001	0.001
	电焊机(综合)		台班	0.001	0.001	0.001	0.001
	吊装机械(综合)		台班	0.002	0.002	0.003	0.005
	砂轮切割机 ϕ400		台班	0.017	0.018	0.021	0.024
	试压泵 3MPa		台班	0.001	0.001	0.001	0.002

工作内容:调直、切管、管道及管件安装,水压试验及水冲洗。 **计量单位:**10m

定额编号				2-4-40	2-4-41	2-4-42	2-4-43	2-4-44
项目				薄壁不锈钢管(卡套连接)公称直径(mm以内)				
				40	50	65	80	100
名称			单位	消耗量				
人工	合计工日		工日	1.4160	1.5690	1.6180	1.6650	1.9420
	其中	普工	工日	0.3530	0.3920	0.4050	0.4170	0.4850
		一般技工	工日	0.9210	1.0200	1.0510	1.0820	1.2630
		高级技工	工日	0.1420	0.1570	0.1620	0.1660	0.1940
材料	薄壁不锈钢管		m	9.940	9.870	9.870	9.870	9.870
	弹簧压力表 Y-100 0~1.6MPa		块	0.002	0.003	0.003	0.003	0.003
	低碳钢焊条 J422 ϕ3.2		kg	0.002	0.002	0.002	0.003	0.003
	镀锌铁丝 ϕ2.8~4.0		kg	0.079	0.083	0.085	0.089	0.101
	给水室内不锈钢管卡套管件		个	7.520	6.330	5.260	4.630	4.150
	焊接钢管 *DN*20		m	0.016	0.017	0.019	0.020	0.021
	六角螺栓		kg	0.005	0.005	0.006	0.006	0.006
	螺纹阀门 *DN*20		个	0.005	0.005	0.005	0.006	0.006
	破布		kg	0.187	0.213	0.238	0.255	0.298
	热轧厚钢板 δ8.0~15		kg	0.039	0.042	0.044	0.047	0.049
	树脂砂轮切割片 ϕ400		片	0.101	0.120	0.137	0.145	0.158
	水		m^3	0.053	0.088	0.145	0.204	0.353
	橡胶板 δ1~3		kg	0.010	0.010	0.011	0.011	0.012
	橡胶软管 *DN*20		m	0.007	0.008	0.008	0.008	0.009
	压力表弯管 *DN*15		个	0.002	0.003	0.003	0.003	0.003
	氧气		m^3	0.006	0.006	0.006	0.006	0.006
	乙炔气		kg	0.002	0.002	0.002	0.002	0.002
	其他材料费		%	2.000	2.000	2.000	2.000	2.000
机械	电动单级离心清水泵 100mm		台班	0.001	0.001	0.001	0.002	0.002
	电焊机(综合)		台班	0.002	0.002	0.002	0.002	0.002
	吊装机械(综合)		台班	0.005	0.007	0.009	0.012	0.020
	砂轮切割机 ϕ400		台班	0.026	0.030	0.030	0.032	0.034
	试压泵 3MPa		台班	0.002	0.002	0.002	0.002	0.002
	载重汽车 5t		台班	—	0.003	0.004	0.006	0.009

工作内容:调直、切管、组对、焊接,管道及管件安装,水压试验及水冲洗。　　**计量单位:**10m

定额编号				2-4-45	2-4-46	2-4-47	2-4-48
项　目				薄壁不锈钢管(承插氩弧焊)公称直径(mm 以内)			
				15	20	25	32
名　称			单位	消　耗　量			
人工	合计工日		工日	1.1050	1.2060	1.3550	1.4350
	其中	普工	工日	0.2760	0.3010	0.3380	0.3590
		一般技工	工日	0.7190	0.7840	0.8810	0.9330
		高级技工	工日	0.1100	0.1210	0.1360	0.1430
材料	薄壁不锈钢管		m	9.860	9.860	9.860	9.860
	丙酮		kg	0.108	0.129	0.157	0.188
	弹簧压力表 Y-100 0~1.6MPa		块	0.002	0.002	0.002	0.002
	低碳钢焊条 J422 ϕ3.2		kg	0.002	0.002	0.002	0.002
	镀锌铁丝 ϕ2.8~4.0		kg	0.040	0.045	0.068	0.075
	给水室内薄壁不锈钢管承插氩弧焊管件		个	13.410	11.160	10.750	9.370
	焊接钢管 DN20		m	0.013	0.014	0.015	0.016
	六角螺栓		kg	0.004	0.004	0.004	0.005
	螺纹阀门 DN20		个	0.004	0.004	0.004	0.005
	尼龙砂轮片 ϕ100		片	0.188	0.263	0.283	0.315
	破布		kg	0.080	0.090	0.150	0.167
	热轧厚钢板 δ8.0~15		kg	0.030	0.032	0.034	0.037
	树脂砂轮切割片 ϕ400		片	0.072	0.073	0.075	0.089
	水		m^3	0.008	0.014	0.023	0.040
	橡胶板 δ1~3		kg	0.007	0.008	0.008	0.009
	橡胶软管 DN20		m	0.006	0.006	0.007	0.007
	压力表弯管 DN15		个	0.002	0.002	0.002	0.002
	氧气		m^3	0.003	0.003	0.003	0.006
	乙炔气		kg	0.001	0.001	0.001	0.002
	氩气		m^3	0.165	0.230	0.243	0.251
	铈钨棒		g	0.330	0.460	0.486	0.502
	其他材料费		%	2.000	2.000	2.000	2.000
机械	电动单级离心清水泵 100mm		台班	0.001	0.001	0.001	0.001
	电焊机(综合)		台班	0.011	0.011	0.011	0.011
	吊装机械(综合)		台班	0.002	0.002	0.003	0.004
	砂轮切割机 ϕ400		台班	0.017	0.018	0.021	0.024
	试压泵 3MPa		台班	0.001	0.001	0.001	0.002
	氩弧焊机 500A		台班	0.159	0.211	0.227	0.235

工作内容:调直、切管、组对、焊接,管道及管件安装,水压试验及水冲洗。 计量单位:10m

定额编号			2-4-49	2-4-50	2-4-51	2-4-52	2-4-53
项目			薄壁不锈钢管(承插氩弧焊) 公称直径(mm以内)				
			40	50	65	80	100
名称		单位	消耗量				
人工	合计工日	工日	1.6690	1.7630	1.8270	1.9730	2.1950
	其中 普工	工日	0.4170	0.4400	0.4570	0.4930	0.5490
	其中 一般技工	工日	1.0850	1.1460	1.1880	1.2820	1.4270
	其中 高级技工	工日	0.1670	0.1770	0.1820	0.1980	0.2190
材料	薄壁不锈钢管	m	9.940	9.870	9.870	9.870	9.870
	丙酮	kg	0.218	0.241	0.285	0.318	0.377
	弹簧压力表 Y-100 0~1.6MPa	块	0.002	0.003	0.003	0.003	0.003
	低碳钢焊条 J422 ϕ3.2	kg	0.002	0.002	0.002	0.003	0.003
	镀锌铁丝 ϕ2.8~4.0	kg	0.079	0.083	0.085	0.089	0.101
	给水室内薄壁不锈钢管承插氩弧焊管件	个	7.520	6.330	5.260	4.630	4.150
	焊接钢管 *DN*20	m	0.016	0.017	0.019	0.020	0.021
	六角螺栓	kg	0.005	0.005	0.006	0.006	0.006
	螺纹阀门 *DN*20	个	0.005	0.005	0.005	0.006	0.006
	尼龙砂轮片 ϕ100	片	0.334	0.375	0.437	0.462	0.495
	破布	kg	0.187	0.213	0.238	0.255	0.298
	热轧厚钢板 δ8.0~15	kg	0.039	0.042	0.044	0.047	0.049
	树脂砂轮切割片 ϕ400	片	0.101	0.120	0.131	0.138	0.144
	水	m^3	0.053	0.088	0.145	0.204	0.353
	橡胶板 δ1~3	kg	0.010	0.010	0.011	0.011	0.012
	橡胶软管 *DN*20	m	0.007	0.008	0.008	0.008	0.009
	压力表弯管 *DN*15	个	0.002	0.003	0.003	0.003	0.003
	氧气	m^3	0.006	0.006	0.006	0.006	0.006
	乙炔气	kg	0.002	0.002	0.002	0.002	0.002
	氩气	m^3	0.258	0.262	0.284	0.315	0.338
	铈钨棒	g	0.516	0.524	0.568	0.630	0.676
	其他材料费	%	2.000	2.000	2.000	2.000	2.000
机械	电动单级离心清水泵 100mm	台班	0.001	0.001	0.001	0.002	0.002
	电焊机(综合)	台班	0.012	0.012	0.020	0.020	0.020
	吊装机械(综合)	台班	0.005	0.007	0.009	0.012	0.020
	砂轮切割机 ϕ400	台班	0.026	0.030	0.030	0.032	0.034
	试压泵 3MPa	台班	0.002	0.002	0.002	0.002	0.002
	载重汽车 5t	台班	—	0.003	0.004	0.006	0.013
	氩弧焊机 500A	台班	0.241	0.262	0.284	0.316	0.330

工作内容：调直、切管、套丝、组对、连接，管道及管件安装，水压试验及水冲洗。　　　　**计量单位**：10m

		定额编号		2-4-54	2-4-55	2-4-56	2-4-57
		项　目		不锈钢管(螺纹连接)公称直径(mm 以内)			
				15	20	25	32
		名　称	单位	消　耗　量			
人工	合计工日		工日	1.7630	1.8370	2.2150	2.3740
	其中	普工	工日	0.4400	0.4600	0.5540	0.5930
		一般技工	工日	1.1460	1.1940	1.4400	1.5430
		高级技工	工日	0.1770	0.1830	0.2210	0.2380
材料	不锈钢管		m	9.920	9.920	9.920	9.920
	弹簧压力表 Y-100 0~1.6MPa		块	0.002	0.002	0.002	0.002
	低碳钢焊条 J422 ϕ3.2		kg	0.002	0.002	0.002	0.002
	镀锌铁丝 ϕ2.8~4.0		kg	0.040	0.045	0.068	0.075
	给水室内不锈钢管螺纹管件		个	14.490	12.100	11.400	9.830
	焊接钢管 *DN*20		m	0.013	0.014	0.015	0.016
	聚四氟乙烯生料带 宽 20		m	10.980	13.040	15.500	16.020
	六角螺栓		kg	0.004	0.004	0.004	0.005
	螺纹阀门 *DN*20		个	0.004	0.004	0.004	0.005
	破布		kg	0.080	0.090	0.150	0.167
	热轧厚钢板 δ8.0~15		kg	0.030	0.032	0.034	0.037
	树脂砂轮切割片 ϕ400		片	0.046	0.054	0.090	0.107
	水		m^3	0.008	0.014	0.023	0.040
	橡胶板 δ1~3		kg	0.007	0.008	0.008	0.009
	橡胶软管 *DN*20		m	0.006	0.006	0.007	0.007
	压力表弯管 *DN*15		个	0.002	0.002	0.002	0.002
	氧气		m^3	0.003	0.003	0.003	0.006
	乙炔气		kg	0.001	0.001	0.001	0.002
	其他材料费		%	2.000	2.000	2.000	2.000
机械	电动单级离心清水泵 100mm		台班	0.001	0.001	0.001	0.001
	电焊机(综合)		台班	0.001	0.001	0.001	0.001
	吊装机械(综合)		台班	0.002	0.002	0.003	0.004
	管子切断套丝机 159mm		台班	0.140	0.166	0.206	0.274
	砂轮切割机 ϕ400		台班	0.020	0.022	0.025	0.029
	试压泵 3MPa		台班	0.001	0.001	0.001	0.002

工作内容：调直、切管、套丝、组对、连接，管道及管件安装，水压试验及水冲洗。 **计量单位**：10m

定额编号				2-4-58	2-4-59	2-4-60	2-4-61	2-4-62
项目				不锈钢管(螺纹连接)公称直径(mm以内)				
				40	50	65	80	100
名称			单位	消耗量				
人工	合计工日		工日	2.4240	2.6040	2.7430	2.8730	3.2830
	其中	普工	工日	0.6060	0.6510	0.6850	0.7180	0.8200
		一般技工	工日	1.5760	1.6930	1.7830	1.8680	2.1340
		高级技工	工日	0.2420	0.2600	0.2750	0.2870	0.3290
材料	不锈钢管		m	10.020	10.020	10.020	10.020	10.020
	弹簧压力表 Y-100 0~1.6MPa		块	0.002	0.003	0.003	0.003	0.003
	低碳钢焊条 J422 ϕ3.2		kg	0.002	0.002	0.002	0.003	0.003
	镀锌铁丝 ϕ2.8~4.0		kg	0.079	0.083	0.085	0.089	0.101
	给水室内不锈钢管螺纹管件		个	7.860	6.610	5.260	4.630	4.150
	焊接钢管 *DN*20		m	0.016	0.017	0.019	0.020	0.021
	聚四氟乙烯生料带 宽20		m	16.190	16.580	17.950	19.310	20.880
	六角螺栓		kg	0.005	0.005	0.006	0.006	0.006
	螺纹阀门 *DN*20		个	0.005	0.005	0.005	0.006	0.006
	破布		kg	0.187	0.213	0.238	0.255	0.298
	热轧厚钢板 δ8.0~15		kg	0.039	0.042	0.044	0.047	0.049
	树脂砂轮切割片 ϕ400		片	0.121	0.144	0.164	0.174	0.190
	水		m^3	0.053	0.088	0.145	0.204	0.353
	橡胶板 δ1~3		kg	0.010	0.010	0.011	0.011	0.012
	橡胶软管 *DN*20		m	0.007	0.008	0.008	0.008	0.009
	压力表弯管 *DN*15		个	0.002	0.003	0.003	0.003	0.003
	氧气		m^3	0.006	0.006	0.006	0.006	0.006
	乙炔气		kg	0.002	0.002	0.002	0.002	0.002
	其他材料费		%	2.000	2.000	2.000	2.000	2.000
机械	电动单级离心清水泵 100mm		台班	0.001	0.001	0.001	0.002	0.002
	电焊机(综合)		台班	0.002	0.002	0.002	0.002	0.002
	吊装机械(综合)		台班	0.005	0.007	0.009	0.012	0.084
	管子切断套丝机 159mm		台班	0.298	0.308	0.314	0.330	0.338
	砂轮切割机 ϕ400		台班	0.031	0.037	0.036	0.038	0.041
	试压泵 3MPa		台班	0.002	0.002	0.002	0.002	0.002
	载重汽车 5t		台班	—	0.003	0.004	0.006	0.013

工作内容：调直、切管、坡口、组对、焊接、焊缝酸洗、钝化，管道及管件安装，水压试验及水冲洗。

计量单位：10m

定额编号				2-4-63	2-4-64	2-4-65	2-4-66	2-4-67	2-4-68
项　目				不锈钢管(对接电弧焊)公称直径(mm以内)					
				15	20	25	32	40	50
名　称			单位	消　耗　量					
人工	合计工日		工日	1.3550	1.4130	1.7050	1.7880	1.8840	2.2750
	其中	普工	工日	0.3380	0.3520	0.4270	0.4470	0.4710	0.5680
		一般技工	工日	0.8810	0.9190	1.1080	1.1620	1.2250	1.4790
		高级技工	工日	0.1360	0.1420	0.1700	0.1790	0.1880	0.2280
材料	丙酮		kg	0.039	0.045	0.054	0.062	0.078	0.089
	不锈钢管		m	9.500	9.500	9.500	9.500	9.650	9.650
	不锈钢焊条(综合)		kg	0.194	0.197	0.246	0.267	0.382	0.440
	弹簧压力表 Y-100 0~1.6MPa		块	0.002	0.002	0.002	0.002	0.002	0.003
	低碳钢焊条 J422 ϕ3.2		kg	0.002	0.002	0.002	0.002	0.002	0.002
	电		kW·h	0.155	0.157	0.184	0.201	0.260	0.295
	镀锌铁丝 ϕ2.8~4.0		kg	0.040	0.045	0.068	0.075	0.079	0.083
	给水室内不锈钢管焊接管件		个	12.340	10.070	9.730	8.340	6.240	5.180
	焊接钢管 *DN*20		m	0.013	0.014	0.015	0.016	0.016	0.017
	六角螺栓		kg	0.004	0.004	0.004	0.005	0.005	0.005
	螺纹阀门 *DN*20		个	0.004	0.004	0.004	0.005	0.005	0.005
	尼龙砂轮片 ϕ100		片	0.190	0.192	0.228	0.252	0.294	0.574
	破布		kg	0.080	0.090	0.150	0.167	0.187	0.213
	热轧厚钢板 δ8.0~15		kg	0.030	0.032	0.034	0.037	0.039	0.042
	树脂砂轮切割片 ϕ400		片	0.046	0.054	0.090	0.107	0.121	0.144
	水		m^3	0.008	0.014	0.023	0.040	0.053	0.088
	塑料布		m^2	0.550	0.591	0.628	0.673	0.692	0.702
	酸洗膏		kg	0.018	0.024	0.033	0.038	0.044	0.056
	橡胶板 δ1~3		kg	0.007	0.008	0.008	0.009	0.010	0.010
	橡胶软管 *DN*20		m	0.006	0.006	0.007	0.007	0.007	0.008
	压力表弯管 *DN*15		个	0.002	0.002	0.002	0.002	0.002	0.003
	氧气		m^3	0.003	0.003	0.003	0.006	0.006	0.006
	乙炔气		kg	0.001	0.001	0.001	0.002	0.002	0.002
	其他材料费		%	2.000	2.000	2.000	2.000	2.000	2.000
机械	电动单级离心清水泵 100mm		台班	0.001	0.001	0.001	0.001	0.001	0.001
	电动空气压缩机 $6m^3/min$		台班	0.002	0.002	0.002	0.002	0.002	0.002
	电焊机(综合)		台班	0.075	0.075	0.078	0.084	0.103	0.260
	电焊条恒温箱		台班	0.008	0.008	0.008	0.008	0.010	0.026
	电焊条烘干箱 60×50×75(cm)		台班	0.008	0.008	0.008	0.008	0.010	0.026
	吊装机械(综合)		台班	0.002	0.002	0.003	0.004	0.005	0.007
	砂轮切割机 ϕ400		台班	0.020	0.022	0.025	0.029	0.031	0.037
	试压泵 3MPa		台班	0.001	0.001	0.001	0.002	0.002	0.002
	载重汽车 5t		台班	—	—	—	—	—	0.003

工作内容：调直、切管、坡口、组对、焊接、焊缝酸洗、钝化，管道及管件安装，水压试验及水冲洗。

计量单位：10m

定额编号				2-4-69	2-4-70	2-4-71
项目				不锈钢管（对接电弧焊）公称直径（mm 以内）		
				65	80	100
名称			单位	消耗量		
人工	合计工日		工日	2.5240	2.7710	3.1970
	其中	普工	工日	0.6310	0.6930	0.7990
		一般技工	工日	1.6400	1.8010	2.0780
		高级技工	工日	0.2530	0.2770	0.3200
材料	丙酮		kg	0.112	0.134	0.165
	不锈钢管		m	9.650	9.650	9.650
	不锈钢焊条（综合）		kg	0.480	0.520	0.576
	弹簧压力表 Y-100 0~1.6MPa		块	0.003	0.003	0.003
	低碳钢焊条 J422 $\phi3.2$		kg	0.002	0.003	0.003
	电		kW·h	0.316	0.396	0.403
	镀锌铁丝 $\phi2.8\sim4.0$		kg	0.085	0.089	0.101
	给水室内不锈钢管焊接管件		个	4.000	3.390	2.990
	焊接钢管 *DN*20		m	0.019	0.020	0.021
	六角螺栓		kg	0.006	0.006	0.006
	螺纹阀门 *DN*20		个	0.005	0.006	0.006
	尼龙砂轮片 $\phi100$		片	0.607	0.613	0.624
	破布		kg	0.238	0.255	0.298
	热轧厚钢板 $\delta8.0\sim15$		kg	0.044	0.047	0.049
	树脂砂轮切割片 $\phi400$		片	0.164	0.174	0.190
	水		m^3	0.145	0.204	0.353
	塑料布		m^2	0.714	0.735	0.774
	酸洗膏		kg	0.064	0.079	0.087
	橡胶板 $\delta1\sim3$		kg	0.011	0.011	0.012
	橡胶软管 *DN*20		m	0.008	0.008	0.009
	压力表弯管 *DN*15		个	0.003	0.003	0.003
	氧气		m^3	0.006	0.006	0.006
	乙炔气		kg	0.002	0.002	0.002
	其他材料费		%	2.000	2.000	2.000
机械	电动单级离心清水泵 100mm		台班	0.001	0.002	0.002
	电动空气压缩机 6m^3/min		台班	0.002	0.002	0.002
	电焊机（综合）		台班	0.326	0.366	0.411
	电焊条恒温箱		台班	0.033	0.037	0.041
	电焊条烘干箱 60×50×75（cm）		台班	0.033	0.037	0.041
	吊装机械（综合）		台班	0.009	0.012	0.084
	砂轮切割机 $\phi400$		台班	0.059	0.067	0.074
	试压泵 3MPa		台班	0.002	0.002	0.002
	载重汽车 5t		台班	0.004	0.006	0.013

工作内容:调直、切管、坡口、组对、焊接、焊缝酸洗、钝化,管道及管件安装,水压试验及水冲洗。

计量单位:10m

定额编号				2-4-72	2-4-73	2-4-74
项　目				不锈钢管(对接电弧焊)公称直径(mm 以内)		
				125	150	200
名　称			单位	消　耗　量		
人工	合计工日		工日	3.3140	3.6740	4.4760
	其中	普工	工日	0.8280	0.9180	1.1190
		一般技工	工日	2.1540	2.3880	2.9100
		高级技工	工日	0.3320	0.3680	0.4470
材料	丙酮		kg	0.176	0.182	0.215
	不锈钢管		m	9.650	9.650	9.650
	不锈钢焊条(综合)		kg	0.674	1.180	1.631
	弹簧压力表 Y-100 0~1.6MPa		块	0.003	0.003	0.003
	低碳钢焊条 J422 ϕ3.2		kg	0.003	0.003	0.003
	电		kW·h	0.430	0.508	0.712
	镀锌铁丝 ϕ2.8~4.0		kg	0.107	0.112	0.131
	给水室内不锈钢管焊接管件		个	2.330	1.900	1.680
	焊接钢管 DN20		m	0.022	0.023	0.024
	六角螺栓		kg	0.008	0.012	0.018
	螺纹阀门 DN20		个	0.006	0.006	0.007
	尼龙砂轮片 ϕ100		片	0.683	0.746	0.831
	破布		kg	0.323	0.340	0.408
	热轧厚钢板 δ8.0~15		kg	0.073	0.110	0.148
	水		m^3	0.547	0.764	1.346
	塑料布		m^2	0.801	0.832	0.913
	酸洗膏		kg	0.096	0.113	0.146
	橡胶板 δ1~3		kg	0.014	0.016	0.018
	橡胶软管 DN20		m	0.009	0.010	0.010
	压力表弯管 DN15		个	0.003	0.003	0.003
	氧气		m^3	0.006	0.006	0.006
	乙炔气		kg	0.002	0.002	0.002
	其他材料费		%	2.000	2.000	2.000
机械	等离子切割机 400A		台班	0.189	0.214	0.272
	电动单级离心清水泵 100mm		台班	0.003	0.005	0.007
	电动空气压缩机 $1m^3/min$		台班	0.189	0.214	0.272
	电动空气压缩机 $6m^3/min$		台班	0.002	0.002	0.002
	电焊机(综合)		台班	0.445	0.467	0.552
	电焊条恒温箱		台班	0.044	0.047	0.055
	电焊条烘干箱 60×50×75(cm)		台班	0.044	0.047	0.055
	吊装机械(综合)		台班	0.117	0.123	0.169
	试压泵 3MPa		台班	0.003	0.003	0.003
	载重汽车 5t		台班	0.016	0.022	0.040

工作内容:调直、切管、管道及管件安装,水压试验及水冲洗。 **计量单位:**10m

定额编号				2-4-75	2-4-76	2-4-77	2-4-78
项目				铜管(卡压连接)公称外径(mm 以内)			
				18	22	28	35
名称			单位	消耗量			
人工	合计工日		工日	1.0180	1.0980	1.1800	1.2270
	其中	普工	工日	0.2550	0.2750	0.2950	0.3070
		一般技工	工日	0.6610	0.7130	0.7670	0.7970
		高级技工	工日	0.1020	0.1100	0.1180	0.1230
材料	弹簧压力表 Y-100 0~1.6MPa		块	0.002	0.002	0.002	0.002
	低碳钢焊条 J422 ϕ3.2		kg	0.002	0.002	0.002	0.002
	镀锌铁丝 ϕ2.8~4.0		kg	0.040	0.045	0.068	0.075
	割管刀片		片	0.500	0.450	0.400	0.350
	给水室内铜管卡压管件		个	13.410	11.160	10.750	9.370
	焊接钢管 *DN*20		m	0.013	0.014	0.015	0.016
	六角螺栓		kg	0.004	0.004	0.004	0.005
	螺纹阀门 *DN*20		个	0.004	0.004	0.004	0.005
	破布		kg	0.080	0.090	0.150	0.167
	热轧厚钢板 δ8.0~15		kg	0.030	0.032	0.034	0.037
	水		m^3	0.008	0.014	0.023	0.040
	铜管		m	9.860	9.860	9.860	9.860
	橡胶板 δ1~3		kg	0.007	0.008	0.008	0.009
	橡胶软管 *DN*20		m	0.006	0.006	0.007	0.007
	压力表弯管 *DN*15		个	0.002	0.002	0.002	0.002
	氧气		m^3	0.003	0.003	0.003	0.006
	乙炔气		kg	0.001	0.001	0.001	0.002
	其他材料费		%	2.000	2.000	2.000	2.000
机械	电动单级离心清水泵 100mm		台班	0.001	0.001	0.001	0.001
	电焊机(综合)		台班	0.001	0.001	0.001	0.001
	吊装机械(综合)		台班	0.002	0.002	0.003	0.004
	试压泵 3MPa		台班	0.001	0.001	0.001	0.002

工作内容:调直、切管、管道及管件安装,水压试验及水冲洗。　　　　**计量单位:**10m

定额编号				2-4-79	2-4-80	2-4-81	2-4-82	2-4-83
项　目				铜管(卡压连接)公称外径(mm 以内)				
				42	54	76	89	108
名　称			单位	消　耗　量				
人工	合计工日		工日	1.2740	1.3310	1.4100	1.4830	1.7260
	其中	普工	工日	0.3190	0.3330	0.3520	0.3710	0.4310
		一般技工	工日	0.8280	0.8650	0.9170	0.9640	1.1220
		高级技工	工日	0.1270	0.1330	0.1410	0.1480	0.1730
材料	弹簧压力表 Y-100 0~1.6MPa		块	0.002	0.003	0.003	0.003	0.003
	低碳钢焊条 J422 $\phi3.2$		kg	0.002	0.002	0.002	0.003	0.003
	镀锌铁丝 $\phi2.8\sim4.0$		kg	0.079	0.083	0.085	0.089	0.101
	割管刀片		片	0.350	0.300	0.320	0.350	0.380
	给水室内铜管卡压管件		个	7.520	6.330	5.260	4.630	4.150
	焊接钢管 DN20		m	0.016	0.017	0.019	0.020	0.021
	六角螺栓		kg	0.005	0.005	0.006	0.006	0.006
	螺纹阀门 DN20		个	0.005	0.005	0.005	0.006	0.006
	破布		kg	0.187	0.213	0.238	0.255	0.298
	热轧厚钢板 $\delta8.0\sim15$		kg	0.039	0.042	0.044	0.047	0.049
	水		m^3	0.053	0.088	0.145	0.204	0.353
	铜管		m	9.940	9.870	9.870	9.870	9.870
	橡胶板 $\delta1\sim3$		kg	0.010	0.010	0.011	0.011	0.012
	橡胶软管 DN20		m	0.007	0.008	0.008	0.008	0.009
	压力表弯管 DN15		个	0.002	0.003	0.003	0.003	0.003
	氧气		m^3	0.006	0.006	0.006	0.006	0.006
	乙炔气		kg	0.002	0.002	0.002	0.002	0.002
	其他材料费		%	2.000	2.000	2.000	2.000	2.000
机械	电动单级离心清水泵 100mm		台班	0.001	0.001	0.001	0.002	0.002
	电焊机(综合)		台班	0.002	0.002	0.002	0.002	0.002
	吊装机械(综合)		台班	0.005	0.007	0.009	0.012	0.020
	试压泵 3MPa		台班	0.002	0.002	0.002	0.002	0.002
	载重汽车 5t		台班	—	0.003	0.004	0.006	0.013

工作内容：调直、切管、坡口、焊接、管道及管件安装、水压试验及水冲洗。 **计量单位：**10m

定额编号				2-4-84	2-4-85	2-4-86	2-4-87
项目				铜管(氧乙炔焊)公称外径(mm以内)			
				18	22	28	35
名称			单位	消耗量			
人工	合计工日		工日	1.6280	1.7510	1.8290	2.1620
	其中	普工	工日	0.4080	0.4380	0.4570	0.5400
		一般技工	工日	1.0580	1.1380	1.1890	1.4050
		高级技工	工日	0.1620	0.1750	0.1830	0.2170
材料	弹簧压力表 Y-100 0~1.6MPa		块	0.002	0.002	0.002	0.002
	低碳钢焊条 J422 $\phi3.2$		kg	0.002	0.002	0.002	0.002
	镀锌铁丝 $\phi2.8\sim4.0$		kg	0.040	0.045	0.068	0.075
	给水室内铜管焊接管件		个	12.340	10.070	9.730	8.340
	焊接钢管 *DN*20		m	0.013	0.014	0.015	0.016
	锯条(各种规格)		根	0.082	0.126	0.145	0.164
	六角螺栓		kg	0.004	0.004	0.004	0.005
	螺纹阀门 *DN*20		个	0.004	0.004	0.004	0.005
	尼龙砂轮片 $\phi100$		片	0.019	0.024	0.024	0.025
	尼龙砂轮片 $\phi400$		片	0.020	0.023	0.023	0.035
	破布		kg	0.080	0.090	0.150	0.167
	热轧厚钢板 $\delta8.0\sim15$		kg	0.030	0.032	0.034	0.037
	水		m^3	0.008	0.014	0.023	0.040
	铜管		m	9.500	9.500	9.500	9.500
	铜焊粉		kg	0.030	0.040	0.050	0.060
	铜气焊丝		kg	0.174	0.192	0.226	0.250
	橡胶板 $\delta1\sim3$		kg	0.007	0.008	0.008	0.009
	橡胶软管 *DN*20		m	0.006	0.006	0.007	0.007
	压力表弯管 *DN*15		个	0.002	0.002	0.002	0.002
	氧气		m^3	0.464	0.544	0.684	0.935
	乙炔气		kg	0.172	0.191	0.243	0.332
	其他材料费		%	2.000	2.000	2.000	2.000
机械	电动单级离心清水泵 100mm		台班	0.001	0.001	0.001	0.001
	电焊机(综合)		台班	0.001	0.001	0.001	0.001
	吊装机械(综合)		台班	0.002	0.002	0.003	0.004
	砂轮切割机 $\phi400$		台班	0.004	0.004	0.008	0.010
	试压泵 3MPa		台班	0.001	0.001	0.001	0.002

工作内容：调直、切管、坡口、焊接、管道及管件安装、水压试验及水冲洗。　　**计量单位：**10m

定额编号				2-4-88	2-4-89	2-4-90	2-4-91	2-4-92
项　目				铜管(氧乙炔焊)公称外径(mm以内)				
				42	54	76	89	108
名　称			单位	消　耗　量				
人工	合计工日		工日	2.4580	2.7100	3.0160	3.3140	3.4890
	其中	普工	工日	0.6140	0.6780	0.7530	0.8280	0.8720
		一般技工	工日	1.5980	1.7610	1.9610	2.1540	2.2680
		高级技工	工日	0.2460	0.2710	0.3020	0.3320	0.3490
材料	弹簧压力表 Y-100 0~1.6MPa		块	0.002	0.003	0.003	0.003	0.003
	低碳钢焊条 J422 ϕ3.2		kg	0.002	0.002	0.002	0.003	0.003
	镀锌铁丝 ϕ2.8~4.0		kg	0.079	0.083	0.085	0.089	0.101
	给水室内铜管焊接管件		个	6.240	5.180	4.000	3.390	2.990
	焊接钢管 DN20		m	0.016	0.017	0.019	0.020	0.021
	锯条(各种规格)		根	0.192	0.198	—	—	—
	六角螺栓		kg	0.005	0.005	0.006	0.006	0.006
	螺纹阀门 DN20		个	0.005	0.005	0.005	0.006	0.006
	尼龙砂轮片 ϕ100		片	0.038	0.046	0.096	0.102	0.115
	尼龙砂轮片 ϕ400		片	0.040	0.048	0.123	0.128	0.140
	破布		kg	0.187	0.213	0.238	0.255	0.298
	热轧厚钢板 δ8.0~15		kg	0.039	0.042	0.044	0.047	0.049
	水		m^3	0.053	0.088	0.145	0.204	0.353
	铜管		m	9.650	9.650	9.650	9.650	9.650
	铜焊粉		kg	0.080	0.085	0.097	0.110	0.130
	铜气焊丝		kg	0.288	0.380	0.520	0.680	0.840
	橡胶板 δ1~3		kg	0.010	0.010	0.011	0.011	0.012
	橡胶软管 DN20		m	0.007	0.008	0.008	0.008	0.009
	压力表弯管 DN15		个	0.002	0.003	0.003	0.003	0.003
	氧气		m^3	1.314	1.414	1.763	2.316	2.620
	乙炔气		kg	0.465	0.515	0.678	0.840	0.960
	其他材料费		%	2.000	2.000	2.000	2.000	2.000
机械	电动单级离心清水泵 100mm		台班	0.001	0.001	0.001	0.002	0.002
	电焊机(综合)		台班	0.002	0.002	0.002	0.002	0.002
	吊装机械(综合)		台班	0.005	0.007	0.009	0.012	0.020
	砂轮切割机 ϕ400		台班	0.012	0.016	0.028	0.029	0.031
	试压泵 3MPa		台班	0.002	0.002	0.002	0.002	0.002
	载重汽车 5t		台班	—	0.003	0.004	0.006	0.013

工作内容:调直、切管、焊接、管道及管件安装、水压试验及水冲洗。

计量单位:10m

定额编号				2-4-93	2-4-94	2-4-95	2-4-96
项目				铜管(钎焊)公称外径(mm 以内)			
				18	22	28	35
名称			单位	消耗量			
人工	合计工日		工日	1.1190	1.2090	1.2970	1.3500
	其中	普工	工日	0.2790	0.3020	0.3240	0.3370
		一般技工	工日	0.7280	0.7860	0.8430	0.8780
		高级技工	工日	0.1120	0.1210	0.1300	0.1350
材料	弹簧压力表 Y-100 0~1.6MPa		块	0.002	0.002	0.002	0.002
	低碳钢焊条 J422 ϕ3.2		kg	0.002	0.002	0.002	0.002
	低银铜磷钎料(BCu91PAg)		kg	0.024	0.026	0.039	0.056
	电		kW·h	0.072	0.077	0.080	0.094
	镀锌铁丝 ϕ2.8~4.0		kg	0.004	0.045	0.068	0.075
	给水室内铜管钎焊管件		个	13.410	11.160	10.750	9.370
	焊接钢管 *DN*20		m	0.013	0.014	0.015	0.016
	锯条(各种规格)		根	0.082	0.126	0.145	0.164
	六角螺栓		kg	0.004	0.004	0.004	0.005
	螺纹阀门 *DN*20		个	0.004	0.004	0.004	0.005
	尼龙砂轮片 ϕ100		片	0.019	0.024	0.024	0.025
	尼龙砂轮片 ϕ400		片	0.020	0.023	0.023	0.035
	破布		kg	0.080	0.090	0.150	0.168
	热轧厚钢板 δ8.0~15		kg	0.030	0.032	0.034	0.037
	水		m^3	0.008	0.014	0.023	0.040
	铁砂布		张	0.116	0.118	0.125	0.143
	铜管		m	9.860	9.860	9.860	9.860
	橡胶板 δ1~3		kg	0.007	0.008	0.008	0.009
	橡胶软管 *DN*20		m	0.006	0.006	0.007	0.007
	压力表弯管 *DN*15		个	0.002	0.002	0.002	0.002
	氧气		m^3	0.421	0.459	0.467	0.515
	乙炔气		kg	0.162	0.171	0.179	0.198
	其他材料费		%	2.000	2.000	2.000	2.000
机械	电动单级离心清水泵 100mm		台班	0.001	0.001	0.001	0.001
	电焊机(综合)		台班	0.001	0.001	0.001	0.001
	吊装机械(综合)		台班	0.002	0.002	0.003	0.004
	砂轮切割机 ϕ400		台班	0.040	0.040	0.008	0.010
	试压泵 3MPa		台班	0.001	0.001	0.001	0.002

工作内容：调直、切管、焊接、管道及管件安装、水压试验及水冲洗。　　　　**计量单位：**10m

定额编号				2-4-97	2-4-98	2-4-99	2-4-100	2-4-101
项　目				铜管(钎焊) 公称外径(mm 以内)				
				42	54	76	89	108
名　称			单位	消　耗　量				
人工	合计工日		工日	1.4030	1.4650	1.5510	1.6310	1.8980
	其中	普工	工日	0.3510	0.3670	0.3880	0.4080	0.4740
		一般技工	工日	0.9110	0.9520	1.0080	1.0600	1.2340
		高级技工	工日	0.1410	0.1460	0.1550	0.1630	0.1900
材料	弹簧压力表 Y-100 0~1.6MPa		块	0.002	0.003	0.003	0.003	0.003
	低碳钢焊条 J422 ϕ3.2		kg	0.002	0.002	0.002	0.003	0.003
	低银铜磷钎料(BCu91PAg)		kg	0.077	0.104	0.131	0.185	0.212
	电		kW·h	0.143	0.146	0.149	0.152	0.155
	镀锌铁丝 ϕ2.8~4.0		kg	0.079	0.083	0.085	0.089	0.101
	给水室内铜管钎焊管件		个	7.520	6.330	5.260	4.630	4.150
	焊接钢管 *DN*20		m	0.016	0.017	0.019	0.020	0.021
	锯条(各种规格)		根	0.192	0.198	—	—	—
	六角螺栓		kg	0.005	0.005	0.006	0.006	0.006
	螺纹阀门 *DN*20		个	0.005	0.005	0.005	0.006	0.006
	尼龙砂轮片 ϕ100		片	0.038	0.046	0.096	0.102	0.115
	尼龙砂轮片 ϕ400		片	0.040	0.048	0.123	0.128	0.140
	破布		kg	0.187	0.213	0.238	0.255	0.298
	热轧厚钢板 δ8.0~15		kg	0.039	0.042	0.044	0.047	0.049
	水		m^3	0.053	0.088	0.145	0.204	0.353
	铁砂布		张	0.236	0.274	0.312	0.350	0.388
	铜管		m	9.940	9.870	9.870	9.870	9.870
	橡胶板 δ1~3		kg	0.010	0.010	0.011	0.011	0.012
	橡胶软管 *DN*20		m	0.007	0.008	0.008	0.008	0.009
	压力表弯管 *DN*15		个	0.002	0.003	0.003	0.003	0.003
	氧气		m^3	0.635	0.723	1.019	1.156	1.313
	乙炔气		kg	0.244	0.274	0.340	0.388	0.439
	其他材料费		%	2.000	2.000	2.000	2.000	2.000
机械	电动单级离心清水泵 100mm		台班	0.001	0.001	0.001	0.002	0.002
	电焊机(综合)		台班	0.002	0.002	0.002	0.002	0.002
	吊装机械(综合)		台班	0.005	0.007	0.009	0.012	0.020
	砂轮切割机 ϕ400		台班	0.012	0.016	0.028	0.029	0.031
	试压泵 3MPa		台班	0.002	0.002	0.002	0.002	0.002
	载重汽车 5t		台班	—	0.003	0.004	0.006	0.013

工作内容：切管、管道及管件安装、调制接口材料、接口养护、灌水试验。 计量单位：10m

定额编号				2－4－102	2－4－103	2－4－104	2－4－105	2－4－106	2－4－107
项目				铸铁排水管（石棉水泥接口）公称直径（mm 以内）					
				50	75	100	150	200	250
名称			单位	消耗量					
人工	合计工日		工日	2.1280	2.5470	3.2880	3.4870	3.6960	4.0480
	其中	普工	工日	0.5320	0.6370	0.8220	0.8710	0.9230	1.0120
		一般技工	工日	1.3830	1.6550	2.1370	2.2670	2.4030	2.6310
		高级技工	工日	0.2130	0.2550	0.3290	0.3490	0.3700	0.4050
材料	承插铸铁排水管		m	9.780	9.550	9.050	9.450	9.450	9.790
	镀锌铁丝 ϕ2.8～4.0		kg	0.083	0.089	0.101	0.112	0.131	0.140
	破布		kg	0.213	0.255	0.298	0.340	0.408	0.451
	砂子		m^3	0.011	0.012	0.012	0.009	0.006	0.006
	石棉绒		kg	0.620	1.350	2.240	2.240	2.620	5.060
	室内承插铸铁排水管件		个	6.640	6.780	9.640	4.460	4.190	2.350
	水		m^3	0.033	0.054	0.132	0.287	0.505	0.802
	水泥 P.O 42.5		kg	2.460	5.040	8.340	8.340	9.800	13.030
	油麻		kg	1.330	2.290	3.040	3.010	3.250	2.660
	其他材料费		%	2.000	2.000	2.000	2.000	2.000	2.000
机械	电动单级离心清水泵 100mm		台班	0.001	0.001	0.002	0.005	0.006	0.009
	吊装机械（综合）		台班	0.004	0.009	0.076	0.123	0.169	0.239
	液压断管机 直径 500mm		台班	0.033	0.047	0.096	0.058	0.079	0.059
	载重汽车 5t		台班	0.004	0.009	0.011	0.018	0.040	0.058

工作内容：切管、管道及管件安装、调制接口材料、接口养护、灌水试验。 计量单位：10m

定额编号				2－4－108	2－4－109	2－4－110	2－4－111	2－4－112	2－4－113
项目				铸铁排水管（水泥接口）公称直径（mm 以内）					
				50	75	100	150	200	250
名称			单位	消耗量					
人工	合计工日		工日	1.9580	2.3430	3.0240	3.2070	3.4000	3.7230
	其中	普工	工日	0.4890	0.5850	0.7560	0.8020	0.8500	0.9310
		一般技工	工日	1.2730	1.5230	1.9660	2.0840	2.2100	2.4200
		高级技工	工日	0.1960	0.2350	0.3020	0.3210	0.3400	0.3720
材料	承插铸铁排水管		m	9.780	9.550	9.050	9.450	9.450	9.790
	镀锌铁丝 ϕ2.8～4.0		kg	0.083	0.089	0.101	0.112	0.131	0.140
	破布		kg	0.213	0.255	0.298	0.340	0.408	0.451
	室内承插铸铁排水管件		个	6.640	6.780	9.640	4.460	4.190	2.350
	水		m^3	0.033	0.054	0.132	0.287	0.505	0.802
	水泥 P.O 42.5		kg	3.520	7.820	11.920	11.920	14.000	19.480
	油麻		kg	1.330	2.290	3.040	3.010	3.250	2.660
	其他材料费		%	2.000	2.000	2.000	2.000	2.000	2.000
机械	电动单级离心清水泵 100mm		台班	0.001	0.001	0.002	0.005	0.006	0.009
	吊装机械（综合）		台班	0.004	0.009	0.076	0.123	0.169	0.239
	断管机 直径 500mm		台班	0.033	0.047	0.096	0.058	0.079	0.059
	载重汽车 5t		台班	0.004	0.009	0.011	0.018	0.040	0.058

工作内容:切管、上胶圈、管道及管件安装、紧固螺栓、灌水试验。　　**计量单位**:10m

定额编号				2-4-114	2-4-115	2-4-116	2-4-117	2-4-118	2-4-119
项　目				柔性铸铁排水管(机械接口)公称直径(mm 以内)					
				50	75	100	150	200	250
名　称			单位	消　耗　量					
人工	合计工日		工日	1.8090	2.1650	2.7930	2.9640	3.1370	3.4400
	其中	普工	工日	0.4520	0.5410	0.6980	0.7410	0.7840	0.8600
		一般技工	工日	1.1760	1.4070	1.8160	1.9270	2.0390	2.2360
		高级技工	工日	0.1810	0.2170	0.2790	0.2960	0.3140	0.3440
材料	镀锌铁丝 ϕ2.8~4.0		kg	0.083	0.089	0.101	0.112	0.131	0.140
	法兰压盖		个	14.370	15.260	21.690	10.670	9.830	4.920
	六角螺栓带螺母、垫圈 M8×(14~75)		套	44.400	—	—	—	—	—
	六角螺栓带螺母、垫圈 M10×(30~75)		套	—	47.150	—	—	—	—
	六角螺栓带螺母、垫圈 M12×(14~75)		套	—	—	67.020	—	—	—
	六角螺栓带螺母、垫圈 M14×90		套	—	—	—	32.970	30.370	15.200
	破布		kg	0.213	0.255	0.298	0.340	0.408	0.451
	柔性铸铁排水管		m	9.780	9.550	9.050	9.450	9.450	9.790
	室内柔性排水铸铁管管件(机械接口)		个	6.640	6.780	9.640	4.460	4.190	2.350
	水		m^3	0.033	0.054	0.132	0.287	0.505	0.802
	橡胶密封圈(排水)		个	14.370	15.260	21.690	10.670	9.830	4.920
	其他材料费		%	2.000	2.000	2.000	2.000	2.000	2.000
机械	电动单级离心清水泵 100mm		台班	0.001	0.001	0.002	0.005	0.006	0.009
	吊装机械(综合)		台班	0.004	0.009	0.076	0.123	0.169	0.239
	液压断管机 直径 500mm		台班	0.033	0.047	0.096	0.058	0.079	0.059
	载重汽车 5t		台班	0.004	0.009	0.011	0.018	0.040	0.058

工作内容：切管、管道及管件安装、紧卡箍、灌水试验。

计量单位：10m

定额编号				2－4－120	2－4－121	2－4－122	2－4－123	2－4－124	2－4－125
项　目				无承口柔性铸铁排水管（卡箍连接）公称直径（mm 以内）					
				50	75	100	150	200	250
名　称			单位	消　耗　量					
人工	合计工日		工日	1.7370	2.0990	2.7100	2.8720	3.0480	3.3360
	其中	普工	工日	0.4340	0.5240	0.6780	0.7180	0.7620	0.8340
		一般技工	工日	1.1290	1.3650	1.7610	1.8670	1.9810	2.1690
		高级技工	工日	0.1740	0.2100	0.2710	0.2870	0.3050	0.3330
材料	不锈钢卡箍（含胶圈）		个	14.300	15.100	21.690	10.560	9.750	4.870
	镀锌铁丝 ϕ2.8～4.0		kg	0.083	0.089	0.101	0.112	0.131	0.140
	破布		kg	0.213	0.255	0.298	0.340	0.408	0.451
	室内无承口柔性排水铸铁管管件（卡箍连接）		个	6.570	6.620	9.510	4.350	4.110	2.300
	水		m^3	0.033	0.054	0.132	0.287	0.505	0.802
	铁砂布		张	0.280	0.280	0.310	0.380	0.470	0.570
	无承口柔性排水铸铁管		m	9.780	9.550	9.050	9.450	9.450	9.790
	其他材料费		%	2.000	2.000	2.000	2.000	2.000	2.000
机械	电动单级离心清水泵 100mm		台班	0.001	0.001	0.002	0.005	0.006	0.009
	吊装机械（综合）		台班	0.004	0.009	0.076	0.123	0.169	0.239
	液压断管机 直径 500mm		台班	0.033	0.047	0.096	0.058	0.079	0.059
	载重汽车 5t		台班	0.004	0.009	0.011	0.018	0.040	0.058

工作内容：切管、组对、预热、熔接，管道及管件安装，灌水试验。

计量单位：10m

定额编号				2－4－126	2－4－127	2－4－128	2－4－129	2－4－130	2－4－131
项　目				塑料排水管（热熔连接）公称外径（mm 以内）					
				50	75	110	160	200	250
名　称			单位	消　耗　量					
人工	合计工日		工日	1.3760	1.8420	2.0680	2.8880	3.9610	4.3670
	其中	普工	工日	0.3440	0.4610	0.5170	0.7220	0.9900	1.0920
		一般技工	工日	0.8940	1.1970	1.3440	1.8770	2.5750	2.8380
		高级技工	工日	0.1380	0.1840	0.2070	0.2890	0.3960	0.4370
材料	电		kW·h	1.457	3.741	5.992	—	—	—
	锯条（各种规格）		根	0.268	0.863	2.161	—	—	—
	室内塑料排水管热熔管件		个	6.900	8.850	11.560	5.950	5.110	2.350
	水		m^3	0.033	0.054	0.132	0.587	0.505	0.802
	塑料排水管		m	10.120	9.800	9.500	9.500	9.500	10.050
	铁砂布		张	0.145	0.208	0.227	0.242	0.267	0.288
	其他材料费		%	2.000	2.000	2.000	2.000	2.000	2.000
机械	电动单级离心清水泵 100mm		台班	0.001	0.001	0.002	0.005	0.006	0.009
	吊装机械（综合）		台班	—	—	—	0.017	0.026	0.044
	木工圆锯机 500mm		台班	—	—	—	0.040	0.047	0.052
	热熔对接焊机 160mm		台班	—	—	—	0.313	—	—
	热熔对接焊机 250mm		台班	—	—	—	—	0.337	0.341
	载重汽车 5t		台班	—	—	—	0.005	0.012	0.021

工作内容：切管、组对、粘接，管道及管件安装，灌水试验。　　计量单位：10m

定额编号				2-4-132	2-4-133	2-4-134	2-4-135	2-4-136	2-4-137
项目				塑料排水管（粘接）公称外径（mm以内）					
				50	75	110	160	200	250
名称			单位	消耗量					
人工	合计工日		工日	1.2530	1.6780	1.8700	2.6370	3.6950	4.0500
	其中	普工	工日	0.3140	0.4190	0.4670	0.6590	0.9230	1.0130
		一般技工	工日	0.8140	1.0910	1.2160	1.7140	2.4020	2.6320
		高级技工	工日	0.1250	0.1680	0.1870	0.2640	0.3700	0.4050
材料	丙酮		kg	0.126	0.224	0.318	0.352	0.371	0.393
	锯条（各种规格）		根	0.268	0.863	2.161	—	—	—
	室内塑料排水管粘接管件		个	6.900	8.850	11.560	5.950	5.110	2.350
	水		m^3	0.033	0.054	0.132	0.587	0.505	0.802
	塑料排水管		m	10.120	9.800	9.500	9.500	9.500	10.050
	铁砂布		张	0.145	0.208	0.227	0.242	0.267	0.288
	粘接剂		kg	0.084	0.149	0.209	0.233	0.242	0.256
	其他材料费		%	2.000	2.000	2.000	2.000	2.000	2.000
机械	电动单级离心清水泵100mm		台班	0.001	0.001	0.002	0.005	0.006	0.009
	吊装机械（综合）		台班	—	—	—	0.017	0.026	0.044
	木工圆锯机500mm		台班	—	—	—	0.040	0.047	0.052
	载重汽车5t		台班	—	—	—	0.005	0.012	0.021

工作内容：切管、组对、紧密封圈，管道及管件安装，灌水试验。　　计量单位：10m

定额编号				2-4-138	2-4-139	2-4-140	2-4-141	2-4-142	2-4-143
项目				塑料排水管（螺母密封圈连接）公称外径（mm以内）					
				50	75	110	160	200	250
名称			单位	消耗量					
人工	合计工日		工日	1.1870	1.5910	1.7790	2.5000	3.2590	3.8570
	其中	普工	工日	0.2960	0.3980	0.4450	0.6250	0.8140	0.9640
		一般技工	工日	0.7720	1.0340	1.1560	1.6250	2.1190	2.5070
		高级技工	工日	0.1190	0.1590	0.1780	0.2500	0.3260	0.3860
材料	锯条（各种规格）		根	0.268	0.863	2.161	—	—	—
	室内塑料排水管（螺母密封圈连接）管件		个	6.900	8.850	11.560	5.950	5.110	2.350
	水		m^3	0.033	0.054	0.132	0.287	0.505	0.802
	铁砂布		张	0.145	0.208	0.227	0.242	0.267	0.288
	橡胶密封圈（排水）		个	14.370	15.260	21.690	10.670	9.830	4.920
	硬聚氯乙烯螺旋排水管		m	10.120	9.800	9.500	9.500	9.500	10.050
	其他材料费		%	2.000	2.000	2.000	2.000	2.000	2.000
机械	电动单级离心清水泵100mm		台班	0.001	0.001	0.002	0.005	0.006	0.009
	吊装机械（综合）		台班	—	—	—	0.017	0.026	0.044
	木工圆锯机500mm		台班	—	—	—	0.040	0.047	0.052
	载重汽车5t		台班	—	—	—	0.005	0.012	0.021

工作内容：切管、卷削、组对、预热、熔接，管道及管件安装，水压试验及水冲洗。 **计量单位**：10m

定额编号				2-4-144	2-4-145	2-4-146	2-4-147	2-4-148
项目				塑铝稳态管（热熔连接）公称外径（mm 以内）				
				20	25	32	40	50
名称			单位	消耗量				
人工	合计工日		工日	1.1650	1.2880	1.3940	1.5970	1.8490
	其中	普工	工日	0.2910	0.3220	0.3480	0.3990	0.4620
		一般技工	工日	0.7570	0.8370	0.9060	1.0380	1.2020
		高级技工	工日	0.1170	0.1290	0.1400	0.1600	0.1850
材料	弹簧压力表 Y-100 0~1.6MPa		块	0.002	0.002	0.002	0.002	0.002
	低碳钢焊条 J422 $\phi3.2$		kg	0.002	0.002	0.002	0.002	0.002
	电		kW·h	1.245	1.289	1.663	1.738	1.877
	复合管		m	10.160	10.160	10.160	10.160	10.160
	给水室内塑铝稳态管热熔管件		个	15.200	12.250	10.810	8.870	7.420
	焊接钢管 DN20		m	0.013	0.014	0.015	0.016	0.016
	锯条（各种规格）		根	0.132	0.158	0.201	0.248	0.295
	六角螺栓		kg	0.004	0.004	0.004	0.005	0.005
	螺纹阀门 DN20		个	0.004	0.004	0.004	0.005	0.005
	热轧厚钢板 $\delta8.0\sim15$		kg	0.030	0.032	0.034	0.037	0.039
	水		m^3	0.008	0.014	0.023	0.040	0.053
	铁砂布		张	0.053	0.066	0.070	0.116	0.151
	橡胶板 $\delta1\sim3$		kg	0.007	0.008	0.008	0.009	0.010
	橡胶软管 DN20		m	0.006	0.006	0.007	0.007	0.007
	压力表弯管 DN15		个	0.002	0.002	0.002	0.002	0.002
	氧气		m^3	0.003	0.003	0.003	0.006	0.006
	乙炔气		kg	0.001	0.001	0.001	0.002	0.002
	其他材料费		%	2.000	2.000	2.000	2.000	2.000
机械	电动单级离心清水泵 100mm		台班	0.001	0.001	0.001	0.001	0.001
	电焊机（综合）		台班	0.001	0.001	0.001	0.001	0.002
	试压泵 3MPa		台班	0.001	0.001	0.001	0.002	0.002

工作内容:切管、卷削、组对、预热、熔接,管道及管件安装,水压试验及水冲洗。 **计量单位**:10m

定额编号				2-4-149	2-4-150	2-4-151	2-4-152	2-4-153	2-4-154
项目				塑铝稳态管(热熔连接)公称外径(mm以内)					
				63	75	90	110	125	160
名称			单位	消耗量					
人工	合计工日		工日	1.9920	2.0320	2.2100	2.3200	2.4470	2.5670
	其中	普工	工日	0.4980	0.5080	0.5520	0.5800	0.6120	0.6420
		一般技工	工日	1.2940	1.3210	1.4370	1.5080	1.5900	1.6680
		高级技工	工日	0.2000	0.2030	0.2210	0.2320	0.2450	0.2570
材料	弹簧压力表 Y-100 0~1.6MPa		块	0.003	0.003	0.003	0.003	0.003	0.003
	低碳钢焊条 J422 ϕ3.2		kg	0.002	0.002	0.003	0.003	0.003	0.003
	电		kW·h	1.996	2.333	2.511	2.635	0.454	0.612
	复合管		m	10.160	10.160	10.160	10.160	10.160	10.160
	给水室内塑铝稳态管热熔管件		个	6.590	6.030	3.950	3.080	1.580	1.340
	焊接钢管 *DN*20		m	0.017	0.019	0.020	0.021	0.022	0.023
	锯条(各种规格)		根	0.359	0.547	0.608	0.690	—	—
	六角螺栓		kg	0.005	0.006	0.006	0.006	0.008	0.012
	螺纹阀门 *DN*20		个	0.005	0.005	0.006	0.006	0.006	0.007
	热轧厚钢板 δ8.0~15		kg	0.042	0.044	0.047	0.049	0.073	0.110
	水		m^3	0.088	0.145	0.204	0.353	0.547	0.764
	铁砂布		张	0.203	0.210	0.226	0.229	0.240	0.254
	橡胶板 δ1~3		kg	0.010	0.011	0.011	0.012	0.014	0.016
	橡胶软管 *DN*20		m	0.008	0.008	0.008	0.009	0.009	0.010
	压力表弯管 *DN*15		个	0.003	0.003	0.003	0.003	0.003	0.003
	氧气		m^3	0.006	0.006	0.006	0.006	0.006	0.006
	乙炔气		kg	0.002	0.002	0.002	0.002	0.002	0.002
	其他材料费		%	2.000	2.000	2.000	2.000	2.000	2.000
机械	电动单级离心清水泵 100mm		台班	0.001	0.001	0.002	0.002	0.003	0.005
	电焊机(综合)		台班	0.002	0.002	0.002	0.002	0.002	0.002
	吊装机械(综合)		台班	—	—	—	—	0.012	0.017
	管子切断机 250mm		台班	—	—	—	—	0.030	0.033
	热熔对接焊机 160mm		台班	—	—	—	—	0.279	0.283
	试压泵 3MPa		台班	0.002	0.002	0.002	0.002	0.003	0.003
	载重汽车 5t		台班	—	—	—	—	0.004	0.005

工作内容:切管、打磨、组对、熔接,管道及管件安装,水压试验及水冲洗。 计量单位:10m

定额编号				2-4-155	2-4-156	2-4-157	2-4-158	2-4-159
项目				钢骨架塑料复合管(电熔连接)公称外径(mm以内)				
				20	25	32	40	50
名称			单位	消耗量				
人工	合计工日		工日	1.2440	1.3500	1.4730	1.7170	1.9190
	其中	普工	工日	0.3110	0.3370	0.3680	0.4290	0.4800
		一般技工	工日	0.8090	0.8780	0.9580	1.1160	1.2470
		高级技工	工日	0.1240	0.1350	0.1470	0.1720	0.1920
材料	弹簧压力表Y-100 0~1.6MPa		块	0.002	0.002	0.002	0.002	0.002
	低碳钢焊条J422 ϕ3.2		kg	0.002	0.002	0.002	0.002	0.002
	复合管		m	10.160	10.160	10.160	10.160	10.160
	给水室内钢骨架塑料复合管电熔管件		个	15.200	12.250	10.810	8.870	7.420
	焊接钢管 *DN*20		m	0.013	0.014	0.015	0.016	0.016
	锯条(各种规格)		根	0.144	0.173	0.220	0.270	0.322
	六角螺栓		kg	0.004	0.004	0.004	0.005	0.005
	螺纹阀门 *DN*20		个	0.004	0.004	0.004	0.005	0.005
	尼龙砂轮片 ϕ400		片	0.020	0.025	0.056	0.072	0.075
	热轧厚钢板 δ8.0~15		kg	0.030	0.032	0.034	0.037	0.039
	水		m^3	0.008	0.014	0.023	0.040	0.053
	铁砂布		张	0.053	0.066	0.070	0.116	0.151
	橡胶板 δ1~3		kg	0.007	0.008	0.008	0.009	0.010
	橡胶软管 *DN*20		m	0.006	0.006	0.007	0.007	0.007
	压力表弯管 *DN*15		个	0.002	0.002	0.002	0.002	0.002
	氧气		m^3	0.003	0.003	0.003	0.006	0.006
	乙炔气		kg	0.001	0.001	0.001	0.002	0.002
	其他材料费		%	2.000	2.000	2.000	2.000	2.000
机械	电动单级离心清水泵100mm		台班	0.001	0.001	0.001	0.001	0.001
	电焊机(综合)		台班	0.001	0.001	0.001	0.001	0.002
	电熔焊接机3.5kW		台班	0.133	0.185	0.224	0.249	0.257
	砂轮切割机 ϕ400		台班	0.005	0.008	0.016	0.025	0.028
	试压泵3MPa		台班	0.001	0.001	0.001	0.002	0.002

工作内容：切管、打磨、组对、熔接，管道及管件安装，水压试验及水冲洗。　　　　计量单位：10m

定额编号				2-4-160	2-4-161	2-4-162	2-4-163	2-4-164	2-4-165
项目				钢骨架塑料复合管(电熔连接) 公称外径(mm 以内)					
				63	75	90	110	125	160
名称			单位	消耗量					
人工	合计工日		工日	2.1120	2.1710	2.3660	2.4720	2.6230	2.7870
	其中	普工	工日	0.5280	0.5420	0.5910	0.6180	0.6560	0.6970
		一般技工	工日	1.3730	1.4110	1.5380	1.6070	1.7050	1.8120
		高级技工	工日	0.2110	0.2180	0.2370	0.2470	0.2620	0.2780
材料	弹簧压力表 Y-100 0~1.6MPa		块	0.003	0.003	0.003	0.003	0.003	0.003
	低碳钢焊条 J422 ϕ3.2		kg	0.002	0.002	0.003	0.003	0.003	0.003
	复合管		m	10.160	10.160	10.160	10.160	10.160	10.160
	给水室内钢骨架塑料复合管电熔管件		个	6.590	6.030	3.950	3.080	2.680	2.320
	焊接钢管 DN20		m	0.017	0.019	0.020	0.021	0.022	0.023
	锯条(各种规格)		根	0.391	0.602	0.669	0.759	—	—
	六角螺栓		kg	0.005	0.006	0.006	0.006	0.008	0.012
	螺纹阀门 DN20		个	0.005	0.005	0.006	0.006	0.006	0.006
	尼龙砂轮片 ϕ400		片	0.104	0.117	0.122	0.131	—	—
	热轧厚钢板 δ8.0~15		kg	0.042	0.044	0.047	0.049	0.073	0.110
	水		m^3	0.088	0.145	0.204	0.353	0.547	0.764
	铁砂布		张	0.203	0.210	0.226	0.229	0.240	0.254
	橡胶板 δ1~3		kg	0.010	0.011	0.011	0.012	0.014	0.016
	橡胶软管 DN20		m	0.008	0.008	0.008	0.009	0.009	0.010
	压力表弯管 DN15		个	0.003	0.003	0.003	0.003	0.003	0.003
	氧气		m^3	0.006	0.006	0.006	0.006	0.006	0.006
	乙炔气		kg	0.002	0.002	0.002	0.002	0.002	0.002
	其他材料费		%	2.000	2.000	2.000	2.000	2.000	2.000
机械	电动单级离心清水泵 100mm		台班	0.001	0.001	0.002	0.002	0.003	0.005
	电焊机(综合)		台班	0.002	0.002	0.002	0.002	0.002	0.002
	电熔焊接机 3.5kW		台班	0.261	0.265	0.271	0.274	0.279	0.283
	吊装机械(综合)		台班	—	—	—	—	0.012	0.017
	管子切断机 250mm		台班	—	—	—	—	0.030	0.033
	砂轮切割机 ϕ400		台班	0.030	0.033	0.036	0.040	—	—
	试压泵 3MPa		台班	0.002	0.002	0.002	0.002	0.003	0.003
	载重汽车 5t		台班	—	—	—	—	0.004	0.005

工作内容：调直、切管、套丝、组对、连接，管道及管件安装，水压试验及水冲洗。　　**计量单位**：10m

定额编号				2-4-166	2-4-167	2-4-168	2-4-169	2-4-170	2-4-171
项　目				钢塑复合管（螺纹连接）公称直径（mm 以内）					
				15	20	25	32	40	50
名　称			单位	消　耗　量					
人工	合计工日		工日	1.6920	1.7700	2.1340	2.3120	2.3380	2.5220
	其中	普工	工日	0.4230	0.4430	0.5330	0.5790	0.5840	0.6310
		一般技工	工日	1.1000	1.1500	1.3870	1.5020	1.5200	1.6390
		高级技工	工日	0.1690	0.1770	0.2140	0.2310	0.2340	0.2520
材料	弹簧压力表 Y-100 0~1.6MPa		块	0.002	0.002	0.002	0.002	0.002	0.003
	低碳钢焊条 J422 ϕ3.2		kg	0.002	0.002	0.002	0.002	0.002	0.002
	复合管		m	9.910	9.910	9.910	9.910	10.020	10.020
	给水室内钢塑复合管螺纹管件		个	14.490	12.100	11.400	9.830	7.860	6.610
	焊接钢管 *DN*20		m	0.013	0.014	0.015	0.016	0.016	0.017
	机油		kg	0.158	0.170	0.203	0.206	0.209	0.213
	聚四氟乙烯生料带 宽 20		m	10.980	13.040	15.500	16.020	16.190	16.580
	锯条（各种规格）		根	0.778	0.792	0.815	0.821	0.834	0.839
	六角螺栓		kg	0.004	0.004	0.004	0.005	0.005	0.005
	螺纹阀门 *DN*20		个	0.004	0.004	0.004	0.005	0.005	0.005
	尼龙砂轮片 ϕ400		片	0.033	0.035	0.086	0.117	0.120	0.125
	热轧厚钢板 δ8.0~15		kg	0.030	0.032	0.034	0.037	0.039	0.042
	水		m^3	0.008	0.014	0.023	0.040	0.053	0.088
	橡胶板 δ1~3		kg	0.007	0.008	0.008	0.009	0.010	0.010
	橡胶软管 *DN*20		m	0.006	0.006	0.007	0.007	0.007	0.008
	压力表弯管 *DN*15		个	0.002	0.002	0.002	0.002	0.002	0.003
	氧气		m^3	0.003	0.003	0.003	0.006	0.006	0.006
	乙炔气		kg	0.001	0.001	0.001	0.002	0.002	0.002
	其他材料费		%	2.000	2.000	2.000	2.000	2.000	2.000
机械	电动单级离心清水泵 100mm		台班	0.001	0.001	0.001	0.001	0.001	0.001
	电焊机（综合）		台班	0.001	0.001	0.001	0.001	0.002	0.002
	吊装机械（综合）		台班	0.002	0.002	0.003	0.004	0.005	0.007
	管子切断套丝机 159mm		台班	0.067	0.079	0.196	0.261	0.284	0.293
	砂轮切割机 ϕ400		台班	0.008	0.010	0.022	0.026	0.028	0.030
	试压泵 3MPa		台班	0.001	0.001	0.001	0.002	0.002	0.002
	载重汽车 5t		台班	—	—	—	—	—	0.003

工作内容：调直、切管、套丝、组对、连接，管道及管件安装，水压试验及水冲洗。　　**计量单位**：10m

定额编号				2-4-172	2-4-173	2-4-174	2-4-175	2-4-176
项　目				钢塑复合管(螺纹连接) 公称直径(mm 以内)				
				65	80	100	125	150
名　称			单位	消　耗　量				
人工	合计工日		工日	2.6810	2.7900	3.1720	3.5230	3.9090
	其中	普工	工日	0.6710	0.6970	0.7930	0.8810	0.9770
		一般技工	工日	1.7420	1.8140	2.0620	2.2900	2.5410
		高级技工	工日	0.2680	0.2790	0.3170	0.3520	0.3910
材料	弹簧压力表 Y-100 0~1.6MPa		块	0.003	0.003	0.003	0.003	0.003
	低碳钢焊条 J422 ϕ3.2		kg	0.002	0.003	0.003	0.003	0.003
	复合管		m	10.020	10.020	10.020	10.020	10.020
	给水室内钢塑复合管螺纹管件		个	5.260	4.630	4.150	3.520	3.410
	焊接钢管 *DN*20		m	0.019	0.020	0.021	0.022	0.023
	机油		kg	0.130	0.110	0.040	0.030	0.030
	聚四氟乙烯生料带 宽 20		m	17.950	19.310	20.880	21.020	21.240
	六角螺栓		kg	0.006	0.006	0.006	0.008	0.012
	螺纹阀门 *DN*20		个	0.005	0.006	0.006	0.006	0.006
	尼龙砂轮片 ϕ400		片	0.141	0.146	0.158	—	—
	热轧厚钢板 δ8.0~15		kg	0.044	0.047	0.049	0.073	0.110
	水		m^3	0.145	0.204	0.353	0.547	0.764
	橡胶板 δ1~3		kg	0.011	0.011	0.012	0.014	0.016
	橡胶软管 *DN*20		m	0.008	0.008	0.009	0.009	0.010
	压力表弯管 *DN*15		个	0.003	0.003	0.003	0.003	0.003
	氧气		m^3	0.006	0.006	0.006	0.006	0.006
	乙炔气		kg	0.002	0.002	0.002	0.002	0.002
	其他材料费		%	2.000	2.000	2.000	2.000	2.000
机械	电动单级离心清水泵 100mm		台班	0.001	0.002	0.002	0.003	0.005
	电焊机(综合)		台班	0.002	0.002	0.002	0.002	0.002
	吊装机械(综合)		台班	0.009	0.012	0.084	0.117	0.123
	管子切断机 150mm		台班	—	—	—	0.035	0.037
	管子切断套丝机 159mm		台班	0.294	0.317	0.320	0.384	0.449
	砂轮切割机 ϕ400		台班	0.031	0.032	0.034	—	—
	试压泵 3MPa		台班	0.002	0.002	0.002	0.003	0.003
	载重汽车 5t		台班	0.004	0.006	0.013	0.016	0.022

工作内容：调直、切管、对口、紧丝口，管道及管件连接，水压试验及水冲洗。 **计量单位：**10m

定额编号				2-4-177	2-4-178	2-4-179	2-4-180	2-4-181	2-4-182
项目				铝塑复合管(卡套连接) 公称外径(mm 以内)					
				20	25	32	40	50	63
名称			单位	消耗量					
人工	合计工日		工日	0.7800	0.8800	0.9940	1.0990	1.1990	1.3760
	其中	普工	工日	0.1950	0.2190	0.2480	0.2750	0.3000	0.3440
		一般技工	工日	0.5070	0.5730	0.6460	0.7140	0.7790	0.8940
		高级技工	工日	0.0780	0.0880	0.1000	0.1100	0.1200	0.1380
材料	弹簧压力表 Y-100 0~1.6MPa		块	0.002	0.002	0.002	0.002	0.002	0.003
	低碳钢焊条 J422 ϕ3.2		kg	0.002	0.002	0.002	0.002	0.002	0.002
	复合管		m	9.960	9.960	9.960	9.960	9.960	9.960
	给水室内铝塑复合管卡套管件		个	14.710	12.250	10.810	8.870	7.420	6.590
	焊接钢管 *DN*20		m	0.013	0.014	0.015	0.016	0.016	0.017
	锯条(各种规格)		根	0.132	0.158	0.201	0.248	0.295	0.359
	六角螺栓		kg	0.004	0.004	0.004	0.005	0.005	0.005
	螺纹阀门 *DN*20		个	0.004	0.004	0.004	0.005	0.005	0.005
	热轧厚钢板 δ8.0~15		kg	0.030	0.032	0.034	0.037	0.039	0.042
	水		m^3	0.008	0.014	0.023	0.040	0.053	0.088
	橡胶板 δ1~3		kg	0.007	0.008	0.008	0.009	0.010	0.010
	橡胶软管 *DN*20		m	0.006	0.006	0.007	0.007	0.007	0.008
	压力表弯管 *DN*15		个	0.002	0.002	0.002	0.002	0.002	0.003
	氧气		m^3	0.003	0.003	0.003	0.006	0.006	0.006
	乙炔气		kg	0.001	0.001	0.001	0.002	0.002	0.002
	其他材料费		%	2.000	2.000	2.000	2.000	2.000	2.000
机械	电动单级离心清水泵 100mm		台班	0.001	0.001	0.001	0.001	0.001	0.001
	电焊机(综合)		台班	0.001	0.001	0.001	0.001	0.002	0.002
	试压泵 3MPa		台班	0.001	0.001	0.001	0.002	0.002	0.002

工作内容:定位、排水、挖眼、接管、通水检查。　　　　计量单位:处

定额编号				2-4-183	2-4-184	2-4-185	2-4-186
项　目				钢管碰头(焊接) 支管公称直径(mm 以内)			
				50	65	80	100
名　称			单位	消　耗　量			
人工	合计工日		工日	1.2500	1.3550	1.4680	1.5970
	其中	普工	工日	0.3130	0.3380	0.3670	0.3990
		一般技工	工日	0.8120	0.8810	0.9540	1.0380
		高级技工	工日	0.1250	0.1360	0.1470	0.1600
材料	低碳钢焊条 J422 φ3.2		kg	0.107	0.138	0.161	0.361
	电		kW·h	0.203	0.227	0.144	0.203
	钢丝刷子		把	0.002	0.003	0.004	0.005
	尼龙砂轮片 φ100		片	0.205	0.274	0.189	0.475
	氧气		m^3	0.132	0.180	0.468	0.717
	乙炔气		kg	0.044	0.060	0.156	0.239
	其他材料费		%	2.000	2.000	2.000	2.000
机械	电焊机(综合)		台班	0.063	0.081	0.095	0.160
	电焊条恒温箱		台班	0.006	0.008	0.009	0.016
	电焊条烘干箱 60×50×75(cm)		台班	0.006	0.008	0.009	0.016
	汽车式起重机 8t		台班	0.002	0.003	0.004	0.009
	载重汽车 5t		台班	0.002	0.003	0.004	0.005

工作内容:定位、排水、挖眼、接管、通水检查。　　　　计量单位:处

定额编号				2-4-187	2-4-188	2-4-189
项　目				钢管碰头(焊接) 支管公称直径(mm 以内)		
				125	150	200
名　称			单位	消　耗　量		
人工	合计工日		工日	1.9030	2.0990	2.3370
	其中	普工	工日	0.4760	0.5240	0.5840
		一般技工	工日	1.2370	1.3650	1.5190
		高级技工	工日	0.1900	0.2100	0.2340
材料	低碳钢焊条 J422 φ3.2		kg	0.398	0.547	0.757
	电		kW·h	0.244	0.271	0.399
	钢丝刷子		把	0.006	0.007	0.007
	角钢(综合)		kg	—	—	0.037
	尼龙砂轮片 φ100		片	0.512	0.681	1.219
	氧气		m^3	0.867	0.989	1.560
	乙炔气		kg	0.289	0.330	0.520
	其他材料费		%	2.000	2.000	2.000
机械	电焊机(综合)		台班	0.190	0.210	0.291
	电焊条恒温箱		台班	0.019	0.021	0.029
	电焊条烘干箱 60×50×75(cm)		台班	0.019	0.021	0.029
	汽车式起重机 8t		台班	0.012	0.019	0.083
	载重汽车 5t		台班	0.006	0.019	0.024

工作内容:刷管口、断管、调制接口材料、管道及管件连接、接口养护、通水检查。 计量单位:处

定额编号				2-4-190	2-4-191	2-4-192
项目				铸铁管碰头(石棉水泥接口)公称直径(mm以内)		
				100	150	200
名称			单位	消耗量		
人工	合计工日		工日	1.8010	2.6680	2.9030
	其中	普工	工日	0.4500	0.6670	0.7250
		一般技工	工日	1.1700	1.7340	1.8870
		高级技工	工日	0.1810	0.2670	0.2910
材料	承插铸铁给水管		m	0.500	0.500	0.500
	钢丝刷子		把	0.010	0.012	0.030
	石棉绒		kg	0.590	0.874	1.123
	水泥 P.O 32.5		kg	2.203	3.264	4.195
	氧气		m^3	0.165	0.276	0.444
	乙炔气		kg	0.055	0.092	0.148
	油麻		kg	0.576	0.816	1.056
	铸铁三通		个	1.000	1.000	1.000
	铸铁套管		个	1.000	1.000	1.000
	其他材料费		%	2.000	2.000	2.000
机械	汽车式起重机 16t		台班	—	—	0.031
	汽车式起重机 8t		台班	0.015	0.026	—
	载重汽车 5t		台班	0.002	0.002	0.003

工作内容:刷管口、断管、上胶圈、管道及管件连接、通水检查。 计量单位:处

定额编号				2-4-193	2-4-194	2-4-195
项目				铸铁管碰头(胶圈接口)公称直径(mm以内)		
				100	150	200
名称			单位	消耗量		
人工	合计工日		工日	1.6840	2.2580	2.4270
	其中	普工	工日	0.4220	0.5640	0.6060
		一般技工	工日	1.0940	1.4680	1.5780
		高级技工	工日	0.1680	0.2260	0.2430
材料	承插铸铁给水管		m	0.500	0.500	0.500
	钢丝刷子		把	0.010	0.012	0.030
	橡胶圈(给水)*DN*100		个	4.944	—	—
	橡胶圈(给水)*DN*150		个	—	4.944	—
	橡胶圈(给水)*DN*200		个	—	—	4.944
	铸铁三通		个	1.000	1.000	1.000
	铸铁套管		个	1.000	1.000	1.000
	其他材料费		%	2.000	2.000	2.000
机械	汽车式起重机 16t		台班	—	—	0.031
	汽车式起重机 8t		台班	0.001	0.001	—
	载重汽车 5t		台班	0.001	0.001	0.002

2. 管道附件

工作内容:切管、套丝、阀门连接、水压试验。　　　　**计量单位:**个

定额编号				2-4-196	2-4-197	2-4-198	2-4-199	2-4-200
项　目				螺纹阀门安装 公称直径(mm 以内)				
				15	20	25	32	40
名　称			单位	消　耗　量				
人工	合计工日		工日	0.0900	0.1000	0.1100	0.1400	0.2200
	其中	普工	工日	0.0220	0.0250	0.0270	0.0350	0.0550
		一般技工	工日	0.0590	0.0650	0.0720	0.0910	0.1430
		高级技工	工日	0.0090	0.0100	0.0110	0.0140	0.0220
材料	弹簧压力表 Y-100 0~1.6MPa		块	0.006	0.006	0.006	0.006	0.006
	低碳钢焊条 J422 ϕ3.2		kg	0.041	0.050	0.059	0.065	0.089
	黑玛钢活接头 *DN*15		个	1.010	—	—	—	—
	黑玛钢活接头 *DN*20		个	—	1.010	—	—	—
	黑玛钢活接头 *DN*25		个	—	—	1.010	—	—
	黑玛钢活接头 *DN*32		个	—	—	—	1.010	—
	黑玛钢活接头 *DN*40		个	—	—	—	—	1.010
	黑玛钢六角内接头 *DN*15		个	0.808	—	—	—	—
	黑玛钢六角内接头 *DN*20		个	—	0.808	—	—	—
	黑玛钢六角内接头 *DN*25		个	—	—	0.808	—	—
	黑玛钢六角内接头 *DN*32		个	—	—	—	0.808	—
	黑玛钢六角内接头 *DN*40		个	—	—	—	—	0.808
	机油		kg	0.007	0.009	0.010	0.013	0.017
	聚四氟乙烯生料带 宽 20		m	1.130	1.507	1.884	2.412	3.014
	锯条(各种规格)		根	0.059	0.061	0.064	0.067	0.084
	六角螺栓		kg	0.033	0.036	0.036	0.072	0.075
	螺纹阀门		个	1.010	1.010	1.010	1.010	1.010
	螺纹阀门 *DN*15		个	0.006	0.006	0.006	0.006	0.006
	尼龙砂轮片 ϕ400		片	0.004	0.004	0.008	0.012	0.015
	热轧厚钢板 δ12~20		kg	0.021	0.026	0.031	0.043	0.065
	石棉橡胶板 低压 δ0.8~6.0		kg	0.002	0.003	0.004	0.006	0.008
	输水软管 ϕ25		m	0.006	0.006	0.006	0.006	0.006
	水		m^3	0.001	0.001	0.001	0.001	0.001
	无缝钢管 D22×2		m	0.003	0.003	0.003	0.003	0.003
	压力表弯管 *DN*15		个	0.006	0.006	0.006	0.006	0.006
	氧气		m^3	0.033	0.042	0.048	0.060	0.084
	乙炔气		kg	0.011	0.014	0.016	0.020	0.028
	其他材料费		%	2.000	2.000	2.000	2.000	2.000
机械	电焊机(综合)		台班	0.007	0.008	0.009	0.012	0.014
	管子切断套丝机 159mm		台班	0.006	0.008	0.016	0.021	0.026
	砂轮切割机 ϕ400		台班	0.001	0.001	0.002	0.004	0.004
	试压泵 3MPa		台班	0.006	0.006	0.006	0.006	0.006

工作内容：切管、套丝、阀门连接、水压试验。

计量单位：个

定额编号				2－4－201	2－4－202	2－4－203	2－4－204
项目				螺纹阀门安装 公称直径（mm以内）			
				50	65	80	100
名称			单位	消耗量			
人工	合计工日		工日	0.2700	0.3400	0.5000	0.9400
	其中	普工	工日	0.0670	0.0850	0.1250	0.2350
		一般技工	工日	0.1760	0.2210	0.3250	0.6110
		高级技工	工日	0.0270	0.0340	0.0500	0.0940
材料	弹簧压力表 Y－100 0～1.6MPa		块	0.016	0.016	0.016	0.019
	低碳钢焊条 J422 ϕ3.2		kg	0.122	0.132	0.140	0.157
	黑玛钢活接头 *DN*50		个	1.010	—	—	—
	黑玛钢活接头 *DN*65		个	—	1.010	—	—
	黑玛钢活接头 *DN*80		个	—	—	1.010	—
	黑玛钢活接头 *DN*100		个	—	—	—	1.010
	黑玛钢六角内接头 *DN*50		个	0.808	—	—	—
	黑玛钢六角内接头 *DN*65		个	—	0.808	—	—
	黑玛钢六角内接头 *DN*80		个	—	—	0.808	—
	黑玛钢六角内接头 *DN*100		个	—	—	—	0.808
	机油		kg	0.021	0.029	0.032	0.040
	聚四氟乙烯生料带 宽20		m	3.768	4.898	6.029	7.536
	锯条（各种规格）		根	0.106	—	—	—
	六角螺栓		kg	0.200	0.208	0.216	0.532
	螺纹阀门		个	1.010	1.010	1.010	1.010
	螺纹阀门 *DN*15		个	0.016	0.016	0.016	0.019
	尼龙砂轮片 ϕ400		片	0.021	0.034	0.045	0.057
	热轧厚钢板 δ12～20		kg	0.105	0.190	0.238	0.313
	石棉橡胶板 低压 δ0.8～6.0		kg	0.010	0.016	0.022	0.026
	输水软管 ϕ25		m	0.016	0.016	0.016	0.019
	水		m^3	0.001	0.001	0.001	0.001
	无缝钢管 D22×2		m	0.008	0.008	0.008	0.010
	压力表弯管 *DN*15		个	0.016	0.016	0.016	0.019
	氧气		m^3	0.099	0.114	0.126	0.195
	乙炔气		kg	0.033	0.038	0.042	0.065
	其他材料费		%	2.000	2.000	2.000	2.000
机械	电焊机（综合）		台班	0.017	0.020	0.024	0.029
	吊装机械（综合）		台班	—	—	—	0.013
	管子切断套丝机 159mm		台班	0.038	0.050	0.064	0.079
	砂轮切割机 ϕ400		台班	0.005	0.007	0.010	0.013
	试压泵 3MPa		台班	0.016	0.024	0.024	0.029

工作内容：切管、套丝、阀门连接、试压检查、配合调试。　　　　计量单位：个

定额编号				2-4-205	2-4-206	2-4-207	2-4-208	2-4-209
项　目				螺纹电磁阀安装 公称直径(mm 以内)				
				15	20	25	32	40
名　称			单位	消　耗　量				
人工	合计工日		工日	0.1000	0.1100	0.1200	0.1600	0.2500
	其中	普工	工日	0.0250	0.0270	0.0300	0.0400	0.0620
		一般技工	工日	0.0650	0.0720	0.0780	0.1040	0.1630
		高级技工	工日	0.0100	0.0110	0.0120	0.0160	0.0250
材料	机油		kg	0.007	0.009	0.010	0.013	0.017
	聚四氟乙烯生料带 宽20		m	0.568	0.752	0.944	1.208	1.504
	锯条(各种规格)		根	0.055	0.061	0.063	0.067	0.084
	螺纹电磁阀门		个	1.000	1.000	1.000	1.000	1.000
	尼龙砂轮片 ϕ400		片	0.004	0.005	0.008	0.012	0.015
	其他材料费		%	2.000	2.000	2.000	2.000	2.000
机械	管子切断套丝机 159mm		台班	0.006	0.008	0.016	0.021	0.026
	砂轮切割机 ϕ400		台班	0.001	0.002	0.003	0.004	0.005

工作内容：切管、套丝、阀门连接、试压检查、配合调试。　　　　计量单位：个

定额编号				2-4-210	2-4-211	2-4-212	2-4-213
项　目				螺纹电磁阀安装 公称直径(mm 以内)			
				50	65	80	100
名　称			单位	消　耗　量			
人工	合计工日		工日	0.2900	0.3800	0.5400	1.0300
	其中	普工	工日	0.0720	0.0950	0.1350	0.2570
		一般技工	工日	0.1890	0.2470	0.3510	0.6700
		高级技工	工日	0.0290	0.0380	0.0540	0.1030
材料	机油		kg	0.021	0.029	0.032	0.040
	聚四氟乙烯生料带 宽20		m	1.888	2.448	3.016	3.768
	锯条(各种规格)		根	0.106	—	—	—
	螺纹电磁阀门		个	1.000	1.000	1.000	1.000
	尼龙砂轮片 ϕ400		片	0.021	0.034	0.045	0.057
	其他材料费		%	2.000	2.000	2.000	2.000
机械	吊装机械(综合)		台班	—	—	—	0.013
	管子切断套丝机 159mm		台班	0.041	0.052	0.064	0.079
	砂轮切割机 ϕ400		台班	0.006	0.007	0.010	0.013

工作内容：制垫、加垫、阀门连接、紧螺栓、水压试验。

计量单位：个

定额编号				2-4-214	2-4-215	2-4-216	2-4-217	2-4-218	2-4-219
项目				法兰阀门安装 公称直径(mm以内)					
				20	25	32	40	50	65
名称			单位	消耗量					
人工	合计工日		工日	0.1800	0.1900	0.2100	0.2300	0.2500	0.3200
	其中	普工	工日	0.0450	0.0470	0.0520	0.0570	0.0620	0.0800
		一般技工	工日	0.1170	0.1240	0.1370	0.1500	0.1630	0.2080
		高级技工	工日	0.0180	0.0190	0.0210	0.0230	0.0250	0.0320
材料	白铅油		kg	0.025	0.028	0.030	0.035	0.040	0.050
	弹簧压力表 Y-100 0~1.6MPa		块	0.006	0.006	0.006	0.006	0.016	0.016
	低碳钢焊条 J422 ϕ3.2		kg	0.050	0.059	0.065	0.089	0.122	0.132
	法兰阀门		个	1.000	1.000	1.000	1.000	1.000	1.000
	机油		kg	0.002	0.002	0.004	0.004	0.004	0.004
	六角螺栓		kg	0.036	0.036	0.072	0.075	0.200	0.208
	六角螺栓带螺母、垫圈 M12×(14~75)		套	4.120	4.120	—	—	—	—
	六角螺栓带螺母、垫圈 M16×(65~80)		套	—	—	4.120	4.120	4.120	4.120
	螺纹阀门 *DN*15		个	0.006	0.006	0.006	0.006	0.016	0.016
	破布		kg	0.004	0.004	0.004	0.004	0.004	0.004
	热轧厚钢板 δ12~20		kg	0.026	0.031	0.043	0.049	0.160	0.202
	砂纸		张	0.004	0.004	0.004	0.004	0.004	0.004
	石棉橡胶板 低压 δ0.8~6.0		kg	0.024	0.034	0.044	0.064	0.080	0.114
	输水软管 ϕ25		m	0.006	0.006	0.006	0.006	0.016	0.016
	水		m^3	0.001	0.001	0.001	0.001	0.001	0.001
	无缝钢管 D22×2		m	0.003	0.003	0.003	0.003	0.008	0.008
	压力表弯管 *DN*15		个	0.006	0.006	0.006	0.006	0.016	0.016
	氧气		m^3	0.042	0.048	0.060	0.084	0.099	0.114
	乙炔气		kg	0.014	0.016	0.020	0.028	0.033	0.038
	其他材料费		%	2.000	2.000	2.000	2.000	2.000	2.000
机械	电焊机(综合)		台班	0.008	0.009	0.012	0.014	0.017	0.020
	试压泵 3MPa		台班	0.006	0.006	0.006	0.006	0.016	0.024

工作内容：制垫、加垫、阀门连接、紧螺栓、水压试验。　　**计量单位：**个

定额编号				2-4-220	2-4-221	2-4-222	2-4-223	2-4-224
项目				法兰阀门安装 公称直径(mm以内)				
				80	100	125	150	200
名称			单位	消耗量				
人工	合计工日		工日	0.4400	0.6000	0.7400	0.8300	1.0700
	其中	普工	工日	0.1100	0.1500	0.1850	0.2070	0.2670
		一般技工	工日	0.2860	0.3900	0.4810	0.5400	0.6960
		高级技工	工日	0.0440	0.0600	0.0740	0.0830	0.1070
材料	白铅油		kg	0.070	0.100	0.120	0.140	0.170
	弹簧压力表 Y-100 0~1.6MPa		块	0.016	0.019	0.019	0.019	0.019
	低碳钢焊条 J422 ϕ3.2		kg	0.140	0.157	0.175	0.196	0.224
	法兰阀门		个	1.000	1.000	1.000	1.000	1.000
	机油		kg	0.007	0.007	0.007	0.010	0.016
	六角螺栓		kg	0.216	0.532	0.561	0.950	0.950
	六角螺栓带螺母、垫圈 M16×(65~80)		套	8.240	—	—	—	—
	六角螺栓带螺母、垫圈 M16×(85~140)		套	—	8.240	8.240	—	—
	六角螺栓带螺母、垫圈 M20×(85~100)		套	—	—	—	8.240	12.360
	螺纹阀门 *DN*15		个	0.016	0.019	0.019	0.019	0.019
	破布		kg	0.008	0.008	0.008	0.016	0.024
	热轧厚钢板 δ12~20		kg	0.238	0.343	0.445	0.581	0.831
	砂纸		张	0.008	0.008	0.008	0.016	0.024
	石棉橡胶板 低压 δ0.8~6.0		kg	0.154	0.199	0.276	0.326	0.376
	输水软管 ϕ25		m	0.016	0.019	0.019	0.019	0.019
	水		m^3	0.001	0.001	0.003	0.003	0.003
	无缝钢管 D22×2		m	0.008	0.010	0.010	0.010	0.010
	压力表弯管 *DN*15		个	0.016	0.019	0.019	0.019	0.019
	氧气		m^3	0.126	0.195	0.258	0.297	0.426
	乙炔气		kg	0.042	0.065	0.086	0.099	0.142
	其他材料费		%	2.000	2.000	2.000	2.000	2.000
机械	电焊机(综合)		台班	0.024	0.029	0.032	0.036	0.038
	吊装机械(综合)		台班	—	—	0.026	0.026	0.031
	试压泵 3MPa		台班	0.024	0.029	0.076	0.076	0.076
	载重汽车 5t		台班	—	—	0.003	0.003	0.005

工作内容：制垫、加垫、阀门连接、紧螺栓、试压检查、配合调试。

计量单位：个

定额编号				2-4-225	2-4-226	2-4-227	2-4-228	2-4-229
项目				法兰电磁阀安装 公称直径(mm以内)				
				32	40	50	65	80
名称			单位	消耗量				
人工	合计工日		工日	0.2300	0.2600	0.2900	0.3700	0.4900
	其中	普工	工日	0.0570	0.0650	0.0720	0.0920	0.1220
		一般技工	工日	0.1500	0.1690	0.1890	0.2410	0.3190
		高级技工	工日	0.0230	0.0260	0.0290	0.0370	0.0490
材料	白铅油		kg	0.030	0.035	0.040	0.050	0.070
	法兰电磁阀		个	1.000	1.000	1.000	1.000	1.000
	机油		kg	0.004	0.004	0.004	0.004	0.007
	六角螺栓带螺母、垫圈 M16×(65~80)		套	4.120	4.120	4.120	4.120	8.240
	破布		kg	0.004	0.004	0.004	0.004	0.008
	砂纸		张	0.004	0.004	0.004	0.004	0.008
	石棉橡胶板 低压 δ0.8~6.0		kg	0.040	0.060	0.070	0.090	0.130
	其他材料费		%	2.000	2.000	2.000	2.000	2.000

工作内容：制垫、加垫、阀门连接、紧螺栓、试压检查、配合调试。

计量单位：个

定额编号				2-4-230	2-4-231	2-4-232	2-4-233
项目				法兰电磁阀安装 公称直径(mm以内)			
				100	125	150	200
名称			单位	消耗量			
人工	合计工日		工日	0.6700	0.8100	0.9400	1.1800
	其中	普工	工日	0.1670	0.2020	0.2350	0.2950
		一般技工	工日	0.4360	0.5270	0.6110	0.7670
		高级技工	工日	0.0670	0.0810	0.0940	0.1180
材料	白铅油		kg	0.100	0.120	0.140	0.170
	法兰电磁阀		个	1.000	1.000	1.000	1.000
	机油		kg	0.007	0.007	0.010	0.016
	六角螺栓带螺母、垫圈 M16×(85~140)		套	8.240	8.240	—	—
	六角螺栓带螺母、垫圈 M20×(85~100)		套	—	—	8.240	12.360
	破布		kg	0.008	0.008	0.016	0.024
	砂纸		张	0.008	0.008	0.016	0.024
	石棉橡胶板 低压 δ0.8~6.0		kg	0.170	0.230	0.280	0.330
	其他材料费		%	2.000	2.000	2.000	2.000
机械	吊装机械(综合)		台班	—	0.026	0.026	0.031
	载重汽车 5t		台班	—	0.003	0.004	0.006

工作内容:制垫、加垫、阀门连接、紧螺栓、水压试验。 **计量单位**:个

定额编号				2-4-234	2-4-235	2-4-236	2-4-237
项目				对夹式蝶阀安装 公称直径(mm以内)			
				50	65	80	100
名称			单位	消耗量			
人工	合计工日		工日	0.2100	0.2600	0.4400	0.5500
	其中	普工	工日	0.0520	0.0650	0.1100	0.1370
		一般技工	工日	0.1370	0.1690	0.2860	0.3580
		高级技工	工日	0.0210	0.0260	0.0440	0.0550
材料	白铅油		kg	0.040	0.050	0.070	0.100
	弹簧压力表 Y-100 0~1.6MPa		块	0.016	0.016	0.016	0.019
	低碳钢焊条 J422 ϕ3.2		kg	0.122	0.132	0.140	0.157
	对夹式蝶阀		个	1.000	1.000	1.000	1.000
	机油		kg	0.004	0.004	0.007	0.007
	六角螺栓		kg	0.200	0.208	0.216	0.532
	螺纹阀门 *DN*15		个	0.016	0.016	0.016	0.019
	破布		kg	0.004	0.004	0.008	0.008
	热轧厚钢板 δ12~20		kg	0.160	0.202	0.238	0.343
	砂纸		张	0.004	0.004	0.008	0.008
	石棉橡胶板 低压 δ0.8~6.0		kg	0.066	0.096	0.128	0.165
	输水软管 ϕ25		m	0.016	0.016	0.016	0.019
	双头螺栓带螺母 M16×(120~140)		套	4.120	4.120	8.240	8.240
	水		m^3	0.001	0.001	0.001	0.001
	无缝钢管 D22×2		m	0.008	0.008	0.008	0.010
	压力表弯管 *DN*15		个	0.016	0.016	0.016	0.019
	氧气		m^3	0.099	0.112	0.128	0.195
	乙炔气		kg	0.033	0.038	0.042	0.065
	其他材料费		%	2.000	2.000	2.000	2.000
机械	电焊机(综合)		台班	0.017	0.020	0.024	0.029
	试压泵 3MPa		台班	0.016	0.024	0.024	0.029

工作内容：制垫、加垫、阀门连接、紧螺栓、水压试验。 计量单位：个

定额编号				2-4-238	2-4-239	2-4-240
项目				对夹式蝶阀安装 公称直径(mm以内)		
				125	150	200
名称			单位	消耗量		
人工	合计工日		工日	0.6500	0.7300	0.8300
	其中	普工	工日	0.1620	0.1820	0.2070
		一般技工	工日	0.4230	0.4750	0.5400
		高级技工	工日	0.0650	0.0730	0.0830
材料	白铅油		kg	0.120	0.140	0.170
	弹簧压力表 Y-100 0~1.6MPa		块	0.019	0.019	0.019
	低碳钢焊条 J422 ϕ3.2		kg	0.175	0.196	0.242
	对夹式蝶阀		个	1.000	1.000	1.000
	机油		kg	0.007	0.010	0.010
	六角螺栓		kg	0.561	0.950	0.950
	螺纹阀门 *DN*15		个	0.019	0.019	0.019
	破布		kg	0.008	0.016	0.016
	热轧厚钢板 δ12~20		kg	0.445	0.581	0.831
	砂纸		张	0.008	0.016	0.016
	石棉橡胶板 低压 δ0.8~6.0		kg	0.230	0.270	0.310
	输水软管 ϕ25		m	0.019	0.019	0.019
	双头螺栓带螺母 M16×(120~140)		套	8.240	—	—
	双头螺栓带螺母 M20×(150~190)		套	—	8.240	8.240
	水		m^3	0.003	0.003	0.003
	无缝钢管 D22×2		m	0.010	0.010	0.010
	压力表弯管 *DN*15		个	0.019	0.019	0.019
	氧气		m^3	0.258	0.297	0.426
	乙炔气		kg	0.086	0.099	0.142
	其他材料费		%	2.000	2.000	2.000
机械	电焊机(综合)		台班	0.032	0.036	0.038
	吊装机械(综合)		台班	0.024	0.026	—
	试压泵 3MPa		台班	0.076	0.076	0.076
	载重汽车 5t		台班	0.001	0.001	0.032

工作内容：切管、清理、阀门熔接、试压检查。　　　　**计量单位：**个

定额编号				2-4-241	2-4-242	2-4-243	2-4-244	2-4-245
项　目				塑料阀门安装（熔接）公称直径（mm 以内）				
				15	20	25	32	40
名　称			单位	消　耗　量				
人工	合计工日		工日	0.0400	0.0500	0.0600	0.0800	0.1100
	其中	普工	工日	0.0100	0.0120	0.0150	0.0200	0.0270
		一般技工	工日	0.0260	0.0330	0.0390	0.0520	0.0720
		高级技工	工日	0.0040	0.0050	0.0060	0.0080	0.0110
材料	电		kW·h	0.086	0.104	0.129	0.172	0.205
	锯条（各种规格）		根	0.015	0.019	0.024	0.024	0.031
	破布		kg	0.002	0.003	0.004	0.005	0.007
	塑料阀门		个	1.010	1.010	1.010	1.010	1.010
	铁砂布		张	0.007	0.008	0.009	0.015	0.019
	其他材料费		%	2.000	2.000	2.000	2.000	2.000

工作内容：切管、清理、阀门熔接、试压检查。　　　　**计量单位：**个

定额编号				2-4-246	2-4-247	2-4-248	2-4-249
项　目				塑料阀门安装（熔接）公称直径（mm 以内）			
				50	65	80	100
名　称			单位	消　耗　量			
人工	合计工日		工日	0.1400	0.1600	0.2000	0.2400
	其中	普工	工日	0.0350	0.0400	0.0500	0.0600
		一般技工	工日	0.0910	0.1040	0.1300	0.1560
		高级技工	工日	0.0140	0.0160	0.0200	0.0240
材料	电		kW·h	0.334	0.334	0.449	0.524
	锯条（各种规格）		根	0.064	0.114	0.159	0.236
	破布		kg	0.010	0.010	0.012	0.014
	塑料阀门		个	1.010	1.010	1.010	1.010
	铁砂布		张	0.033	0.033	0.033	0.042
	其他材料费		%	2.000	2.000	2.000	2.000

工作内容：切管、清理、阀门粘接、试压检查。

计量单位：个

定额编号			2－4－250	2－4－251	2－4－252	2－4－253	2－4－254
项目			塑料阀门安装（粘接）公称直径（mm 以内）				
			15	20	25	32	40
名称		单位	消耗量				
人工	合计工日	工日	0.0400	0.0500	0.0600	0.0800	0.1000
	其中 普工	工日	0.0100	0.0120	0.0150	0.0200	0.0250
	其中 一般技工	工日	0.0260	0.0330	0.0390	0.0520	0.0650
	其中 高级技工	工日	0.0040	0.0050	0.0060	0.0080	0.0100
材料	丙酮	kg	0.006	0.007	0.010	0.012	0.013
	锯条（各种规格）	根	0.015	0.019	0.024	0.028	0.031
	破布	kg	0.002	0.003	0.003	0.004	0.005
	塑料阀门	个	1.010	1.010	1.010	1.010	1.010
	铁砂布	张	0.007	0.008	0.009	0.015	0.019
	粘接剂	kg	0.003	0.003	0.004	0.006	0.007
	其他材料费	%	2.000	2.000	2.000	2.000	2.000

工作内容：切管、清理、阀门粘接、试压检查。

计量单位：个

定额编号			2－4－255	2－4－256	2－4－257	2－4－258
项目			塑料阀门安装（粘接）公称直径（mm 以内）			
			50	65	80	100
名称		单位	消耗量			
人工	合计工日	工日	0.1200	0.1400	0.1700	0.2100
	其中 普工	工日	0.0300	0.0350	0.0420	0.0520
	其中 一般技工	工日	0.0780	0.0910	0.1110	0.1370
	其中 高级技工	工日	0.0120	0.0140	0.0170	0.0210
材料	丙酮	kg	0.018	0.015	0.022	0.038
	锯条（各种规格）	根	0.064	0.076	0.102	0.153
	破布	kg	0.007	0.009	0.012	0.013
	塑料阀门	个	1.010	1.010	1.010	1.010
	铁砂布	张	0.026	0.029	0.033	0.042
	粘接剂	kg	0.009	0.010	0.015	0.025
	其他材料费	%	2.000	2.000	2.000	2.000

工作内容：切管、沟槽滚压、阀门安装、水压试验。 **计量单位：**个

定额编号				2-4-259	2-4-260	2-4-261	2-4-262	2-4-263
项目				沟槽阀门安装 公称直径(mm 以内)				
				20	25	32	40	50
名称			单位	消耗量				
人工	合计工日		工日	0.0900	0.1100	0.1400	0.1700	0.2400
	其中	普工	工日	0.0220	0.0270	0.0350	0.0420	0.0600
		一般技工	工日	0.0590	0.0720	0.0910	0.1110	0.1560
		高级技工	工日	0.0090	0.0110	0.0140	0.0170	0.0240
材料	弹簧压力表 Y-100 0~1.6MPa		块	0.006	0.006	0.006	0.006	0.016
	低碳钢焊条 J422 $\phi3.2$		kg	0.050	0.059	0.065	0.089	0.122
	沟槽阀门		个	1.000	1.000	1.000	1.000	1.000
	卡箍连接件(含胶圈)		套	2.000	2.000	2.000	2.000	2.000
	六角螺栓		kg	0.036	0.036	0.072	0.075	0.200
	螺纹阀门 $DN15$		个	0.006	0.006	0.006	0.006	0.016
	热轧厚钢板 $\delta12\sim20$		kg	0.026	0.031	0.043	0.049	0.160
	润滑剂		kg	0.004	0.005	0.006	0.007	0.008
	石棉橡胶板 低压 $\delta0.8\sim6.0$		kg	0.003	0.004	0.005	0.007	0.012
	输水软管 $\phi25$		m	0.006	0.006	0.006	0.006	0.016
	水		m^3	0.001	0.001	0.001	0.001	0.001
	无缝钢管 D22×2		m	0.003	0.003	0.003	0.003	0.008
	压力表弯管 $DN15$		个	0.006	0.006	0.006	0.006	0.016
	氧气		m^3	0.042	0.048	0.060	0.084	0.099
	乙炔气		kg	0.014	0.016	0.020	0.028	0.033
	其他材料费		%	2.000	2.000	2.000	2.000	2.000
机械	电焊机(综合)		台班	0.008	0.009	0.012	0.014	0.017
	吊装机械(综合)		台班	—	—	—	—	0.002
	管子切断机 60mm		台班	0.005	0.005	0.005	0.006	0.007
	滚槽机		台班	0.008	0.010	0.013	0.016	0.020
	试压泵 3MPa		台班	0.006	0.006	0.006	0.006	0.016

工作内容：切管、沟槽滚压、阀门安装、水压试验。

计量单位：个

定额编号				2－4－264	2－4－265	2－4－266	2－4－267	2－4－268	2－4－269
项　目				沟槽阀门安装 公称直径(mm 以内)					
				65	80	100	125	150	200
名　称			单位	消　耗　量					
人工	合计工日		工日	0.3500	0.4700	0.6100	0.7700	0.9300	1.1300
	其中	普工	工日	0.0870	0.1170	0.1520	0.1920	0.2320	0.2820
		一般技工	工日	0.2280	0.3060	0.3970	0.5010	0.6050	0.7350
		高级技工	工日	0.0350	0.0470	0.0610	0.0770	0.0930	0.1130
材料	弹簧压力表 Y－100 0～1.6MPa		块	0.016	0.016	0.019	0.019	0.019	0.019
	低碳钢焊条 J422 ϕ3.2		kg	0.132	0.140	0.157	0.175	0.196	0.224
	沟槽阀门		个	1.000	1.000	1.000	1.000	1.000	1.000
	卡箍连接件(含胶圈)		套	2.000	2.000	2.000	2.000	2.000	2.000
	六角螺栓		kg	0.208	0.216	0.532	0.561	0.950	0.950
	螺纹阀门 *DN*15		个	0.016	0.016	0.019	0.019	0.019	0.019
	热轧厚钢板 δ12～20		kg	0.202	0.238	0.343	0.445	0.581	0.831
	润滑剂		kg	0.009	0.010	0.012	0.014	0.016	0.020
	石棉橡胶板 低压 δ0.8～6.0		kg	0.017	0.024	0.029	0.036	0.046	0.049
	输水软管 ϕ25		m	0.016	0.016	0.019	0.019	0.019	0.019
	水		m^3	0.001	0.001	0.001	0.003	0.003	0.003
	无缝钢管 D22×2		m	0.008	0.008	0.010	0.010	0.010	0.010
	压力表弯管 *DN*15		个	0.016	0.016	0.019	0.019	0.019	0.019
	氧气		m^3	0.114	0.128	0.195	0.258	0.297	0.426
	乙炔气		kg	0.038	0.042	0.065	0.086	0.099	0.142
	其他材料费		%	2.000	2.000	2.000	2.000	2.000	2.000
机械	电焊机(综合)		台班	0.020	0.024	0.029	0.032	0.036	0.038
	吊装机械(综合)		台班	0.003	0.003	0.010	0.038	0.039	0.047
	管子切断机 150mm		台班	0.008	0.008	0.009	0.012	0.015	—
	管子切断机 250mm		台班	—	—	—	—	—	0.016
	滚槽机		台班	0.026	0.032	0.040	0.049	0.058	0.076
	试压泵 3MPa		台班	0.024	0.024	0.029	0.076	0.076	0.076
	载重汽车 5t		台班	—	—	—	0.002	0.003	0.005

工作内容:切管、套丝、制垫、加垫、上法兰、组对、紧螺栓、试压检查。 计量单位:副

定额编号				2-4-270	2-4-271	2-4-272	2-4-273	2-4-274
项目				螺纹法兰安装 公称直径(mm 以内)				
				20	25	32	40	50
名称			单位	消耗量				
人工	合计工日		工日	0.1100	0.1300	0.1500	0.2000	0.2600
	其中	普工	工日	0.0270	0.0320	0.0370	0.0500	0.0650
		一般技工	工日	0.0720	0.0850	0.0980	0.1300	0.1690
		高级技工	工日	0.0110	0.0130	0.0150	0.0200	0.0260
材料	白铅油		kg	0.025	0.028	0.030	0.035	0.040
	机油		kg	0.009	0.010	0.013	0.017	0.021
	聚四氟乙烯生料带 宽20		m	0.754	0.942	1.206	1.507	1.884
	锯条(各种规格)		根	0.063	0.071	0.078	0.089	0.106
	六角螺栓带螺母、垫圈 M12×(14~75)		套	4.120	4.120	—	—	—
	六角螺栓带螺母、垫圈 M16×(65~80)		套	—	—	4.120	4.120	4.120
	螺纹法兰		片	2.000	2.000	2.000	2.000	2.000
	尼龙砂轮片 ϕ400		片	0.005	0.011	0.014	0.017	0.021
	破布		kg	0.010	0.010	0.010	0.020	0.020
	清油 C01-1		kg	0.005	0.007	0.009	0.010	0.013
	砂纸		张	0.150	0.200	0.200	0.250	0.250
	石棉橡胶板 低压 δ0.8~6.0		kg	0.020	0.040	0.050	0.070	0.075
	其他材料费		%	2.000	2.000	2.000	2.000	2.000
机械	管子切断套丝机 159mm		台班	0.008	0.016	0.021	0.026	0.041
	砂轮切割机 ϕ400		台班	0.001	0.004	0.005	0.005	0.005

工作内容：切管、套丝、制垫、加垫、上法兰、组对、紧螺栓、试压检查。 计量单位：副

定额编号				2-4-275	2-4-276	2-4-277	2-4-278	2-4-279
项目				螺纹法兰安装 公称直径(mm 以内)				
				65	80	100	125	150
名称			单位	消耗量				
人工	合计工日		工日	0.3200	0.3900	0.4200	0.4600	0.5300
	其中	普工	工日	0.0800	0.0970	0.1050	0.1150	0.1320
		一般技工	工日	0.2080	0.2540	0.2730	0.2990	0.3450
		高级技工	工日	0.0320	0.0390	0.0420	0.0460	0.0530
材料	白铅油		kg	0.050	0.070	0.100	0.120	0.140
	机油		kg	0.029	0.032	0.040	0.049	0.058
	聚四氟乙烯生料带 宽20		m	2.449	3.014	3.768	4.710	5.652
	六角螺栓带螺母、垫圈 M16×(65~80)		套	4.120	8.240	—	—	—
	六角螺栓带螺母、垫圈 M16×(85~140)		套	—	—	8.240	8.240	—
	六角螺栓带螺母、垫圈 M20×(85~100)		套	—	—	—	—	8.240
	螺纹法兰		片	2.000	2.000	2.000	2.000	2.000
	尼龙砂轮片 ϕ400		片	0.038	0.045	0.059	0.071	—
	破布		kg	0.020	0.020	0.025	0.028	0.030
	清油 C01-1		kg	0.015	0.020	0.030	0.030	0.030
	砂纸		张	0.300	0.035	0.038	0.040	0.043
	石棉橡胶板 低压 δ0.8~6.0		kg	0.090	0.120	0.140	0.160	0.180
	氧气		m^3	—	—	—	—	0.114
	乙炔气		kg	—	—	—	—	0.038
	其他材料费		%	2.000	2.000	2.000	2.000	2.000
机械	吊装机械(综合)		台班	—	—	—	0.041	0.042
	管子切断套丝机 159mm		台班	0.052	0.064	0.079	0.098	0.117
	砂轮切割机 ϕ400		台班	0.009	0.010	0.013	0.017	—
	载重汽车 5t		台班	—	—	—	0.001	0.001

工作内容:切管、焊接、制垫、加垫、安装组对、紧螺栓、试压检查。　　计量单位:副

定额编号			2-4-280	2-4-281	2-4-282	2-4-283	2-4-284	2-4-285
项目			碳钢平焊法兰安装 公称直径(mm 以内)					
			20	25	32	40	50	65
名称		单位	消耗量					
人工	合计工日	工日	0.1500	0.1700	0.2000	0.2200	0.2900	0.3800
人工	其中 普工	工日	0.0370	0.0420	0.0500	0.0550	0.0720	0.0950
人工	其中 一般技工	工日	0.0980	0.1110	0.1300	0.1430	0.1890	0.2470
人工	其中 高级技工	工日	0.0150	0.0170	0.0200	0.0220	0.0290	0.0380
材料	白铅油	kg	0.025	0.028	0.030	0.035	0.040	0.050
材料	低碳钢焊条 J422 ϕ3.2	kg	0.057	0.069	0.080	0.092	0.114	0.211
材料	电	kW·h	0.023	0.028	0.032	0.037	0.046	0.058
材料	机油	kg	0.045	0.048	0.050	0.063	0.068	0.070
材料	锯条(各种规格)	根	0.063	0.071	0.078	0.089	0.106	—
材料	六角螺栓带螺母、垫圈 M12×(14~75)	套	4.120	4.120	—	—	—	—
材料	六角螺栓带螺母、垫圈 M16×(65~80)	套	—	—	4.120	4.120	4.120	4.120
材料	尼龙砂轮片 ϕ100	片	0.036	0.043	0.047	0.054	0.068	0.089
材料	尼龙砂轮片 ϕ400	片	0.005	0.011	0.014	0.017	0.021	0.027
材料	破布	kg	0.008	0.010	0.012	0.017	0.020	0.023
材料	清油 C01-1	kg	0.005	0.007	0.009	0.010	0.013	0.015
材料	石棉橡胶板 低压 δ0.8~6.0	kg	0.020	0.040	0.051	0.060	0.070	0.090
材料	碳钢平焊法兰	片	2.000	2.000	2.000	2.000	2.000	2.000
材料	氧气	m^3	—	—	—	—	—	0.015
材料	乙炔气	kg	—	—	—	—	—	0.005
材料	其他材料费	%	2.000	2.000	2.000	2.000	2.000	2.000
机械	电焊机(综合)	台班	0.036	0.044	0.050	0.058	0.071	0.089
机械	电焊条恒温箱	台班	0.004	0.004	0.005	0.006	0.007	0.009
机械	电焊条烘干箱 60×50×75(cm)	台班	0.004	0.004	0.005	0.006	0.007	0.009
机械	砂轮切割机 ϕ400	台班	0.001	0.004	0.005	0.005	0.005	0.006

工作内容:切管、焊接、制垫、加垫、安装组对、紧螺栓、试压检查。 计量单位:副

定额编号				2-4-286	2-4-287	2-4-288	2-4-289	2-4-290
项　目				碳钢平焊法兰安装 公称直径(mm 以内)				
				80	100	125	150	200
名　称			单位	消　耗　量				
人工	合计工日		工日	0.4100	0.5000	0.6100	0.7200	0.8900
	其中	普工	工日	0.1020	0.1250	0.1520	0.1800	0.2220
		一般技工	工日	0.2670	0.3250	0.3970	0.4680	0.5790
		高级技工	工日	0.0410	0.0500	0.0610	0.0720	0.0890
材料	白铅油		kg	0.070	0.100	0.120	0.140	0.170
	低碳钢焊条 J422 ϕ3.2		kg	0.246	0.313	0.379	0.494	1.111
	电		kW·h	0.067	0.086	0.094	0.122	0.275
	机油		kg	0.081	0.098	0.102	0.125	0.132
	六角螺栓带螺母、垫圈 M16×(65~80)		套	8.240	—	—	—	—
	六角螺栓带螺母、垫圈 M16×(85~140)		套	—	8.240	8.240	—	—
	六角螺栓带螺母、垫圈 M20×(85~100)		套	—	—	—	8.240	12.360
	尼龙砂轮片 ϕ100		片	0.104	0.126	0.174	0.220	0.299
	尼龙砂轮片 ϕ400		片	0.032	0.041	0.049	—	—
	破布		kg	0.026	0.028	0.030	0.034	0.036
	清油 C01-1		kg	0.020	0.023	0.027	0.030	0.035
	石棉橡胶板 低压 δ0.8~6.0		kg	0.130	0.170	0.230	0.280	0.330
	碳钢平焊法兰		片	2.000	2.000	2.000	2.000	2.000
	氧气		m^3	0.018	0.021	0.033	0.114	0.165
	乙炔气		kg	0.006	0.007	0.011	0.038	0.055
	其他材料费		%	2.000	2.000	2.000	2.000	2.000
机械	电焊机(综合)		台班	0.104	0.133	0.145	0.189	0.426
	电焊条恒温箱		台班	0.010	0.013	0.015	0.019	0.043
	电焊条烘干箱 60×50×75(cm)		台班	0.010	0.013	0.015	0.019	0.043
	吊装机械(综合)		台班	—	—	0.026	0.026	0.031
	砂轮切割机 ϕ400		台班	0.007	0.009	0.012	—	—
	载重汽车 5t		台班	—	—	0.001	0.001	0.001

工作内容：切管、焊接、焊缝处理、制垫、加垫、安装组对、紧螺栓、试压检查。 **计量单位：**副

定额编号				2-4-291	2-4-292	2-4-293	2-4-294	2-4-295	2-4-296
项目				不锈钢平焊法兰安装 公称直径(mm以内)					
				20	25	32	40	50	65
名称			单位	消耗量					
人工	合计工日		工日	0.1700	0.2000	0.2400	0.2800	0.3300	0.4200
	其中	普工	工日	0.0420	0.0500	0.0600	0.0700	0.0820	0.1050
		一般技工	工日	0.1110	0.1300	0.1560	0.1820	0.2150	0.2730
		高级技工	工日	0.0170	0.0200	0.0240	0.0280	0.0330	0.0420
材料	白垩粉		kg	0.285	0.347	0.428	0.490	0.581	0.775
	不锈钢焊条(综合)		kg	0.059	0.071	0.082	0.094	0.118	0.217
	不锈钢平焊法兰		片	2.000	2.000	2.000	2.000	2.000	2.000
	电		kW·h	0.032	0.039	0.046	0.052	0.065	0.081
	机油		kg	0.045	0.048	0.050	0.063	0.065	0.070
	金刚石砂轮片 φ400		片	0.014	0.024	0.028	0.030	0.031	0.046
	六角螺栓带螺母、垫圈 M12×(14~75)		套	4.120	4.120	—	—	—	—
	六角螺栓带螺母、垫圈 M16×(65~80)		套	—	—	4.120	4.120	4.120	4.120
	尼龙砂轮片 φ100		片	0.067	0.080	0.089	0.101	0.128	0.168
	破布		kg	0.001	0.002	0.002	0.003	0.004	0.005
	氢氟酸 45%		kg	0.004	0.004	0.005	0.006	0.008	0.010
	石棉橡胶板 低压 δ0.8~6.0		kg	0.020	0.040	0.046	0.060	0.070	0.090
	水		m^3	0.002	0.035	0.038	0.004	0.006	0.008
	硝酸		kg	0.016	0.020	0.024	0.026	0.036	0.048
	重铬酸钾 98%		kg	0.001	0.002	0.003	0.004	0.005	0.006
	其他材料费		%	2.000	2.000	2.000	2.000	2.000	2.000
机械	电动空气压缩机 $6m^3/min$		台班	0.001	0.001	0.001	0.002	0.002	0.003
	电焊条恒温箱		台班	0.005	0.006	0.007	0.008	0.010	0.013
	电焊条烘干箱 60×50×75(cm)		台班	0.005	0.006	0.007	0.008	0.010	0.013
	砂轮切割机 φ400		台班	0.004	0.007	0.008	0.009	0.011	0.016
	直流弧焊机 20kV·A		台班	0.050	0.061	0.071	0.080	0.101	0.126

工作内容:切管、焊接、焊缝处理、制垫、加垫、安装组对、紧螺栓、试压检查。 计量单位:副

定额编号				2-4-297	2-4-298	2-4-299	2-4-300	2-4-301
项目				不锈钢平焊法兰安装 公称直径(mm 以内)				
				80	100	125	150	200
名称			单位	消耗量				
人工	合计工日		工日	0.4900	0.5500	0.6400	0.7800	0.9500
	其中	普工	工日	0.1220	0.1370	0.1600	0.1950	0.2370
		一般技工	工日	0.3190	0.3580	0.4160	0.5070	0.6180
		高级技工	工日	0.0490	0.0550	0.0640	0.0780	0.0950
材料	白垩粉		kg	0.907	1.100	1.355	1.619	2.229
	不锈钢焊条(综合)		kg	0.253	0.322	0.389	0.507	1.142
	不锈钢平焊法兰		片	2.000	2.000	2.000	2.000	2.000
	电		kW·h	0.095	0.121	0.132	0.172	0.387
	机油		kg	0.081	0.098	0.102	0.125	0.132
	金刚石砂轮片 ϕ400		片	0.056	0.069	—	—	—
	六角螺栓带螺母、垫圈 M16×(65~80)		套	8.240	—	—	—	—
	六角螺栓带螺母、垫圈 M16×(85~140)		套	—	8.240	8.240	—	—
	六角螺栓带螺母、垫圈 M20×(85~100)		套	—	—	—	8.240	12.360
	尼龙砂轮片 ϕ100		片	0.195	0.237	0.326	0.412	0.560
	破布		kg	0.006	0.007	0.008	0.010	0.014
	氢氟酸 45%		kg	0.012	0.014	0.016	0.020	0.028
	石棉橡胶板 低压 δ0.8~6.0		kg	0.130	0.170	0.230	0.280	0.330
	水		m^3	0.010	0.012	0.014	0.018	0.024
	硝酸		kg	0.054	0.066	0.082	0.098	0.136
	重铬酸钾 98%		kg	0.007	0.008	0.009	0.010	0.012
	其他材料费		%	2.000	2.000	2.000	2.000	2.000
机械	等离子切割机 400A		台班	—	—	0.024	0.029	0.040
	电动空气压缩机 $1m^3/min$		台班	—	—	0.024	0.029	0.040
	电动空气压缩机 $6m^3/min$		台班	0.003	0.004	0.004	0.005	0.006
	电焊条恒温箱		台班	0.015	0.019	0.020	0.027	0.060
	电焊条烘干箱 60×50×75(cm)		台班	0.015	0.019	0.020	0.027	0.060
	吊装机械(综合)		台班	—	—	0.024	0.026	0.031
	砂轮切割机 ϕ400		台班	0.019	0.024	—	—	—
	载重汽车 5t		台班	—	—	0.001	0.001	0.002
	直流弧焊机 20kV·A		台班	0.147	0.187	0.204	0.266	0.599

工作内容：管口除沥青、切管、调制接口材料、制垫、加垫、安装组对、接口养护、紧螺栓、试压检查。

计量单位：副

定额编号				2-4-302	2-4-303	2-4-304	2-4-305
项　目				承(插)盘法兰短管安装(石棉水泥接口) 公称直径(mm 以内)			
				80	100	150	200
名　称			单位	消　耗　量			
人工	合计工日		工日	0.4400	0.5200	0.6300	0.7600
	其中	普工	工日	0.1100	0.1300	0.1570	0.1900
		一般技工	工日	0.2860	0.3380	0.4100	0.4940
		高级技工	工日	0.0440	0.0520	0.0630	0.0760
材料	白铅油		kg	0.070	0.100	0.140	0.170
	承(插)盘法兰短管		个	2.000	2.000	2.000	2.000
	机油		kg	0.081	0.098	0.125	0.132
	六角螺栓带螺母、垫圈 M16×(65~80)		套	8.240	—	—	—
	六角螺栓带螺母、垫圈 M16×(85~140)		套	—	8.240	—	—
	六角螺栓带螺母、垫圈 M20×(85~100)		套	—	—	8.240	12.360
	破布		kg	0.020	0.028	0.030	0.035
	清油 C01-1		kg	0.020	0.023	0.030	0.035
	石棉绒		kg	0.093	0.123	0.182	0.234
	石棉橡胶板 低压 δ0.8~6.0		kg	0.130	0.170	0.280	0.330
	水泥 P.O 42.5		kg	0.348	0.459	0.680	0.874
	氧气		m^3	0.036	0.036	0.057	0.093
	乙炔气		kg	0.012	0.012	0.019	0.031
	油麻		kg	0.100	0.120	0.170	0.220
	其他材料费		%	2.000	2.000	2.000	2.000
机械	吊装机械(综合)		台班	—	—	0.026	0.031
	载重汽车 5t		台班	—	—	0.001	0.002

工作内容:管口除沥青、切管、调制接口材料、制垫、加垫、安装组对、接口养护、紧螺栓、试压检查。

计量单位:副

定额编号				2-4-306	2-4-307	2-4-308	2-4-309
项目				承(插)盘法兰短管安装(膨胀水泥接口)公称直径(mm以内)			
				80	100	150	200
名称			单位	消耗量			
人工	合计工日		工日	0.4300	0.5000	0.6100	0.7200
	其中	普工	工日	0.1070	0.1250	0.1520	0.1800
		一般技工	工日	0.2800	0.3250	0.3970	0.4680
		高级技工	工日	0.0430	0.0500	0.0610	0.0720
材料	白铅油		kg	0.070	0.100	0.140	0.170
	承(插)盘法兰短管		个	2.000	2.000	2.000	2.000
	硅酸盐膨胀水泥		kg	0.497	0.656	0.972	1.249
	机油		kg	0.070	0.098	0.125	0.132
	六角螺栓带螺母、垫圈 M16×(65~80)		套	8.240	—	—	—
	六角螺栓带螺母、垫圈 M16×(85~140)		套	—	8.240	—	—
	六角螺栓带螺母、垫圈 M20×(85~100)		套	—	—	8.240	12.360
	破布		kg	0.020	0.028	0.030	0.035
	清油 C01-1		kg	0.020	0.023	0.030	0.035
	石棉橡胶板 低压 δ0.8~6.0		kg	0.130	0.170	0.280	0.330
	氧气		m^3	0.036	0.036	0.057	0.093
	乙炔气		kg	0.012	0.012	0.019	0.031
	油麻		kg	0.100	0.120	0.170	0.220
	其他材料费		%	2.000	2.000	2.000	2.000
机械	吊装机械(综合)		台班	—	—	0.026	0.031
	载重汽车 5t		台班	—	—	0.001	0.002

工作内容：切管、熔接、制垫、加垫、安装组对、紧螺栓、试压检查。　　　　计量单位：副

定额编号				2-4-310	2-4-311	2-4-312	2-4-313	2-4-314	2-4-315
项目				塑料法兰(带短管)安装(热熔连接) 公称直径(mm 内)					
				15	20	25	32	40	50
名称			单位	消耗量					
人工	合计工日		工日	0.1200	0.1300	0.1500	0.1800	0.2100	0.2500
	其中	普工	工日	0.0300	0.0320	0.0370	0.0450	0.0520	0.0620
		一般技工	工日	0.0780	0.0850	0.0980	0.1170	0.1370	0.1630
		高级技工	工日	0.0120	0.0130	0.0150	0.0180	0.0210	0.0250
材料	白铅油		kg	0.020	0.025	0.028	0.030	0.035	0.040
	电		kW·h	0.086	0.104	0.129	0.172	0.205	0.334
	机油		kg	0.043	0.048	0.050	0.055	0.062	0.068
	锯条(各种规格)		根	0.015	0.019	0.022	0.026	0.031	0.064
	六角螺栓带螺母、垫圈 M12×(14~75)		套	4.120	4.120	4.120	—	—	—
	六角螺栓带螺母、垫圈 M16×(65~80)		套	—	—	—	4.120	4.120	4.120
	破布		kg	0.008	0.008	0.010	0.012	0.017	0.020
	清油 C01-1		kg	0.004	0.005	0.007	0.009	0.010	0.013
	石棉橡胶板 低压δ0.8~6.0		kg	0.010	0.020	0.040	0.050	0.060	0.070
	塑料法兰(带短管)		片	2.000	2.000	2.000	2.000	2.000	2.000
	铁砂布		张	0.007	0.008	0.009	0.015	0.019	0.033
	其他材料费		%	2.000	2.000	2.000	2.000	2.000	2.000

工作内容:切管、熔接、制垫、加垫、安装组对、紧螺栓、试压检查。

计量单位:副

定额编号				2-4-316	2-4-317	2-4-318	2-4-319	2-4-320	2-4-321
项目				塑料法兰(带短管)安装(热熔连接) 公称直径(mm 内)					
				65	80	100	125	150	200
名称			单位	消耗量					
人工	合计工日		工日	0.2900	0.3500	0.3900	0.4400	0.5000	0.6100
	其中	普工	工日	0.0720	0.0870	0.0970	0.1100	0.1250	0.1520
		一般技工	工日	0.1890	0.2280	0.2540	0.2860	0.3250	0.3970
		高级技工	工日	0.0290	0.0350	0.0390	0.0440	0.0500	0.0610
材料	白铅油		kg	0.050	0.070	0.100	0.120	0.140	0.170
	电		kW·h	0.334	0.449	0.524	—	—	—
	机油		kg	0.070	0.081	0.098	0.102	0.125	0.132
	锯条(各种规格)		根	0.076	0.114	0.153	—	—	—
	六角螺栓带螺母、垫圈 M16×(65~80)		套	4.120	8.240	—	—	—	—
	六角螺栓带螺母、垫圈 M16×(85~140)		套	—	—	8.240	8.240	—	—
	六角螺栓带螺母、垫圈 M20×(85~100)		套	—	—	—	—	8.240	12.360
	破布		kg	0.023	0.026	0.028	0.030	0.034	0.036
	清油 C01-1		kg	0.015	0.020	0.023	0.027	0.030	0.035
	石棉橡胶板 低压 δ0.8~6.0		kg	0.090	0.130	0.170	0.230	0.280	0.330
	塑料法兰(带短管)		片	2.000	2.000	2.000	2.000	2.000	2.000
	铁砂布		张	0.033	0.033	0.042	0.048	0.064	0.094
	其他材料费		%	2.000	2.000	2.000	2.000	2.000	2.000
机械	木工圆锯机 500mm		台班	—	—	—	0.004	0.005	0.006
	热熔对接焊机 160mm		台班	—	—	—	0.066	0.076	—
	热熔对接焊机 250mm		台班	—	—	—	—	—	0.121

工作内容：切管、熔接、制垫、加垫、安装组对、紧螺栓、试压检查。　　　　**计量单位**：副

定额编号				2－4－322	2－4－323	2－4－324	2－4－325	2－4－326	2－4－327
项　目				塑料法兰(带短管)安装(电熔连接)公称直径(mm内)					
				15	20	25	32	40	50
名　称			单位	消　耗　量					
人工	合计工日		工日	0.1200	0.1300	0.1500	0.1800	0.2100	0.2500
	其中	普工	工日	0.0300	0.0320	0.0370	0.0450	0.0520	0.0620
		一般技工	工日	0.0780	0.0850	0.0980	0.1170	0.1370	0.1630
		高级技工	工日	0.0120	0.0130	0.0150	0.0180	0.0210	0.0250
材料	白铅油		kg	0.020	0.025	0.028	0.030	0.035	0.040
	机油		kg	0.043	0.048	0.050	0.055	0.062	0.068
	锯条(各种规格)		根	0.015	0.019	0.024	0.026	0.031	0.064
	六角螺栓带螺母、垫圈 M12×(14～75)		套	4.120	4.120	4.120	—	—	—
	六角螺栓带螺母、垫圈 M16×(65～80)		套	—	—	—	4.120	4.120	4.120
	破布		kg	0.008	0.008	0.010	0.012	0.017	0.020
	清油 C01－1		kg	0.004	0.005	0.007	0.009	0.010	0.013
	石棉橡胶板 低压 δ0.8～6.0		kg	0.010	0.020	0.040	0.040	0.060	0.070
	塑料法兰(带短管)		片	2.000	2.000	2.000	2.000	2.000	2.000
	铁砂布		张	0.007	0.008	0.009	0.015	0.019	0.033
	其他材料费		%	2.000	2.000	2.000	2.000	2.000	2.000
机械	电熔焊接机 3.5kW		台班	0.014	0.017	0.022	0.029	0.034	0.042

工作内容:切管、熔接、制垫、加垫、安装组对、紧螺栓、试压检查。 **计量单位**:副

定额编号				2-4-328	2-4-329	2-4-330	2-4-331	2-4-332	2-4-333
项目				塑料法兰(带短管)安装(电熔连接) 公称直径(mm 内)					
				65	80	100	125	150	200
名称			单位	消耗量					
人工	合计工日		工日	0.3000	0.3500	0.4000	0.4500	0.5300	0.6100
	其中	普工	工日	0.0750	0.0870	0.1000	0.1120	0.1320	0.1520
		一般技工	工日	0.1950	0.2280	0.2600	0.2930	0.3450	0.3970
		高级技工	工日	0.0300	0.0350	0.0400	0.0450	0.0530	0.0610
材料	白铅油		kg	0.050	0.070	0.100	0.120	0.140	0.170
	机油		kg	0.070	0.081	0.098	0.102	0.125	0.132
	锯条(各种规格)		根	0.076	0.114	0.153	—	—	—
	六角螺栓带螺母、垫圈 M16×(65~80)		套	4.120	8.240	—	—	—	—
	六角螺栓带螺母、垫圈 M16×(85~140)		套	—	—	8.240	8.240	—	—
	六角螺栓带螺母、垫圈 M20×(85~100)		套	—	—	—	—	8.240	12.360
	破布		kg	0.023	0.026	0.028	0.030	0.034	0.036
	清油 C01-1		kg	0.015	0.020	0.023	0.027	0.030	0.035
	石棉橡胶板 低压 δ0.8~6.0		kg	0.090	0.130	0.170	0.230	0.280	0.330
	塑料法兰(带短管)		片	2.000	2.000	2.000	2.000	2.000	2.000
	铁砂布		张	0.033	0.042	0.048	0.056	0.064	0.082
	其他材料费		%	2.000	2.000	2.000	2.000	2.000	2.000
机械	电熔焊接机 3.5kW		台班	0.051	0.062	0.068	0.072	0.076	0.091
	木工圆锯机 500mm		台班	—	—	—	0.004	0.005	0.006

工作内容:切管、粘接、制垫、加垫、安装组对、紧螺栓、试压检查。　　　　计量单位:副

定额编号				2-4-334	2-4-335	2-4-336	2-4-337	2-4-338	2-4-339
项　目				塑料法兰(带短管)安装(粘接)公称直径(mm内)					
				15	20	25	32	40	50
名　称			单位	消耗量					
人工	合计工日		工日	0.1100	0.1200	0.1400	0.1700	0.2100	0.2400
	其中	普工	工日	0.0270	0.0300	0.0350	0.0420	0.0520	0.0600
		一般技工	工日	0.0720	0.0780	0.0910	0.1110	0.1370	0.1560
		高级技工	工日	0.0110	0.0120	0.0140	0.0170	0.0210	0.0240
材料	白铅油		kg	0.020	0.025	0.028	0.030	0.035	0.040
	丙酮		kg	0.006	0.007	0.010	0.012	0.013	0.018
	机油		kg	0.043	0.048	0.050	0.055	0.062	0.068
	锯条(各种规格)		根	0.015	0.019	0.024	0.024	0.031	0.064
	六角螺栓带螺母、垫圈 M12×(14~75)		套	4.120	4.120	4.120	—	—	—
	六角螺栓带螺母、垫圈 M16×(65~80)		套	—	—	—	4.120	4.120	4.120
	破布		kg	0.012	0.013	0.014	0.015	0.025	0.027
	清油 C01-1		kg	0.004	0.005	0.007	0.009	0.010	0.013
	石棉橡胶板 低压 δ0.8~6.0		kg	0.010	0.020	0.040	0.040	0.060	0.070
	塑料法兰(带短管)		片	2.000	2.000	2.000	2.000	2.000	2.000
	铁砂布		张	0.007	0.008	0.009	0.015	0.019	0.026
	粘接剂		kg	0.003	0.003	0.004	0.006	0.007	0.009
	其他材料费		%	2.000	2.000	2.000	2.000	2.000	2.000

工作内容：切管、粘接、制垫、加垫、安装组对、紧螺栓、试压检查。 计量单位：副

定额编号				2-4-340	2-4-341	2-4-342	2-4-343	2-4-344	2-4-345
项目				塑料法兰(带短管)安装(粘接) 公称直径(mm 内)					
				65	80	100	125	150	200
名称			单位	消耗量					
人工	合计工日		工日	0.2800	0.3300	0.3800	0.4300	0.4900	0.5700
	其中	普工	工日	0.0700	0.0820	0.0950	0.1070	0.1220	0.1420
		一般技工	工日	0.1820	0.2150	0.2470	0.2800	0.3190	0.3710
		高级技工	工日	0.0280	0.0330	0.0380	0.0430	0.0490	0.0570
材料	白铅油		kg	0.050	0.070	0.100	0.120	0.140	0.170
	丙酮		kg	0.015	0.022	0.038	0.041	0.044	0.068
	机油		kg	0.070	0.081	0.098	0.102	0.125	0.132
	锯条(各种规格)		根	0.076	0.114	0.153	—	—	—
	六角螺栓带螺母、垫圈 M16×(65~80)		套	4.120	8.240	—	—	—	—
	六角螺栓带螺母、垫圈 M16×(85~140)		套	—	—	8.240	8.240	—	—
	六角螺栓带螺母、垫圈 M20×(85~100)		套	—	—	—	—	8.240	12.360
	破布		kg	0.029	0.032	0.043	0.044	0.045	0.054
	清油 C01-1		kg	0.015	0.020	0.023	0.027	0.030	0.035
	石棉橡胶板 低压 δ0.8~6.0		kg	0.090	0.130	0.170	0.230	0.280	0.330
	塑料法兰(带短管)		片	2.000	2.000	2.000	2.000	2.000	2.000
	铁砂布		张	0.033	0.033	0.042	0.048	0.064	0.094
	粘接剂		kg	0.010	0.015	0.025	0.027	0.029	0.045
	其他材料费		%	2.000	2.000	2.000	2.000	2.000	2.000
机械	木工圆锯机 500mm		台班	—	—	—	0.004	0.005	0.006

工作内容：切管、滚槽、制垫、加垫、安装组对、紧螺栓、试压检查。　　**计量单位：**副

定额编号				2－4－346	2－4－347	2－4－348	2－4－349	2－4－350
项　目				沟槽法兰安装 公称直径（mm 以内）				
				20	25	32	40	50
名　称			单位	消　耗　量				
人工	合计工日		工日	0.0900	0.1000	0.1200	0.1500	0.1900
	其中	普工	工日	0.0220	0.0250	0.0300	0.0370	0.0470
		一般技工	工日	0.0590	0.0650	0.0780	0.0980	0.1240
		高级技工	工日	0.0090	0.0100	0.0120	0.0150	0.0190
材料	白铅油		kg	0.040	0.040	0.040	0.060	0.060
	沟槽法兰		片	2.000	2.000	2.000	2.000	2.000
	机油		kg	0.045	0.048	0.050	0.063	0.068
	卡箍连接件（含胶圈）		套	2.000	2.000	2.000	2.000	2.000
	六角螺栓带螺母、垫圈 M12×（14～75）		套	4.120	4.120	—	—	—
	六角螺栓带螺母、垫圈 M16×（65～80）		套	—	—	4.120	4.120	4.120
	破布		kg	0.010	0.012	0.014	0.016	0.018
	清油 C01－1		kg	0.005	0.007	0.009	0.010	0.013
	润滑剂		kg	0.004	0.005	0.006	0.007	0.008
	石棉橡胶板 低压 δ0.8～6.0		kg	0.020	0.040	0.055	0.065	0.078
	其他材料费		%	2.000	2.000	2.000	2.000	2.000
机械	吊装机械（综合）		台班	—	—	—	—	0.002
	管子切断机 60mm		台班	0.005	0.005	0.005	0.006	0.007
	滚槽机		台班	0.008	0.010	0.013	0.016	0.020

工作内容:切管、滚槽、制垫、加垫、安装组对、紧螺栓、试压检查。

计量单位:副

定额编号				2-4-351	2-4-352	2-4-353	2-4-354	2-4-355	2-4-356
项目				沟槽法兰安装 公称直径(mm以内)					
				65	80	100	125	150	200
名称			单位	消耗量					
人工	合计工日		工日	0.2500	0.3100	0.3700	0.4400	0.5200	0.6500
	其中	普工	工日	0.0620	0.0770	0.0920	0.1100	0.1300	0.1620
		一般技工	工日	0.1630	0.2020	0.2410	0.2860	0.3380	0.4230
		高级技工	工日	0.0250	0.0310	0.0370	0.0440	0.0520	0.0650
材料	白铅油		kg	0.080	0.070	0.110	0.130	0.146	0.156
	沟槽法兰		片	2.000	2.000	2.000	2.000	2.000	2.000
	机油		kg	0.070	0.070	0.090	0.110	0.130	0.150
	卡箍连接件(含胶圈)		套	2.000	2.000	2.000	2.000	2.000	2.000
	六角螺栓带螺母、垫圈 M16×(65~80)		套	4.120	8.240	—	—	—	—
	六角螺栓带螺母、垫圈 M16×(85~140)		套	—	—	8.240	8.240	—	—
	六角螺栓带螺母、垫圈 M20×(85~100)		套	—	—	—	—	8.240	12.360
	破布		kg	0.020	0.025	0.030	0.033	0.036	0.040
	清油 C01-1		kg	0.015	0.020	0.030	0.033	0.036	0.040
	润滑剂		kg	0.009	0.010	0.012	0.014	0.016	0.020
	石棉橡胶板 低压 δ0.8~6.0		kg	0.090	0.130	0.160	0.180	0.204	0.224
	其他材料费		%	2.000	2.000	2.000	2.000	2.000	2.000
机械	吊装机械(综合)		台班	0.003	0.003	0.010	0.038	0.039	0.047
	管子切断机 150mm		台班	0.008	0.008	0.009	0.012	0.015	—
	管子切断机 250mm		台班	—	—	—	—	—	0.016
	滚槽机		台班	0.026	0.032	0.040	0.049	0.058	0.076
	载重汽车 5t		台班	—	—	—	0.001	0.001	0.001

3. 其　　他

工作内容：定位、打眼、固定管卡。　　　　**计量单位：**个

定额编号				2-4-357	2-4-358	2-4-359	2-4-360
项　　目				成品管卡安装 公称直径(mm 以内)			
				20	32	40	50
名　　称			单位	消　耗　量			
人工	合计工日		工日	0.0110	0.0120	0.0130	0.0150
	其中	普工	工日	0.0030	0.0030	0.0040	0.0030
		一般技工	工日	0.0070	0.0080	0.0080	0.0100
		高级技工	工日	0.0010	0.0010	0.0010	0.0020
材料	成品管卡		套	1.050	1.050	1.050	1.050
	冲击钻头 ϕ12		个	0.015	0.015	0.015	—
	冲击钻头 ϕ14		个	—	—	—	0.015
	电		kW·h	0.012	0.012	0.014	0.016
	膨胀螺栓 M8		套	1.030	1.030	1.030	—
	膨胀螺栓 M10		套	—	—	—	1.030
	其他材料费		%	2.000	2.000	2.000	2.000

工作内容：定位、打眼、固定管卡。　　　　**计量单位：**个

定额编号				2-4-361	2-4-362	2-4-363	2-4-364
项　　目				成品管卡安装 公称直径(mm 以内)			
				80	100	125	150
名　　称			单位	消　耗　量			
人工	合计工日		工日	0.0170	0.0190	0.0210	0.0240
	其中	普工	工日	0.0040	0.0050	0.0050	0.0060
		一般技工	工日	0.0110	0.0120	0.0140	0.0160
		高级技工	工日	0.0020	0.0020	0.0020	0.0020
材料	成品管卡		套	1.050	1.050	1.050	1.050
	冲击钻头 ϕ14		个	0.018	—	—	—
	冲击钻头 ϕ16		个	—	0.018	0.018	0.018
	电		kW·h	0.016	0.020	0.024	0.026
	膨胀螺栓 M10		套	1.030	—	—	—
	膨胀螺栓 M12		套	—	1.030	1.030	1.030
	其他材料费		%	2.000	2.000	2.000	2.000

工作内容：切管、焊接、除锈刷漆、安装、填塞密封材料、堵洞。 计量单位：个

定额编号				2-4-365	2-4-366	2-4-367	2-4-368
项目				一般钢套管制作安装 介质管道公称直径（mm 以内）			
				20	32	50	65
名称			单位	消耗量			
人工	合计工日		工日	0.0850	0.0970	0.1380	0.1860
	其中	普工	工日	0.0210	0.0240	0.0340	0.0460
		一般技工	工日	0.0550	0.0630	0.0900	0.1210
		高级技工	工日	0.0090	0.0100	0.0140	0.0190
材料	低碳钢焊条 J422 ϕ3.2		kg	0.016	0.017	0.019	0.022
	酚醛防锈漆（各种颜色）		kg	0.014	0.017	0.020	0.026
	钢丝刷子		把	0.002	0.002	0.003	0.006
	焊接钢管 *DN*32		m	0.318	—	—	—
	焊接钢管 *DN*50		m	—	0.318	—	—
	焊接钢管 *DN*80		m	—	—	0.318	—
	焊接钢管 *DN*100		m	—	—	—	0.318
	密封油膏		kg	0.107	0.153	0.163	0.202
	尼龙砂轮片 ϕ400		片	0.012	0.021	0.026	0.038
	破布		kg	0.002	0.002	0.003	0.006
	汽油 70# ~ 90#		kg	0.003	0.004	0.005	0.007
	砂子		kg	0.386	0.558	0.734	0.997
	水泥 P.O 42.5		kg	0.129	0.186	0.245	0.332
	氧气		m^3	0.018	0.021	0.024	0.036
	乙炔气		kg	0.006	0.007	0.008	0.012
	油麻		kg	0.090	0.158	0.623	0.957
	圆钢 ϕ10 ~ 14		kg	0.158	0.158	0.158	0.158
	其他材料费		%	2.000	2.000	2.000	2.000
机械	电焊机（综合）		台班	0.008	0.009	0.009	0.009
	砂轮切割机 ϕ400		台班	0.004	0.005	0.007	0.009

工作内容:切管、焊接、除锈刷漆、安装、填塞密封材料、堵洞。　　计量单位:个

定额编号				2-4-369	2-4-370	2-4-371	2-4-372
项　目				一般钢套管制作安装 介质管道公称直径(mm 以内)			
				80	100	125	150
名　称			单位	消　耗　量			
人工	合计工日		工日	0.2460	0.3350	0.4570	0.5690
	其中	普工	工日	0.0610	0.0840	0.1140	0.1420
		一般技工	工日	0.1600	0.2180	0.2970	0.3700
		高级技工	工日	0.0250	0.0340	0.0460	0.0570
材料	低碳钢焊条 J422 ϕ3.2		kg	0.025	0.029	0.032	0.034
	酚醛防锈漆(各种颜色)		kg	0.035	0.037	0.051	0.051
	钢丝刷子		把	0.006	0.006	0.008	0.008
	焊接钢管 *DN*125		m	0.318	—	—	—
	焊接钢管 *DN*150		m	—	0.318	0.318	—
	密封油膏		kg	0.254	0.258	0.273	0.612
	尼龙砂轮片 ϕ400		片	0.053	0.057	0.063	—
	破布		kg	0.006	0.006	0.008	0.008
	汽油 70# ~ 90#		kg	0.009	0.009	0.013	0.013
	砂子		kg	1.142	1.319	1.387	2.399
	水泥 P.O 42.5		kg	0.381	0.440	0.462	0.800
	无缝钢管 D219×6		m	—	—	—	0.318
	氧气		m^3	0.060	0.090	0.150	0.324
	乙炔气		kg	0.020	0.030	0.050	0.108
	油麻		kg	2.115	2.194	2.849	3.152
	圆钢 ϕ10 ~ 14		kg	0.158	0.158	0.158	0.158
	其他材料费		%	2.000	2.000	2.000	2.000
机械	电焊机(综合)		台班	0.011	0.013	0.014	0.019
	砂轮切割机 ϕ400		台班	0.011	0.013	0.015	—

工作内容：切管、焊接、除锈刷漆、安装、填塞密封材料、堵洞。 **计量单位**：个

定额编号				2-4-373	2-4-374	2-4-375	2-4-376	2-4-377
项目				一般钢套管制作安装 介质管道公称直径(mm 以内)				
				200	250	300	350	400
名称			单位	消耗量				
人工	合计工日		工日	0.6930	0.7360	0.8210	0.9470	1.1240
	其中	普工	工日	0.1730	0.1840	0.2050	0.2370	0.2810
		一般技工	工日	0.4500	0.4780	0.5340	0.6160	0.7310
		高级技工	工日	0.0690	0.0740	0.0820	0.0950	0.1120
材料	低碳钢焊条 J422 ϕ3.2		kg	0.035	0.038	0.040	0.042	0.042
	酚醛防锈漆(各种颜色)		kg	0.063	0.075	0.087	0.099	0.122
	钢丝刷子		把	0.010	0.012	0.014	0.016	0.020
	密封油膏		kg	0.635	0.661	0.763	0.865	0.966
	破布		kg	0.010	0.012	0.014	0.016	0.020
	汽油 70#~90#		kg	0.016	0.019	0.022	0.025	0.031
	砂子		kg	2.859	3.262	3.698	4.105	4.660
	水泥 P.O 42.5		kg	0.953	1.087	1.233	1.368	1.553
	无缝钢管 D273×7		m	0.318	—	—	—	—
	无缝钢管 D325×8		m	—	0.318	—	—	—
	无缝钢管 D377×10		m	—	—	0.318	—	—
	无缝钢管 D426×10		m	—	—	—	0.318	—
	无缝钢管 D480×10		m	—	—	—	—	0.318
	氧气		m^3	0.414	0.429	0.486	0.619	0.825
	乙炔气		kg	0.138	0.143	0.162	0.213	0.275
	油麻		kg	3.236	3.443	3.755	3.977	4.679
	圆钢 ϕ10~14		kg	0.316	0.316	0.316	0.316	0.474
	其他材料费		%	2.000	2.000	2.000	2.000	2.000
机械	电焊机(综合)		台班	0.022	0.024	0.002	0.002	0.002

工作内容：切管、安装、填塞密封材料、堵洞。　　计量单位：个

定额编号				2-4-378	2-4-379	2-4-380
项目				一般塑料套管制作安装 介质管道公称直径(mm以内)		
				32	50	65
名称			单位	消耗量		
人工	合计工日		工日	0.0880	0.1170	0.1200
	其中	普工	工日	0.0220	0.0290	0.0300
		一般技工	工日	0.0570	0.0760	0.0780
		高级技工	工日	0.0090	0.0120	0.0120
材料	锯条(各种规格)		根	0.031	0.102	0.236
	密封油膏		kg	0.153	0.163	0.254
	砂子		kg	0.558	0.734	0.997
	水泥 P.O 42.5		kg	0.186	0.245	0.332
	塑料管 *dn*63		m	0.318	—	—
	塑料管 *dn*75		m	—	0.318	—
	塑料管 *dn*110		m	—	—	0.318
	油麻		kg	0.158	0.623	2.115
	其他材料费		%	2.000	2.000	2.000

工作内容：切管、安装、填塞密封材料、堵洞。　　计量单位：个

定额编号				2-4-381	2-4-382	2-4-383	2-4-384
项目				一般塑料套管制作安装 介质管道公称直径(mm以内)			
				100	150	200	250
名称			单位	消耗量			
人工	合计工日		工日	0.1260	0.1430	0.1530	0.1690
	其中	普工	工日	0.0310	0.0360	0.0390	0.0420
		一般技工	工日	0.0820	0.0930	0.0990	0.1100
		高级技工	工日	0.0130	0.0140	0.0150	0.0170
材料	锯条(各种规格)		根	0.529	0.705	1.009	1.411
	密封油膏		kg	0.258	0.612	0.635	0.661
	砂子		kg	1.319	2.399	2.859	3.262
	水泥 P.O 42.5		kg	0.440	0.800	0.953	1.087
	塑料管 *dn*160		m	0.318	—	—	—
	塑料管 *dn*200		m	—	0.318	—	—
	塑料管 *dn*250		m	—	—	0.318	—
	塑料管 *dn*315		m	—	—	—	0.318
	油麻		kg	2.194	3.152	3.236	3.443
	其他材料费		%	2.000	2.000	2.000	2.000

工作内容：放样、下料、切割、组对、焊接、刷防锈漆。

计量单位：个

定额编号				2-4-385	2-4-386	2-4-387	2-4-388	2-4-389	2-4-390
项目				柔性防水套管制作 介质管道公称直径(mm 以内)					
				50	80	100	125	150	200
名称			单位	消耗量					
人工	合计工日		工日	1.2590	1.5020	1.9640	2.0120	2.4880	2.8370
	其中	普工	工日	0.3150	0.3760	0.4910	0.5030	0.6220	0.7090
		一般技工	工日	0.8180	0.9760	1.2770	1.3080	1.6170	1.8440
		高级技工	工日	0.1260	0.1500	0.1960	0.2010	0.2490	0.2840
材料	低碳钢焊条 J422 ϕ3.2		kg	0.965	1.247	1.450	1.750	1.950	3.750
	电		kW·h	0.034	0.057	0.068	0.085	0.102	0.140
	酚醛防锈漆(各种颜色)		kg	0.252	0.380	0.425	0.500	0.581	0.727
	钢丝刷子		把	0.153	0.229	0.257	0.306	0.351	0.439
	尼龙砂轮片 ϕ100		片	0.050	0.084	0.100	0.125	0.150	0.206
	破布		kg	0.020	0.032	0.035	0.040	0.047	0.059
	汽油 70#～90#		kg	0.075	0.113	0.126	0.148	0.172	0.215
	热轧厚钢板 δ10～20		kg	15.400	22.860	25.760	30.860	35.120	43.980
	无缝钢管 D89×4		m	0.424	—	—	—	—	—
	无缝钢管 D133×4		m	—	0.424	—	—	—	—
	无缝钢管 D159×4.5		m	—	—	0.424	0.424	—	—
	无缝钢管 D219×6		m	—	—	—	—	0.424	—
	无缝钢管 D273×7		m	—	—	—	—	—	0.424
	氧气		m^3	2.124	2.958	3.750	3.999	4.083	4.815
	乙炔气		kg	0.708	0.986	1.250	1.333	1.361	1.605
	其他材料费		%	2.000	2.000	2.000	2.000	2.000	2.000
机械	电焊机(综合)		台班	0.348	0.483	0.613	0.720	0.733	1.090
	立式钻床 25mm		台班	0.010	0.020	0.030	0.030	0.040	0.040
	普通车床 630×2000(mm)		台班	0.028	0.040	0.050	0.061	0.062	0.062

工作内容：放样、下料、切割、组对、焊接、刷防锈漆。　　　　**计量单位**：个

定额编号				2-4-391	2-4-392	2-4-393	2-4-394	2-4-395	2-4-396
项　目				柔性防水套管制作 介质管道公称直径(mm以内)					
				250	300	350	400	450	500
名　称			单位	消　耗　量					
人工	合计工日		工日	3.2140	3.4300	3.9200	4.2560	4.7940	5.1930
	其中	普工	工日	0.8040	0.8580	0.9800	1.0640	1.1990	1.2980
		一般技工	工日	2.0890	2.2290	2.5480	2.7660	3.1160	3.3760
		高级技工	工日	0.3210	0.3430	0.3920	0.4260	0.4790	0.5190
材料	低碳钢焊条 J422 ϕ3.2		kg	6.250	8.417	9.450	10.575	14.075	15.925
	电		kW·h	0.175	0.208	0.241	0.273	0.306	0.339
	酚醛防锈漆(各种颜色)		kg	0.887	1.329	1.517	1.749	1.932	2.175
	钢丝刷子		把	0.538	0.821	0.937	1.075	1.200	1.342
	尼龙砂轮片 ϕ100		片	0.257	0.306	0.355	0.401	0.451	0.499
	破布		kg	0.072	0.103	0.118	0.137	0.149	0.170
	汽油 70#~90#		kg	0.263	0.392	0.448	0.517	0.572	0.642
	热轧厚钢板 δ10~20		kg	53.880	83.030	94.860	108.560	121.560	135.630
	无缝钢管 D325×8		m	0.424	—	—	—	—	—
	无缝钢管 D377×10		m	—	0.424	—	—	—	—
	无缝钢管 D426×10		m	—	—	0.424	—	—	—
	无缝钢管 D480×10		m	—	—	—	0.424	—	—
	无缝钢管 D530×10		m	—	—	—	—	0.424	—
	无缝钢管 D630×10		m	—	—	—	—	—	0.424
	氧气		m^3	5.064	5.919	5.976	5.979	6.306	9.750
	乙炔气		kg	1.688	1.973	1.992	1.993	2.102	3.250
	其他材料费		%	2.000	2.000	2.000	2.000	2.000	2.000
机械	电焊机(综合)		台班	1.298	1.557	1.747	1.990	2.195	2.292
	立式钻床 25mm		台班	0.050	0.060	0.070	0.070	0.080	0.090
	普通车床 630×2000(mm)		台班	0.116	0.120	0.161	0.182	0.218	0.220

工作内容：配合预留孔洞及混凝土浇筑、套管就位、安装、填塞密封材料、紧螺栓。 计量单位：个

定额编号			2-4-397	2-4-398	2-4-399	2-4-400	2-4-401	2-4-402
项目			柔性防水套管安装 介质管道公称直径(mm 以内)					
			50	80	100	125	150	200
名称		单位	消耗量					
人工	合计工日	工日	0.2820	0.3260	0.3490	0.3580	0.3910	0.5620
	其中 普工	工日	0.0710	0.0820	0.0870	0.0890	0.0980	0.1410
	其中 一般技工	工日	0.1830	0.2110	0.2270	0.2330	0.2540	0.3650
	其中 高级技工	工日	0.0280	0.0330	0.0350	0.0360	0.0390	0.0560
材料	黄干油	kg	0.070	0.070	0.080	0.100	0.120	0.120
	机油	kg	0.010	0.040	0.040	0.070	0.070	0.070
	六角螺栓带螺母、垫圈 M12×(14～75)	套	4.120	—	—	—	—	—
	六角螺栓带螺母、垫圈 M16×(65～80)	套	—	4.120	4.120	6.180	6.180	6.180
	密封油膏	kg	0.136	0.206	0.242	0.370	0.400	0.559
	柔性防水套管	个	1.000	1.000	1.000	1.000	1.000	1.000
	橡胶密封圈 DN50	个	2.000	—	—	—	—	—
	橡胶密封圈 DN80	个	—	2.000	—	—	—	—
	橡胶密封圈 DN100	个	—	—	2.000	—	—	—
	橡胶密封圈 DN125	个	—	—	—	2.000	—	—
	橡胶密封圈 DN150	个	—	—	—	—	2.000	—
	橡胶密封圈 DN200	个	—	—	—	—	—	2.000
	油麻	kg	0.115	0.174	0.205	0.312	0.338	0.472
	其他材料费	%	2.000	2.000	2.000	2.000	2.000	2.000

工作内容：配合预留孔洞及混凝土浇筑、套管就位、安装、填塞密封材料、紧螺栓。 计量单位：个

定额编号			2-4-403	2-4-404	2-4-405	2-4-406	2-4-407	2-4-408
项目			柔性防水套管安装 介质管道公称直径(mm 以内)					
			250	300	350	400	450	500
名称		单位	消耗量					
人工	合计工日	工日	0.5890	0.6040	0.6590	0.7070	0.8240	0.8670
	其中 普工	工日	0.1470	0.1510	0.1650	0.1770	0.2060	0.2160
	其中 一般技工	工日	0.3830	0.3930	0.4280	0.4600	0.5360	0.5640
	其中 高级技工	工日	0.0590	0.0600	0.0660	0.0710	0.0820	0.0870
材料	黄干油	kg	0.140	0.160	0.170	0.200	0.220	0.230
	机油	kg	0.070	0.160	0.160	0.160	0.160	0.210
	六角螺栓带螺母、垫圈 M16×(65～80)	套	8.240	—	—	—	—	—
	六角螺栓带螺母、垫圈 M20×(85～100)	套	—	8.240	8.240	12.360	12.360	16.480
	密封油膏	kg	0.781	0.917	0.988	1.229	1.269	1.540
	柔性防水套管	个	1.000	1.000	1.000	1.000	1.000	1.000
	橡胶密封圈 DN250	个	2.000	—	—	—	—	—
	橡胶密封圈 DN300	个	—	2.000	—	—	—	—
	橡胶密封圈 DN350	个	—	—	2.000	—	—	—
	橡胶密封圈 DN400	个	—	—	—	2.000	—	—
	橡胶密封圈 DN450	个	—	—	—	—	2.000	—
	橡胶密封圈 DN500	个	—	—	—	—	—	2.000
	油麻	kg	0.659	0.774	0.834	1.037	1.070	1.300
	其他材料费	%	2.000	2.000	2.000	2.000	2.000	2.000

工作内容：放样、下料、切割、组对、焊接、刷防锈漆。　　　　**计量单位：**个

定额编号				2－4－409	2－4－410	2－4－411	2－4－412	2－4－413	2－4－414
项　目				刚性防水套管制作 介质管道公称直径(mm 以内)					
				50	80	100	125	150	200
名　称			单位	消　耗　量					
人工	合计工日		工日	0.5780	0.6970	0.8960	1.1090	1.1560	1.4240
	其中	普工	工日	0.1440	0.1740	0.2240	0.2770	0.2890	0.3560
		一般技工	工日	0.3760	0.4530	0.5820	0.7210	0.7510	0.9260
		高级技工	工日	0.0580	0.0700	0.0900	0.1110	0.1160	0.1420
材料	扁钢 59 以内		kg	0.900	1.050	1.250	1.400	1.600	2.000
	低碳钢焊条 J422 ϕ3.2		kg	0.386	0.499	0.580	0.720	0.780	1.536
	电		kW·h	0.027	0.040	0.046	0.057	0.068	0.094
	酚醛防锈漆(各种颜色)		kg	0.047	0.059	0.064	0.080	0.085	0.114
	钢丝刷子		把	0.593	1.005	1.054	1.069	1.459	1.832
	尼龙砂轮片 ϕ100		片	0.040	0.059	0.068	0.084	0.100	0.138
	破布		kg	0.559	0.966	1.005	1.006	1.384	1.727
	汽油 $70^{\#}$～$90^{\#}$		kg	0.020	0.027	0.032	0.038	0.047	0.063
	热轧厚钢板 δ10～20		kg	3.929	4.558	5.673	7.273	8.606	12.161
	无缝钢管 D89×4		m	0.424	—	—	—	—	—
	无缝钢管 D133×4		m	—	0.424	—	—	—	—
	无缝钢管 D159×4.5		m	—	—	0.424	0.424	—	—
	无缝钢管 D219×6		m	—	—	—	—	0.424	—
	无缝钢管 D273×7		m	—	—	—	—	—	0.424
	氧气		m^3	1.062	1.479	1.875	2.001	2.040	2.406
	乙炔气		kg	0.354	0.493	0.625	0.667	0.680	0.802
	其他材料费		%	2.000	2.000	2.000	2.000	2.000	2.000
机械	电焊机(综合)		台班	0.139	0.193	0.245	0.288	0.293	0.437
	普通车床 630×2000(mm)		台班	0.014	0.020	0.025	0.030	0.030	0.031

工作内容:放样、下料、切割、组对、焊接、刷防锈漆。

计量单位:个

定额编号				2-4-415	2-4-416	2-4-417	2-4-418	2-4-419	2-4-420
项目				刚性防水套管制作 介质管道公称直径(mm以内)					
				250	300	350	400	450	500
名称			单位	消耗量					
人工	合计工日		工日	1.7880	2.2320	2.7630	3.1240	3.5420	3.8790
	其中	普工	工日	0.4470	0.5580	0.6910	0.7810	0.8860	0.9700
		一般技工	工日	1.1620	1.4510	1.7960	2.0310	2.3020	2.5210
		高级技工	工日	0.1790	0.2230	0.2760	0.3120	0.3540	0.3880
材料	扁钢59以内		kg	2.400	2.700	3.100	3.400	3.800	4.100
	低碳钢焊条J422 ϕ3.2		kg	2.500	3.367	3.780	4.230	5.630	6.370
	电		kW·h	0.117	0.139	0.182	0.204	0.226	0.252
	酚醛防锈漆(各种颜色)		kg	0.138	0.187	0.210	0.277	0.321	0.412
	钢丝刷子		把	2.204	2.626	2.964	3.750	3.790	4.600
	尼龙砂轮片 ϕ100		片	0.172	0.204	0.237	0.268	0.300	0.333
	破布		kg	2.056	2.393	2.700	3.366	3.370	4.019
	汽油70#~90#		kg	0.085	0.125	0.140	0.200	0.216	0.294
	热轧厚钢板 δ10~20		kg	17.084	26.892	30.104	44.391	48.756	67.906
	无缝钢管D325×8		m	0.424	—	—	—	—	—
	无缝钢管D377×10		m	—	0.424	—	—	—	—
	无缝钢管D426×10		m	—	—	0.424	—	—	—
	无缝钢管D480×10		m	—	—	—	0.424	—	—
	无缝钢管D530×10		m	—	—	—	—	0.424	—
	无缝钢管D630×10		m	—	—	—	—	—	0.424
	氧气		m^3	2.532	2.958	2.988	2.994	3.153	4.320
	乙炔气		kg	0.844	0.986	0.996	0.998	1.051	1.440
	其他材料费		%	2.000	2.000	2.000	2.000	2.000	2.000
机械	电焊机(综合)		台班	0.519	0.623	0.699	0.796	0.878	0.917
	普通车床630×2000(mm)		台班	0.058	0.062	0.083	0.090	0.111	0.112

工作内容:配合预留孔洞及混凝土浇筑、套管就位、安装、填塞密封材料。

计量单位:个

定额编号				2-4-421	2-4-422	2-4-423	2-4-424	2-4-425	2-4-426
项目				刚性防水套管安装 介质管道公称直径(mm以内)					
				50	80	100	125	150	200
名称			单位	消耗量					
人工	合计工日		工日	0.4650	0.4840	0.5160	0.5890	0.6770	0.7560
	其中	普工	工日	0.1160	0.1210	0.1290	0.1470	0.1690	0.1890
		一般技工	工日	0.3020	0.3150	0.3350	0.3830	0.4400	0.4910
		高级技工	工日	0.0470	0.0480	0.0520	0.0590	0.0680	0.0760
材料	刚性防水套管		个	1.000	1.000	1.000	1.000	1.000	1.000
	密封油膏		kg	0.216	0.266	0.307	0.316	0.505	0.559
	石棉绒		kg	0.388	0.469	0.520	0.535	0.868	0.894
	水泥P.O 42.5		kg	0.905	1.095	1.214	1.249	2.025	2.085
	油麻		kg	0.811	0.982	1.089	1.120	1.816	1.870
	其他材料费		%	2.000	2.000	2.000	2.000	2.000	2.000

工作内容：配合预留孔洞及混凝土浇筑、套管就位、安装、填塞密封材料。　　　　**计量单位**：个

定额编号				2-4-427	2-4-428	2-4-429	2-4-430	2-4-431	2-4-432
项目				刚性防水套管安装 介质管道公称直径(mm 以内)					
				250	300	350	400	450	500
名称			单位	消耗量					
人工	合计工日		工日	0.8520	0.9140	1.0600	1.2140	1.3860	1.5250
	其中	普工	工日	0.2130	0.2290	0.2650	0.3040	0.3470	0.3810
		一般技工	工日	0.5540	0.5940	0.6890	0.7890	0.9010	0.9910
		高级技工	工日	0.0850	0.0910	0.1060	0.1210	0.1390	0.1530
材料	刚性防水套管		个	1.000	1.000	1.000	1.000	1.000	1.000
	密封油膏		kg	0.652	0.730	0.777	0.990	1.005	1.394
	石棉绒		kg	1.035	1.078	1.122	1.467	1.488	2.174
	水泥 P.O 42.5		kg	2.415	2.516	2.618	3.424	3.473	5.072
	油麻		kg	2.166	2.256	2.347	3.070	3.114	4.548
	其他材料费		%	2.000	2.000	2.000	2.000	2.000	2.000

工作内容：就位、固定，堵洞。　　　　**计量单位**：个

定额编号				2-4-433	2-4-434	2-4-435	2-4-436	2-4-437	2-4-438
项目				成品防火套管安装 公称直径(mm 以内)					
				50	75	100	150	200	250
名称			单位	消耗量					
人工	合计工日		工日	0.1250	0.1890	0.2450	0.2770	0.3620	0.4020
	其中	普工	工日	0.0310	0.0470	0.0610	0.0690	0.0910	0.1010
		一般技工	工日	0.0810	0.1230	0.1590	0.1800	0.2350	0.2610
		高级技工	工日	0.0130	0.0190	0.0250	0.0280	0.0360	0.0400
材料	成品防火套管		个	1.000	1.000	1.000	1.000	1.000	1.000
	水泥砂浆 1:2.5		m^3	0.002	0.002	0.004	0.006	0.007	0.008
	预拌混凝土 C20		m^3	0.006	0.007	0.009	0.013	0.016	0.018
	其他材料费		%	2.000	2.000	2.000	2.000	2.000	2.000

工作内容:切管连接、除锈刷漆、就位固定、管端处理。 **计量单位**:10m

定额编号			2-4-439	2-4-440	2-4-441	2-4-442
项目			碳钢管道保护管制作安装 公称直径(mm 以内)			
			50	80	100	150
名称		单位	消耗量			
人工	合计工日	工日	0.6780	1.0220	1.2320	1.6410
	其中 普工	工日	0.1700	0.2560	0.3080	0.4110
	其中 一般技工	工日	0.4400	0.6640	0.8010	1.0660
	其中 高级技工	工日	0.0680	0.1020	0.1230	0.1640
材料	低碳钢焊条 J422 φ3.2	kg	0.011	0.022	0.038	0.073
	电	kW·h	0.004	0.007	0.010	0.015
	酚醛防锈漆(各种颜色)	kg	0.440	0.685	0.879	1.228
	钢丝 φ4.0	kg	0.065	0.065	0.065	0.065
	钢丝刷子	把	0.181	0.282	0.362	0.505
	锯条(各种规格)	根	0.130	—	—	—
	尼龙砂轮片 φ100	片	0.005	0.009	0.011	0.018
	尼龙砂轮片 φ400	片	0.028	0.041	0.047	—
	破布	kg	0.249	0.311	0.370	0.440
	汽油 70#~90#	kg	0.128	0.199	0.256	0.357
	碳钢管	m	10.300	10.300	10.300	10.300
	铁砂布	张	0.269	0.419	0.537	0.750
	氧气	m^3	0.069	0.096	0.120	0.252
	乙炔气	kg	0.023	0.032	0.040	0.084
	其他材料费	%	2.000	2.000	2.000	2.000
机械	电焊机(综合)	台班	0.007	0.012	0.052	0.063
	砂轮切割机 φ400	台班	0.007	0.008	0.024	—
	载重汽车 5t	台班	0.001	0.002	0.003	0.004
	载重汽车 8t	台班	0.001	0.002	0.003	0.004

工作内容:切管连接、除锈刷漆、就位固定、管端处理。　　　　计量单位:10m

定额编号				2-4-443	2-4-444	2-4-445	2-4-446
项目				碳钢管道保护管制作安装 公称直径(mm 以内)			
				200	300	400	500
名称			单位	消耗量			
人工	合计工日		工日	1.9870	2.6720	3.5630	4.4530
	其中	普工	工日	0.4970	0.6680	0.8910	1.1140
		一般技工	工日	1.2910	1.7370	2.3160	2.8940
		高级技工	工日	0.1990	0.2670	0.3560	0.4450
材料	低碳钢焊条 J422 ϕ3.2		kg	0.101	0.324	0.432	0.540
	电		kW·h	0.021	0.038	0.051	0.063
	酚醛防锈漆(各种颜色)		kg	1.695	2.505	3.340	4.175
	钢丝 ϕ4.0		kg	0.065	0.065	0.087	0.108
	钢丝刷子		把	0.697	1.030	1.373	1.717
	尼龙砂轮片 ϕ100		片	0.025	0.041	0.055	0.068
	破布		kg	0.546	0.672	0.896	1.120
	汽油 70#~90#		kg	0.493	0.728	0.971	1.213
	碳钢管		m	10.300	10.300	10.300	10.300
	铁砂布		张	1.035	1.530	2.040	2.550
	氧气		m^3	0.378	0.510	1.017	1.527
	乙炔气		kg	0.126	0.170	0.339	0.509
	其他材料费		%	2.000	2.000	2.000	2.000
机械	电焊机(综合)		台班	0.065	0.070	0.093	0.117
	载重汽车 5t		台班	0.006	0.076	0.101	0.127
	载重汽车 8t		台班	0.006	0.076	0.101	0.127

工作内容:切管连接、就位固定、管端处理。　　　　计量单位:10m

定额编号				2-4-447	2-4-448	2-4-449	2-4-450	2-4-451	2-4-452
项目				塑料管道保护管制作安装 公称直径(mm 以内)					
				50	90	110	160	200	315
名称			单位	消耗量					
人工	合计工日		工日	0.2290	0.4100	0.5400	0.7230	0.9050	1.0770
	其中	普工	工日	0.0570	0.1030	0.1350	0.1810	0.2260	0.2690
		一般技工	工日	0.1490	0.2660	0.3510	0.4700	0.5880	0.7000
		高级技工	工日	0.0230	0.0410	0.0540	0.0720	0.0910	0.1080
材料	丙酮		kg	0.002	0.004	0.007	0.008	0.009	0.011
	锯条(各种规格)		根	0.131	0.209	0.313	0.413	0.814	2.481
	塑料管 *dn*63		m	10.300	—	—	—	—	—
	塑料管 *dn*110		m	—	—	10.300	—	—	—
	塑料管 *dn*160		m	—	—	—	10.300	—	—
	塑料管 *dn*200		m	—	—	—	—	10.300	—
	塑料管 *dn*315		m	—	—	—	—	—	10.300
	塑料管 *dn*90		m	—	10.300	—	—	—	—
	粘接剂		kg	0.001	0.002	0.003	0.003	0.005	0.006
	其他材料费		%	2.000	2.000	2.000	2.000	2.000	2.000

工作内容:就位、固定。

计量单位:个

定额编号				2-4-453	2-4-454	2-4-455	2-4-456	2-4-457
项目				阻火圈安装 公称直径(mm 以内)				
				75	100	150	200	250
名称			单位	消耗量				
人工	合计工日		工日	0.0900	0.1000	0.1200	0.1500	0.2000
	其中	普工	工日	0.0220	0.0250	0.0300	0.0370	0.0500
		一般技工	工日	0.0590	0.0650	0.0780	0.0980	0.1300
		高级技工	工日	0.0090	0.0100	0.0120	0.0150	0.0200
材料	冲击钻头 $\phi16$		个	0.040	0.040	0.040	—	—
	冲击钻头 $\phi18$		个	—	—	—	0.040	—
	冲击钻头 $\phi20$		个	—	—	—	—	0.040
	电		kW·h	0.100	0.100	0.100	0.100	0.100
	膨胀螺栓 M12		套	4.120	4.120	4.120	—	—
	膨胀螺栓 M14		套	—	—	—	4.120	—
	膨胀螺栓 M16		套	—	—	—	—	4.120
	阻火圈		个	1.000	1.000	1.000	1.000	1.000
	其他材料费		%	2.000	2.000	2.000	2.000	2.000

工作内容:就位、固定。

计量单位:个

定额编号				2-4-458	2-4-459	2-4-460
项目				成品表箱安装 半周长(mm 以内)		
				500	1000	1000 以上
名称			单位	消耗量		
人工	合计工日		工日	0.3900	0.5000	0.8300
	其中	普工	工日	0.0970	0.1250	0.2070
		一般技工	工日	0.2540	0.3250	0.5400
		高级技工	工日	0.0390	0.0500	0.0830
材料	冲击钻头 $\phi14$		个	0.056	0.072	—
	冲击钻头 $\phi16$		个	—	—	0.168
	低碳钢焊条 J422 $\phi3.2$		kg	0.015	0.022	0.036
	电		kW·h	0.100	0.100	0.100
	计量表箱		台	1.000	1.000	1.000
	膨胀螺栓 M10		套	4.120	4.120	—
	膨胀螺栓 M12		套	—	—	8.240
	砂子		kg	3.692	5.680	10.200
	水泥 P.O 42.5		kg	1.231	1.893	3.400
	氧气		m^3	0.045	0.048	0.075
	乙炔气		kg	0.015	0.018	0.025
	圆钢 $\phi10\sim14$		kg	0.316	0.316	0.316
	其他材料费		%	2.000	2.000	2.000
机械	电焊机(综合)		台班	0.006	0.009	0.014

工作内容：划线、剔槽、堵抹、调运砂浆、清理等。　　计量单位：10m

定额编号				2-4-461	2-4-462	2-4-463	2-4-464	2-4-465
项目				剔堵槽、沟				
				砖结构				
				宽 mm×深 mm				
				70×70	90×90	100×140	120×150	150×200
名称			单位	消耗量				
人工	合计工日		工日	0.8000	1.0900	1.4200	2.4000	3.7600
	其中	普工	工日	0.6400	0.8720	1.1360	1.9200	3.0080
		一般技工	工日	0.1600	0.2180	0.2840	0.4800	0.7520
材料	电		kW·h	1.070	1.375	2.140	2.350	3.210
	合金钢切割片 φ300		片	0.440	0.440	0.440	0.440	0.440
	水		m^3	0.050	0.060	0.080	0.090	0.120
	水泥砂浆 1:2.5		m^3	0.010	0.010	0.010	0.010	0.020
	水泥砂浆 1:3		m^3	0.050	0.070	0.130	0.160	0.290
	其他材料费		%	2.000	2.000	2.000	2.000	2.000

工作内容：划线、剔槽、堵抹、调运砂浆、清理等。　　计量单位：10m

定额编号				2-4-466	2-4-467	2-4-468	2-4-469	2-4-470
项目				剔堵槽、沟				
				混凝土结构				
				宽 mm×深 mm				
				70×70	90×90	100×140	120×150	150×200
名称			单位	消耗量				
人工	合计工日		工日	2.4100	3.2800	4.2700	5.4700	7.1400
	其中	普工	工日	1.9280	2.6240	3.4160	4.3760	5.7120
		一般技工	工日	0.4820	0.6560	0.8540	1.0940	1.4280
材料	电		kW·h	1.950	2.490	3.900	4.230	5.650
	合金钢切割片 φ300		片	0.630	0.630	0.630	0.630	0.630
	水		m^3	0.050	0.060	0.070	0.090	0.120
	水泥砂浆 1:2.5		m^3	0.010	0.010	0.010	0.010	0.020
	水泥砂浆 1:3		m^3	0.050	0.070	0.130	0.160	0.290
	其他材料费		%	2.000	2.000	2.000	2.000	2.000

工作内容:定位、划线、固定设备、钻孔、检查、整理、清场。

计量单位:10个

定额编号				2-4-471	2-4-472	2-4-473	2-4-474	2-4-475
项目				混凝土楼板钻孔				
				钻孔直径(mm以内)				
				63	83	108	132	200
名称			单位	消耗量				
人工	合计工日		工日	1.3770	1.9260	2.5200	2.8980	3.5100
	其中	普工	工日	1.1020	1.5410	2.0160	2.3180	2.8080
		一般技工	工日	0.2750	0.3850	0.5040	0.5800	0.7020
材料	电		kW·h	1.490	2.110	3.130	3.280	3.580
	合金钢钻头		个	1.400	1.500	2.000	2.000	3.000
	机油15#		kg	0.120	0.120	0.120	0.120	0.120
	水		m^3	0.060	0.060	0.060	0.070	0.080
	其他材料费		%	2.000	2.000	2.000	2.000	2.000

工作内容:定位、划线、固定设备、钻孔、检查、整理、清场。

计量单位:10个

定额编号				2-4-476	2-4-477	2-4-478	2-4-479	2-4-480
项目				混凝土墙体钻孔				
				钻孔直径(mm以内)				
				63	83	108	132	200
名称			单位	消耗量				
人工	合计工日		工日	2.1100	2.8600	3.4200	4.1400	4.7800
	其中	普工	工日	1.6880	2.2880	2.7360	3.3120	3.8240
		一般技工	工日	0.4220	0.5720	0.6840	0.8280	0.9560
材料	电		kW·h	2.810	3.820	5.060	5.530	6.390
	合金钢钻头		个	1.600	1.700	1.700	2.200	3.200
	机油15#		kg	0.200	0.200	0.200	0.200	0.200
	水		m^3	0.100	0.100	0.100	0.120	0.140
	其他材料费		%	2.000	2.000	2.000	2.000	2.000

工作内容：制作模具、定位、固定、配合浇筑、拆模、清理。　　计量单位：10 个

定额编号				2-4-481	2-4-482	2-4-483	2-4-484	2-4-485	2-4-486
项目				预留孔洞					
				混凝土楼板					
				公称直径(mm 以内)					
				50	65	80	100	125	150
名称			单位	消耗量					
人工	合计工日		工日	0.4300	0.5100	0.5500	0.5900	0.6300	0.6700
	其中	普工	工日	0.3440	0.4080	0.4400	0.4720	0.5040	0.5360
		一般技工	工日	0.0860	0.1020	0.1100	0.1180	0.1260	0.1340
材料	低碳钢焊条 J422 ϕ3.2		kg	0.020	0.028	0.028	0.034	0.038	0.058
	隔离剂		kg	0.070	0.141	0.141	0.170	0.188	0.294
	焊接钢管(综合)		kg	1.221	1.792	1.800	2.432	2.884	5.267
	氧气		m^3	0.108	0.153	0.192	0.759	0.984	1.293
	乙炔气		kg	0.036	0.051	0.064	0.253	0.328	0.431
	圆钢 ϕ10~14		kg	0.942	1.000	1.030	1.130	1.160	1.256
	其他材料费		%	2.000	2.000	2.000	2.000	2.000	2.000
机械	电焊机(综合)		台班	0.008	0.011	0.012	0.014	0.015	0.022

工作内容：制作模具、定位、固定、配合浇筑、拆模、清理。　　计量单位：10 个

定额编号				2-4-487	2-4-488	2-4-489	2-4-490	2-4-491
项目				预留孔洞				
				混凝土楼板				
				公称直径(mm 以内)				
				200	250	300	350	400
名称			单位	消耗量				
人工	合计工日		工日	0.7200	0.7800	0.8400	0.9240	1.0080
	其中	普工	工日	0.5760	0.6240	0.6720	0.7390	0.8060
		一般技工	工日	0.1440	0.1560	0.1680	0.1850	0.2020
材料	低碳钢焊条 J422 ϕ3.2		kg	0.059	0.069	0.070	0.077	0.084
	隔离剂		kg	0.353	0.396	0.400	0.440	0.480
	焊接钢管(综合)		kg	8.338	9.706	10.995	15.454	17.427
	氧气		m^3	1.653	1.716	1.944	2.475	3.291
	乙炔气		kg	0.551	0.572	0.648	0.825	1.097
	圆钢 ϕ10~14		kg	1.896	1.896	1.896	1.896	2.844
	其他材料费		%	2.000	2.000	2.000	2.000	2.000
机械	电焊机(综合)		台班	0.023	0.027	0.027	0.030	0.032

工作内容:制作模具、定位、固定、配合浇筑、拆模、清理。 **计量单位**:10 个

定额编号				2-4-492	2-4-493	2-4-494	2-4-495	2-4-496	2-4-497
项目				预留孔洞					
				混凝土墙体					
				公称直径(mm 以内)					
				50	65	80	100	125	150
名称			单位	消耗量					
人工	合计工日		工日	0.5500	0.6500	0.7000	0.7500	0.8000	0.8600
	其中	普工	工日	0.4400	0.5200	0.5600	0.6000	0.6400	0.6880
		一般技工	工日	0.1100	0.1300	0.1400	0.1500	0.1600	0.1720
材料	隔离剂		kg	0.070	0.141	0.153	0.170	0.188	0.294
	木模板		m^3	0.014	0.018	0.020	0.022	0.024	0.037
	圆钉		kg	0.300	0.565	0.656	0.678	0.754	1.427
	其他材料费		%	2.000	2.000	2.000	2.000	2.000	2.000

工作内容:制作模具、定位、固定、配合浇筑、拆模、清理。 **计量单位**:10 个

定额编号				2-4-498	2-4-499	2-4-500	2-4-501	2-4-502
项目				预留孔洞				
				混凝土墙体				
				公称直径(mm 以内)				
				200	250	300	350	400
名称			单位	消耗量				
人工	合计工日		工日	0.9300	0.9900	1.0700	1.1770	1.2840
	其中	普工	工日	0.7440	0.7920	0.8560	0.9420	1.0270
		一般技工	工日	0.1860	0.1980	0.2140	0.2350	0.2570
材料	隔离剂		kg	0.353	0.436	0.440	0.484	0.528
	木模板		m^3	0.038	0.054	0.056	0.059	0.065
	圆钉		kg	1.448	1.832	1.850	2.035	2.220
	其他材料费		%	2.000	2.000	2.000	2.000	2.000

工作内容:制作模具、清理、调制、填塞砂浆、找平、养护。　　计量单位:10 个

<table>
<tr><td colspan="3">定额编号</td><td>2-4-503</td><td>2-4-504</td><td>2-4-505</td><td>2-4-506</td><td>2-4-507</td><td>2-4-508</td></tr>
<tr><td colspan="3" rowspan="3">项　目</td><td colspan="6">堵洞</td></tr>
<tr><td colspan="6">公称直径(mm 以内)</td></tr>
<tr><td>50</td><td>65</td><td>80</td><td>100</td><td>125</td><td>150</td></tr>
<tr><td colspan="2">名　称</td><td>单位</td><td colspan="6">消　耗　量</td></tr>
<tr><td rowspan="3">人工</td><td colspan="2">合计工日</td><td>工日</td><td>0.2500</td><td>0.2710</td><td>0.3100</td><td>0.3580</td><td>0.3760</td><td>0.4510</td></tr>
<tr><td rowspan="2">其中</td><td>普工</td><td>工日</td><td>0.2000</td><td>0.2170</td><td>0.2480</td><td>0.2860</td><td>0.3010</td><td>0.3610</td></tr>
<tr><td>一般技工</td><td>工日</td><td>0.0500</td><td>0.0540</td><td>0.0620</td><td>0.0720</td><td>0.0750</td><td>0.0900</td></tr>
<tr><td rowspan="6">材料</td><td colspan="2">镀锌铁丝 ϕ4.0</td><td>kg</td><td>0.001</td><td>0.001</td><td>0.001</td><td>0.001</td><td>0.001</td><td>0.002</td></tr>
<tr><td colspan="2">木模板</td><td>m^3</td><td>0.040</td><td>0.054</td><td>0.062</td><td>0.072</td><td>0.076</td><td>0.131</td></tr>
<tr><td colspan="2">水</td><td>m^3</td><td>0.009</td><td>0.012</td><td>0.014</td><td>0.016</td><td>0.017</td><td>0.029</td></tr>
<tr><td colspan="2">水泥砂浆 1:2.5</td><td>m^3</td><td>0.005</td><td>0.006</td><td>0.007</td><td>0.008</td><td>0.008</td><td>0.015</td></tr>
<tr><td colspan="2">预拌混凝土 C20</td><td>m^3</td><td>0.010</td><td>0.014</td><td>0.016</td><td>0.019</td><td>0.020</td><td>0.034</td></tr>
<tr><td colspan="2">其他材料费</td><td>%</td><td>2.000</td><td>2.000</td><td>2.000</td><td>2.000</td><td>2.000</td><td>2.000</td></tr>
</table>

工作内容:制作模具、清理、调制、填塞砂浆、找平、养护。　　计量单位:10 个

<table>
<tr><td colspan="3">定额编号</td><td>2-4-509</td><td>2-4-510</td><td>2-4-511</td><td>2-4-512</td><td>2-4-513</td></tr>
<tr><td colspan="3" rowspan="3">项　目</td><td colspan="5">堵洞</td></tr>
<tr><td colspan="5">公称直径(mm 以内)</td></tr>
<tr><td>200</td><td>250</td><td>300</td><td>350</td><td>400</td></tr>
<tr><td colspan="2">名　称</td><td>单位</td><td colspan="5">消　耗　量</td></tr>
<tr><td rowspan="3">人工</td><td colspan="2">合计工日</td><td>工日</td><td>0.5750</td><td>0.6850</td><td>0.8030</td><td>0.9130</td><td>1.0640</td></tr>
<tr><td rowspan="2">其中</td><td>普工</td><td>工日</td><td>0.4600</td><td>0.5480</td><td>0.6420</td><td>0.7300</td><td>0.8510</td></tr>
<tr><td>一般技工</td><td>工日</td><td>0.1150</td><td>0.1370</td><td>0.1610</td><td>0.1830</td><td>0.2130</td></tr>
<tr><td rowspan="6">材料</td><td colspan="2">镀锌铁丝 ϕ4.0</td><td>kg</td><td>0.002</td><td>0.002</td><td>0.003</td><td>0.003</td><td>0.003</td></tr>
<tr><td colspan="2">木模板</td><td>m^3</td><td>0.156</td><td>0.178</td><td>0.202</td><td>0.224</td><td>0.254</td></tr>
<tr><td colspan="2">水</td><td>m^3</td><td>0.035</td><td>0.040</td><td>0.045</td><td>0.050</td><td>0.057</td></tr>
<tr><td colspan="2">水泥砂浆 1:2.5</td><td>m^3</td><td>0.017</td><td>0.020</td><td>0.022</td><td>0.025</td><td>0.028</td></tr>
<tr><td colspan="2">预拌混凝土 C20</td><td>m^3</td><td>0.040</td><td>0.046</td><td>0.052</td><td>0.058</td><td>0.065</td></tr>
<tr><td colspan="2">其他材料费</td><td>%</td><td>2.000</td><td>2.000</td><td>2.000</td><td>2.000</td><td>2.000</td></tr>
</table>

第五章　通 风 工 程

说　　明

一、本章定额包括通风设备及部件、通风管道和通风管道部件的制作安装等项目。

二、本章定额编制的主要技术依据有：

1.《钢结构设计规范》GB 50017—2003；

2.《工业建筑供暖通风与空气调节设计规范》GB 50019—2015；

3.《通风与空调工程施工质量验收规范》GB 50243—2016；

4.《通用安装工程工程量计算规范》GB 50856—2013；

5.《通风管道技术规程》JGJ 141—2004；

6.《通用安装工程消耗量定额》TY 02-31-2015；

7.《城市综合管廊工程技术规范》GB 50838—2015；

8.《建设工程劳动定额》LD/T-2008；

9.《风机盘管安装》01(03) K403；

10.《风阀选用与安装》07 K120；

11.《金属、非金属风管支吊架》08K132。

三、本章定额不包括下列内容：

1. 管道及支架的除锈、油漆，管道的防腐蚀、绝热等内容。

2. 安装在支架上的木衬垫或非金属垫料，发生时按实计入成品材料价格。

四、系统调整费：按系统工程人工费 7% 计取，其费用中人工费占 35%。包括漏风量测试和漏光法测试费用。

五、定额中制作和安装的人工、材料、机械比例见下表：

序号	项目名称	制作(%)			安装(%)		
		人工	材料	机械	人工	材料	机械
1	空调部件及设备支架制作安装	86	98	95	14	2	5
2	镀锌薄钢板法兰通风管道制作安装	60	95	95	40	5	5
3	镀锌薄钢板共板法兰通风管道制作安装	40	95	95	60	5	5
4	薄钢板法兰通风管道制作安装	60	95	95	40	5	5
5	净化通风管道及部件制作安装	40	85	95	60	15	5
6	不锈钢板通风管道及部件制作安装	72	95	95	28	5	5
7	铝板通风管道及部件制作安装	68	95	95	32	5	5
8	塑料通风管道及部件制作安装	85	95	95	15	5	5
9	复合型风管制作安装	60	—	99	40	100	1
10	风帽制作安装	75	80	99	25	20	1
11	罩类制作安装	78	98	95	22	2	5

六、通风设备及部件制作安装。

1. 通风机安装子目内包括电动机安装，其安装形式包括 A、B、C、D 等型，适用于碳钢、不锈钢、塑料通风机安装。

2. 通风空调设备的电气接线执行“第二章 电气设备安装工程”相应项目。

七、通风管道制作安装。

1. 下列费用可按系数分别计取：

(1)薄钢板风管整个通风系统设计采用渐缩管均匀送风者，圆形风管按平均直径、矩形风管按平均周长参照相应规格子目，其人工乘以系数2.50。

(2)如制作空气幕送风管时，按矩形风管平均周长执行相应风管规格子目，其人工乘以系数3.00，其余不变。

2. 镀锌薄钢板风管子目中的板材是按镀锌薄钢板编制的，如设计要求不用镀锌薄钢板时，板材可以换算，其他不变。

3. 风管导流叶片不分单叶片和香蕉形双叶片，均执行同一子目。

4. 薄钢板通风管道、净化通风管道、玻璃钢通风管道、复合型风管制作安装子目中，包括弯头、三通、变径管、天圆地方等管件及法兰、加固框和吊托支架的制作安装，但不包括过跨风管落地支架。

5. 薄钢板风管子目中的板材，如设计要求厚度不同时可以换算，人工、机械消耗量不变。

6. 净化风管、不锈钢板风管、铝板风管、塑料风管子目中的板材，如设计厚度不同时可以换算，人工、机械不变。

7. 净化圆形风管制作安装执行本章矩形风管制作安装子目。

8. 净化风管涂密封胶按全部口缝外表面涂抹考虑。如设计要求口缝不涂抹而只在法兰处涂抹时，每$10m^2$风管应减去密封胶1.5kg和一般技工0.37工日。

9. 净化风管及部件制作安装子目中，型钢未包括镀锌费，如设计要求镀锌时，应另加镀锌费。

10. 净化通风管道子目按空气洁净度100000级编制。

11. 不锈钢板风管咬口连接制作安装执行本章镀锌薄钢板风管法兰连接子目。

12. 不锈钢板风管、铝板风管制作安装子目中包括管件，但不包括法兰和吊托支架，法兰和吊托支架应单独列项计算，执行相应子目。

13. 塑料风管、复合型风管制作安装子目规格所表示的直径为内径，周长为内周长。

14. 塑料风管制作安装子目中包括管件、法兰、加固框，但不包括吊托支架制作安装，吊托支架执行“设备支架制作、安装”子目。

15. 塑料风管制作安装子目中的法兰垫料如与设计要求使用品种不同时可以换算，但人工消耗量不变。

16. 塑料通风管道胎具材料摊销费的计算方法：塑料风管管件制作的胎具摊销材料费，未包括在内，按以下规定另行计算。

(1)风管工程量在$30m^2$以上的，每$10m^2$风管的胎具摊销木材为$0.06m^3$，按材料价格计算胎具材料摊销费。

(2)风管工程量在$30m^2$以下的，每$10m^2$风管的胎具摊销木材为$0.09m^3$，按材料价格计算胎具材料摊销费。

17. 玻璃钢风管及管件以图示工程量加损耗计算，按外加工订作考虑。

18. 软管接头如使用人造革而不使用帆布时可以换算。

19. 子目中的法兰垫料按橡胶板编制，如与设计要求使用的材料品种不同时可以换算，但人工消耗量不变。使用泡沫塑料者每1kg橡胶板换算为泡沫塑料0.125kg；使用闭孔乳胶海绵者每1kg橡胶板换算为闭孔乳胶海绵0.5kg。

20. 柔性软风管适用于由金属、涂塑化纤织物、聚酯、聚乙烯、聚氯乙烯薄膜、铝箔等材料制成的软风管。

八、通风管道部件制作安装。

1. 下列费用按系数分别计取：

(1)电动密闭阀安装执行手动密闭阀子目，人工乘以系数1.05。

(2)手(电)动密闭阀安装子目包括一副法兰,两副法兰螺栓及橡胶石棉垫圈。如为一侧接管时,人工乘以系数0.60,材料、机械乘以系数0.50。不包括吊托支架制作与安装,如发生按“设备支架制作、安装”子目另行计算。

(3)碳钢百叶风口安装子目适用于带调节板活动百叶风口、单层百叶风口、双层百叶风口、三层百叶风口、连动百叶风口、135型单层百叶风口、135型双层百叶风口、135型带导流叶片百叶风口、活动金属百叶风口。风口的宽与长之比≤0.125为条缝形风口,执行百叶风口子目,人工乘以系数1.10。

2. 密闭式对开多叶调节阀与手动式对开多叶调节阀执行同一子目。

3. 蝶阀安装子目适用于圆形保温蝶阀,方、矩形保温蝶阀,圆形蝶阀,方、矩形蝶阀,风管止回阀安装子目适用于圆形风管止回阀,方形风管止回阀。

4. 铝合金或其他材料制作的调节阀安装应执行本章相应子目。

5. 碳钢送吸风口安装子目适用于单面送吸风口、双面送吸风口。

6. 铝合金风口安装应执行碳钢风口子目,人工乘以系数0.90。

7. 铝制孔板风口如需电化处理时,电化费另行计算。

8. 排烟风口吊托支架执行“设备支架制作、安装”子目。

工程量计算规则

一、通风设备及部件制作安装。

1. 通风机安装依据不同形式、规格按设计图示数量计算，以“台”为计量单位。风机箱安装按设计图示数量计算，以“台”为计量单位。

2. 设备支架制作安装按设计图示尺寸以质量计算，以“kg”为计量单位。

二、通风管道制作安装。

1. 薄钢板风管、净化风管、不锈钢风管、铝板风管、塑料风管、玻璃钢风管、复合型风管按设计图示规格以展开面积计算，以“m^2”为计量单位。不扣除检查孔、测定孔、送风口、吸风口等所占面积。风管展开面积不计算风管、管口重叠部分面积。

2. 薄钢板风管、净化风管、不锈钢风管、铝板风管、塑料风管、玻璃钢风管、复合型风管长度计算时均以设计图示中心线长度（主管与支管以其中心线交点划分），包括弯头、变径管、天圆地方等管件的长度，不包括部件所占长度。

3. 柔性软风管安装按设计图示中心线长度计算，以“m”为计量单位；柔性软风管阀门安装按设计图示数量计算，以“个”为计量单位。

4. 弯头导流叶片制作安装按设计图示叶片的面积计算，以“m”为计量单位。

5. 软管（帆布）接口制作安装按设计图示尺寸，以展开面积计算，以“m^2”为计量单位。

6. 风管检查孔制作安装按设计图示尺寸质量计算，以“kg”为计量单位。

7. 温度、风量测定孔制作安装依据其型号，按设计图示数量计算，以“个”为计量单位。

三、通风管道部件制作安装。

1. 碳钢调节阀安装依据其类型、直径（圆形）或周长（方形），按设计图示数量计算，以“个”为计量单位。

2. 柔性软风管阀门安装按设计图示数量计算，以“个”为计量单位。

3. 碳钢各种风口、散流器的安装依据类型、规格尺寸按设计图示数量计算，以“个”为计量单位。

4. 钢百叶窗及活动金属百叶风口安装依据规格尺寸按设计图示数量计算，以“个”为计量单位。

5. 不锈钢板风管吊托支架制作安装按设计图示尺寸以质量计算，以“kg”为计量单位。

1. 通风设备及部件制作安装

工作内容：开箱检查设备、附件、底座螺栓、吊装、找平、找正、加垫、灌浆、螺栓固定。　　**计量单位：**台

定额编号				2-5-1	2-5-2	2-5-3	2-5-4	2-5-5	2-5-6
项目				离心式通风机安装					
				风量(m³/h)					
				≤4500	≤7000	≤19300	≤62000	≤123000	>123000
名称			单位	消耗量					
人工	合计工日		工日	0.6570	2.6260	5.7300	11.9400	20.9800	29.4600
	其中	普工	工日	0.2960	1.1810	2.5780	5.3730	9.4410	13.2570
		一般技工	工日	0.2950	1.1820	2.5790	5.3730	9.4410	13.2570
		高级技工	工日	0.0660	0.2630	0.5730	1.1940	2.0980	2.9460
材料	黄干油钙基酯		kg	—	0.400	0.400	0.500	0.700	1.000
	混凝土 C15		m³	0.010	0.030	0.030	0.030	0.070	0.100
	煤油		kg	—	0.750	0.750	1.500	2.000	3.000
	棉纱头		kg	—	0.060	0.080	0.120	0.150	0.200
	铸铁垫板		kg	3.900	3.900	5.200	21.600	28.800	28.800
	其他材料费		%	1.000	1.000	1.000	1.000	1.000	1.000
机械	电动单筒慢速卷扬机 10kN		台班	—	—	0.013	0.013	0.020	0.029
	汽车式起重机 8t		台班	—	—	0.021	0.021	0.031	0.047
	载重汽车 5t		台班	—	—	0.009	0.009	0.013	0.019

工作内容：开箱检查设备、附件、底座螺栓、吊装、找平、找正、加垫、灌浆、螺栓固定。　　**计量单位：**台

定额编号				2-5-7	2-5-8	2-5-9	2-5-10	2-5-11
项目				轴流式、斜流式、混流式通风机安装				
				风量(m³/h)				
				≤8900	≤25000	≤63000	≤140000	>140000
名称			单位	消耗量				
人工	合计工日		工日	1.1660	1.5500	5.2000	11.5800	17.8300
	其中	普工	工日	0.5240	0.6970	2.3400	5.2110	8.0230
		一般技工	工日	0.5250	0.6980	2.3400	5.2110	8.0240
		高级技工	工日	0.1170	0.1550	0.5200	1.1580	1.7830
材料	混凝土 C15		m³	0.010	0.010	0.030	0.070	0.100
	其他材料费		%	1.000	1.000	1.000	1.000	1.000
机械	电动单筒慢速卷扬机 10kN		台班	—	0.013	0.013	0.020	0.029
	汽车式起重机 8t		台班	—	0.021	0.021	0.031	0.047
	载重汽车 5t		台班	—	0.009	0.009	0.013	0.019

工作内容:开箱、检查就位、安装、找正、找平、清理。

计量单位:台

定额编号				2-5-12	2-5-13	2-5-14	2-5-15
项目				风机箱落地安装			
				风量(m³/h)			
				≤5000	≤10000	≤20000	≤30000
名称			单位	消耗量			
人工	合计工日		工日	2.2250	2.5220	4.4190	6.9260
	其中	普工	工日	1.0010	1.1350	1.9880	3.1160
		一般技工	工日	1.0010	1.1350	1.9890	3.1170
		高级技工	工日	0.2230	0.2520	0.4420	0.6930
材料	煤油		kg	0.150	0.300	0.520	0.740
	棉纱头		kg	0.100	0.150	0.300	0.450
	其他材料费		%	1.000	1.000	1.000	1.000
机械	汽车式起重机 8t		台班	—	0.021	0.021	0.031
	载重汽车 5t		台班	—	0.009	0.009	0.013

工作内容:测位、校正、校平、安装、上螺栓、固定。

计量单位:台

定额编号				2-5-16	2-5-17	2-5-18	2-5-19	2-5-20	2-5-21
项目				风机箱减振台座上安装					
				风量(m³/h)					
				≤2000	≤10000	≤15000	≤25000	≤35000	>35000
名称			单位	消耗量					
人工	合计工日		工日	1.2740	3.4690	5.2330	6.8600	9.7120	13.0140
	其中	普工	工日	0.5740	1.5610	2.3550	3.0870	4.3710	5.8570
		一般技工	工日	0.5730	1.5610	2.3550	3.0870	4.3700	5.8560
		高级技工	工日	0.1270	0.3470	0.5230	0.6860	0.9710	1.3010
材料	六角螺栓带螺母 M10×60		10套	—	0.408	0.408	0.408	—	—
	六角螺栓带螺母 M10×(80~130)		10套	0.832	—	—	—	0.208	0.208
	六角螺栓带螺母 M12×55		套	—	4.160	4.160	—	—	—
	六角螺栓带螺母 M16×80		套	—	—	—	4.080	—	—
	六角螺栓带螺母 M20×60		10套	—	—	0.408	—	—	—
	六角螺栓带螺母 M24×120		10套	—	0.408	0.408	0.408	—	—
	六角螺栓带螺母 M24×80		10套	—	—	—	0.816	0.408	—
	六角螺栓带螺母 M30×120		10套	—	—	—	—	1.224	1.224
	六角螺栓带螺母 M30×60以下		10套	—	—	—	—	—	0.408
	其他材料费		%	1.000	1.000	1.000	1.000	1.000	1.000

工作内容:测位、校正、校平、安装、上螺栓、固定。　　**计量单位**:台

定额编号				2-5-22	2-5-23	2-5-24	2-5-25
项目				风机箱悬吊安装			
				风量(m^3/h)			
				≤5000	≤10000	≤20000	≤30000
名称			单位	消耗量			
人工	合计工日		工日	2.9550	3.4820	6.0790	9.3360
	其中	普工	工日	1.3290	1.5670	2.7350	4.2010
		一般技工	工日	1.3300	1.5670	2.7360	4.2010
		高级技工	工日	0.2960	0.3480	0.6080	0.9340
材料	煤油		kg	0.150	0.300	0.520	0.740
	棉纱头		kg	0.100	0.150	0.300	0.450
	其他材料费		%	1.000	1.000	1.000	1.000
机械	汽车式起重机 8t		台班	—	0.021	0.021	0.031
	载重汽车 5t		台班	—	0.009	0.009	0.013

工作内容:制作:放样、下料、调直、钻孔、焊接、成型;安装:测位、上螺栓、固定、打洞、埋支架。　　**计量单位**:100kg

定额编号				2-5-26	2-5-27
项目				设备支架制作、安装	
				≤50kg	>50kg
名称			单位	消耗量	
人工	合计工日		工日	6.0680	3.1740
	其中	普工	工日	3.0340	1.5870
		一般技工	工日	3.0340	1.5870
材料	扁钢 59 以内		kg	—	0.120
	槽钢 5#~16#		kg	—	79.090
	低碳钢焊条 J422φ4.0		kg	1.610	0.570
	角钢 60		kg	55.270	7.230
	角钢 63		kg	48.730	17.550
	六角螺栓带螺母 M10×75 以下		10 套	1.741	—
	六角螺栓带螺母 M14×75 以下		10 套	—	0.208
	六角螺栓带螺母 M20×(100~150)		10 套	—	0.104
	氧气		m^3	1.150	0.500
	乙炔气		kg	0.409	0.178
	其他材料费		%	1.000	1.000
机械	交流弧焊机 21kV·A		台班	0.420	0.240
	台式钻床 16mm		台班	0.040	0.010

2. 通风管道制作安装

工作内容:制作:放样、下料、卷圆、轧口、咬口、制作直管、管件、法兰、吊托支架、钻孔、铆焊、上法兰、组对;安装:找标高、打支架墙洞、配合预留孔洞、埋设吊托支架、组装、风管就位、找平、找正、制垫、加垫、上螺栓、紧固。

计量单位:10m²

定额编号				2-5-28	2-5-29	2-5-30	2-5-31	2-5-32
项目				镀锌薄钢板法兰风管制作、安装				
				圆形风管(δ=1.2mm以内咬口)直径(mm)				
				≤320	≤450	≤1000	≤1250	≤2000
名称			单位	消耗量				
人工	合计工日		工日	10.7240	8.8100	6.5950	7.0340	8.3500
	其中	普工	工日	4.8260	3.9640	2.9670	3.1650	3.7580
		一般技工	工日	4.8260	3.9650	2.9680	3.1650	3.7570
		高级技工	工日	1.0720	0.8810	0.6600	0.7040	0.8350
材料	扁钢59以内		kg	20.640	3.560	2.150	3.930	9.270
	低碳钢焊条J422 ϕ3.2		kg	0.420	0.340	0.150	0.135	0.090
	电		kW·h	0.423	0.640	0.667	0.888	0.729
	镀锌薄钢板δ0.5		m²	11.380	—	—	—	—
	镀锌薄钢板δ0.6		m²	—	11.380	—	—	—
	镀锌薄钢板δ0.75		m²	—	—	11.380	—	—
	镀锌薄钢板δ1.0		m²	—	—	—	11.380	—
	镀锌薄钢板δ1.2		m²	—	—	—	—	11.380
	角钢60		kg	0.890	31.600	32.710	33.015	33.930
	角钢63		kg	—	—	2.330	2.545	3.190
	六角螺栓带螺母M6×(30~50)		10套	8.500	7.167	—	—	—
	六角螺栓带螺母M8×(30~50)		10套	—	—	5.150	4.838	3.900
	尼龙砂轮片ϕ400		片	0.015	0.023	0.024	0.032	0.026
	膨胀螺栓M12		套	2.000	2.000	1.500	1.375	1.000
	铁铆钉		kg	—	0.270	0.210	0.193	0.140
	橡胶板δ1~3		kg	1.400	1.240	0.970	0.958	0.920
	氧气		m³	0.084	0.117	0.135	0.146	0.177
	乙炔气		kg	0.030	0.042	0.048	0.052	0.063
	圆钢ϕ5.5~9		kg	2.930	1.900	0.750	0.593	0.120
	圆钢ϕ10~14		kg	—	—	1.210	2.133	4.900
	其他材料费		%	1.000	1.000	1.000	—	1.000
机械	法兰卷圆机L40×4		台班	0.500	0.320	0.170	0.140	0.050
	剪板机6.3×2000(mm)		台班	0.040	0.020	0.010	0.010	0.010
	交流弧焊机21kV·A		台班	0.160	0.130	0.040	0.035	0.020
	卷板机2×1600(mm)		台班	0.040	0.020	0.010	0.010	0.010
	台式钻床16mm		台班	0.690	0.580	0.430	0.410	0.350
	咬口机1.5mm		台班	0.040	0.030	0.010	0.010	0.010

工作内容：制作：放样、下料、折方、轧口、咬口、制作直管、管件、吊托支架、钻孔、焊接、组对；安装：找标高、打支架墙洞、配合预留孔洞、埋设吊托支架、组装、风管就位、找平、找正、加密封胶条、上角码、弹簧夹、螺栓、紧固。　**计量单位：**10m²

定额编号				2-5-33	2-5-34	2-5-35	2-5-36	2-5-37	2-5-38
项目				镀锌薄钢板法兰风管制作、安装					
				矩形风管（δ=1.2mm以内咬口）长边长（mm）					
				≤320	≤450	≤1000	≤1250	≤2000	≤4000
名称			单位	消耗量					
人工	合计工日		工日	8.0440	5.8560	4.4010	4.6370	5.3450	5.6120
	其中	普工	工日	3.6200	2.6350	1.9810	2.0870	2.4050	2.5250
		一般技工	工日	3.6200	2.6350	1.9800	2.0870	2.4050	2.5250
		高级技工	工日	0.8040	0.5860	0.4400	0.4640	0.5350	0.5620
材料	扁钢59以内		kg	2.150	1.330	1.120	1.095	1.020	1.020
	槽钢5#～16#		kg	—	—	15.287	16.650	20.739	21.776
	低碳钢焊条J422 ϕ3.2		kg	2.240	1.060	0.490	0.453	0.340	0.357
	电		kW·h	0.759	0.673	0.653	0.835	0.691	0.691
	镀锌薄钢板δ0.5		m²	11.380	—	—	—	—	—
	镀锌薄钢板δ0.6		m²	—	11.380	—	—	—	—
	镀锌薄钢板δ0.75		m²	—	—	11.380	—	—	—
	镀锌薄钢板δ1.0		m²	—	—	—	11.380	—	—
	镀锌薄钢板δ1.2		m²	—	—	—	—	11.380	11.380
	角钢50×5以内		kg	40.420	35.660	35.040	37.565	45.140	47.397
	角钢63		kg	—	—	0.160	0.185	0.260	0.273
	六角螺栓带螺母M6×(30～50)		10套	16.900	—	—	—	—	—
	六角螺栓带螺母M8×(30～50)		10套	—	9.050	4.300	4.063	3.350	3.350
	尼龙砂轮片ϕ400		片	0.027	0.024	0.023	0.030	0.025	0.025
	膨胀螺栓M12		套	2.000	1.500	1.500	1.375	1.000	1.000
	铁铆钉		kg	0.430	0.240	0.220	0.220	0.220	0.231
	橡胶板δ1～3		kg	1.840	1.300	0.920	0.893	0.810	0.810
	氧气		m³	0.150	0.135	0.135	0.143	0.168	0.176
	乙炔气		kg	0.054	0.048	0.048	0.051	0.060	0.063
	圆钢ϕ5.5～9		kg	1.350	1.930	1.490	1.138	0.080	0.080
	圆钢ϕ10～14		kg	—	—	—	—	1.850	1.850
	其他材料费		%	1.000	1.000	1.000	—	1.000	1.000
机械	剪板机6.3×2000(mm)		台班	0.040	0.040	0.030	0.028	0.020	0.020
	交流弧焊机21kV·A		台班	0.480	0.220	0.100	0.090	0.070	0.070
	台式钻床16mm		台班	1.150	0.590	0.360	0.348	0.310	0.310
	咬口机1.5mm		台班	0.040	0.040	0.030	0.028	0.020	0.020
	折方机4×2000(mm)		台班	0.040	0.040	0.030	0.028	0.020	0.020

工作内容:制作:放样、下料、折方、轧口、咬口、制作直管、管件、吊托支架、钻孔、焊接、组对;安装:找标高、打支架墙洞、配合预留孔洞、埋设吊托支架、组装、风管就位、找平、找正、加密封胶条、上角码、弹簧夹、螺栓、紧固。

计量单位:10m²

定额编号			2-5-39	2-5-40	2-5-41	2-5-42	2-5-43
项目			镀锌薄钢板共板法兰风管制作、安装				
			矩形风管(δ=1.2mm 以内咬口)长边长(mm)				
			≤320	≤450	≤1000	≤1250	≤2000
名称		单位	消耗量				
人工	合计工日	工日	5.6310	4.1000	3.0810	3.2460	3.7410
	其中 普工	工日	2.5340	1.8450	1.3870	1.4610	1.6840
	其中 一般技工	工日	2.5340	1.8450	1.3860	1.4600	1.6830
	其中 高级技工	工日	0.5630	0.4100	0.3080	0.3250	0.3740
材料	扁钢 59 以内	kg	2.150	1.330	1.120	1.095	1.020
	槽钢 5# ~16#	kg	—	—	15.287	16.650	20.739
	弹簧夹	个	21.131	21.674	38.276	28.707	—
	低碳钢焊条 J422 ϕ3.2	kg	1.456	0.647	0.230	0.215	0.167
	电	kW·h	0.018	0.015	0.011	0.015	0.012
	顶丝卡	个	—	—	—	—	98.760
	镀锌薄钢板 δ0.5	m²	11.800	—	—	—	—
	镀锌薄钢板 δ0.6	m²	—	11.800	—	—	—
	镀锌薄钢板 δ0.75	m²	—	—	11.800	—	—
	镀锌薄钢板 δ1.0	m²	—	—	—	11.800	—
	镀锌薄钢板 δ1.2	m²	—	—	—	—	11.800
	镀锌风管角码 δ0.8	个	43.530	21.465	12.636	12.051	—
	镀锌风管角码 δ1.0	个	—	—	—	—	10.296
	角钢 60	kg	25.420	20.660	—	—	—
	六角螺栓带螺母 M6×(30~50)	10 套	5.479	—	—	—	—
	六角螺栓带螺母 M8×(30~50)	10 套	—	2.648	1.488	1.159	1.173
	密封胶 KS 型	kg	0.480	0.349	0.307	0.307	0.307
	尼龙砂轮片 ϕ400	片	0.500	0.413	0.309	0.409	0.326
	膨胀螺栓 M12	套	2.000	1.500	1.500	1.375	1.000
	橡胶密封条	m	19.340	14.079	10.363	10.004	10.004
	氧气	m³	0.099	0.083	0.064	0.068	0.082
	乙炔气	kg	0.035	0.029	0.023	0.024	0.029
	圆钢 ϕ5.5~9	kg	1.350	1.930	1.490	1.138	0.080
	圆钢 ϕ10~14	kg	—	—	—	—	1.850
	其他材料费	%	1.000	1.000	1.000	1.000	1.000
机械	等离子切割机 400A	台班	0.336	0.361	0.180	0.175	0.161
	交流弧焊机 21kV·A	台班	0.312	0.134	0.047	0.044	0.034
	台式钻床 16mm	台班	0.382	0.179	0.132	0.128	0.114
	咬口机 1.5mm	台班	0.336	0.361	0.180	0.175	0.161
	折方机 4×2000(mm)	台班	0.336	0.361	0.180	0.175	0.161

工作内容：制作：放样、下料、轧口、卷圆、咬口、翻边、铆铆钉、点焊、焊接成型、制作直管、管件、法兰、吊托支架、钻孔、铆焊、上法兰、组对；安装：找标高、打支架墙洞、配合预留孔洞、埋设吊托支架、组装、风管就位、找平、找正、制垫、加垫、上螺栓、紧固。

计量单位：$10m^2$

定额编号				2-5-44	2-5-45	2-5-46	2-5-47
项　目				薄钢板法兰风管制作、安装			
				圆形风管（δ=2mm 以内焊接）直径（mm）			
				≤320	≤450	≤1000	≤2000
名　称			单位	消　耗　量			
人工	合计工日		工日	25.9800	14.7100	10.8190	10.6230
	其中	普工	工日	11.6910	6.6200	4.8680	4.7810
		一般技工	工日	11.6910	6.6190	4.8690	4.7800
		高级技工	工日	2.5980	1.4710	1.0820	1.0620
材料	扁钢 59 以内		kg	20.640	3.750	2.580	9.270
	低碳钢焊条 J422 φ2.5		kg	6.350	4.860	4.450	4.360
	低碳钢焊条 J422 φ3.2		kg	0.420	0.340	0.150	0.090
	电		kW·h	0.015	0.023	0.025	0.032
	角钢 60		kg	0.890	31.600	32.710	33.930
	角钢 63		kg	—	—	2.330	3.190
	六角螺栓带螺母 M6×(30~50)		10 套	8.500	7.167	—	—
	六角螺栓带螺母 M8×(30~50)		10 套	—	—	5.150	3.900
	尼龙砂轮片 φ400		片	0.423	0.644	0.684	0.888
	膨胀螺栓 M12		套	2.000	2.000	1.500	1.000
	热轧薄钢板 δ2.0		m^2	10.800	10.800	10.800	10.800
	碳钢气焊条 φ2 以内		kg	1.000	0.900	0.780	0.790
	橡胶板 δ1~3		kg	1.400	1.240	0.970	0.920
	氧气		m^3	0.411	0.642	0.315	0.318
	乙炔气		kg	0.147	0.133	0.112	0.113
	圆钢 φ5.5~9		kg	2.930	1.900	0.750	0.120
	圆钢 φ10~14		kg	—	—	1.210	4.900
	其他材料费		%	1.000	1.000	1.000	1.000
机械	法兰卷圆机 L40×4		台班	0.500	0.320	0.170	0.140
	剪板机 6.3×2000(mm)		台班	0.060	0.040	0.020	0.020
	交流弧焊机 21kV·A		台班	3.960	2.320	1.780	1.740
	卷板机 2×1600(mm)		台班	0.060	0.040	0.020	0.020
	台式钻床 16mm		台班	0.620	0.480	0.320	0.250

工作内容:制作:放样、下料、轧口、卷圆、咬口、翻边、铆铆钉、点焊、焊接成型、制作直管、管件、法兰、吊托支架、钻孔、铆焊、上法兰、组对;安装:找标高、打支架墙洞、配合预留孔洞、埋设吊托支架、组装、风管就位、找平、找正、制垫、加垫、上螺栓、紧固。

计量单位:$10m^2$

定额编号				2-5-48	2-5-49	2-5-50	2-5-51
项目				薄钢板法兰风管制作、安装			
				圆形风管($\delta=3$mm 以内焊接) 直径(mm)			
				≤320	≤450	≤1000	≤2000
名称			单位	消耗量			
人工	合计工日		工日	32.5750	16.8070	12.6810	12.3870
	其中	普工	工日	14.6580	7.5630	5.7060	5.5740
		一般技工	工日	14.6590	7.5630	5.7070	5.5740
		高级技工	工日	3.2580	1.6810	1.2680	1.2390
材料	扁钢 59 以内		kg	4.050	3.560	2.580	9.270
	低碳钢焊条 J422 ϕ2.5		kg	15.280	10.070	8.280	8.170
	低碳钢焊条 J422 ϕ3.2		kg	0.420	0.340	0.150	0.090
	电		kW·h	0.024	0.024	0.034	0.037
	角钢 60		kg	32.170	33.880	37.270	42.660
	角钢 63		kg	—	—	2.330	3.190
	六角螺栓带螺母 M6×(30~50)		10 套	8.500	7.167	—	—
	六角螺栓带螺母 M8×(30~50)		10 套	—	—	5.150	3.900
	尼龙砂轮片 ϕ400		片	0.677	0.680	0.758	1.039
	膨胀螺栓 M12		套	2.000	2.000	1.500	1.000
	热轧薄钢板 δ3.0		m^2	10.800	10.800	10.800	10.800
	碳钢气焊条 ϕ2 以内		kg	2.200	1.680	1.480	1.490
	橡胶板 δ1~3		kg	1.460	1.300	0.970	0.920
	氧气		m^3	2.085	1.593	1.395	1.416
	乙炔气		kg	0.745	0.569	0.498	0.506
	圆钢 ϕ5.5~9		kg	2.930	1.900	0.750	0.120
	圆钢 ϕ10~14		kg	—	—	0.960	4.900
	其他材料费		%	1.000	1.000	1.000	1.000
机械	法兰卷圆机 L40×4		台班	0.500	0.320	0.180	0.140
	剪板机 6.3×2000(mm)		台班	0.100	0.060	0.040	0.020
	交流弧焊机 21kV·A		台班	4.070	2.270	1.730	1.710
	卷板机 2×1600(mm)		台班	0.100	0.060	0.040	0.020
	台式钻床 16mm		台班	0.340	0.290	0.210	0.160

工作内容：制作：放样、下料、折方、轧口、咬口、翻边、铆铆钉、点焊、焊接成型、制作直管、管件、法兰、吊托支架、钻孔、铆焊、上法兰、组对；安装：找标高、打支架墙洞、配合预留孔洞、埋设吊托支架、组装、风管就位、找平、找正、制垫、加垫、上螺栓、紧固。

计量单位：$10m^2$

定额编号				2-5-52	2-5-53	2-5-54	2-5-55	2-5-56
项目				薄钢板法兰风管制作、安装				
				矩形风管($\delta=2$mm 以内焊接) 长边长(mm)				
				≤320	≤450	≤1000	≤1250	≤2000
名称			单位	消耗量				
人工	合计工日		工日	16.3560	10.7510	7.5850	7.3500	6.6440
	其中	普工	工日	7.3600	4.8380	3.4130	3.3070	2.9900
		一般技工	工日	7.3600	4.8380	3.4130	3.3070	2.9900
		高级技工	工日	1.6360	1.0750	0.7590	0.7350	0.6640
材料	扁钢 59 以内		kg	2.150	1.330	1.120	1.095	1.020
	低碳钢焊条 J422 ϕ2.5		kg	7.300	5.170	4.100	3.813	2.950
	低碳钢焊条 J422 ϕ3.2		kg	2.240	1.060	0.490	0.453	0.340
	电		kW·h	0.027	0.024	0.020	0.021	0.024
	角钢 60		kg	40.420	35.660	29.220	30.630	34.860
	角钢 63		kg	—	—	0.160	0.185	0.260
	六角螺栓带螺母 M6×(30~50)		10 套	16.900	8.150	—	—	—
	六角螺栓带螺母 M8×(30~50)		10 套	—	—	4.300	4.063	3.350
	尼龙砂轮片 ϕ400		片	0.759	0.673	0.553	0.574	0.667
	膨胀螺栓 M12		套	2.000	2.000	1.500	1.375	1.000
	热轧薄钢板 δ2.0		m^2	10.800	10.800	10.800	10.800	10.800
	碳钢气焊条 ϕ2 以内		kg	1.450	0.930	0.730	0.658	0.440
	橡胶板 δ1~3		kg	1.840	1.300	0.920	0.905	0.860
	氧气		m^3	0.591	0.375	0.300	0.271	0.183
	乙炔气		kg	0.211	0.134	0.107	0.097	0.065
	圆钢 ϕ5.5~9		kg	1.350	1.930	1.490	1.318	0.800
	圆钢 ϕ10~14		kg	—	—	—	—	1.850
	其他材料费		%	1.000	1.000	1.000	1.000	1.000
机械	剪板机 6.3×2000(mm)		台班	0.070	0.060	0.040	0.040	0.040
	交流弧焊机 21kV·A		台班	3.660	2.050	1.270	1.213	1.040
	台式钻床 16mm		台班	1.020	0.470	0.270	0.260	0.230
	折方机 4×2000(mm)		台班	0.070	0.060	0.040	0.040	0.040

工作内容:制作:放样、下料、折方、轧口、咬口、翻边、铆铆钉、点焊、焊接成型、制作直管、管件、法兰、吊托支架、钻孔、铆焊、上法兰、组对;安装:找标高、打支架墙洞、配合预留孔洞、埋设吊托支架、组装、风管就位、找平、找正、制垫、加垫、上螺栓、紧固。

计量单位:10m²

定额编号				2-5-57	2-5-58	2-5-59	2-5-60	2-5-61
项目				薄钢板法兰风管制作、安装				
				矩形风管(δ=3mm 以内焊接) 长边长(mm)				
				≤320	≤450	≤1000	≤1250	≤2000
名称			单位	消耗量				
人工	合计工日		工日	19.1390	12.4850	8.6040	8.4010	7.7910
	其中	普工	工日	8.6120	5.6180	3.8720	3.7810	3.5060
		一般技工	工日	8.6130	5.6180	3.8720	3.7810	3.5060
		高级技工	工日	1.9140	1.2490	0.8600	0.8400	0.7790
材料	扁钢 59 以内		kg	2.150	1.330	1.120	1.095	1.020
	低碳钢焊条 J422 φ2.5		kg	17.700	11.060	7.830	7.298	5.700
	低碳钢焊条 J422 φ3.2		kg	2.240	1.060	0.490	0.453	0.340
	电		kW·h	0.029	0.026	0.023	0.025	0.032
	角钢 60		kg	42.860	39.350	34.560	38.178	49.030
	角钢 63		kg	—	—	0.160	0.185	0.260
	六角螺栓带螺母 M6×(30~50)		10 套	16.900	8.150	—	—	—
	六角螺栓带螺母 M8×(30~50)		10 套	—	—	4.300	4.063	3.350
	尼龙砂轮片 φ400		片	0.801	0.736	0.645	0.701	0.903
	膨胀螺栓 M12		套	2.000	2.000	1.500	1.375	1.000
	热轧薄钢板 δ3.0		m²	10.800	10.800	10.800	10.800	10.800
	碳钢气焊条 φ2 以内		kg	3.170	3.790	1.390	1.253	0.840
	橡胶板 δ1~3		kg	1.890	1.350	0.920	0.905	0.860
	氧气		m³	2.925	1.794	1.275	1.157	0.801
	乙炔气		kg	1.045	0.641	0.455	0.413	0.286
	圆钢 φ5.5~9		kg	1.350	1.930	1.490	1.138	0.080
	圆钢 φ10~14		kg	—	—	—	—	1.850
	其他材料费		%	1.000	1.000	1.000	1.000	1.000
机械	剪板机 6.3×2000(mm)		台班	0.100	0.070	0.040	0.038	0.030
	交流弧焊机 21kV·A		台班	3.660	2.040	1.270	1.213	1.040
	台式钻床 16mm		台班	1.020	0.520	0.270	0.260	0.230
	折方机 4×2000(mm)		台班	0.100	0.070	0.040	0.040	0.048

工作内容：制作：放样、下料、折方、轧口、咬口制作直管、管件、法兰、吊托支架、钻孔、铆焊、上法兰、组对、口缝外表面涂密封胶、风管内表面清洗，风管两端封口；安装：找标高、找平、找正、配合预留孔洞、打支架墙洞、埋设支吊架、风管就位、组装、制垫、加垫、上螺栓、紧固、风管内表面清洗、管口封闭、法兰口涂密封胶。

计量单位：$10m^2$

定额编号				2-5-62	2-5-63	2-5-64	2-5-65	2-5-66
项目				镀锌薄钢板矩形净化风管制作、安装				
				（咬口）长边长(mm)				
				≤320	≤450	≤1000	≤1250	≤2000
名称			单位	消耗量				
人工	合计工日		工日	12.1130	9.3490	7.5660	7.5170	7.3700
	其中	普工	工日	5.4510	4.2070	3.4040	3.3820	3.3170
		一般技工	工日	5.4510	4.2070	3.4050	3.3830	3.3160
		高级技工	工日	1.2110	0.9350	0.7570	0.7520	0.7370
材料	401胶		kg	0.500	0.350	0.240	0.235	0.220
	白布		m^2	1.000	1.000	1.000	1.000	1.000
	白绸		m^2	1.000	1.000	1.000	1.000	1.000
	打包铁卡子		10个	2.000	1.600	0.800	0.750	0.600
	低碳钢焊条 J422 $\phi3.2$		kg	2.240	1.230	0.500	0.455	0.320
	电		kW·h	0.037	0.037	0.040	0.040	0.041
	镀锌薄钢板 $\delta0.5$		m^2	11.490	—	—	—	—
	镀锌薄钢板 $\delta0.6$		m^2	—	11.490	—	—	—
	镀锌薄钢板 $\delta0.75$		m^2	—	—	11.490	—	—
	镀锌薄钢板 $\delta1.0$		m^2	—	—	—	11.490	—
	镀锌薄钢板 $\delta1.2$		m^2	—	—	—	—	11.490
	镀锌铆钉 M4		kg	0.650	0.350	0.330	0.330	0.330
	角钢 60		kg	57.720	57.720	62.820	62.820	62.820
	聚氯乙烯薄膜		kg	0.750	0.750	0.750	0.750	0.750
	六角螺栓带螺母 M8×(30~50)		10套	21.100	11.900	5.400	5.125	4.300
	密封胶 KS 型		kg	2.000	2.000	2.000	2.000	2.000
	尼龙砂轮片 $\phi400$		片	1.022	1.023	1.120	1.122	1.129
	塑料打包带		kg	0.200	0.200	0.200	0.200	0.200
	洗涤剂		kg	7.320	7.320	7.320	7.320	7.320
	橡胶板 $\delta1\sim3$		kg	0.680	0.480	0.320	0.310	0.300
	圆钢 $\phi10\sim14$		kg	1.400	1.470	2.000	2.133	2.530
	其他材料费		%	1.000	1.000	1.000	1.000	1.000
机械	剪板机 6.3×2000(mm)		台班	0.040	0.040	0.030	0.033	0.040
	交流弧焊机 21kV·A		台班	0.480	0.250	0.110	0.100	0.070
	台式钻床 16mm		台班	1.580	0.870	0.500	0.485	0.440
	咬口机 1.5mm		台班	0.040	0.040	0.030	0.033	0.040
	折方机 4×2000(mm)		台班	0.040	0.040	0.030	0.033	0.040

工作内容:制作:放样、下料、剪切、卷圆、上法兰、点焊、焊接成型、焊缝酸洗、钝化;
安装:找标高、起吊、找正、找平、修整墙洞、固定。

计量单位:$10m^2$

定额编号				2-5-67	2-5-68	2-5-69	2-5-70	2-5-71
项目				不锈钢板风管制作、安装				
				圆形风管(电弧焊)直径×壁厚(mm)				
				≤200×2	≤400×2	≤560×2	≤700×3	>700×3
名称			单位	消耗量				
人工	合计工日		工日	36.3720	20.5940	17.5890	15.1470	14.8720
	其中	普工	工日	6.5470	3.7070	3.1660	2.7260	2.6770
		一般技工	工日	22.5510	12.7680	10.9050	9.3910	9.2210
		高级技工	工日	7.2740	4.1190	3.5180	3.0290	2.9740
材料	白垩粉		kg	3.000	3.000	3.000	3.000	3.000
	不锈钢板 δ2.0		m^2	10.800	10.800	10.800	—	—
	不锈钢板 δ3.0		m^2	—	—	—	10.800	10.800
	不锈钢焊条 A102 φ2.5 以内		kg	8.230	6.730	6.120	—	—
	不锈钢焊条 A102 φ3.2		kg	—	—	—	11.020	10.250
	钢锯条		条	26.000	26.000	21.000	21.000	21.000
	煤油		kg	1.950	1.950	1.950	1.950	1.950
	棉纱头		kg	1.300	1.300	1.300	1.300	1.300
	热轧薄钢板 δ0.5		m^2	0.100	0.100	0.100	0.150	0.150
	石油沥青油毡 350#		m^2	1.010	1.010	1.110	1.210	1.210
	铁砂布 0#~2#		张	26.000	26.000	19.500	19.500	19.500
	硝酸		kg	5.530	5.530	4.000	4.000	4.000
	其他材料费		%	1.000	1.000	1.000	1.000	1.000
机械	剪板机 6.3×2000(mm)		台班	1.490	0.960	0.680	0.550	0.300
	卷板机 2×1600(mm)		台班	1.490	0.960	0.680	0.550	0.300
	直流弧焊机 20kV·A		台班	6.830	5.620	4.840	5.040	3.080

工作内容:制作:放样、下料、剪切、卷圆、上法兰、点焊、焊接成型、焊缝酸洗、钝化;
安装:找标高、起吊、找正、找平、修整墙洞、固定。 计量单位:10m²

定额编号				2-5-72	2-5-73	2-5-74	2-5-75	2-5-76
项目				不锈钢板风管制作、安装				
				圆形风管(氩弧焊)直径×壁厚(mm)				
				≤200×2	≤400×2	≤560×2	≤700×3	>700×3
名称			单位	消耗量				
人工	合计工日		工日	45.0290	25.4950	21.7750	18.7510	18.4120
	其中	普工	工日	8.1050	4.5890	3.9200	3.3750	3.3140
		一般技工	工日	27.9180	15.8070	13.5000	11.6260	11.4160
		高级技工	工日	9.0050	5.0990	4.3550	3.7500	3.6820
材料	不锈钢板 δ2.0		m²	10.800	10.800	10.800	—	—
	不锈钢板 δ3.0		m²	—	—	—	10.800	10.800
	不锈钢焊丝 1Cr18Ni9Ti		kg	4.115	3.365	3.060	5.510	5.125
	钢锯条		条	26.000	26.000	21.000	21.000	21.000
	煤油		kg	1.950	1.950	1.950	1.950	1.950
	棉纱头		kg	1.300	1.300	1.300	1.300	1.300
	热轧薄钢板 δ0.5		m²	0.100	0.100	0.100	0.150	0.150
	铁砂布 0#~2#		张	26.000	26.000	19.500	19.500	19.500
	硝酸		kg	5.530	5.530	4.000	4.000	4.000
	氩气		m³	14.002	11.521	9.922	10.332	6.314
	钍钨棒		kg	0.027	0.022	0.019	0.020	0.012
	其他材料费		%	1.000	1.000	1.000	1.000	1.000
机械	剪板机 6.3×2000(mm)		台班	1.490	0.960	0.680	0.550	0.300
	卷板机 2×1600(mm)		台班	1.490	0.960	0.680	0.550	0.300
	氩弧焊机 500A		台班	13.660	11.240	9.680	10.080	6.160

工作内容：制作：放样、下料、剪切、折方、上法兰、点焊、焊接成型、焊缝酸洗、钝化；
安装：找标高、起吊、找正、找平、修整墙洞、固定。

计量单位：10m²

定额编号				2-5-77	2-5-78	2-5-79	2-5-80	2-5-81
项目				不锈钢板风管制作、安装				
				矩形风管(电弧焊) 长边长×壁厚(mm)				
				≤200×2	≤400×2	≤560×2	≤700×3	>700×3
名称			单位	消耗量				
人工	合计工日		工日	36.3720	20.5940	17.5890	15.1470	14.8720
	其中	普工	工日	6.5470	3.7070	3.1660	2.7260	2.6770
		一般技工	工日	22.5510	12.7680	10.9050	9.3910	9.2210
		高级技工	工日	7.2740	4.1190	3.5180	3.0290	2.9740
材料	白垩粉		kg	3.000	3.000	3.000	3.000	3.000
	不锈钢板 δ2.0		m²	10.800	10.800	10.800	—	—
	不锈钢板 δ3.0		m²	—	—	—	10.800	10.800
	不锈钢焊条 A102 φ2.5 以内		kg	8.230	6.730	6.120	—	—
	不锈钢焊条 A102 φ3.2		kg	—	—	—	11.020	10.250
	钢锯条		条	26.000	26.000	21.000	21.000	21.000
	煤油		kg	1.950	1.950	1.950	1.950	1.950
	棉纱头		kg	1.300	1.300	1.300	1.300	1.300
	热轧薄钢板 δ0.5		m²	0.100	0.100	0.100	0.150	0.150
	石油沥青油毡 350#		m³	1.010	1.010	1.110	1.210	1.210
	铁砂布 0#~2#		张	26.000	26.000	19.500	19.500	19.500
	硝酸		kg	5.530	5.530	4.000	4.000	4.000
	其他材料费		%	1.000	1.000	1.000	1.000	1.000
机械	剪板机 6.3×2000(mm)		台班	1.490	0.960	0.680	0.550	0.300
	折方机 4×2000(mm)		台班	1.490	0.960	0.680	0.550	0.300
	直流弧焊机 20kV·A		台班	6.830	5.620	4.840	5.040	3.080

工作内容：制作：放样、下料、剪切、折方、上法兰、点焊、焊接成型、焊缝酸洗、钝化；
安装：找标高、起吊、找正、找平、修整墙洞、固定。

计量单位：$10m^2$

定额编号				2-5-82	2-5-83	2-5-84	2-5-85	2-5-86
项　目				不锈钢板风管制作、安装				
				矩形风管(氩弧焊)长边长×壁厚(mm)				
				≤200×2	≤400×2	≤560×2	≤700×3	>700×3
名　称			单位	消　耗　量				
人工	合计工日		工日	45.0290	25.4950	21.7750	18.7510	18.4120
	其中	普工	工日	8.1050	4.5890	3.9200	3.3750	3.3140
		一般技工	工日	27.9180	15.8070	13.5000	11.6260	11.4160
		高级技工	工日	9.0050	5.0990	4.3550	3.7500	3.6820
材料	不锈钢板 δ2.0		m^2	10.800	10.800	10.800	—	—
	不锈钢板 δ3.0		m^2	—	—	—	10.800	10.800
	不锈钢焊丝 1Cr18Ni9Ti		kg	4.115	3.365	3.060	5.510	5.125
	钢锯条		条	26.000	26.000	21.000	21.000	21.000
	煤油		kg	1.950	1.950	1.950	1.950	1.950
	棉纱头		kg	1.300	1.300	1.300	1.300	1.300
	热轧薄钢板 δ0.5		m^2	0.100	0.100	0.100	0.150	0.150
	铁砂布 0#~2#		张	26.000	26.000	19.500	19.500	19.500
	硝酸		kg	5.530	5.530	4.000	4.000	4.000
	氩气		m^3	14.002	11.521	9.922	10.332	6.314
	钍钨棒		kg	0.027	0.022	0.019	0.020	0.012
	其他材料费		%	1.000	1.000	1.000	1.000	1.000
机械	剪板机 6.3×2000(mm)		台班	1.490	0.960	0.680	0.550	0.300
	折方机 4×2000(mm)		台班	1.490	0.960	0.680	0.550	0.300
	氩弧焊机 500A		台班	13.660	11.240	9.680	10.080	6.160

工作内容：制作：放样、下料、卷圆、折方、制作管件、组对焊接、试漏、清洗焊口；
安装：找标高、清理墙洞、风管就位、组对焊接、试漏、清洗焊口、固定。

计量单位：10m²

定额编号				2-5-87	2-5-88	2-5-89	2-5-90
项目				铝板风管制作、安装			
				圆形风管（氧乙炔焊）直径×壁厚(mm)			
				≤200×2	≤400×2	≤630×2	≤700×2
名称			单位	消耗量			
人工	合计工日		工日	48.3630	35.6820	26.8420	22.2460
	其中	普工	工日	8.7050	6.4230	4.8320	4.0040
		一般技工	工日	29.9850	22.1230	16.6420	13.7930
		高级技工	工日	9.6730	7.1360	5.3680	4.4490
材料	白垩粉		kg	2.500	2.500	2.500	2.500
	钢锯条		条	13.000	11.050	9.100	9.100
	酒精		kg	1.300	1.300	1.300	1.300
	铝板 δ2		m²	10.800	10.800	10.800	10.800
	铝焊粉		kg	3.090	2.520	2.320	2.670
	铝焊丝 丝301 φ3.0		kg	2.520	2.040	1.880	2.160
	煤油		kg	1.950	1.950	1.950	1.950
	棉纱头		kg	1.300	1.300	1.300	1.300
	氢氧化钠（烧碱）		kg	2.600	2.600	2.600	2.600
	热轧薄钢板 δ0.5		m²	0.100	0.010	0.100	0.150
	石油沥青油毡 350#		m²	1.010	1.010	1.110	1.210
	铁砂布 0#~2#		张	19.500	19.500	19.500	19.500
	氧气		m³	19.270	15.570	14.240	16.530
	乙炔气		kg	6.883	5.561	5.087	5.904
	其他材料费		%	1.000	1.000	1.000	1.000
机械	剪板机 6.3×2000(mm)		台班	1.110	0.710	0.390	0.280
	卷板机 2×1600(mm)		台班	1.110	0.710	0.390	0.280

工作内容:制作:放样、下料、卷圆、折方、制作管件、组对焊接、试漏、清洗焊口;
　　安装:找标高、清理墙洞、风管就位、组对焊接、试漏、清洗焊口、固定。　　**计量单位:**$10m^2$

定额编号				2-5-91	2-5-92	2-5-93	2-5-94	2-5-95
项　目				铝板风管制作、安装				
				圆形风管(氧乙炔焊)直径×壁厚(mm)				
				≤200×3	≤400×3	≤630×3	≤700×3	>700×3
名　称			单位	消　耗　量				
人工	合计工日		工日	51.7930	38.1510	28.4690	23.5300	20.4130
	其中	普工	工日	9.3230	6.8670	5.1240	4.2350	3.6740
		一般技工	工日	32.1120	23.6540	17.6510	14.5890	12.6560
		高级技工	工日	10.3590	7.6300	5.6940	4.7060	4.0830
材料	白垩粉		kg	2.500	2.500	2.400	2.300	2.300
	钢锯条		条	13.000	11.050	9.100	9.100	9.100
	酒精		kg	1.300	1.300	1.300	1.300	1.300
	铝板 $\delta3$		m^2	10.800	10.800	10.800	10.800	10.800
	铝焊粉		kg	4.040	3.280	3.010	3.490	3.240
	铝焊丝 丝301 $\phi3.0$		kg	3.920	3.180	2.920	3.370	3.150
	煤油		kg	1.950	1.950	1.950	1.950	1.950
	棉纱头		kg	1.300	1.300	1.300	1.300	1.300
	氢氧化钠(烧碱)		kg	2.600	2.600	2.600	2.600	2.600
	热轧薄钢板 $\delta0.5$		m^2	0.100	0.100	0.100	0.150	0.150
	石油沥青油毡 350#		m^2	1.010	1.010	1.110	1.210	1.210
	铁砂布 0#~2#		张	19.500	19.500	19.500	19.500	19.500
	氧气		m^3	24.690	20.150	18.480	21.400	19.940
	乙炔气		kg	8.817	7.196	6.600	7.643	7.122
	其他材料费		%	1.000	1.000	1.000	1.000	1.000
机械	剪板机 6.3×2000(mm)		台班	1.230	0.790	0.440	0.310	0.230
	卷板机 2×1600(mm)		台班	1.230	0.790	0.440	0.310	0.230

工作内容：制作：放样、下料、卷圆、折方、制作管件、组对焊接、试漏、清洗焊口；
安装：找标高、清理墙洞、风管就位、组对焊接、试漏、清洗焊口、固定。

计量单位：10m²

定额编号				2-5-96	2-5-97	2-5-98	2-5-99
项目				铝板风管制作、安装			
				圆形风管（氩弧焊）直径×壁厚(mm)			
				≤200×2	≤400×2	≤630×2	≤700×2
名称			单位	消耗量			
人工	合计工日		工日	44.6490	32.9420	24.7810	20.5380
	其中	普工	工日	8.0370	5.9290	4.4610	3.6970
		一般技工	工日	27.6820	20.4240	15.3640	12.7330
		高级技工	工日	8.9300	6.5880	4.9560	4.1080
材料	钢锯条		条	13.000	11.050	9.100	9.100
	酒精		kg	1.300	1.300	1.300	1.300
	铝板 δ2		m²	10.800	10.800	10.800	10.800
	铝锰合金焊丝 丝321 φ1~6		kg	5.610	4.560	4.200	4.830
	煤油		kg	1.950	1.950	1.950	1.950
	棉纱头		kg	1.300	1.300	1.300	1.300
	氢氧化钠（烧碱）		kg	2.600	2.600	2.600	2.600
	热轧薄钢板 δ0.5		m²	0.100	0.100	0.100	0.150
	铁砂布 0#~2#		张	19.500	19.500	19.500	19.500
	氩气		m³	18.632	15.331	13.770	15.986
	钍钨棒		kg	0.037	0.030	0.027	0.032
	其他材料费		%	1.000	1.000	1.000	1.000
机械	剪板机 6.3×2000(mm)		台班	1.110	0.710	0.390	0.280
	卷板机 2×1600(mm)		台班	1.110	0.710	0.390	0.280
	氩弧焊机 500A		台班	13.660	11.240	10.095	11.720

工作内容:制作:放样、下料、卷圆、折方、制作管件、组对焊接、试漏、清洗焊口;

安装:找标高、清理墙洞、风管就位、组对焊接、试漏、清洗焊口、固定。　　**计量单位:**10m²

定额编号				2-5-100	2-5-101	2-5-102	2-5-103	2-5-104
项目				铝板风管制作、安装				
				圆形风管(氩弧焊)直径×壁厚(mm)				
				≤200×3	≤400×3	≤630×3	≤700×3	>700×3
名称			单位	消耗量				
人工	合计工日		工日	47.8150	35.2210	26.2820	21.7230	18.8460
	其中	普工	工日	8.6070	6.3400	4.7310	3.9100	3.3920
		一般技工	工日	29.6450	21.8370	16.2950	13.4680	11.6840
		高级技工	工日	9.5630	7.0440	5.2560	4.3450	3.7690
材料	钢锯条		条	13.000	11.050	9.100	9.100	9.100
	酒精		kg	1.300	1.300	1.300	1.300	1.300
	铝板 δ3		m²	10.800	10.800	10.800	10.800	10.800
	铝锰合金焊丝 丝321 φ1~6		kg	7.960	6.460	5.930	6.860	6.390
	煤油		kg	1.950	1.950	1.950	1.950	1.950
	棉纱头		kg	1.300	1.300	1.300	1.300	1.300
	氢氧化钠(烧碱)		kg	2.600	2.600	2.600	2.600	2.600
	热轧薄钢板 δ0.5		m²	0.100	0.100	0.100	0.150	0.150
	铁砂布 0#~2#		张	19.500	19.500	19.500	19.500	19.500
	氩气		m³	23.867	19.489	17.868	13.749	8.402
	钍钨棒		kg	0.047	0.039	0.035	0.027	0.017
	其他材料费		%	1.000	1.000	1.000	1.000	1.000
机械	剪板机 6.3×2000(mm)		台班	1.230	0.790	0.440	0.310	0.230
	卷板机 2×1600(mm)		台班	1.230	0.790	0.440	0.310	0.230
	氩弧焊机 500A		台班	17.498	14.288	13.100	10.080	6.160

工作内容：制作：放样、下料、折方、制作管件、组对焊接、试漏、清洗焊口；
安装：找标高、清理墙洞、风管就位、组对焊接、试漏、清洗焊口、固定。

计量单位：$10m^2$

定额编号				2－5－105	2－5－106	2－5－107	2－5－108	2－5－109	2－5－110
项目				铝板风管制作、安装					
				矩形风管（氧乙炔焊）长边长×壁厚（mm）					
				≤320×2	≤630×2	≤2000×2	≤320×3	≤630×3	≤2000×3
名称			单位	消耗量					
人工	合计工日		工日	27.9330	19.1390	14.7980	30.1060	19.1100	14.7980
	其中	普工	工日	5.0280	3.4450	2.6640	5.4190	3.4400	2.6640
		一般技工	工日	17.3180	11.8660	9.1740	18.6660	11.8480	9.1750
		高级技工	工日	5.5870	3.8280	2.9600	6.0210	3.8220	2.9600
材料	白垩粉		kg	2.500	2.500	2.500	2.500	2.500	2.500
	钢锯条		条	13.000	8.450	7.800	13.000	9.100	7.800
	酒精		kg	1.300	1.300	1.300	1.300	1.300	1.300
	铝板 δ2		m^2	10.800	10.800	10.800	—	—	—
	铝板 δ3		m^2	—	—	—	10.800	10.800	10.800
	铝焊粉		kg	3.830	2.110	1.370	4.530	3.050	1.980
	铝焊丝 丝301 φ3.0		kg	3.100	1.720	1.110	4.390	2.960	1.910
	煤油		kg	2.600	1.950	1.890	2.600	1.950	1.920
	棉纱头		kg	1.300	1.300	1.300	1.300	1.300	1.300
	氢氧化钠（烧碱）		kg	4.500	2.600	2.600	2.600	2.600	2.600
	石油沥青油毡 350#		m^2	0.500	0.500	0.500	0.500	0.500	0.500
	铁砂布 0#～2#		张	19.500	13.000	11.700	19.500	13.000	12.350
	氧气		m^3	23.690	13.030	8.430	27.920	18.700	12.070
	乙炔气		kg	8.461	4.652	3.009	9.970	6.678	4.309
	其他材料费		%	1.000	1.000	1.000	1.000	1.000	1.000
机械	剪板机 6.3×2000（mm）		台班	0.846	0.680	0.500	0.900	0.810	0.420
	折方机 4×2000（mm）		台班	0.846	0.680	0.500	0.900	0.810	0.420

工作内容：制作：放样、下料、折方、制作管件、组对焊接、试漏、清洗焊口；
安装：找标高、清理墙洞、风管就位、组对焊接、试漏、清洗焊口、固定。　　计量单位：$10m^2$

定额编号				2-5-111	2-5-112	2-5-113	2-5-114	2-5-115	2-5-116
项　目				铝板风管制作、安装					
				矩形风管(氩弧焊) 长边×壁厚(mm)					
				≤320×2	≤630×2	≤2000×2	≤320×3	≤630×3	≤2400×3
名　称			单位	消　耗　量					
人工	合计工日		工日	31.0370	19.1390	14.7980	30.1060	19.1100	14.7980
	其中	普工	工日	5.5870	3.4450	2.6640	5.4190	3.4400	2.6640
		一般技工	工日	19.2430	11.8660	9.1750	18.6660	11.8480	9.1750
		高级技工	工日	6.2070	3.8280	2.9600	6.0210	3.8220	2.9600
材料	钢锯条		条	13.000	8.450	7.800	13.000	9.100	7.800
	酒精		kg	1.300	1.300	1.300	1.300	1.300	1.300
	铝板 $\delta 2$		m^2	10.800	10.800	10.800	—	—	—
	铝板 $\delta 3$		m^2	—	—	—	10.800	10.800	10.800
	铝锰合金焊丝 丝 321 $\phi 1\sim 6$		kg	6.930	3.830	2.480	8.920	6.010	3.890
	煤油		kg	2.600	1.950	1.890	2.600	1.950	1.920
	棉纱头		kg	1.300	1.300	1.300	1.300	1.300	1.300
	氢氧化钠(烧碱)		kg	4.500	2.600	2.600	2.600	2.600	2.600
	铁砂布 $0^{\#}\sim 2^{\#}$		张	19.500	13.000	11.700	19.500	13.000	12.350
	氩气		m^3	23.016	12.877	8.131	26.746	18.131	11.721
	钍钨棒		kg	0.046	0.025	0.016	0.053	0.036	0.023
	其他材料费		%	1.000	1.000	1.000	1.000	1.000	1.000
机械	剪板机 6.3×2000(mm)		台班	0.940	0.680	0.500	0.900	0.810	0.420
	折方机 4×2000(mm)		台班	0.940	0.680	0.500	0.900	0.810	0.420
	氩弧焊机 500A		台班	16.874	9.441	5.961	19.608	13.293	8.593

工作内容:制作:放样、锯切、坡口、加热成型、制作法兰、管件、钻孔、组合焊接;
安装:就位、制垫、加垫、法兰连接、找正、找平、固定。

计量单位:10m²

定额编号				2-5-117	2-5-118	2-5-119	2-5-120	2-5-121
项目				塑料风管制作、安装				
				圆形风管 直径×壁厚(mm)				
				≤320×3	≤500×4	≤1000×5	≤1250×6	≤2000×8
名称			单位	消耗量				
人工	合计工日		工日	30.9880	19.2010	18.7180	19.2800	20.7090
	其中	普工	工日	13.9440	8.6400	8.4240	8.6760	9.3190
		一般技工	工日	13.9440	8.6400	8.4230	8.6760	9.3190
		高级技工	工日	3.0990	1.9200	1.8720	1.9280	2.0710
材料	垫圈 M2~8		10个	23.000	16.000	—	—	—
	垫圈 M10~20		10个	—	—	10.400	10.000	8.400
	六角螺栓带螺母 M8×75		10套	11.500	8.000	—	—	—
	六角螺栓带螺母 M10×75		10套	—	—	5.200	5.000	4.200
	软聚氯乙烯板 δ4		m²	0.570	0.450	0.380	0.380	0.370
	硬聚氯乙烯板 δ3~8		m²	11.600	11.600	11.600	11.600	11.600
	硬聚氯乙烯板 δ6		m²	0.610	0.070	0.460	—	—
	硬聚氯乙烯板 δ8		m²	0.350	0.750	0.060	0.450	0.410
	硬聚氯乙烯板 δ12		m²	—	—	0.640	0.630	0.610
	硬聚氯乙烯焊条 φ4		kg	5.010	4.060	5.190	5.330	5.890
	其他材料费		%	1.000	1.000	1.000	1.000	1.000
机械	电动空气压缩机 0.6m³/min		台班	6.710	4.850	5.670	5.680	5.720
	弓锯床 250mm		台班	0.190	0.130	0.160	0.160	0.150
	坡口机 2.8kW		台班	0.420	0.290	0.320	0.330	0.360
	台式钻床 16mm		台班	0.660	0.460	0.300	0.290	0.270
	箱式加热炉 45kW		台班	2.280	0.750	0.730	0.700	0.620

工作内容：制作：放样、锯切、坡口、加热成型、制作法兰、管件、钻孔、组合焊接；
安装：就位、制垫、加垫、法兰连接、找正、找平、固定。　　**计量单位**：$10m^2$

定额编号				2-5-122	2-5-123	2-5-124	2-5-125	2-5-126
项目				塑料风管制作、安装				
				矩形风管 长边长×壁厚(mm)				
				≤320×3	≤500×4	≤800×5	≤1250×6	≤2000×8
名称			单位	消耗量				
人工	合计工日		工日	23.1400	22.0410	20.8840	20.5750	18.4680
	其中	普工	工日	10.4130	9.9190	9.3980	9.2580	8.3100
		一般技工	工日	10.4130	9.9190	9.3980	9.2590	8.3100
		高级技工	工日	2.3140	2.2040	2.0880	2.0580	1.8470
材料	垫圈 M10~20		10个	13.000	10.400	9.600	9.000	8.400
	六角螺栓带螺母 M8×75		10套	6.500	5.200	—	—	—
	六角螺栓带螺母 M10×75		10套	—	—	4.800	4.500	4.200
	软聚氯乙烯板 δ4		m^2	0.290	0.260	0.280	0.300	0.310
	硬聚氯乙烯板 δ3~8		m^2	11.600	11.600	11.600	11.600	11.600
	硬聚氯乙烯板 δ6		m^2	0.040	0.820	—	—	—
	硬聚氯乙烯板 δ8		m^2	0.580	0.520	0.910	—	—
	硬聚氯乙烯板 δ12		m^2	—	—	0.570	1.460	—
	硬聚氯乙烯板 δ14		m^2	—	—	—	—	1.120
	硬聚氯乙烯焊条 φ4		kg	3.970	4.490	6.020	6.310	7.050
	其他材料费		%	1.000	1.000	1.000	1.000	1.000
机械	电动空气压缩机 $0.6m^3/min$		台班	6.050	6.600	7.120	6.460	6.430
	弓锯床 250mm		台班	0.150	0.200	0.210	0.220	0.210
	坡口机 2.8kW		台班	0.310	0.380	0.390	0.390	0.410
	台式钻床 16mm		台班	0.350	0.310	0.290	0.260	0.300
	箱式加热炉 45kW		台班	0.210	0.090	0.070	0.060	0.060

工作内容：找标高、打支架墙洞、配合预留孔洞、吊托支架制作及埋设、风管配合修补、粘接、组装就位、找平、找正、制垫、加垫、上螺栓、紧固。

计量单位：$10m^2$

定额编号				2-5-127	2-5-128	2-5-129	2-5-130
项目				玻璃钢风管安装			
				圆形风管 直径(mm)			
				≤200	≤500	≤800	≤2000
名称			单位	消耗量			
人工	合计工日		工日	8.3600	4.3660	3.5900	4.1360
	其中	普工	工日	4.1800	2.1830	1.7950	2.0680
		一般技工	工日	4.1800	2.1830	1.7950	2.0680
材料	扁钢59以内		kg	4.130	1.420	0.860	3.710
	玻璃钢风管1.5～4		m^2	10.320	10.320	10.320	10.320
	低碳钢焊条J422 ϕ3.2		kg	0.170	0.140	0.060	0.040
	角钢60		kg	8.620	12.640	14.020	14.850
	六角螺栓带螺母M8×75以下		10套	9.350	7.890	—	—
	六角螺栓带螺母M10×75以下		10套	—	—	5.670	4.290
	橡胶板δ1～3		kg	1.400	1.240	0.970	0.920
	氧气		m^3	0.087	0.117	0.123	0.177
	乙炔气		kg	0.031	0.042	0.044	0.063
	圆钢ϕ5.5～9		kg	2.930	1.900	0.750	0.120
	圆钢ϕ10～14		kg	—	—	1.210	4.900
	其他材料费		%	1.000	1.000	1.000	1.000
机械	法兰卷圆机L40×4		台班	0.500	0.130	0.070	0.020
	交流弧焊机21kV·A		台班	0.064	0.052	0.020	0.010
	台式钻床16mm		台班	0.280	0.240	0.170	0.140

工作内容:找标高、打支架墙洞、配合预留孔洞、吊托支架制作及埋设、风管配合修补、粘接、组装就位、找平、找正、制垫、加垫、上螺栓、紧固。

计量单位:10m²

定额编号				2-5-131	2-5-132	2-5-133	2-5-134
项　目				玻璃钢风管安装			
				矩形风管 长边长(mm)			
				≤200	≤500	≤800	≤2000
名　称			单位	消　耗　量			
人、工	合计工日		工日	5.3980	3.2180	2.4240	2.9360
	其中	普工	工日	2.6990	1.6090	1.2120	1.4680
		一般技工	工日	2.6990	1.6090	1.2120	1.4680
材料	扁钢 59 以内		kg	0.860	0.530	0.450	0.410
	玻璃钢风管 1.5~4		m²	10.320	10.320	10.320	10.320
	低碳钢焊条 J422 ϕ3.2		kg	0.900	0.420	0.180	0.140
	角钢 60		kg	16.170	14.260	14.080	18.160
	六角螺栓带螺母 M8×75 以下		10 套	18.590	9.960	—	—
	六角螺栓带螺母 M10×75 以下		10 套	—	—	4.730	3.690
	橡胶板 δ1~3		kg	1.840	1.300	0.920	0.810
	氧气		m³	0.138	0.123	0.117	0.153
	乙炔气		kg	0.050	0.044	0.042	0.055
	圆钢 ϕ5.5~9		kg	1.350	1.930	1.490	0.080
	圆钢 ϕ10~14		kg	—	—	—	1.850
	其他材料费		%	1.000	1.000	1.000	1.000
机械	交流弧焊机 21kV·A		台班	0.200	0.090	0.040	0.030
	台式钻床 16mm		台班	0.460	0.240	0.150	0.120

工作内容:制作:放样、切割、开槽、成型、制作管体、钻孔、组合;安装:找标高、打支架墙洞、配合预留孔洞、埋设吊托支架、组装、风管就位、制垫、加垫、固定。

计量单位:10m²

定额编号				2-5-135	2-5-136	2-5-137	2-5-138
项　目				复合型风管制作、安装			
				圆形风管 直径(mm)			
				≤300	≤630	≤1000	≤2000
名　称			单位	消　耗　量			
人工	合计工日		工日	1.4310	0.8820	0.8530	0.9110
	其中	普工	工日	0.6440	0.3970	0.3840	0.4100
		一般技工	工日	0.6440	0.3970	0.3840	0.4100
		高级技工	工日	0.1430	0.0880	0.0850	0.0910
材料	扁钢 59 以内		kg	6.640	4.770	3.780	4.440
	垫圈 M2~8		10 个	—	—	3.540	3.030
	复合型板材		m²	11.600	11.600	11.600	11.600
	六角螺母 M6~10		10 个	—	—	3.540	3.030
	膨胀螺栓 M12		套	2.000	2.000	1.500	1.000
	热敏铝箔胶带 64		m	35.120	20.360	13.530	8.490
	圆钢 ϕ5.5~9		kg	4.880	2.750	5.380	7.090
	其他材料费		%	1.000	1.000	1.000	1.000
机械	封口机		台班	0.280	0.200	0.130	0.120
	开槽机		台班	0.180	0.120	0.130	0.150

工作内容:制作:放样、切割、开槽、成型、制作管体、钻孔、组合;安装:找标高、打支架墙洞、配合预留孔洞、埋设吊托支架、组装、风管就位、制垫、加垫、固定。

计量单位:10m²

定额编号				2-5-139	2-5-140	2-5-141	2-5-142	2-5-143
项目				复合型风管制作、安装				
				矩形风管 周长(mm)				
				≤300	≤630	≤1000	≤2000	>2000
名称			单位	消耗量				
人工	合计工日		工日	1.0680	1.0190	0.9600	0.9510	0.8530
	其中	普工	工日	0.4800	0.4580	0.4320	0.4280	0.3840
		一般技工	工日	0.4810	0.4590	0.4320	0.4280	0.3840
		高级技工	工日	0.1070	0.1020	0.0960	0.0950	0.0850
材料	垫圈 M2~8		10个	—	—	2.310	5.440	3.450
	镀锌薄钢板 δ1~1.5		kg	0.710	0.710	1.260	1.260	1.650
	复合型板材		m²	11.800	11.800	11.800	11.800	11.800
	角钢 60		kg	8.390	11.870	4.730	2.980	4.400
	六角螺母 M6~10		10个	—	—	2.310	5.440	3.450
	膨胀螺栓 M12		套	2.000	1.500	1.500	1.500	1.000
	热敏铝箔胶带 64		m	22.290	21.230	18.040	18.520	10.270
	圆钢 φ5.5~9		kg	5.420	6.120	4.300	8.000	7.900
	自攻螺钉 ST4×12		10个	—	4.000	4.000	5.000	5.000
	其他材料费		%	1.000	1.000	1.000	1.000	1.000
机械	封口机		台班	0.150	0.130	0.120	0.110	0.130
	开槽机		台班	0.130	0.160	0.160	0.160	0.180

工作内容:就位、加垫、连接、找平、找正、固定。

计量单位:m

定额编号				2-5-144	2-5-145	2-5-146	2-5-147	2-5-148
项目				柔性软风管安装				
				无保温套管 直径(mm)				
				≤150	≤250	≤500	≤710	≤910
名称			单位	消耗量				
人工	合计工日		工日	0.0290	0.0390	0.0490	0.0690	0.0880
	其中	普工	工日	0.0130	0.0170	0.0220	0.0310	0.0390
		一般技工	工日	0.0130	0.0180	0.0220	0.0310	0.0400
		高级技工	工日	0.0030	0.0040	0.0050	0.0070	0.0090
材料	不锈钢U形卡		个	1.333	1.333	1.333	1.333	1.333
	柔性软风管		m	1.000	1.000	1.000	1.000	1.000

工作内容:就位、加垫、连接、找平、找正、固定。　　计量单位:m

定额编号				2-5-149	2-5-150	2-5-151	2-5-152	2-5-153
项目				柔性软风管安装				
				有保温套管 直径(mm)				
				≤150	≤250	≤500	≤710	≤910
名称			单位	消耗量				
人工	合计工日		工日	0.0390	0.0490	0.0690	0.0880	0.1180
	其中	普工	工日	0.0170	0.0220	0.0310	0.0390	0.0530
		一般技工	工日	0.0180	0.0220	0.0310	0.0400	0.0530
		高级技工	工日	0.0040	0.0050	0.0070	0.0090	0.0120
材料	不锈钢U形卡		个	1.333	1.333	1.333	1.333	1.333
	柔性软风管		m	1.000	1.000	1.000	1.000	1.000

工作内容:放样、下料、开孔、钻眼、铆接、焊接、成型、组装、加垫、紧螺栓、焊锡。　　计量单位:m^2

定额编号				2-5-154	2-5-155	2-5-156	2-5-157
项目				弯头导流叶片	软管接口	风管检查孔(100kg)	温度、风量测定孔(个)
名称			单位	消耗量			
人工	合计工日		工日	1.5480	1.5970	20.5510	0.5980
	其中	普工	工日	0.6960	0.7180	9.2480	0.2690
		一般技工	工日	0.6970	0.7190	9.2480	0.2690
		高级技工	工日	0.1550	0.1600	2.0550	0.0600
材料	闭孔乳胶海棉δ20		m^2	—	—	5.070	—
	扁钢59以内		kg	—	8.320	31.760	—
	带帽六角螺栓M(2~5)×(4~20)		10套	—	—	—	0.416
	弹簧垫圈2~10		10个	—	—	12.120	0.424
	低碳钢焊条J422 φ3.2		kg	—	0.060	—	0.110
	镀锌薄钢板δ0.75		m^2	1.140	—	—	—
	镀锌丝堵*DN*50(堵头)		个	—	—	—	1.000
	帆布		m^2	—	1.150	—	—
	酚醛塑料把手BX32		个	—	—	120.040	—
	角钢60		kg	—	18.330	—	—
	六角螺母M6~10		10个	—	—	12.120	—
	六角螺栓带螺母M8×75以下		10套	—	2.600	—	—
	热轧薄钢板δ1.0~1.5		kg	—	—	76.360	—
	热轧薄钢板δ2.0~2.5		kg	—	—	—	0.180
	熟铁管箍*DN*50		个	—	—	—	1.000
	铁铆钉		kg	0.150	0.070	1.430	—
	橡胶板δ1~3		kg	—	0.970	—	—
	圆钢φ5.5~9		kg	—	—	1.410	—
	圆锥销3×18		10个	—	—	4.040	—
	其他材料费		%	1.000	1.000	1.000	1.000
机械	交流弧焊机21kV·A		台班	—	0.018	0.690	0.010
	普通车床400×1000(mm)		台班	—	—	1.500	0.050
	台式钻床16mm		台班	—	0.144	1.730	0.030

3. 通风管道部件制作安装

工作内容：号孔、钻孔、对口、校正、制垫、加垫、上螺栓、紧固、试动。　　计量单位：个

定额编号				2-5-158	2-5-159	2-5-160	2-5-161
项目				碳钢调节阀安装			
				圆形瓣式启动阀 直径(mm)			
				≤600	≤800	≤1000	≤1300
名称			单位	消耗量			
人工	合计工日		工日	1.0000	1.2540	1.5400	2.0480
	其中	普工	工日	0.5000	0.6270	0.7700	1.0240
		一般技工	工日	0.5000	0.6270	0.7700	1.0240
材料	六角螺栓带螺母 M8×75 以下		10套	1.700	—	—	—
	六角螺栓带螺母 M10×75 以下		10套	—	1.700	—	—
	六角螺栓带螺母 M12×75		10套	—	—	1.700	2.500
	橡胶板 δ1~3		kg	0.220	0.270	0.380	0.540
	圆形瓣式启动阀		个	1.000	1.000	1.000	1.000
	其他材料费		%	1.000	1.000	1.000	1.000
机械	立式钻床 35mm		台班	—	—	0.170	0.250
	台式钻床 16mm		台班	0.030	0.030	—	—

工作内容：号孔、钻孔、对口、校正、制垫、加垫、上螺栓、紧固、试动。　　计量单位：个

定额编号				2-5-162	2-5-163	2-5-164	2-5-165	2-5-166
项目				碳钢调节阀安装				
				风管蝶阀 周长(mm)				
				≤800	≤1600	≤2400	≤3200	≤4000
名称			单位	消耗量				
人工	合计工日		工日	0.2060	0.2940	0.5100	0.6860	0.9400
	其中	普工	工日	0.1030	0.1470	0.2550	0.3430	0.4700
		一般技工	工日	0.1030	0.1470	0.2550	0.3430	0.4700
材料	蝶阀		个	1.000	1.000	1.000	1.000	1.000
	六角螺栓带螺母 M6×75 以下		10套	1.000	1.200	—	—	—
	六角螺栓带螺母 M8×75 以下		10套	—	—	1.700	2.100	2.500
	橡胶板 δ1~3		kg	0.110	0.220	0.320	0.490	0.590
	其他材料费		%	1.000	1.000	1.000	1.000	1.000
机械	立式钻床 35mm		台班	—	0.250	0.380	0.500	0.700
	台式钻床 16mm		台班	0.030	—	—	—	—

工作内容:号孔、钻孔、对口、校正、制垫、加垫、上螺栓、紧固、试动。　　计量单位:个

定额编号				2-5-167	2-5-168	2-5-169	2-5-170
项目				碳钢调节阀安装			
				圆、方形风管止回阀 周长(mm)			
				≤800	≤1200	≤2000	≤3200
名称			单位	消耗量			
人工	合计工日		工日	0.2440	0.2740	0.4200	0.4900
	其中	普工	工日	0.1220	0.1370	0.2100	0.2450
		一般技工	工日	0.1220	0.1370	0.2100	0.2450
材料	风管止回阀		个	1.000	1.000	1.000	1.000
	六角螺栓带螺母 M6×75 以下		10 套	1.200	1.200	—	—
	六角螺栓带螺母 M8×75 以下		10 套	—	—	1.700	2.100
	橡胶板 δ1~3		kg	0.110	0.160	0.270	0.490
	其他材料费		%	1.000	1.000	1.000	1.000
机械	立式钻床 35mm		台班	0.250	0.250	0.380	0.500

工作内容:号孔、钻孔、对口、校正、制垫、加垫、上螺栓、紧固、试动。　　计量单位:个

定额编号				2-5-171	2-5-172	2-5-173
项目				碳钢调节阀安装		
				密闭式斜插板阀 直径(mm)		
				≤140	≤280	≤340
名称			单位	消耗量		
人工	合计工日		工日	0.2060	0.2340	0.2740
	其中	普工	工日	0.1030	0.1170	0.1370
		一般技工	工日	0.1030	0.1170	0.1370
材料	六角螺栓带螺母 M6×75 以下		10 套	0.400	0.600	0.800
	密闭式斜插板阀		个	1.000	1.000	1.000
	橡胶板 δ1~3		kg	0.050	0.110	0.160
	其他材料费		%	1.000	1.000	1.000
机械	台式钻床 16mm		台班	0.012	0.018	0.024

工作内容:号孔、钻孔、对口、校正、制垫、加垫、上螺栓、紧固、试动。

计量单位:个

定额编号				2－5－174	2－5－175	2－5－176	2－5－177	2－5－178	2－5－179
项目				碳钢调节阀安装					
				对开多叶调节阀 周长(mm)					
				≤2800	≤4000	≤5200	≤6500	≤8000	≤10000
名称			单位	消耗量					
人工	合计工日		工日	0.4400	0.4900	0.5880	0.7060	0.8460	1.0160
	其中	普工	工日	0.2200	0.2450	0.2940	0.3530	0.4230	0.5080
		一般技工	工日	0.2200	0.2450	0.2940	0.3530	0.4230	0.5080
材料	对开多叶调节阀		个	1.000	1.000	1.000	1.000	1.000	1.000
	六角螺栓带螺母 M8×75 以下		10套	1.700	2.100	2.500	3.200	4.120	5.253
	橡胶板 δ1～3		kg	0.320	0.430	0.650	0.810	1.000	1.250
	其他材料费		%	1.000	1.000	1.000	1.000	1.000	1.000
机械	立式钻床 35mm		台班	0.380	0.500	0.700	0.896	1.154	1.471

工作内容:号孔、钻孔、对口、校正、制垫、加垫、上螺栓、紧固、试动。

计量单位:个

定额编号				2－5－180	2－5－181	2－5－182	2－5－183
项目				碳钢调节阀安装			
				风管防火阀 周长(mm)			
				≤2200	≤3600	≤5400	≤8000
名称			单位	消耗量			
人工	合计工日		工日	0.7020	1.1420	1.5700	2.3240
	其中	普工	工日	0.3510	0.5710	0.7850	1.1620
		一般技工	工日	0.3510	0.5710	0.7850	1.1620
材料	风管防火阀		个	1.000	1.000	1.000	1.000
	六角螺栓带螺母 M8×75 以下		10套	1.700	2.100	2.500	3.700
	橡胶板 δ1～3		kg	0.270	0.430	0.650	0.970
	其他材料费		%	1.000	1.000	1.000	1.000
机械	立式钻床 35mm		台班	0.380	0.500	0.700	1.036

工作内容:对口、上螺栓、制垫、加垫、找正、找平、固定、试动、调整。 **计量单位:**个

定额编号				2-5-184	2-5-185	2-5-186	2-5-187
项目				碳钢风口安装			
				百叶风口 周长(mm)			
				≤900	≤1280	≤1800	≤2500
名称			单位	消耗量			
人工	合计工日		工日	0.1580	0.2020	0.3960	0.4580
	其中	普工	工日	0.0790	0.1010	0.1980	0.2290
		一般技工	工日	0.0790	0.1010	0.1980	0.2290
材料	百叶风口		个	1.000	1.000	1.000	1.000
	扁钢59以内		kg	0.610	0.800	1.130	1.570
	带帽六角螺栓 M(2~5)×(4~20)		10套	0.600	0.600	0.800	1.110
	其他材料费		%	1.000	1.000	1.000	1.000
机械	台式钻床16mm		台班	0.030	0.030	0.030	0.030

工作内容:对口、上螺栓、制垫、加垫、找正、找平、固定、试动、调整。 **计量单位:**个

定额编号				2-5-188	2-5-189	2-5-190	2-5-191
项目				碳钢风口安装			
				百叶风口 周长(mm)			
				≤3300	≤4800	≤6000	≤7000
名称			单位	消耗量			
人工	合计工日		工日	0.5180	0.6740	0.8680	1.0280
	其中	普工	工日	0.2590	0.3370	0.4340	0.5140
		一般技工	工日	0.2590	0.3370	0.4340	0.5140
材料	百叶风口		个	1.000	1.000	1.000	1.000
	扁钢59以内		kg	2.070	2.790	3.480	4.070
	带帽六角螺栓 M(2~5)×(4~20)		10套	1.341	1.432	1.784	2.090
	其他材料费		%	1.000	1.000	1.000	1.000
机械	台式钻床16mm		台班	0.030	0.030	0.030	0.040

工作内容：对口、上螺栓、制垫、加垫、找正、找平、固定、试动、调整。　　　　**计量单位**：个

定额编号				2-5-192	2-5-193	2-5-194
项目				碳钢风口安装		
				矩形送风口 周长(mm)		
				≤400	≤600	≤800
名称			单位	消耗量		
人工	合计工日		工日	0.1460	0.1860	0.2340
	其中	普工	工日	0.0730	0.0930	0.1170
		一般技工	工日	0.0730	0.0930	0.1170
材料	扁钢59以内		kg	0.120	0.180	0.220
	垫圈M2~8		10个	0.400	0.400	0.400
	矩形送风口		个	1.000	1.000	1.000
	六角螺栓带螺母M8×75		10套	0.400	0.400	0.400
	铜蝶形螺母M8		10个	0.400	0.400	0.400
	其他材料费		%	1.000	1.000	1.000

工作内容：对口、上螺栓、制垫、加垫、找正、找平、固定、试动、调整。　　　　**计量单位**：个

定额编号				2-5-195	2-5-196	2-5-197
项目				碳钢风口安装		
				矩形空气分布器 周长(mm)		
				≤1200	≤1500	≤2100
名称			单位	消耗量		
人工	合计工日		工日	0.5180	0.6080	0.7240
	其中	普工	工日	0.2590	0.3040	0.3620
		一般技工	工日	0.2590	0.3040	0.3620
材料	矩形空气分布器		个	1.000	1.000	1.000
	六角螺栓带螺母M6×75		10套	1.000	1.200	1.700
	橡胶板δ1~3		kg	0.160	0.220	0.270
	其他材料费		%	1.000	1.000	1.000

工作内容：对口、上螺栓、制垫、加垫、找正、找平、固定、试动、调整。　　　　**计量单位**：个

定额编号			2-5-198	2-5-199
项目			碳钢风口安装	
			旋转吹风口 直径(mm)	
			≤320	≤450
名称		单位	消耗量	
人工	合计工日	工日	0.4600	0.7640
	其中 普工	工日	0.2300	0.3820
	其中 一般技工	工日	0.2300	0.3820
材料	六角螺母 M6~10	10个	0.600	0.600
	六角螺栓带螺母 M8×75	10套	0.600	0.600
	石棉橡胶板 高压δ1~6	kg	0.760	1.210
	旋转吹风口	个	1.000	1.000
	其他材料费	%	1.000	1.000

工作内容：对口、上螺栓、制垫、加垫、找正、找平、固定、试动、调整。　　　　**计量单位**：个

定额编号			2-5-200	2-5-201	2-5-202	2-5-203	2-5-204	2-5-205
项目			碳钢风口安装					
			带调节阀(过滤器)百叶风口 周长(mm)					
			≤800	≤1200	≤1800	≤2400	≤3200	≤4000
名称		单位	消耗量					
人工	合计工日	工日	0.3080	0.3640	0.5580	0.7440	0.9980	1.1160
	其中 普工	工日	0.1540	0.1820	0.2790	0.3720	0.4990	0.5580
	其中 一般技工	工日	0.1540	0.1820	0.2790	0.3720	0.4990	0.5580
材料	带调节阀(过滤器)百叶风口	个	1.000	1.000	1.000	1.000	1.000	1.000
	镀锌角钢60以内	kg	1.790	2.150	3.220	4.300	5.730	7.160
	橡胶板δ1~3	kg	0.120	0.180	0.270	0.360	0.480	0.600
	自攻螺钉 ST4×12	10个	0.728	1.144	1.664	2.288	3.016	3.744
	其他材料费	%	1.000	1.000	1.000	1.000	1.000	1.000

工作内容：对口、上螺栓、制垫、加垫、找正、找平、固定、试动、调整。 计量单位：个

定额编号			2-5-206	2-5-207	2-5-208	2-5-209
项目			碳钢风口安装			
			带调节阀散流器（圆形）直径（mm）			
			≤150	≤200	≤250	≤300
名称		单位	消耗量			
人工	合计工日	工日	0.2360	0.3080	0.4000	0.4740
	其中 普工	工日	0.1180	0.1540	0.2000	0.2370
	其中 一般技工	工日	0.1180	0.1540	0.2000	0.2370
材料	带调节阀散流器	个	1.000	1.000	1.000	1.000
	镀锌角钢60以内	kg	1.790	1.790	1.790	2.150
	木螺钉 $d4 \times 65$ 以下	10个	0.420	0.520	0.620	0.730
	橡胶板 $\delta 1 \sim 3$	kg	0.110	0.110	0.150	0.150
	其他材料费	%	1.000	1.000	1.000	1.000

工作内容：对口、上螺栓、制垫、加垫、找正、找平、固定、试动、调整。 计量单位：个

定额编号			2-5-210	2-5-211	2-5-212	2-5-213
项目			碳钢风口安装			
			带调节阀散流器（圆形）直径（mm）			
			≤350	≤400	≤450	≤500
名称		单位	消耗量			
人工	合计工日	工日	0.5580	0.5860	0.6140	0.7260
	其中 普工	工日	0.2790	0.2930	0.3070	0.3630
	其中 一般技工	工日	0.2790	0.2930	0.3070	0.3630
材料	带调节阀散流器	个	1.000	1.000	1.000	1.000
	镀锌角钢60以内	kg	2.150	3.220	3.220	4.300
	木螺钉 $d4 \times 65$ 以下	10个	0.830	0.940	1.040	1.140
	橡胶板 $\delta 1 \sim 3$	kg	0.200	0.200	0.300	0.300
	其他材料费	%	1.000	1.000	1.000	1.000

工作内容：对口、上螺栓、制垫、加垫、找正、找平、固定、试动、调整。　　计量单位：个

定额编号				2-5-214	2-5-215	2-5-216	2-5-217
项　目				碳钢风口安装			
				带调节阀散流器(方、矩形) 周长(mm)			
				≤800	≤1200	≤1800	≤2400
名　称			单位	消　耗　量			
人工	合计工日		工日	0.4100	0.5020	0.5860	0.8660
	其中	普工	工日	0.2050	0.2510	0.2930	0.4330
		一般技工	工日	0.2050	0.2510	0.2930	0.4330
材料	带调节阀散流器		个	1.000	1.000	1.000	1.000
	镀锌角钢 60 以内		kg	1.790	2.150	3.220	4.300
	木螺钉 $d4\times65$ 以下		10 个	0.830	1.250	1.460	2.080
	橡胶板 $\delta1\sim3$		kg	0.260	0.390	0.520	0.650
	其他材料费		%	1.000	1.000	1.000	1.000

工作内容：对口、上螺栓、制垫、加垫、找正、找平、固定、试动、调整。　　计量单位：个

定额编号				2-5-218	2-5-219	2-5-220	2-5-221	2-5-222	2-5-223
项　目				碳钢风口安装					
				送吸风口 周长(mm)			活动箅式风口 周长(mm)		
				≤1000	≤1600	≤2000	≤1330	≤1910	≤2590
名　称			单位	消　耗　量					
人工	合计工日		工日	0.2740	0.3040	0.3180	0.3420	0.4020	0.5100
	其中	普工	工日	0.1370	0.1520	0.1590	0.1710	0.2010	0.2550
		一般技工	工日	0.1370	0.1520	0.1590	0.1710	0.2010	0.2550
材料	半圆头螺钉 $M4\times6$		10 套	—	—	—	1.000	1.100	1.400
	活动箅式风口		个	—	—	—	1.000	1.000	1.000
	六角螺栓带螺母 $M6\times75$		10 套	0.600	0.600	—	—	—	—
	六角螺栓带螺母 $M8\times75$		10 套	—	—	0.800	—	—	—
	送吸风口		个	1.000	1.000	1.000	—	—	—
	铁铆钉		kg	—	—	—	0.020	0.020	0.020
	橡胶板 $\delta1\sim3$		kg	0.050	0.110	0.160	—	—	—
	圆钢 $\phi10\sim14$		kg	—	—	—	0.020	0.020	0.020
	其他材料费		%	1.000	1.000	1.000	1.000	1.000	1.000
机械	台式钻床 16mm		台班	—	—	—	0.080	0.090	0.100

工作内容:对口、上螺栓、制垫、加垫、找正、找平、固定、试动、调整。 计量单位:个

定额编号			2-5-224	2-5-225	2-5-226	2-5-227
项目			碳钢风口安装			
			网式风口 周长(mm)			
			≤900	≤1500	≤2000	≤2600
名称		单位	消耗量			
人工	合计工日	工日	0.1260	0.1560	0.1640	0.1860
	其中 普工	工日	0.0630	0.0780	0.0820	0.0930
	其中 一般技工	工日	0.0630	0.0780	0.0820	0.0930
材料	带帽六角螺栓 M(2~5)×(4~20)	10套	0.600	0.600	1.000	1.000
	网式风口	个	1.000	1.000	1.000	1.000
	其他材料费	%	1.000	1.000	1.000	1.000

工作内容:对口、上螺栓、制垫、加垫、找正、找平、固定、试动、调整。 计量单位:个

定额编号			2-5-228	2-5-229	2-5-230	2-5-231
项目			碳钢风口安装			
			钢百叶窗 框内面积(m^2)			
			≤0.5	≤1.0	≤2.0	≤4.0
名称		单位	消耗量			
人工	合计工日	工日	0.3220	0.4800	0.8320	0.8820
	其中 普工	工日	0.1610	0.2400	0.4160	0.4410
	其中 一般技工	工日	0.1610	0.2400	0.4160	0.4410
材料	扁钢59以内	kg	0.210	0.310	0.410	0.510
	带帽六角螺栓 M(2~5)×(4~20)	10套	1.700	2.100	2.500	3.300
	钢百叶窗	个	1.000	1.000	1.000	1.000
	六角螺栓带螺母 M6×75	10套	0.400	0.400	0.800	1.000
	木螺钉 $d6\times100$	10个	—	—	0.100	0.100
	其他材料费	%	1.000	1.000	1.000	1.000

工作内容：开箱检查、除污锈、就位、上螺栓、固定、试动。 **计量单位**：个

定额编号				2-5-232	2-5-233	2-5-234
项目				碳钢风口安装		
				板式排烟口 周长(mm)		
				≤800	≤1280	≤1600
名称			单位	消耗量		
人工	合计工日		工日	0.2340	0.2940	0.3420
	其中	普工	工日	0.1170	0.1470	0.1710
		一般技工	工日	0.1170	0.1470	0.1710
材料	板式排烟口		个	1.000	1.000	1.000
	六角螺栓带螺母 M6×75 以下		10套	0.004	0.004	0.006
	橡胶板		kg	0.080	0.080	0.120
	其他材料费		%	1.000	1.000	1.000

工作内容：开箱检查、除污锈、就位、上螺栓、固定、试动。 **计量单位**：个

定额编号				2-5-235	2-5-236	2-5-237	2-5-238
项目				碳钢风口安装			
				板式排烟口 周长(mm)			
				≤2000	≤2800	≤3200	≤4000
名称			单位	消耗量			
人工	合计工日		工日	0.3920	0.5280	0.6160	0.8220
	其中	普工	工日	0.1960	0.2640	0.3080	0.4110
		一般技工	工日	0.1960	0.2640	0.3080	0.4110
材料	板式排烟口		个	1.000	1.000	1.000	1.000
	六角螺栓带螺母 M8×75		套	0.062	0.083	0.083	0.083
	橡胶板		kg	0.240	0.280	0.320	0.400
	其他材料费		%	1.000	1.000	1.000	1.000

工作内容：开箱检查、除污锈、就位、上螺栓、固定、试动。 **计量单位**：个

定额编号				2-5-239	2-5-240	2-5-241	2-5-242
项目				碳钢风口安装			
				多叶排烟口(送风口) 周长(mm)			
				≤1200	≤2000	≤2600	≤3200
名称			单位	消耗量			
人工	合计工日		工日	0.1760	0.1760	0.1960	0.2160
	其中	普工	工日	0.0880	0.0880	0.0980	0.1080
		一般技工	工日	0.0880	0.0880	0.0980	0.1080
材料	半圆头螺栓带螺母 M5×15		10套	0.624	0.624	0.624	0.624
	扁钢 59 以内		kg	0.470	0.590	0.640	0.750
	多叶排烟口(送风口)		个	1.000	1.000	1.000	1.000
	其他材料费		%	1.000	1.000	1.000	1.000
机械	台式钻床 16mm		台班	0.030	0.030	0.030	0.030

工作内容：开箱检查、除污锈、就位、上螺栓、固定、试动。

计量单位：个

定额编号			2-5-243	2-5-244	2-5-245	2-5-246
项目			碳钢风口安装			
			多叶排烟口（送风口）周长（mm）			
			≤3800	≤4400	≤4800	≤5200
名称		单位	消耗量			
人工	合计工日	工日	0.2340	0.2540	0.2640	0.2740
	其中 普工	工日	0.1170	0.1270	0.1320	0.1370
	其中 一般技工	工日	0.1170	0.1270	0.1320	0.1370
材料	半圆头螺栓带螺母 M5×15	10套	0.624	0.832	0.832	0.832
	扁钢59以内	kg	0.830	0.980	1.100	1.190
	多叶排烟口（送风口）	个	1.000	1.000	1.000	1.000
	其他材料费	%	1.000	1.000	1.000	1.000
机械	台式钻床 16mm	台班	0.030	0.030	0.030	0.030

工作内容：制垫、加垫、找正、找平、固定。

计量单位：个

定额编号			2-5-247	2-5-248	2-5-249	2-5-250
项目			铝制孔板口安装			
			百叶风口 周长（mm）			
			≤900	≤1280	≤1800	≤2500
名称		单位	消耗量			
人工	合计工日	工日	0.1280	0.1620	0.3180	0.3660
	其中 普工	工日	0.0640	0.0810	0.1590	0.1830
	其中 一般技工	工日	0.0640	0.0810	0.1590	0.1830
材料	镀锌木螺钉 $d6\times100$	10个	4.000	6.000	6.000	10.000
	铝制孔板风口	个	1.000	1.000	1.000	1.000
	其他材料费	%	1.000	1.000	1.000	1.000

工作内容：制垫、加垫、找正、找平、固定。

计量单位：个

定额编号			2-5-251	2-5-252	2-5-253	2-5-254
项目			铝制孔板口安装			
			百叶风口 周长（mm）			
			≤3300	≤4800	≤6000	≤7000
名称		单位	消耗量			
人工	合计工日	工日	0.4140	0.5400	0.6940	0.8220
	其中 普工	工日	0.2070	0.2700	0.3470	0.4110
	其中 一般技工	工日	0.2070	0.2700	0.3470	0.4110
材料	镀锌木螺钉 $d6\times100$	10个	14.000	20.000	24.000	26.000
	铝制孔板风口	个	1.000	1.000	1.000	1.000
	其他材料费	%	1.000	1.000	1.000	1.000

工作内容：制作：下料、号料、开孔、钻孔、组对、点焊、焊接成型、焊缝酸洗、钝化；
安装：制垫、加垫、找平、找正、组对、固定。　　**计量单位：**100kg

定额编号				2-5-255	2-5-256	2-5-257	2-5-258
项　目				不锈钢风口安装	不锈钢圆形法兰制作、安装（手工氩弧焊、电焊）		吊托支架制作、安装
					≤5kg	>5kg	
名　称			单位	消　耗　量			
人工	合计工日		工日	23.3760	26.7540	9.8000	5.8060
	其中	普工	工日	11.6880	4.8160	1.7640	2.9030
		一般技工	工日	11.6880	16.5870	6.0760	2.9030
		高级技工	工日	—	5.3510	1.9600	—
材料	板枋材		m^3	0.003	—	—	—
	扁钢 59 以内		kg	—	—	—	20.500
	不锈钢扁钢 59 以内		kg	—	96.000	101.000	20.500
	不锈钢垫圈 M10~12		10 个	—	—	—	4.630
	不锈钢焊条 A102 φ3.2		kg	—	6.300	3.100	0.400
	不锈钢六角螺栓带螺母 M6×50 以下		10 套	—	18.000	—	—
	不锈钢六角螺栓带螺母 M8×50 以下		10 套	—	—	6.370	2.320
	不锈钢氩弧焊丝 1Cr18Ni9Tiφ3		kg	—	2.700	1.800	—
	电		kW·h	—	—	—	0.052
	镀锌木螺钉 d6×100		10 个	10.970	—	—	—
	角钢 60		kg	—	—	—	63.000
	耐酸橡胶板 δ3		kg	—	6.800	3.800	—
	砂轮片		片	—	—	—	1.440
	氧气		m^3	—	—	—	1.788
	乙炔气		kg	—	—	—	0.639
	氩气		m^3	—	6.300	3.300	—
	其他材料费		%	1.000	1.000	1.000	1.000
机械	等离子切割机 400A		台班	—	—	1.000	—
	法兰卷圆机 L40×4		台班	—	0.500	0.500	—
	剪板机 6.3×2000(mm)		台班	1.400	—	—	—
	立式钻床 35mm		台班	—	—	1.400	—
	普通车床 400×1000(mm)		台班	—	11.300	—	—
	普通车床 630×1400(mm)		台班	—	—	2.300	—
	台式钻床 16mm		台班	8.500	0.900	—	0.200
	直流弧焊机 20kV·A		台班	1.400	3.200	1.200	0.300
	氩弧焊机 500A		台班	—	4.100	1.600	—

工作内容：号孔、钻孔、对口、校正、制垫、加垫、上螺栓、紧固。

计量单位：个

定额编号				2-5-259	2-5-260	2-5-261	2-5-262	2-5-263
项目				柔性软风管阀门安装				
				直径(mm)				
				≤150	≤250	≤500	≤710	≤910
名称			单位	消耗量				
人工	合计工日		工日	0.0380	0.0480	0.0780	0.0980	0.1360
	其中	普工	工日	0.0190	0.0240	0.0390	0.0490	0.0680
		一般技工	工日	0.0190	0.0240	0.0390	0.0490	0.0680
材料	柔性软风管阀门		个	1.000	1.000	1.000	1.000	1.000

第六章　自动化控制装置及仪表安装工程

说 明

一、本章定额包括计算机及网络系统工程,综合布线系统,设备自动化系统,视频系统,安全防范系统,过程检测仪表,过程控制仪表,过程分析及环境监测装置,安全、视频及控制系统,工业计算机安装与试验,仪表管路敷设、伴热及脱脂,自动化线路、通信,仪表盘、箱、柜安装,仪表附件安装制作等项目。

二、本章定额适用于工业自动化仪表及管廊建筑智能化。

三、本章定额编制的主要技术依据有:

1.《自动化仪表工程施工及质量验收规范》GB 50093—2013;

2.《石油化工可燃气体和有毒气体检测报警设计规范》GB 50493—2009;

3.《全国统一安装工程基础定额》GJD-209-2006;

4.《自控安装图册》HG/T 21581—2012;

5.《建设工程分类标准》GB/T 50841—2013;

6.《智能建筑工程施工规范》GB 50606—2010;

7.《智能建筑工程质量验收规范》GB 50339—2013;

8.《城市综合管廊工程技术规范》GB 50838—2015;

9.《通用安装工程消耗量定额》TY 02-31-2015;

10.《建设工程施工机械台班费用编制规则》(2015 年);

11.《建设工程施工仪器仪表台班费用编制规则》(2015 年)。

四、本章定额不包括下列内容:

1. 本章定额施工内容只限单体试车阶段,不包括无负荷和负荷试车;不包括单体和局部试运转所需水、电、蒸汽、气体、油(脂)、燃料等,以及化学清洗和油清洗及蒸汽吹扫等。

2. 电气配管、支架制作与安装、接地系统,供电电源、UPS 执行第二章《电气设备安装工程》相应项目。

3. 管道上安装流量计、调节阀、电磁阀、节流装置、取源部件等,及在管道上开孔焊接部件、管道切断、法兰焊接、短管加拆等。

4. 仪表设备与管路的保温保冷、防护层的安装及保温保冷层、防护层的防水、防腐工作。

5. 为配合业主或认证单位验收测试而发生的费用,在合同中协商确定。

五、计算机及网络系统工程。

1. 台架、插箱、机柜、网络终端设备、输入设备、输出设备、专用外部设备及存储设备的安装、调试项目不包括以下工作内容:

(1)设备本身的功能性故障排除;

(2)缺件、配件的制作;

(3)在特殊环境条件下的设备加固、防护和电缆屏蔽;

(4)应用软件的开发,病毒的清除,版本升级与外系统的校验或统调。

2. 计算机及网络系统互联及调试项目不包括以下工作内容:

(1)系统中设备本身的功能性故障排除;

(2)与计算机系统以外的外系统联试、校验或统调。

3. 计算机软件安装、调试项目不包括以下工作内容:

(1)排除由于软件本身缺陷造成的故障;

(2)排除软件不配套或不兼容造成的运转失灵,排除硬件系统的故障引起的失灵、操作系统发生故障中断、诊断程序运行失控等故障;

(3)在特殊环境条件下的软件安装、防护;

(4)与计算机系统以外的外系统联试、校验或统调。

六、综合布线系统工程。

综合布线系统所涉及双绞线缆的敷设及配线架、跳线架等的安装、打接等定额量,是按超五类非屏蔽布线系统编制的,高于超五类的布线工程所用定额子目人工乘以系数1.10,屏蔽系统人工乘以系数1.20。

七、建筑设备自动化系统工程。

1.本定额不包括设备的支架、支座制作。

2.本系统中用到的服务器、网络设备、工作站、软件等项目执行本章第一节相关定额;跳线制作、跳线安装、箱体安装等项目执行本章第二节相关定额。

八、视频系统工程。

1.本定额不包括设备固定架、支架的制作、安装。

2.布线施工是在土建管道、桥架等满足施工条件下进行的。

3.有关传输线缆敷设等项目执行本章第二节相关定额。

九、安全防范系统工程。

1.安全防范系统工程中的显示装置等项目执行本章第五节相关定额。

2.安全防范系统工程中的服务器、网络设备、工作站、软件、存储设备等项目执行本章第一节相关定额。跳线制作、安装等项目执行本章第二节相关定额。

3.有关场地电气安装工程项目执行第二章《电气设备安装工程》相应项目。

十、过程检测仪表。

1. 过程检测仪表包括以下工作内容:

技术机具准备、设备领取、搬运、清理、清洗;取源部件的保管、提供、清洗;仪表安装、仪表接头安装、校接线、挂位号牌、单体试验、配合单机试运转、安装试验记录整理;盘装仪表的盘修孔。

2.温度仪表还包括如下内容:

(1)油罐平均温度计安装方式采用横插浮动式,包括安装容器内部浮动附件和远传变送器模块盒。

(2)热点探测预警系统的陶瓷插件、夹具(固定卡)、压板等附件安装,随机自带感温电缆、补偿导线安装敷设固定。

(3)带电接点温度计和温度开关整定值和报警试验。

(4)光纤温度计输出4~20mm信号和报警试验。

3.物位仪表还包括如下内容:

(1)浮标液位计:浮标架组装、钢丝绳、浮标、滑轮及台架安装。

(2)贮罐液体称重仪:称重模块(包括称重传感器、负荷传递装置和安装连接件)、钟罩安装、称重显示仪安装、导压管安装试压。

(3)重锤探测料位计:执行器、传感器、磁力启动器、滑轮及滑轮支架安装、重锤、钢丝绳支持件安装。

(4)可编程雷达液位计分为带导波管和不带导波管两种形式。整套包括导波管、天线、罐底压力传感器、温度传感器安装及温压补偿系统安装、检查、接线。

(5)钢带液位计:变送器安装、平衡锤、保护罩、浮子、钢带、导向管、保护套管安装、调整,试漏。

(6)光导液位计浮标、信号码带、连接钢带、导向滑轮、平衡锤和光导转换器,罐顶直接安装。

(7)多功能磁致伸缩液位计采用直插入安装方式,包括密封的磁致伸缩传感器、电子转换器、磁浮子、保护管整套安装。

(8)伺服式物位计整套由浮子、钢丝、伺服电机、传动机构。

4.放射性仪表还包括如下内容:放射源模拟安装、配合安装放射源及保护管安装、试压、闪烁计数器安装、安全防护。

5. 本定额过程检测仪表除特别标明之外，均带报警或远传功能，并具有智能功能。

6. 本定额不包括以下工作内容：

(1) 支架、支座制作与安装。

(2) 设备开孔、工业管道切断、开孔、法兰焊接、短管制作与安装及焊接。

(3) 取源部件安装。

十一、过程控制仪表。

1. 仪表回路模拟试验包括检测回路、调节回路、无线信号传输回路。

2. 本定额包括以下工作内容：

领料、搬运、准备、单体调试、安装、固定、上接头、校接线、配合单机试运转、挂位号牌、安装试验记录。此外还包括如下内容：

(1) 仪表回路模拟试验：电气线路检查、绝缘电阻测定、导压管路和气源管路检查、系统静态模拟试验、排错以及回路中需要再次进行仪表试验等工作。无线信号传输回路，包括信号、接收和发送试验、测试信号抗干扰性、数据包丢失检查测试等。

(2) 仪表单体和回路试验：校验仪器的准备、搬运，气源、电源的准备和接线、接管。

十二、过程分析及环境监测装置。

1. 本定额包括以下工作内容：

准备、开箱、设备清点、搬运、校接线、成套仪表安装、附属件安装、常规检查、单元检查、功能测试、设备接地、整套系统试验、配合单机试运转、记录。此外还包括如下内容：

(1) 成套分析仪表探头、通用预处理装置、转换装置、显示仪表安装及取样部件提供、清洗、保管。

(2) 分析系统数据处理和控制设备调试、接口试验。

(3) 分析仪表校验采用标准样品标定。

2. 本节不包括以下工作内容：

(1) 仪表支架、支座、台座制作与安装。

(2) 在管道上开孔焊接取源取样部件或法兰。

(3) 校验用标准样品的配置。

(4) 分析系统需配置的冷却器、水封及其他辅助容器的制作与安装，执行本章相关定额。

十三、安全、视频及控制系统。

1. 本定额包括以下工作内容：

技术机具准备、开箱、设备清点、搬运；单体调试、安装、固定、挂牌、校接线、接地、接地电阻测试、常规检查、系统模拟试验、配合单机试运转、记录整理，此外还包括以下内容：

(1) 大屏幕显示墙和模拟屏配合安装，所有安装材料和设备由供货商提供，配合供货商试验，进行单元检查，逻辑预演和报警功能、微机闭锁功能等功能检查试验和系统试运行。

(2) 远动装置：过程 I/O 点试验、信息处理、单元检查、基本功能(画面显示报警等)、设定功能测试、自检功能测试、打印、制表、遥测、遥控、遥信、遥调功能及接口模块测试；以远动装置为核心的被控与控制端及操作站监视、变换器及输出驱动继电器整套系统运行调整。

(3) 顺序控制中：联锁保护系统线路检查、设备元件检查调整；逻辑监控系统输入输出信号检查、功能检查排错、设定动作程序；与其他专业配合进行联锁模拟试验及系统运行等。

(4) 闪光报警装置：单元检查、功能检查、程序检查、自检、排错。

(5) 火焰检测系统：探头、检出器、灭火保护电路安装调试。

(6) 固定点火装置：电源、激磁、连接导线、火花塞安装；自动点火装置顺序逻辑控制和报警系统安装调试。

(7) 可燃气体报警和多点气体报警包括探头和报警器整体安装、调试。

(8) 继电器箱、柜安装、固定、校接线、接地及接地电阻测定。

(9) 粉尘布袋检漏仪由外部设备、控制单元，传感器装置组成，包括安装，单元检查、系统调试。

2. 本定额不包括以下工作内容：

(1)计算机控制的机柜、台柜、外部设备安装。

(2)支架、支座制作与安装执行本章第六节相关定额另行计算。

(3)为远动装置、信号报警装置、顺控装置、数据采集、巡回报警装置提供输入输出信号的现场仪表安装调试。

(4)漏油检测装置排空管、溢流管、沟槽开挖、水泥盖板制作与安装、流入管埋设应按相应定额另行计算。

十四、工业计算机安装与试验。

1. 本定额包括以下工作内容：

(1)工业计算机机柜安装：准备、开箱、清点、运输、就位、设备元件检查、风机温控，电源部分检查，自检及校接线、外部设备功能测试、接地、安装检查记录等。

(2)管理计算机调试：硬件检查试验包括技术准备、常规检查、输入输出通道检查；软件试验包括软件装载、复原、时钟调整和中断检查、功能检查处理、保护功能及可靠性、可维护性检查和综合检查；此外，还包括生产计划平衡、物料跟踪。生产实绩信息、调度指挥、仓库管理、技术信息、指令下达、管理优化及通信功能等；主程序及子程序运行、测试、排错、检查试验记录。

(3)监控计算机系统：硬件试验包括系统装载、复原、常规检查、可靠可维护性、与上级及基础自动化接口模块检查等；软件系统包括生产数据信息处理、数据库管理、生产过程监控、数学模型实现、生产实绩、故障自诊及排障、质量保证、最优控制实现和实时运行、排错。

(4)基础自动化装置硬件检查试验：常规检查、通电状态检查、显示记录控制仪表调试等。

(5)基础自动化装置软件检查试验：程序装载、输入输出插卡校准和试验、操作功能、组态内容或程序检查、应用功能检查、冗余功能、控制方案、离线系统试验。

(6)网络系统试验：参数设置、安全设置、维护功能、传输距离、冗余功能、优先权通信试验、接口、总线服务器、网桥、总线电源、电源阻抗器、网络系统联校等。无线数据传输网络试验内容主要测试无线网络信号测控点的连接、信号接收和发送、信号抗干扰性能.数据包是否丢失等功能。

(7)在线回路试验：现场加信号经安全栅至基础自动化装置进行控制、操作、显示静态模拟试验。

2. 本节不包括以下工作内容：

(1)支架、支座、基础安装与制作。

(2)控制室空调、照明和防静电地板安装、场地消磁。

(3)软件生成或系统组态。

(4)设备因质量问题的修、配、改。

十五、仪表管路敷设、伴热及脱脂。

1. 本定额包括以下工作内容：

(1)管路敷设：领料、搬运、准备、清扫、清洗、划线、调直、定位、切割、煨弯、焊接、上接头或管件、加垫固定，强度、严密性、泄漏性试验，除锈、防腐、刷油，安装试验记录。

(2)仪表设备与管路伴热：

伴热管敷设：焊接、除锈、防腐、试压、气密性试验等。

电伴热电缆、伴热元件或伴热带敷设：绝缘测定、接地、控制及保护电路测试、调整记录、接线盒安装、终端头制作及其尾盒安装。

(3)仪表管路脱脂：拆装、浸泡、擦洗、检查、封口、保管、送检、填写记录。

2. 本定额不包括以下工作内容：

(1)支架制作与安装。

(2)脱脂液分析工作。

(3)管路中截止阀、疏水器、过滤器等安装。

(4)电伴热供电设备安装、接线盒安装、保温层和保温材料。

(5)被伴热的管路或仪表设备的外部保温层、防护防水层安装及防腐。

十六、自动化线路、通信。

1.本定额包括以下工作内容：

领料、开箱检查、准备、运输、敷设、固定、绝缘检查、校线、挂牌、记录等，此外还包括下列内容：

(1)系统电缆敷设带插头、插头检查、敷设时揭盖地板。

(2)自动化电缆终端头制作：AC、DC接地线焊接、接地电阻测试、校接线、套线号、电缆测试。

(3)光缆敷设、接头测试、熔接、接续、接头盒安装、地线装置安装、成套附件安装、复测衰耗、安装加感线圈、包封外护套、充气试验。

(4)光缆成端接头：活接头制作、固定、测试衰耗、光缆终端头固定。

(5)GPS收发机安装测试、无线电台、无线电台天线、环形天线、增益天线安装。

(6)中继段测试：光纤特性测试、铜导线电气性能测试、护套对地测试、障碍处理。

(7)通信设备：单元检查、功能试验，电话装置调整功放和放大级电压、电平、振荡输出电平、电源电压、工作电压及感应电话的谐振频率，以及扬声器音量、音响信号、通话、呼叫试验等。

2.本节不包括以下工作内容：

(1)支架、机架、框架、托架、塔架制作与安装。

(2)光中继器埋设。

(3)挖填土工程、开挖路面工程。

(4)不间断电源及蓄电池安装和配套的发电机组。

(5)保护管和接地系统安装与调试。

十七、仪表盘、箱、柜及附件安装。

1.本定额包括以下工作内容：

(1)盘柜安装：开箱、检查、清扫、领搬、找正、组装、固定、接地、打印标签。

(2)接线箱：安装、接线检查、套线号、接地。

(3)电磁阀箱：箱及箱内阀安装、接线、接地、接管、挂位号牌。

(4)充气式仪表柜充气试压，密封性能试验检测。

2.本定额不包括以下工作内容：

(1)支架制作和安装。

(2)盘、箱、柜底座制作和安装。

(3)盘箱柜制作及喷漆。

(4)空调装置。

(5)控制室照明。

十八、仪表附件安装制作。

本定额包括以下工作内容：

1.仪表阀门：领取、清洗、试压、焊接或法兰连接、螺纹连接、卡套连接、焊接、接头安装；阀门研磨包括试压和研磨及准备工作。

2.仪表支吊架安装、仪表立柱、桥架立柱和托臂安装、穿墙密封架安装、冲孔板/槽安装和混凝土基础。

工程量计算规则

一、计算机及网络系统工程。

1. 台架、插箱、机柜、网络终端设备、输入设备、输出设备、专用外部设备、存储设备安装及软件安装，以“台(套)”为计量单位。

2. 互联电缆制作、安装，以“条”为计量单位。

3. 计算机及网络系统联调及试运行，以“系统”为计量单位。

二、综合布线系统工程。

1. 双绞线缆、光缆、同轴电缆敷设、穿放、明布放，以“m”计量单位。电缆敷设按单根延长米计算，如一个架上敷设3根各长100m的电缆，应按300m计算，依次类推。电缆附加及预留的长度是电缆敷设长度的组成部分，应计入电缆长度工程量之内。

2. 制作跳线以“条”，卡接双绞线缆，以“对”，跳线架、配线架安装，以“条”为计量单位。

3. 安装各类信息插座、过线(路)盒、信息插座底盒(接线盒)、光缆终端盒和跳块打接，以“个”为计量单位。

4. 双绞线缆、光缆测试，以“链路”为计量单位。

5. 光纤连接，以“芯”(磨制法以“端口”)为计量单位。

6. 布放尾纤，以“条”为计量单位。

7. 机柜、机架、抗震底座安装，以“台”为计量单位。

8. 系统调试、试运行，以“系统”为计量单位。

三、建筑设备自动化系统工程。

1. 基表及控制设备、第三方设备通讯接口安装、系统安装、调试，以“个”为计量单位。

2. 中心管理系统调试、控制网络通讯设备安装、控制器安装、流量计安装、调试，以“台”为计量单位。

3. 建筑设备监控系统中央管理系统安装、调试，以“系统”为计量单位。

4. 温、湿度传感器、压力传感器、电量变送器和其他传感器及变送器，以“支”为计量单位。

5. 阀门及电动执行机构安装、调试，以“个”为计量单位。

6. 系统调试、系统试运行，以“系统”为计量单位。

四、视频系统工程。

1. 信号源设备安装，以“只”为计量单位。

2. 分系统调试、系统测量、系统调试、系统试运行，以“系统”为计量单位。

五、安全防范系统工程。

1. 入侵探测设备安装、调试，以“套”为计量单位。

2. 报警信号接收机安装、调试，以“系统”为计量单位。

3. 出入口控制设备安装、调试，以“台”为计量单位。

4. 巡更设备安装、调试，以“套”为计量单位。

5. 电视监控设备安装、调试，以“台”为计量单位。

6. 防护罩安装，以“套”为计量单位。

7. 摄像机支架安装，以“套”为计量单位。

8. 安全检查设备安装，以“台”或“套”为计量单位。

9. 安全防范分系统调试及系统工程试运行，均以“系统”为计量单位。

六、过程检测仪表。

1. 本节仪表以“台件”计算工程量，但与仪表成套的元件、部件是仪表的一部分，如放大器、过滤器等不能分开另计工程量或重复计算工程量。

2. 本章中取源部件均为配合安装。

3. 仪表在工业设备和管道上的安装孔和一次部件安装，按预留和安装完好考虑，并已合格，定额包括部件提供、清洗、保管工作，不能另行计算工程量。

4. 过程检测仪表安装试验工程量计算不再区分智能和非智能。压力式温度计如带变送器，另外计算工程量。

5. 光纤温度计选用接触式安装方式，采用螺纹插座固定，非接触式光纤温度计可执行辐射式比色高温计定额。辐射温度计如带辅助装置，区分轻型或重型另行计算工程量。

6. 表面、铠装、多点多对式热电偶(阻)按安装方式不同区分，表面热电偶按每套的支数计算，设备表面热点探测报警按每套有多少探测点计算，铠装热电偶(阻)按每支的长度计算，多点多对按每组有几支温度计计算。

7. 热点探测预警随机成套的接线箱、温度变送器另行计算。

8. 钢带液位计、储罐液位称重仪、重锤探测料位计、浮标液位计现场安装以“套/台”为计量单位，包括导向管、滑轮、浮子、钢带、钢丝绳、钟罩或台架等，不得分开另行计算。

9. 浮筒液位按安装方式分为外浮筒和内浮筒，如带变送器，另外计算工程量。

10. 伺服式液位计是一种多功效仪表，既能够测量液位也能够测量界面、密度和罐底等参数。按“台”计算工程量。伺服式液位计安装包括微伺服电动机、浮子、细钢丝、磁鼓、磁铁、电磁传感器等。

11. 流量或液位仪表如自带现场指示显示仪表，不得另计显示仪表安装与试验。

12. 仪表设备支架、支座安装与制作执行本套定额“第二章 电气设备安装工程”相关内容。

七、过程控制仪表。

1. 回路系统模拟试验定额，除各节另有说明外，不适用于计算机系统的回路调试和成套装置的系统调试。回路系统调试以“套”为计量单位，并区分检测系统、调节系统和手动调节系统。连锁回路和报警回路执行本章顺序控制装置和信号报警装置相关定额。

2. 系统调试项目中，调节系统是具有负反馈的闭环回路。简单调节回路是指单参数、一个调节器、一个检测元件或变送器组成的基本控制系统；复杂回路是指单参数调节或多参数调节，双回路由两个回路组成的调节回路，多回路由两个以上的回路组成的复杂调节回路。

八、过程分析及环境监测装置。

本节检测装置及仪表是成套装置，安装和调试按“套”计算工程量，除有说明外，不分开计算工程量。

九、安全、视频及控制系统。

1. 本节为成套装置，按“套”或“系统”为计量单位。

2. 大屏幕显示墙与模拟屏的区分：大屏幕显示墙主要用于过程监视系统，接收视频数字信号，使用计算机进行控制，显示图文信息、可外接 DVD 等设备，可全天候安装。模拟屏主要用于生产装置和能源管理、调度等，分散控制多路智能驱动盒，形成主从结构分布式控制，要求比较严格。模拟屏主要接收开关信号和数字信号，室内安装。大屏幕显示墙和模拟屏工程量计算：大屏幕显示墙包括配合安装和试验，按“m^2”为计量单位。模拟屏配合安装分为柜式和墙壁安装方式，包括校接线，按“m”为计量单位，试验按输入点计算，分为 20 点以下、80 点以下、120 点以下、180 点以下和每增 4 点计算，包括整套系统试验和运行。

3. 信号报警装置中的闪光报警器按台件数计算工程量；微机多功能报警装置按组合或扩展的报警回路或报警点为一套计算工程量；单回路闪光报警器以事故接点一点作为计量单位，两点以上按每增一点计算，有几点计算几点。

4. 数据采集和巡回报警装置：按采集的过程输入点以“套”为计量单位。

5. 远动装置工程量计算分别以过程点输入点和输出点的数量以“套”为计量单位，包括以计算机为核心的被控与控制端、操作站整套调试。

6. 燃烧安全保护装置、火焰监视装置、漏油装置、高阻检漏装置及自动点火装置包括现场安装和成套调试，以“套”为计量单位。

7. 在顺序控制中，继电联锁保护系统由接线连接，以事故接点数按“套”计算工程量，可编程逻辑监控装置和插件式逻辑监控装置带微芯片，是智能型的，采用软连接，按容量I/O点以“套”为计量单位，使用时应加以区分。可编程逻辑控制器应执行本章工业计算机节相关定额。

8. 报警盘、点火盘箱安装及检查接线执行继电器箱盘；组件箱柜、机箱柜安装及检查接线执行本节规定计算工程量。

十、工业计算机安装与试验。

1. 计算机标准机柜尺寸为(600～900)mm×800mm×(2000～2200)mm(宽×深×高)以内，其他为非标准。非标准机柜按半周长“m”为计量单位。操作显示台柜为大尺寸专用台柜，包括台上计算机及附件，工控计算机台柜为普通操作台，安装包括台上PC计算机。

2. 计算机系统应是合格的硬件和成熟的软件，对拆除再安装的旧设备安装试验应另计工程量。

3. 计算机系统硬件检查按“台”计算；软件调试以过程点为步距，以“套”为计量单位。DCS分为过程控制点(信息输出)和数据采集(信息输入)。过程控制以DCS的信息输出(OUTPUT)为一套计算，数据采集和过程监视以DCS的信息输入(INPUT)为一套计算；可编程逻辑控制器(PLC)按I/O点的数量为一套系统计算，工控计算机IPC系统试验按一个独立的IPC系统I/O点的数量计算。

4. FCS是以现场总线系统为核心的控制系统，工程量计算按总线所带节点数计算，按“套”作为计量单位。节点数为总线控制系统所涵盖的现场设备的台数。总线仪表按“台件”计算工程量，包括安装、单体调试、系统调试。凡可挂在现场总线上，并与之通信的智能仪表，均可以作为总线上的网络节点。

5. 网络系统检查试验：以进行通信的信息“节点数”为步距，以“套”为计量单位。工程量计算应按系统配置情况，所共享的通信网络为一套计算，范围包括每套通信网络所能覆盖的最大距离和所能连接的最大节点数。节点指进行通信的站、设备、装置、终端等。现场总线系统网络按本章说明和所列项计算。信息传输网络硬件为双绞线、同轴电缆、光纤电缆，安装执行本章线路安装、测试定额。

6. 无线数据传输网络为无线局域网，用于工业自动化系统，采用无线电台组网方式，实现远程数据采集、监视与控制。无线数据传输距离划分3km以内和3km以外，以“站”为计量单位，“站”指无线电台，工程量计算以一个无线电台为1套站。无线电台、无线电台天线安装及试验执行本章第八节“自动化线路、通信”相关项目。

7. 在线回路试验划分为模拟量I/O点、数字量I/O点、脉冲PI/PO点、以过程“点”作为计量单位。无线信号回路试验是以“测控点”为计量单位。测控点可以是PLC、RTU装置或其他智能仪表等。

8. 经营管理计算机和监控计算机包括硬件和软件试验，工程量计算按所带终端数计算。终端是指智能设备、装置或系统，打印机、拷贝机等不作为终端。

9. 与其他设备接口试验指与上位机、系统或装置的接口试验，以一套系统或装置作为单位。未列项目的作为其他装置计算工程量，按过程I/O点计算。

10. 工业计算机系统安装试验定额使用说明：

(1)工业计算机安装试验计算工程量时应按所承担的工作内容选取。

(2)在线回路试验是指在现场加模拟信号经安全栅至控制室进行的静态模拟回路试验。

(3)DCS主要用于模拟量的连续多功能控制，并包括顺控功能。

(4)PLC主要用于顺序控制，目前PLC也具有DCS功能，并且两者功能相互结合。工程量计算仍以PLC的主要功能为基准，执行PLC定额项目。

(5)IPC系统是运行在Windows NT的环境下的独立控制系统，具有广泛的软硬件支持，系统构成灵活，工程量计算按过程I/O点。IPC系统试验适用于直接数字控制系统(DDC)试验。

(6)现场总线FCS是基金会现场总线(FF)，按“套”以节点数计算工程量。FF现场总线按传输速率不同，有两种物理层标准，定额按32节点和124节点以下区分，节点为总线仪表或其他智能设备。现场总线控制系统试验内容包括服务器和网桥功能，可接局域网，并通过网桥互联。现场总线仪表具有网络主站的功能、PID 功能并兼有通信等多种功能,与智能仪表不同,是小型计算机,安装和试验按“台”计算。

(7)远程监控和数据采集系统是独立系统,以 SCADA 系统作为编制依据,包括三大部分:

a:分布式数据采集系统(下位机系统),即现场控制站点;

b:监控中心(包括服务器、工程师站、操作员站、Web 服务器等);

c:数据通信网络,包括上位机网络、下位机网络、上下位之间联系的网络。

远程监控和数据采集容量有大小,工程量计算应按上位机的数量和下位机的数量计算,上位机为监控中心,一个监控中心和所覆盖的下位机为一个系统。下位机按控制站点作为计量单位。下位机指 RTU、PLC、DCS、FCS、可编程仪表或智能仪表等。远程终端 RTU 试验执行本章远动装置定额。

(8)SCADA 与 DCS 和 PLC 使用的不同点在于:SCADA 软件、硬件由不同厂家的产品构建起来的,不是某一家的产品,是各用户集成的,测控点很分散,采集数据范围广,数字量采集大,控制要求不大,特指远程分布计算机测控系统。DCS 和 PLC 由不同厂商开发的产品,用于要求较高的过程控制和逻辑监控系统,可以作为 SCADA 的下位机。

(9)SCADA 与工业监控计算机区分:工业监控计算机系统主要用于过程控制的优化,是 DCS 多级控制的上位机。工程量计算应区分开。

(10)仪表安全系统(SIS)是三重化(冗余)安全系统(或称紧急停车系统 ESD),是独立的系统,用于监控生产安全,以“套”为计量单位,按过程(I/O 点)计算工程量。其他,如储运监控(OMS)、压缩机组控制系统(CCS)、大型机组状态监测系统(MMS)、仪表设备管理系统(AMS)等独立的系统,都可以作为 DCS 子系统,计算接口试验,其硬件安装、硬件、软件试验可执行 PLC 或 DCS 相关项目。

11. 定额所列的安装试验工作内容不包括设计或开发商的现场服务。

十一、仪表管路敷设、伴热及脱脂。

1. 导压管和伴热管敷设以“10m”为计量单位,电伴热电缆以“100m”为计量单位,伴热元件以“根”为计量单位。管路及设备伴热不包括被伴热的管路和仪表的外部保温层、防护防水层。电伴热的供电设备、接线盒、终端头制作应另计工程量。

2. 导压管敷设范围是从取源一次阀门后,不包括取源部件及一次阀门。

3. 管路工程量计算按延长米不扣除管件、仪表阀等所占的长度。

4. 管路试压、供气管通气试验和防腐已包括在定额内,不另计算工程量。本节中不包括公称直径 50mm 以上的管路。

5. 碳钢管敷设连接形式分为焊接、丝接和卡套连接。计算工程量时,焊接按管径大小计算,丝接按公称直径不同计算。管路中的截止阀、疏水器、过滤器等应另行计算。

6. 仪表管路或仪表设备脱脂定额适用于必须禁油或设计要求需要脱脂的工程,无特殊情况或设计无要求的工程,不得计算其工程量。

7. 需要银焊的管路可执行铜管敷设定额,进行材料换算。

8. 管路敷设的支架制作与安装应执行“第二章 电气设备安装工程”相应项目。

9. 导压管线强度、严密性和泄漏量试验与工业管道一起进行。仪表气源和信号管路只做严密性试验、通气试验,不做强度试验。

十二、自动化线路、通信。

1. 电缆、光缆、同轴电缆敷设以“100m”为计量单位,另加穿墙、穿板以及拐弯的余量:电缆接至现场仪表处增加 1.5m 的预留长度。接至盘上,按盘高加盘宽预留长度。敷设时,还要增加一定的裕量,裕量按电气电缆敷设规定。带专用插头的系统电缆按芯数以“根”为计量单位。

2. 自动化电缆敷设适用控制电缆、仪表电源电缆、屏蔽或非屏蔽电缆(线)、补偿导线(缆)等仪表所用电缆(线),综合沿桥架支架、电缆沟或穿管敷设,不区分安装方式。

3. 光缆接头以“芯/束”为计量单位,光缆成端头以“个”为计量单位。

4. 穿线盒以“10 个”为计量单位,预算工程量计算以每 10m 配管 2.8 个穿线盒考虑,材料费按实计算。

5. 通信设备中扩音对讲系统安装试验。

(1)扩音对讲话站安装以“台”作为计量单位,系统连接采用总线式连接和集中供电形式。每个系统具有广播和对讲功能、独立电源和功放功能,都有呼叫按钮。扩音对讲话站分为无主机的形式和有主机形式,无主机形式具有多通道系统,系统内话站广播和通话不需要主机控制,有主机形式增加数字程控调度机。扩音对讲话站安装分为室内和室外,安装形式有普通型、防爆型、防水型、壁挂式、落地式、台面安装式。

(2)数字程控调度机安装试验以“台”作为计量单位,它具有数字程控调度系统的所有功能,包括内外线群呼、组呼、一键呼、提机热呼、强插强拆、分机多机一号连选等多种功能,并为防爆扩音对讲系统分机提供信号源,为扩音电话站提供功放电源,是整个扩音对讲系统的中心和系统电缆的配线汇接机柜。

6.. 金属挠性管按“10 根”为计量单位,包括接头安装、防爆挠性管的密封。

7. 电缆和配管支架、托架制作与安装,执行“第二章 电气设备安装工程”相应项目,桥架支撑和托臂是成品件时,执行本章定额相应项目。

8. 孔洞封堵防爆胶泥和发泡剂以“kg”为计量单位。

9. 接地系统接地极、接地母线安装和系统试验、降阻剂埋设,执行“第二章 电气设备安装工程”相应项目。采用铜包钢材质的接地极和接地母线需要焊接时,执行本章铜包钢焊接定额,以一个焊接“点”为计量单位。

10. 光缆敷设为多模光缆,用于局域网,不适用单模光缆。

11. 供电电源和不间断电源安装试验,执行“第二章 电气设备安装工程”相应项目。

十三、仪表盘、箱、柜及附件安装。

1. 仪表盘、箱、柜安装以“台”为计量单位。基础或支座工程量执行“第二章 电气设备安装工程”相应项目。

2. 电磁阀箱按出口点以“台”为计量单位。

十四、仪表附件安装制作。

1. 仪表阀门安装以“个”为计量单位。需要进行研磨的阀门以“个”为计量单位。本节中不包括口径大于 50mm 的阀门。

2. 双杆吊架、冲孔板/槽、电缆穿墙密封架均是成品件。双杆吊架以“对”为计量单位,如单杆安装,以二分之一计算工程量;冲孔板/槽是电缆或管路的固定件,以“m”为计量单位;电缆穿墙密封架安装不分大小,按“个”为计量单位,制作执行“第二章 电气设备安装工程”相应项目。

3. 混凝土基础规格 400mm×400mm,体积为 $0.112m^3$/个,如规格与定额不同,可计算出基础体积,再计算工程量。

4. 仪表立柱按“10 根”作为计量单位,每个 1.5m 长,立柱材料费按实际计算。

1. 计算机及网络系统工程

工作内容：开箱检查、本体安装调试等。　　　　计量单位：台

定额编号			2-6-1	2-6-2	2-6-3	2-6-4
项　　目			输入设备			
			数字化仪		扫描仪	
			A0、A1	A3、A4	B0、B1	A3、A4
名　　称		单位	消　耗　量			
人工	安装工	工日	1.0000	0.5000	1.5000	0.2000
机械	手动液压叉车	台班	0.200	—	0.200	—
仪表	笔记本电脑	台班	0.200	0.050	0.050	0.050

工作内容：开箱检查、本体安装调试等。　　　　计量单位：台

定额编号			2-6-5	2-6-6	2-6-7	2-6-8	2-6-9
项　　目			输出设备				
			宽行打印机	激光打印机		喷墨打印机	
				A0、A1	A3、A4	A0、A1	A3、A4
名　　称		单位	消　耗　量				
人工	安装工	工日	0.2500	0.4500	0.2500	0.5000	0.2500
仪表	笔记本电脑	台班	0.050	0.050	0.050	0.050	0.050

工作内容：开箱检查、本体安装调试等。　　　　计量单位：台

定额编号			2-6-10	2-6-11	2-6-12	2-6-13	2-6-14	2-6-15
项　　目			输出设备					
			网络打印机		绘图仪 B0、B1	绘图仪 A3、A4	X-Y 记录仪	多功能一体机
			A0、A1	A3、A4				
名　　称		单位	消　耗　量					
人工	安装工	工日	0.6000	0.3000	1.5000	0.2000	0.5000	0.5000
材料	其他材料费	元	—	—	4.800	4.800	—	0.500
机械	手动液压叉车	台班	—	—	0.200	—	0.200	—
仪表	笔记本电脑	台班	0.250	0.250	0.200	0.050	0.150	0.100

工作内容：开箱检查、划线、定位、设备组装、接线、接地、本体安装调试等。

计量单位：台

定额编号			2-6-16	2-6-17	2-6-18	2-6-19	2-6-20
项目			输出设备				
			监视器				
			CRT		液晶监视器		
			摆放	吊装	摆放	壁挂	吊装
名称		单位	消耗量				
人工	安装工	工日	0.5000	1.2500	0.2500	0.7500	0.7500
材料	其他材料费	元	6.110	6.110	7.130	7.130	7.130
机械	平台作业升降车 9m	台班	—	0.200	—	—	0.200
	手动液压叉车	台班	0.100	0.100	0.100	0.100	0.100
仪表	笔记本电脑	台班	0.250	0.250	0.250	0.250	0.250
	工业用真有效值万用表	台班	0.100	0.100	0.100	0.100	0.100

工作内容：1. 开箱检查、接线、本体安装调试等。

2、3、4、5、6. 开箱检查、接线、接地、本体安装调试等。

计量单位：台

定额编号			2-6-21	2-6-22	2-6-23	2-6-24	2-6-25	2-6-26
项目			控制设备					
			微机处理通信控制器	A/D、D/A 转换设备				
				8 路、8 位	8/16 路、12 位	16/32 路、32 位	32/48 路、32 位	48/64 路、32 位
名称		单位	消耗量					
人工	安装工	工日	3.0000	1.0000	2.0000	2.5000	3.0000	4.0000
材料	铜端子 $6mm^2$	个	—	2.040	2.040	2.040	2.040	2.040
	铜芯塑料绝缘电线 BV-$6mm^2$	m	—	2.040	2.040	2.040	2.040	2.040
	其他材料费	元	1.880	2.980	2.980	2.980	2.980	2.980
机械	手动液压叉车	台班	0.500	—	—	—	—	—
仪表	笔记本电脑	台班	0.800	1.000	1.500	2.000	3.000	3.500
	时间间隔测量仪	台班	—	1.000	1.500	2.000	3.000	3.500
	数字示波器	台班	—	0.500	1.000	1.500	1.500	2.000
	宽行打印机	台班	0.100	—	—	—	—	—

工作内容：开箱检查、接线、接地、本体安装调试等。　　　　**计量单位：**台

定额编号			2-6-27	2-6-28	2-6-29	2-6-30	2-6-31
项目			控制设备				
			A/D、D/A 转换设备		KVM 切换器		
			96/128 路、32/64 位	128/256 路、32/64 位	≤8 端口	≤32 端口	
名称		单位	消耗量				
人工	安装工	工日	4.5000	6.0000	1.6000	2.0000	3.0000
材料	铜端子 $6mm^2$	个	2.040	2.040	2.040	2.040	2.040
	铜芯塑料绝缘电线 BV-$6mm^2$	m	2.040	2.040	2.040	2.040	2.040
	其他材料费	元	2.980	2.980	7.880	7.880	7.880
仪表	笔记本电脑	台班	4.000	4.500	—	—	—
	工业用真有效值万用表	台班	—	—	0.200	0.400	0.800
	时间间隔测量仪	台班	4.000	4.500	—	—	—
	数字示波器	台班	2.500	3.000	—	—	—

工作内容：1、2、3、4. 开箱检查、接线、接地、本体安装调试等。
5、6. 开箱检查、设备组装、接线、接地、本体安装调试等。　　　　**计量单位：**台

定额编号			2-6-32	2-6-33	2-6-34	2-6-35	2-6-36	2-6-37
项目			存储设备					
			数字硬盘录像机				磁盘阵列机	
			带环路		不带环路		2 通道	4 通道
			≤16	>16	≤16	>16		
名称		单位	消耗量					
人工	安装工	工日	3.0000	6.0000	2.0000	5.0000	2.0000	4.0000
材料	白绸	m^2	—	—	—	—	1.000	1.000
	铜端子 $6mm^2$	个	2.040	2.040	2.040	2.040	2.040	2.040
	铜芯塑料绝缘电线 BV-$6mm^2$	m	2.040	2.040	2.040	2.040	2.040	2.040
	其他材料费	元	3.700	3.700	3.700	3.700	4.520	4.520
机械	手动液压叉车	台班	—	—	—	—	0.500	0.500
仪表	工业用真有效值万用表	台班	0.050	0.050	0.050	0.050	—	—
	笔记本电脑	台班	1.500	3.500	1.500	3.500	0.800	1.200

工作内容：开箱检查、设备组装、接线、接地、本体安装调试等。 **计量单位**：台

定额编号			2-6-38	2-6-39	2-6-40	2-6-41	2-6-42
项目			存储设备				
			磁盘阵列机				
			8通道	16通道	32通道	128通道	每增加1个标准硬盘
名称		单位	消耗量				
人工	安装工	工日	8.0000	12.0000	18.0000	30.0000	0.2000
材料	白绸	m^2	1.500	3.000	6.000	9.000	0.300
	铜端子 $6mm^2$	个	4.080	8.160	16.320	65.280	—
	铜芯塑料绝缘电线 BV-$6mm^2$	m	4.080	8.160	16.320	65.280	—
	其他材料费	元	7.600	15.200	30.400	45.600	0.250
机械	手动液压叉车	台班	0.700	1.000	1.200	1.800	—
仪表	笔记本电脑	台班	1.500	2.500	3.500	4.000	0.080

工作内容：开箱检查、设备组装、接线、接地、本体安装调试等。 **计量单位**：台

定额编号			2-6-43	2-6-44	2-6-45	2-6-46
项目			存储设备			
			光盘库			
			光盘匣			每增加1个光盘匣
			≤4个	≤16个	≤32个	
名称		单位	消耗量			
人工	安装工	工日	2.5000	6.0000	13.0000	0.6500
材料	白绸	m^2	2.000	4.000	8.000	0.500
	光盘 5″	片	2.000	4.000	6.000	—
	铜端子 $6mm^2$	个	2.040	2.040	2.040	—
	铜芯塑料绝缘电线 BV-$6mm^2$	m	2.040	2.040	2.040	—
	其他材料费	元	9.860	16.840	30.800	2.090
机械	手动液压叉车	台班	0.200	0.500	0.700	—
仪表	笔记本电脑	台班	1.200	3.000	7.000	0.300

工作内容:开箱检查、划线、定位、设备组装、接线、接地、本体安装等。　　计量单位:台

定额编号			2-6-47	2-6-48	2-6-49	2-6-50	2-6-51
项　目			台架		插箱		标准机柜
			650×700	650×1200	固定式标准插箱	翻转式标准插箱	19″
名　称		单位	消　耗　量				
人工	安装工	工日	1.0000	1.5000	1.0000	1.5000	2.0000
材料	机柜	个	—	—	—	—	(1.000)
	铜端子 $6mm^2$	个	—	—	2.040	2.040	—
	铜端子 $16mm^2$	个	2.040	2.040	—	—	2.040
	铜芯塑料绝缘电线 BV-$16mm^2$	m	2.040	2.040	—	—	2.040
	铜芯塑料绝缘电线 BV-$6mm^2$	m	—	—	2.040	2.040	—
	其他材料费	元	6.120	6.120	6.120	6.120	33.890
机械	手动液压叉车	台班	0.100	0.100	0.100	0.100	0.500
仪表	工业用真有效值万用表	台班	0.100	0.100	0.100	0.100	—
	接地电阻测试仪	台班	0.050	0.050	0.050	0.050	—
	钳形接地电阻测试仪	台班	—	—	—	—	0.010

工作内容:量裁线缆、线缆与插头的安装焊接、测试等。　　计量单位:条

定额编号			2-6-52	2-6-53	2-6-54	2-6-55	2-6-56
项　目			互联电缆制作、安装				
			带连接器的圆导体带状电缆				
			≤10 线	≤20 线	≤34 线	≤50 线	≤60 线
名　称		单位	消　耗　量				
人工	安装工	工日	0.3000	0.3500	0.4500	0.5000	0.6000
材料	插头	个	(2.020)	(2.020)	(2.020)	(2.020)	(2.020)
	带状电缆	m	(1.020)	(1.020)	(1.020)	(1.020)	(1.020)
	其他材料费	元	0.500	0.500	0.500	0.500	0.500
仪表	工业用真有效值万用表	台班	0.050	0.070	0.100	0.150	0.180

工作内容：量裁线缆、线缆与插头的安装焊接、测试等。 计量单位：条

定额编号			2-6-57	2-6-58	2-6-59	2-6-60
项目			互联电缆制作、安装			
			带连接器的外设接口电缆			
			≤7芯	≤37芯	≤19芯	≤32芯
名称		单位	消耗量			
人工	安装工	工日	0.3000	0.4500	0.3000	0.4500
材料	插头	个	(2.020)	(2.020)	(2.020)	(2.020)
	外设接口电缆	m	(1.500)	(1.500)	(1.500)	(1.500)
	其他材料费	元	0.500	0.500	0.500	0.500
仪表	工业用真有效值万用表	台班	0.250	0.250	0.250	0.250
	钳形接地电阻测试仪	台班	0.250	0.250	0.250	0.250

工作内容：量裁线缆、线缆与插头的安装焊接、测试等。 计量单位：条

定额编号			2-6-61	2-6-62	2-6-63	2-6-64
项目			互联电缆制作、安装			
			中继连接电缆			
			3芯	6芯	9芯	15芯
名称		单位	消耗量			
人工	安装工	工日	0.2500	0.3000	0.3500	0.4500
材料	连接插孔(压接)	个	(6.060)	(12.120)	(18.180)	(30.300)
	连接插针(压接)	个	(6.060)	(12.120)	(18.180)	(30.300)
	中继(矩形连接器)	对	(1.010)	(1.010)	(1.010)	(1.010)
	中继连接电缆	m	(5.100)	(5.100)	(5.100)	(5.100)
	其他材料费	元	0.500	0.500	0.500	0.500
仪表	工业用真有效值万用表	台班	0.250	0.250	0.250	0.250
	钳形接地电阻测试仪	台班	0.250	0.250	0.250	0.400

工作内容：1、2、3、4. 开箱检查、接线、接地等。
5、6. 开箱检查、接线、本体安装调试等。

计量单位：台

定额编号			2-6-65	2-6-66	2-6-67	2-6-68	2-6-69	2-6-70
项目			路由器安装、调试				适配器安装、调试	中继器安装、调试
			固定配置		插槽式			
			≤4口	≤8口	≤4槽	>4槽		
名称		单位	消耗量					
人工	安装工	工日	1.0000	1.5000	3.0000	6.0000	2.5000	2.0000
材料	铜端子 $6mm^2$	个	2.040	2.040	2.040	2.040	2.040	2.040
	铜芯塑料绝缘电线 BV-$6mm^2$	m	2.040	2.040	2.040	2.040	2.040	2.040
	其他材料费	元	7.880	7.880	7.880	7.880	7.880	7.880
仪表	笔记本电脑	台班	0.400	0.800	1.200	2.500	0.500	0.500

工作内容：开箱检查、接线、接地、本体安装调试等。

计量单位：台

定额编号			2-6-71	2-6-72	2-6-73	2-6-74	2-6-75	2-6-76
项目			防火墙安装、调试					
			包过滤防火墙	状态/动态防火墙	应用程序防火墙	NAT防火墙	个人防火墙	网闸
名称		单位	消耗量					
人工	安装工	工日	2.0000	5.0000	3.5000	4.0000	1.5000	3.0000
材料	铜端子 $6mm^2$	个	2.040	2.040	2.040	2.040	2.040	2.040
	铜芯塑料绝缘电线 BV-$6mm^2$	m	2.040	2.040	2.040	2.040	2.040	2.040
	其他材料费	元	7.880	7.880	7.880	7.880	1.020	7.880
仪表	笔记本电脑	台班	1.000	3.000	2.000	2.500	1.000	2.000

工作内容：开箱检查、接线、接地、本体安装调试等。

计量单位：台

定额编号			2-6-77	2-6-78	2-6-79	2-6-80
项目			交换机安装、调试			
			固定配置		插槽式	
			≤24口	>24口	≤4槽	>4槽
名称		单位	消耗量			
人工	安装工	工日	3.0000	5.0000	5.7000	9.0000
材料	铜端子 $6mm^2$	个	2.040	2.040	2.040	2.040
	铜芯塑料绝缘电线 BV-$6mm^2$	m	2.040	2.040	2.040	2.040
	其他材料费	元	7.880	7.880	7.880	7.880
仪表	笔记本电脑	台班	1.000	1.500	2.500	4.000

工作内容:开箱检查、接线、接地、本体安装调试等。

计量单位:台

定额编号			2-6-81	2-6-82	2-6-83	2-6-84
项目			交换机安装、调试(带POE供电)			
			固定配置		插槽式	
			≤24口	>24口	≤4槽	>4槽
名称		单位	消耗量			
人工	安装工	工日	3.0000	5.0000	5.7000	9.0000
材料	铜端子 $6mm^2$	个	2.040	2.040	2.040	2.040
	铜芯塑料绝缘电线 BV-$6mm^2$	m	2.040	2.040	2.040	2.040
	其他材料费	元	7.880	7.880	7.880	7.880
仪表	笔记本电脑	台班	1.000	1.500	2.500	4.000

工作内容:开箱检查、设备组装、接线、接地、本体安装调试等。

计量单位:台

定额编号			2-6-85	2-6-86	2-6-87	2-6-88
项目			网桥安装、调试	台式服务器安装、调试		
				工作组级	部门级	企业级
名称		单位	消耗量			
人工	安装工	工日	3.5000	1.5000	2.0000	3.5000
材料	铜端子 $6mm^2$	个	2.040	2.040	2.040	2.040
	铜芯塑料绝缘电线 BV-$6mm^2$	m	2.040	2.040	2.040	2.040
	其他材料费	元	7.180	7.880	7.880	7.880
仪表	钳形接地电阻测试仪	台班	—	0.050	0.050	0.050

工作内容:开箱检查、设备组装、接线、接地、本体安装调试等。

计量单位:台

定额编号			2-6-89	2-6-90	2-6-91	2-6-92	2-6-93
项目			插箱式服务器安装、调试			服务器安装、调试	
						刀片式(套)	
			1U	2U	4U	≤7	>7
名称		单位	消耗量				
人工	安装工	工日	0.6000	0.8000	1.2000	5.0000	8.0000
材料	铜端子 $6mm^2$	个	2.040	2.040	2.040	2.040	2.040
	铜芯塑料绝缘电线 BV-$6mm^2$	m	2.040	2.040	2.040	2.040	2.040
	其他材料费	元	3.670	5.350	6.820	7.880	7.880
仪表	钳形接地电阻测试仪	台班	0.050	0.050	0.050	0.050	0.050

工作内容：开箱检查、接线、接地、本体安装调试等。　　计量单位：台

定额编号			2－6－94	2－6－95	2－6－96	2－6－97
项　目			调制解调器安装、调试		台式电脑安装、调试	工作站安装、调试
			有线	无线		
名　称		单位	消　耗　量			
人工	安装工	工日	1.0000	1.8000	0.3000	1.5000
材料	铜端子 $6mm^2$	个	2.040	2.040	—	—
	铜芯塑料绝缘电线 BV－$6mm^2$	m	2.040	2.040	—	—
	其他材料费	元	7.880	—	7.880	7.880
仪表	笔记本电脑	台班	—	—	—	0.500

工作内容：开箱检查、接线、接地、本体安装调试等。　　计量单位：套

定额编号			2－6－98	2－6－99	2－6－100	2－6－101
项　目			无线设备			
			室内定向	室外定向	室内全向	室外全向
名　称		单位	消　耗　量			
人工	安装工	工日	0.2000	0.4000	0.3000	0.6000

工作内容：开箱检查、接线、接地、本体安装调试等。　　计量单位：套

定额编号			2－6－102	2－6－103	2－6－104
项　目			无线控制器		
			≤100 用户	≤250 用户	≤500 用户
名　称		单位	消　耗　量		
人工	安装工	工日	2.0000	5.0000	8.0000
材料	铜端子 $6mm^2$	个	2.040	2.040	2.040
	铜芯塑料绝缘电线 BV－$6mm^2$	m	2.040	2.040	2.040
仪表	笔记本电脑	台班	1.000	3.000	5.000
	钳形接地电阻测试仪	台班	0.050	0.050	0.050

工作内容:系统互联、调试、软件功能/技术参数的设置、完成自检测试报告等。 计量单位:系统

定额编号			2-6-105	2-6-106	2-6-107
项目			计算机及网络系统联调		
			≤100 个信息点	≤300 个信息点	>300 个信息点,每增加 50 个信息点
名称		单位	消耗量		
人工	调试工	工日	40.0000	101.0000	17.0000
材料	防静电手环	个	(1.000)	(1.000)	—
	其他材料费	元	8.660	17.330	2.450
仪表	笔记本电脑	台班	18.000	43.000	7.000
	对讲机(一对)	台班	9.000	21.000	3.500
	工业用真有效值万用表	台班	3.000	7.000	4.000
	网络测试仪	台班	10.000	24.000	4.000

工作内容:系统调试、软件功能/技术参数的设置、完成自检测试报告等。 计量单位:系统

定额编号			2-6-108	2-6-109	2-6-110
项目			计算机及网络系统试运行		
			信息点		>300 个信息点,每增加 50 个信息点
			≤100	≤300	
名称		单位	消耗量		
人工	调试工	工日	30.0000	72.0000	8.0000
材料	防静电手环	个	(1.000)	(1.000)	—
	其他材料费	元	25.880	75.760	12.940
仪表	笔记本电脑	台班	5.000	5.000	2.000
	对讲机(一对)	台班	5.000	5.000	—
	工业用真有效值万用表	台班	5.000	5.000	2.000
	宽行打印机	台班	1.000	2.000	—
	网络测试仪	台班	2.000	5.000	—

工作内容：检查、软件安装、调试、完成测试记录报告等。　　　　**计量单位：**套

定额编号			2-6-111	2-6-112	2-6-113	2-6-114
项目			系统服务器软件			
			≤25用户	≤50用户	≤100用户	>100用户，每增加10用户
名称		单位	消耗量			
人工	调试工	工日	8.0000	16.0000	32.0000	5.0000
材料	其他材料费	元	13.390	21.150	34.780	2.380
仪表	笔记本电脑	台班	0.300	0.300	0.300	0.150
	宽行打印机	台班	0.100	0.150	0.200	0.010

工作内容：装调技术准备、接口正确性检查确认、系统联调。　　　　**计量单位：**套

定额编号			2-6-115	2-6-116	2-6-117	2-6-118
项目			服务器操作软件			
			单核	双核	四核	>四核
名称		单位	消耗量			
人工	调试工	工日	10.0000	15.0000	22.0000	25.0000
材料	其他材料费	元	13.390	18.280	21.150	23.500
仪表	笔记本电脑	台班	1.500	2.500	4.000	6.000
	宽行打印机	台班	0.100	0.100	0.100	0.100

工作内容：装调技术准备、接口正确性检查确认、系统联调。　　　　**计量单位：**套

定额编号			2-6-119	2-6-120	2-6-121	2-6-122
项目			办公软件	工具软件	工作站操作系统	专业工作站软件
名称		单位	消耗量			
人工	调试工	工日	1.0000	1.5000	2.0000	3.0000
仪表	笔记本电脑	台班	0.100	0.200	0.200	0.500

2.综合布线系统工程

工作内容:定位、凿槽、稳过管、固定、清理渣土、填补等。

计量单位:m

定额编号			2-6-123	2-6-124	2-6-125	2-6-126
项目			凿砖槽(管径 mm)		凿混凝土槽(管径 mm)	
			≤40	≤75	≤40	≤75
名称		单位	消耗量			
人工	普工	工日	0.1250	0.1800	0.4800	1.2000
材料	其他材料费	元	0.930	2.470	1.230	2.770

工作内容:开箱检查、划线、定位、设备组装、接线、接地、本体安装等。

计量单位:台

定额编号			2-6-127	2-6-128	2-6-129	2-6-130
项目			机柜、机架			
			安装机柜、机架		机柜通风散热装置	安装抗震底座
			落地式	墙挂式(600×600)		
名称		单位	消耗量			
人工	安装工	工日	2.0000	0.6500	0.2500	1.0000
材料	机柜(机架)	个	(1.000)	(1.000)	—	—
	抗震底座	个	—	—	—	(1.000)
	铜端子 $6mm^2$	个	—	—	2.040	—
	铜端子 $16mm^2$	个	2.020	2.020	—	—
	铜芯塑料绝缘电线 BV-$6mm^2$	m	—	—	2.040	—
	铜芯塑料绝缘电线 BV-$16mm^2$	m	2.020	3.030	—	—
	其他材料费	元	33.890	30.060	0.270	30.060
仪表	钳形接地电阻测试仪	台班	0.010	0.010	0.010	—

工作内容:定位划线、开孔、安装盒体、连接处密封、做标记。

计量单位:个

定额编号			2-6-131	2-6-132	2-6-133	2-6-134
项目			安装接线箱(半周长)		安装过线(路)盒(半周长)	
			≤700	>700	≤200	>200
名称		单位	消耗量			
人工	安装工	工日	0.3600	0.5200	0.0400	0.1300
材料	过线(路)盒	个	—	—	(1.000)	(1.000)
	接线箱	个	(1.000)	(1.000)	—	—
	铜端子 $16mm^2$	个	2.020	2.020	—	—
	铜芯塑料绝缘电线 BV-$16mm^2$	m	3.060	3.060	—	—
	其他材料费	元	3.010	3.240	—	—

工作内容：固定线缆，接线，安装固定面板。

计量单位：个

定额编号			2－6－135	2－6－136
项　　目			电视插座	
			明装	暗装
名　　称		单位	消　耗　量	
人工	安装工	工日	0.0800	0.0500
材料	插座	个	(1.010)	(1.010)
	其他材料费	元	0.270	0.270

工作内容：检查、抽测电缆、清理管道、制作穿线端头（钩）、穿放引线、穿放电缆、封堵出口等。

计量单位：m

定额编号			2－6－137	2－6－138	2－6－139	2－6－140
项　　目			大对数线缆			
			管内穿放			
			≤25 对	≤50 对	≤100 对	≤200 对
名　　称		单位	消　耗　量			
人工	安装工	工日	0.0160	0.0220	0.0320	0.0450
材料	大对数电缆	m	(1.020)	(1.020)	(1.020)	(1.020)
	其他材料费	元	0.060	0.090	0.110	0.140
仪表	对讲机(一对)	台班	0.007	0.010	0.015	0.020
	工业用真有效值万用表	台班	0.002	0.004	0.008	0.016

工作内容：检查、抽测电缆、清理线槽、制作穿线端头（钩）、穿放引线、穿放电缆、封堵出口等。

计量单位：m

定额编号			2－6－141	2－6－142	2－6－143	2－6－144
项　　目			大对数线缆			
			线槽内布放			
			≤25 对	≤50 对	≤100 对	≤200 对
名　　称		单位	消　耗　量			
人工	安装工	工日	0.0150	0.0210	0.0290	0.0400
材料	大对数电缆	m	(1.025)	(1.025)	(1.025)	(1.025)
	其他材料费	元	0.060	0.090	0.110	0.140
仪表	对讲机(一对)	台班	0.007	0.010	0.015	0.020
	工业用真有效值万用表	台班	0.002	0.004	0.008	0.016

工作内容：检查、抽测电缆、清理桥架、制作穿线端头（钩）、穿放引线、穿放电缆、封堵出口等。

计量单位：m

定额编号			2-6-145	2-6-146	2-6-147	2-6-148
项目			大对数线缆			
			桥架内布放			
			≤25 对	≤50 对	≤100 对	≤200 对
名称		单位	消耗量			
人工	安装工	工日	0.0140	0.0190	0.0270	0.0380
材料	大对数电缆	m	(1.025)	(1.025)	(1.025)	(1.025)
	其他材料费	元	0.060	0.090	0.110	0.140
仪表	对讲机(一对)	台班	0.007	0.010	0.015	0.020
	工业用真有效值万用表	台班	0.002	0.004	0.008	0.016

工作内容：检查、抽测电缆、清理管道/线槽/桥架、布放、绑扎电缆、封堵出口等。

计量单位：m

定额编号			2-6-149	2-6-150	2-6-151
项目			双绞线缆		
			管内穿放	线槽内布放	桥架内布放
			≤4 对		
名称		单位	消耗量		
人工	安装工	工日	0.0130	0.0120	0.0110
材料	双绞线缆	m	(1.050)	(1.050)	(1.050)
	其他材料费	元	0.040	0.040	0.040
仪表	对讲机(一对)	台班	0.005	0.005	0.005
	工业用真有效值万用表	台班	0.001	0.001	0.001

工作内容：检查光缆、清理管道、制作穿线端头（钩）、穿放引线、穿放光缆、出口衬垫、封堵出口等。

计量单位：m

定额编号			2-6-152	2-6-153	2-6-154	2-6-155
项目			光缆			
			管内穿放			
			≤12 芯	≤36 芯	≤72 芯	≤144 芯
名称		单位	消耗量			
人工	安装工	工日	0.0120	0.0200	0.0270	0.0350
材料	光缆	m	(1.020)	(1.020)	(1.020)	(1.020)
	其他材料费	元	0.020	0.020	0.020	0.020
仪表	对讲机(一对)	台班	0.005	0.008	0.010	0.010

工作内容：检查光缆、清理线槽、布放、绑扎光缆、加垫套、封堵出口等。　　　　**计量单位：**m

定额编号			2－6－156	2－6－157	2－6－158	2－6－159
项　目			光缆			
			线槽内布放			
			≤12 芯	≤36 芯	≤72 芯	≤144 芯
名　称		单位	消　耗　量			
人工	安装工	工日	0.0230	0.0300	0.0330	0.0400
材料	光缆	m	(1.020)	(1.020)	(1.020)	(1.020)
	其他材料费	元	0.200	0.200	0.200	0.200
仪表	对讲机(一对)	台班	0.003	0.005	0.005	0.005

工作内容：检查光缆、清理桥架、布放、绑扎光缆、加垫套、封堵出口等。　　　　**计量单位：**m

定额编号			2－6－160	2－6－161	2－6－162	2－6－163
项　目			光缆			
			桥架内布放			
			≤12 芯	≤36 芯	≤72 芯	≤144 芯
名　称		单位	消　耗　量			
人工	安装工	工日	0.0080	0.0150	0.0180	0.0220
材料	光缆	m	(1.020)	(1.020)	(1.020)	(1.020)
	其他材料费	元	0.200	0.200	0.200	0.200
仪表	对讲机(一对)	台班	0.003	0.005	0.005	0.005

工作内容：1、2、3、4. ①制作跳线：量裁线缆、线缆与跳线连接器的安装卡接、检查测试等；

②卡接双绞线缆：编扎固定线缆、卡线、核对线序、安装固定接线模块(跳线盘)等。

5、6. 检查、接线、测试。

定额编号			2－6－164	2－6－165	2－6－166	2－6－167	2－6－168	2－6－169
项　目			跳线					
			制作卡接跳线	安装双绞线跳线	跳线卡接(对)	安装光纤跳线	BNC 插头	RJ45 接头 RJ11 接头
			条	条	条	条	个	个
名　称		单位	消　耗　量					
人工	安装工	工日	0.0800	0.0500	0.0200	0.1000	0.1200	0.0600
材料	双绞线缆	m	(1.000)	—	—	—	—	—
	跳线	条	—	(1.000)	—	(1.000)	—	—
	跳线连接器	个	(2.020)	—	—	—	—	—
	插头	个	—	—	—	—	(1.010)	(1.010)
	其他材料费	元	—	0.400	—	0.400	0.450	0.140
仪表	工业用真有效值万用表	台班	—	—	—	—	0.010	—
	网络测试仪	台班	0.040	—	—	—	—	0.010

工作内容:检查、接线、测试。 计量单位:个

定额编号			2-6-170	2-6-171	2-6-172	2-6-173	2-6-174	2-6-175
项目			跳线					
			F型插头	VGA插头	有线电视接头	端子头	压接针	
							≤100	>100,每增加20个
名称		单位	消耗量					
人工	安装工	工日	0.0700	0.2000	0.1000	0.0120	0.5000	0.1000
材料	插头	个	(1.010)	(1.010)	(1.010)	—	—	—
	铜端子 $6mm^2$	个	—	—	—	1.020	—	—
	压接针	个	—	—	—	—	(105.000)	(21.000)
	其他材料费	元	0.450	0.450	0.140	0.140	—	—
仪表	工业用真有效值万用表	台班	0.010	0.010	0.010	—	—	—

工作内容:1、2、3、4. 安装配线架、卡接双绞线缆、编扎固定双绞线缆、核对线序等。
5、6. 安装配线架、卡接双绞线缆、编扎固定双绞线缆、核对线序、安装电子配线架附件等。 计量单位:架

定额编号			2-6-176	2-6-177	2-6-178	2-6-179	2-6-180	2-6-181
项目			配线架				电子配线架	
			12口	24口	48口	96口	≤24	>24
名称		单位	消耗量					
人工	安装工	工日	0.8000	1.8000	3.6000	7.8000	2.0000	4.0000
材料	其他材料费	元	13.320	20.000	26.660	40.000	20.000	26.660

工作内容:安装跳线架、编扎固定双绞线缆、卡线、核对线序等。 计量单位:架

定额编号			2-6-182	2-6-183	2-6-184	2-6-185
项目			安装跳线架打接			
			50对	100对	200对	400对
名称		单位	消耗量			
人工	安装工	工日	0.8000	1.5000	3.0000	6.0000
材料	其他材料费	元	8.910	13.330	20.000	26.660

工作内容：定位、划线、开孔、安装盒体、连接处处理。　　　　**计量单位：**个

定额编号			2-6-186	2-6-187	2-6-188	2-6-189	2-6-190
项　目			安装信息插座底盒(接线盒)				
			明装	砖墙内	混凝土墙内	木地板内	防静电钢制地板内
名　称		单位	消　耗　量				
人工	安装工	工日	0.0400	0.0980	0.1300	0.0840	0.1680
材料	接线盒	个	(1.010)	(1.010)	(1.010)	(1.010)	(1.010)
	其他材料费	元	0.760	0.760	0.760	0.760	0.760

工作内容：安装盒体/面板、接线、连接处处理。　　　　**计量单位：**个

定额编号			2-6-191	2-6-192	2-6-193	2-6-194	2-6-195	2-6-196
项　目			安装8位模块式信息插座			光纤信息插座		安装光纤连接盘(块)
			单口	双口	四口	单口	双口	
名　称		单位	消　耗　量					
人工	安装工	工日	0.0600	0.0900	0.1500	0.0300	0.0400	0.6500
材料	插座	个	(1.010)	(1.010)	(1.010)	(1.010)	(1.010)	—
	光纤连接盘	块	—	—	—	—	—	(1.010)
	其他材料费	元	0.200	0.200	0.200	0.150	0.780	—

工作内容：端面处理、纤芯连接、测试、包封护套、盘绕、固定光纤等。　　　　**计量单位：**芯

定额编号			2-6-197	2-6-198	2-6-199	2-6-200	2-6-201	2-6-202
项　目			光纤连接					
			机械法		熔接法		磨制法(端口)	
			单模	多模	单模	多模	单模	多模
名　称		单位	消　耗　量					
人工	安装工	工日	0.4300	0.3400	0.1500	0.1500	0.5000	0.4500
材料	光纤连接器材	套	(1.010)	(1.010)	(1.010)	(1.010)	—	—
	磨制光纤连接器材	套	—	—	—	—	(1.050)	(1.050)
	其他材料费	元	1.280	1.280	1.280	1.280	1.280	1.280
仪表	光纤测试仪	台班	0.010	0.010	—	—	0.010	0.010
	光纤熔接机	台班	—	—	0.100	0.100	—	—

工作内容:安装光纤盒、安装连接耦合器、光纤的盘留固定、尾纤端头联接等。　　计量单位:个

定额编号			2-6-203	2-6-204	2-6-205	2-6-206	2-6-207	2-6-208
项　目			安装光缆终端盒					
			≤12 芯	≤24 芯	≤48 芯	≤72 芯	≤96 芯	≤144 芯
名　称		单位	消 耗 量					
人工	安装工	工日	0.5000	0.5600	0.9600	1.4400	1.9200	2.5000
材料	光缆终端盒	个	(1.000)	(1.000)	(1.000)	(1.000)	(1.000)	(1.000)
	其他材料费	元	2.220	2.220	2.220	2.240	2.240	2.240
仪表	手持光损耗测试仪	台班	0.200	0.224	0.384	0.576	0.768	0.960

工作内容:测试衰耗、固定光纤连接器、盘留固定。　　计量单位:条

定额编号			2-6-209	2-6-210	2-6-211
项　目			布放尾纤		
			终端盒至光纤配线架	光纤配线架至设备	光纤配线架架内跳线
名　称		单位	消 耗 量		
人工	安装工	工日	0.2000	0.1000	0.1500
材料	尾纤 10m 双头	根	(1.000)	(1.000)	(1.000)
	其他材料费	元	0.090	0.090	0.090
仪表	手持光损耗测试仪	台班	0.050	0.100	0.050

工作内容:本体安装、编扎固定线缆等。　　计量单位:个

定额编号			2-6-212	2-6-213
项　目			线管理器	
			1U	2U
名　称		单位	消 耗 量	
人工	安装工	工日	0.1000	0.3000
材料	线管理器	个	(1.010)	(1.010)
	其他材料费	元	3.470	10.410

工作内容:测试、记录、完成测试报告。　　　　**计量单位:**链路

定额编号			2－6－214	2－6－215	2－6－216
项　目			测试		
			4对双绞线缆	光纤	大对数线缆(对)
名　称		单位	消　耗　量		
人工	调试工	工日	0.0300	0.0500	0.0100
材料	其他材料费	元	0.090	0.090	—
仪表	对讲机(一对)	台班	0.030	0.050	0.030
	宽行打印机	台班	0.010	0.010	0.010
	笔记本电脑	台班	0.010	—	0.010
	网络测试仪	台班	0.030	—	0.010
	光纤测试仪	台班	—	0.030	—

工作内容:检验、抽测电缆、清理管道/桥架、布放、绑扎电缆、封堵出口等。　　　　**计量单位:**m

定额编号			2－6－217	2－6－218	2－6－219	2－6－220
项　目			视频同轴电缆			
			管内穿放		沿桥架敷设	
			≤ϕ9	>ϕ9	≤ϕ9	>ϕ9
名　称		单位	消　耗　量			
人工	安装工	工日	0.0120	0.0160	0.0140	0.0180
材料	同轴电缆	m	(1.010)	(1.010)	(1.010)	(1.010)
	其他材料费	元	0.030	0.030	0.030	0.030
仪表	对讲机(一对)	台班	0.003	0.003	0.003	0.003

工作内容:系统调试、完成测试报告等。　　　　**计量单位:**系统

定额编号			2－6－221	2－6－222	2－6－223
项　目			系统调试		试运行
			≤400点	>400点,每增加100点	
名　称		单位	消　耗　量		
人工	调试工	工日	15.0000	1.5000	45.0000
仪表	笔记本电脑	台班	1.600	0.050	2.500
	对讲机(一对)	台班	5.000	0.750	15.000
	网络测试仪	台班	1.600	0.050	5.000

3. 设备自动化系统工程

工作内容：软件功能编制、调整。

计量单位：系统

定额编号			2－6－224	2－6－225	2－6－226	2－6－227	2－6－228	2－6－229
项目			中央管理系统					
			界面编制					
			≤500点	≤1000点	≤2000点	≤3500点	≤5000点	>5000点，每增加500点
名称		单位	消耗量					
人工	调试工	工日	30.0000	70.0000	160.0000	350.0000	750.0000	100.000
材料	打印纸132－1	箱	0.400	0.800	1.500	2.500	3.200	0.300
	其他材料费	元	6.060	12.120	15.150	18.180	21.210	3.030
仪表	笔记本电脑	台班	20.000	47.000	107.000	240.000	500.000	70.000
	宽行打印机	台班	5.000	10.000	20.000	40.000	80.000	15.000

工作内容：设备开箱检验、就位安装、连接、软件功能检测、单体测试。

计量单位：个

定额编号			2－6－230	2－6－231	2－6－232	2－6－233
项目			通信网络控制设备			
			终端电阻(个)	干线连接器	干线隔离/扩充器	通讯接口卡
名称		单位	消耗量			
人工	安装工	工日	0.1000	0.5000	0.6000	0.6000
材料	其他材料费	元	0.910	7.770	1.820	0.910
仪表	工业用真有效值万用表	台班	0.040	0.050	0.050	—
	笔记本电脑	台班	—	—	—	0.300

工作内容：设备开箱检验、固定安装、连接接线。

计量单位：台

定额编号			2－6－234	2－6－235	2－6－236	2－6－237
项目			控制器(DDC)安装及接线			
			≤24点	≤40点	≤60点	>60点，每增加20点
名称		单位	消耗量			
人工	安装工	工日	1.2000	1.5000	2.0000	1.0000
材料	其他材料费	元	25.660	34.540	44.840	11.400
机械	手动液压叉车	台班	0.200	0.250	0.250	—
仪表	工业用真有效值万用表	台班	0.400	0.600	1.000	0.300
	对讲机(一对)	台班	0.300	0.400	0.500	0.250

工作内容:1、2、3、4. 软件功能检测、单体调试。
5、6. 设备开箱检验、固定安装、连接、软件功能检测、单体测试。　　**计量单位**:台

定额编号			2-6-238	2-6-239	2-6-240	2-6-241	2-6-242	2-6-243
项　目			控制器(DDC)编程、调试				远端模块	
			≤24 点	≤40 点	≤60 点	>60 点,每增加 20 点	≤12 点	≤24 点
名　称		单位	消　耗　量					
人工	调试工	工日	6.0000	8.0000	10.0000	5.0000	4.0000	6.0000
材料	其他材料费	元	3.000	3.000	3.000	1.200	9.320	15.040
仪表	笔记本电脑	台班	4.000	6.000	8.000	3.500	2.000	3.000
	对讲机(一对)	台班	3.000	4.000	5.000	2.000	2.000	3.000
	工业用真有效值万用表	台班	1.000	1.500	2.000	1.000	1.000	1.500

工作内容:设备开箱检验、固定安装、连接、单体测试。　　**计量单位**:支

定额编号			2-6-244	2-6-245	2-6-246
项　目			风管式温度传感器	风管式湿度传感器	风管式温度湿度传感器
名　称		单位	消　耗　量		
人工	安装工	工日	0.4500	0.4500	0.5500
材料	其他材料费	元	7.970	7.970	8.090
仪表	工业用真有效值万用表	台班	0.050	0.050	0.050
	数字温度计	台班	0.060	0.060	0.060

工作内容:设备开箱检验、固定安装、连接、单体测试。　　**计量单位**:支

定额编号			2-6-247	2-6-248	2-6-249	2-6-250	2-6-251	2-6-252
项　目			室内壁挂式温度传感器	室内壁挂式湿度传感器	室内壁挂式温度湿度传感器	室外壁挂式温度传感器	室外壁挂式湿度传感器	室外壁挂式温度湿度传感器
名　称		单位	消　耗　量					
人工	安装工	工日	0.4000	0.4000	0.4000	0.7000	0.7000	0.8000
材料	室外传感器外罩	个	—	—	—	(1.000)	(1.000)	(1.000)
	其他材料费	元	5.600	5.600	5.600	6.320	6.320	6.320
仪表	工业用真有效值万用表	台班	0.050	0.050	0.050	0.050	0.050	0.050
	数字温度计	台班	0.060	0.060	0.060	0.040	0.050	0.060

工作内容:设备开箱检验、固定安装、连接、单体测试。 **计量单位**:支

定额编号			2-6-253	2-6-254	2-6-255	2-6-256	2-6-257
项目			接触式温度传感器	无线温湿度传感器	浸入式温度传感器		
					普通型	本安型	隔爆型
名称		单位	消耗量				
人工	安装工	工日	0.1000	0.1000	0.5000	0.7000	0.8000
材料	室外传感器外罩	个	—	(1.000)	—	—	—
	其他材料费	元	4.990	5.710	11.510	11.510	11.510
仪表	工业用真有效值万用表	台班	0.050	0.050	0.050	0.050	0.050
	数字温度计	台班	0.060	0.050	0.050	0.050	0.050

工作内容:开箱、检查、法兰焊接、制垫、固定安装、接线、水压试验、单体测试。 **计量单位**:个

定额编号			2-6-258	2-6-259	2-6-260	2-6-261	2-6-262	2-6-263
项目			电动调节阀执行机构					
			电动二通调节阀及执行机构			电动三通调节阀及执行机构		
			≤*DN*50	≤*DN*100	≤*DN*200	≤*DN*50	≤*DN*100	≤*DN*200
名称		单位	消耗量					
人工	安装工	工日	1.4500	3.6500	4.8500	1.6500	3.9500	5.2500
材料	电焊条 L-60 ϕ3.2	kg	0.700	1.200	1.500	1.050	1.800	2.250
	碳钢法兰	片	(2.020)	(2.020)	(2.020)	(3.030)	(3.030)	(3.030)
	其他材料费	元	30.780	47.210	54.310	43.060	66.500	73.660
机械	交流弧焊机 32kV·A	台班	0.200	0.300	0.300	0.200	0.300	0.400
	平台作业升降车 9m	台班	—	—	2.500	—	—	2.500
	手动液压叉车	台班	0.200	0.200	0.200	0.200	0.200	0.200
仪表	工业用真有效值万用表	台班	0.050	0.050	0.050	0.050	0.050	0.050

工作内容:开箱、检查、法兰焊接、制垫、固定安装、接线、水压试验、单体测试。 **计量单位**:个

定额编号			2-6-264	2-6-265	2-6-266	2-6-267	2-6-268	2-6-269
项目			电动调节阀执行机构					
			电动蝶阀及执行机构			电动风阀执行机构	两通电动阀	
			≤*DN*100	≤*DN*250	≤*DN*400		*DN*20	*DN*25
名称		单位	消耗量					
人工	安装工	工日	3.5000	6.3000	8.0000	1.5000	0.4500	0.6000
材料	电焊条 L-60 ϕ3.2	kg	1.200	1.500	2.500	—	—	—
	碳钢法兰	片	(2.020)	(2.020)	(2.020)	—	—	—
	其他材料费	元	33.750	66.380	72.710	5.550	13.210	20.870
机械	交流弧焊机 32kV·A	台班	0.300	0.400	1.000	—	—	—
	平台作业升降车 9m	台班	—	2.500	3.000	—	—	—
	手动液压叉车	台班	0.200	0.250	0.250	—	—	—
仪表	工业用真有效值万用表	台班	0.100	0.100	0.100	0.100	0.050	0.050

工作内容：检查、接线、绝缘测试。　　　　　　　　**计量单位：**个

定额编号			2-6-270	2-6-271	2-6-272	2-6-273	2-6-274
项　　目			电动调节阀执行机构				
			启动柜接点接线				变压器温度接线
			≤5点	≤10点	≤20点	≤35点	
名　　称		单位	消　耗　量				
人工	安装工	工日	0.5000	1.0000	2.0000	3.0000	0.1200
材料	其他材料费	元	6.170	8.100	11.160	16.960	3.810
仪表	对讲机(一对)	台班	0.200	0.400	0.800	1.200	—
	工业用真有效值万用表	台班	0.200	0.400	0.800	1.500	0.100

工作内容：分系统调试、现场测量、记录、对比、调整。　　　　　　　　**计量单位：**系统

定额编号			2-6-275	2-6-276	2-6-277	2-6-278	2-6-279	2-6-280
项　　目			暖通空调监控分系统调试			给排水监控分系统调试		
			≤100点	≤200点	>200点，每增加50点	≤50点	≤100点	>100点，每增加20点
名　　称		单位	消　耗　量					
人工	调试工	工日	10.0000	22.0000	8.0000	6.0000	15.0000	3.0000
材料	打印纸132-1	箱	0.100	0.150	0.020	0.050	0.120	0.030
	棉丝	kg	2.000	4.000	0.500	1.000	2.000	0.300
	其他材料费	元	1.120	2.240	0.700	1.500	2.960	0.400
仪表	笔记本电脑	台班	5.000	12.000	4.000	2.000	4.000	1.000
	对讲机(一对)	台班	6.000	15.000	5.000	3.000	6.000	1.500
	风压风速风量仪	台班	1.000	2.000	0.800	—	—	—
	工业用真有效值万用表	台班	5.000	12.000	4.000	2.000	4.000	1.000
	过程仪表	台班	2.000	4.000	1.600	—	—	—
	宽行打印机	台班	2.000	5.000	0.800	1.000	2.000	0.300
	数字示波器	台班	1.000	2.000	0.800	—	—	—
	数字温度计	台班	1.000	2.000	0.800	—	—	—
	数字压差计	台班	1.000	2.000	0.800	—	—	—
	烟气分析仪	台班	1.000	2.000	0.800	—	—	—

工作内容:分系统调试、现场测量、记录、对比、调整。

计量单位:系统

定额编号			2-6-281	2-6-282	2-6-283	2-6-284	2-6-285	2-6-286
项目			公共照明监控分系统调试			变配电监测分系统调试		
			≤100点	≤200点	>200点,每增加50点	≤50点	≤100点	>100点,每增加20点
名称		单位	消耗量					
人工	调试工	工日	10.0000	22.0000	8.0000	6.0000	15.0000	3.0000
材料	打印纸 132-1	箱	0.100	0.150	0.020	0.050	0.120	0.030
	棉丝	kg	2.000	4.000	0.500	1.000	2.000	0.300
	其他材料费	元	1.120	2.240	0.700	1.500	2.960	0.400
仪表	笔记本电脑	台班	5.000	12.000	4.000	2.000	4.000	1.000
	对讲机(一对)	台班	6.000	15.000	5.000	3.000	6.000	1.500
	工业用真有效值万用表	台班	5.000	12.000	4.000	2.000	4.000	1.000
	宽行打印机	台班	2.000	5.000	0.800	1.000	2.000	0.300

工作内容:分系统调试、现场测量、记录、对比、调整。

计量单位:系统

定额编号			2-6-287	2-6-288	2-6-289
项目			能耗监测分系统调试		
			≤100点	≤200点	>200点,每增加50点
名称		单位	消耗量		
人工	调试工	工日	10.0000	22.0000	8.0000
材料	打印纸 132-1	箱	0.100	0.150	0.020
	棉丝	kg	2.000	4.000	0.500
	其他材料费	元	1.120	2.240	0.700
仪表	笔记本电脑	台班	5.000	15.000	5.000
	对讲机(一对)	台班	6.000	15.000	5.000
	工业用真有效值万用表	台班	5.000	12.000	4.000
	宽行打印机	台班	2.000	5.000	0.800

工作内容：系统调试、现场测量、记录、对比、调整。　　　　计量单位：系统

定额编号			2-6-290	2-6-291	2-6-292	2-6-293	2-6-294	2-6-295
项　目			环境与设备监控系统调试					
			≤500 点	≤1000 点	≤2000 点	≤3500 点	≤5000 点	>5000 点，每增加 500 点
名　称		单位	消　耗　量					
人工	调试工	工日	30.0000	70.0000	160.0000	350.0000	750.0000	100.0000
材料	打印纸 132-1	箱	0.100	0.200	0.500	1.500	2.200	0.300
	棉丝	kg	2.000	4.000	10.000	25.000	50.000	2.000
	其他材料费	元	4.540	9.090	18.180	36.360	45.450	4.540
仪表	笔记本电脑	台班	15.000	35.000	80.000	175.000	375.000	50.000
	对讲机(一对)	台班	18.000	42.000	96.000	210.000	450.000	60.000
	风压风速风量仪	台班	1.000	2.000	5.000	10.000	20.000	2.000
	工业用真有效值万用表	台班	6.000	14.000	32.000	70.000	160.000	7.000
	过程仪表	台班	1.000	2.000	5.000	10.000	20.000	2.000
	宽行打印机	台班	2.000	5.000	15.000	40.000	80.000	3.000
	数字示波器	台班	1.000	2.000	5.000	10.000	20.000	2.000
	数字温度计	台班	1.000	2.000	5.000	10.000	20.000	2.000
	数字压差计	台班	1.000	2.000	5.000	10.000	20.000	2.000
	烟气分析仪	台班	1.000	2.000	5.000	10.000	20.000	2.000

工作内容：系统试运行、完成试运行报告等。　　　　计量单位：系统

定额编号			2-6-296	2-6-297
项　目			环境与设备监控系统试运行	
			≤500 点	>500 点，每增加 500 点
名　称		单位	消　耗　量	
人工	调试工	工日	45.0000	30.0000
材料	打印纸 132-1	箱	0.400	0.300
	棉丝	kg	10.000	8.000
	其他材料费	元	9.090	8.080
仪表	笔记本电脑	台班	5.000	5.000
	对讲机(一对)	台班	15.000	5.000
	工业用真有效值万用表	台班	5.000	5.000
	宽行打印机	台班	5.000	—
	数字示波器	台班	5.000	—
	数字温度计	台班	5.000	—

工作内容:1. 开箱检查、切管、套丝、制垫、加垫、安装、接线、单体测试、压力试验。
2、3、4、5. 开箱检查、固定安装、接线、单体测试。
6. 设备开箱检验、就位安装、接线、软件安装、调试。

计量单位:个

定额编号			2-6-298	2-6-299	2-6-300	2-6-301	2-6-302	2-6-303
项目			能耗监测系统					
			基表 远传氧气表	采集器电源	通讯接口卡	便携式抄收仪	分线器	通讯接口转换器
名称		单位	消耗量					
人工	安装工	工日	0.5500	0.5000	1.2000	0.2000	0.1300	0.3000
材料	其他材料费	元	4.350	4.670	4.120	3.010	3.630	4.740
机械	管子切断套丝机 159mm	台班	0.100	—	—	—	—	—
仪表	笔记本电脑	台班	—	—	0.500	—	—	0.100
	工业用真有效值万用表	台班	0.050	0.100	0.100	—	—	0.050
	宽行打印机	台班	—	—	0.200	—	—	0.100

工作内容:1. 设备开箱检验、就位安装、接线、软件安装、调试。
2、3、4. 设备开箱检查、固定安装、接线、单体测试。

定额编号			2-6-304	2-6-305	2-6-306	2-6-307
项目			能耗监测系统			
			抄表网关	电流变送器	风道式空气质量传感器	室内壁挂式空气质量传感器
			个	支	支	支
名称		单位	消耗量			
人工	安装工	工日	0.3000	1.0000	0.5000	0.4000
材料	其他材料费	元	3.810	5.040	5.770	5.600
仪表	笔记本电脑	台班	0.100	—	—	—
	工业用真有效值万用表	台班	0.050	0.050	0.050	0.100

工作内容:设备开箱检查、固定安装、接线、单体测试。

计量单位:支

定额编号			2-6-308	2-6-309	2-6-310	2-6-311	2-6-312	2-6-313
项目			能耗监测系统					
			风道式烟感探测器	风道式气体探测器	室内壁挂式空气传感器	防霜冻开关	风速传感器	液位开关
名称		单位	消耗量					
人工	安装工	工日	0.5000	0.5000	0.4000	0.3000	0.4000	0.4000
材料	其他材料费	元	5.770	5.770	5.600	5.600	6.600	6.600
仪表	工业用真有效值万用表	台班	0.050	0.050	0.040	0.040	0.040	0.040

工作内容:开箱、检验、开孔、划线、固定安装、接线、密封、单体测试。　　　　**计量单位**:套

定额编号			2-6-314	2-6-315	2-6-316	2-6-317	2-6-318	2-6-319
项　目			能耗监测系统					
			静压液位变送器			液位计		
			普通型	本安型	隔爆型	普通型	本安型	隔爆型
名　称		单位	消　耗　量					
人工	安装工	工日	0.7500	0.8000	0.8000	0.7500	0.8000	0.8000
材料	其他材料费	元	27.720	27.720	27.720	27.720	27.720	27.720
仪表	工业用真有效值万用表	台班	0.050	0.050	0.050	0.050	0.050	0.050

工作内容:开箱、检验、开孔、划线、固定安装、接线、密封、单体测试。　　　　**计量单位**:套

定额编号			2-6-320	2-6-321	2-6-322	2-6-323	2-6-324	2-6-325
项　目			能耗监测系统					
			电磁流量计	涡街流量计	超声波流量计	弯管流量计	转子流量计	光照度传感计
名　称		单位	消　耗　量					
人工	安装工	工日	1.8000	1.8500	2.0000	2.0000	2.0000	1.5000
材料	其他材料费	元	4.980	4.980	4.980	4.980	4.980	4.470
仪表	超声波流量计	台班	0.500	0.500	0.500	0.500	0.500	—
	工业用真有效值万用表	台班	0.100	0.100	0.100	0.100	0.100	0.100

4. 视频系统工程

工作内容:开箱检查、接线、本体安装调试等。　　　　**计量单位**:套

定额编号			2-6-326	2-6-327
项　目			信号采集设备安装	
			流媒体会议直播机	流媒体课程直录/播机
名　称		单位	消　耗　量	
人工	安装工	工日	5.0000	6.0000
材料	其他材料费	元	4.200	4.200
仪表	笔记本电脑	台班	1.000	1.000

工作内容：开箱检查、接线、接地、本体安装调试等。

计量单位：台

定额编号			2-6-328	2-6-329	2-6-330	2-6-331	2-6-332	2-6-333
项目			信号处理设备安装					
			视/音频(AV)矩阵			VGA 矩阵		
			4×4	8×4	8×8	4×4	8×4	8×8
名称		单位	消耗量					
人工	安装工	工日	2.0000	3.0000	4.0000	2.5000	3.7000	5.0000
材料	铜端子 $6mm^2$	个	2.040	2.040	2.040	2.040	2.040	2.040
	铜芯塑料绝缘电线 BV-$6mm^2$	m	2.040	2.040	2.040	2.040	2.040	2.040
	其他材料费	元	5.820	6.630	7.430	5.820	6.630	7.430
仪表	笔记本电脑	台班	0.800	1.000	1.500	0.800	1.000	1.500
	工业用真有效值万用表	台班	0.300	0.300	0.400	0.300	0.300	0.400

工作内容：开箱检查、接线、接地、本体安装调试等。

计量单位：台

定额编号			2-6-334	2-6-335	2-6-336
项目			信号处理设备安装		
			组合矩阵(VGA+Audio)		
			4×4	8×4	8×8
名称		单位	消耗量		
人工	安装工	工日	5.0000	7.5000	10.0000
材料	铜端子 $6mm^2$	个	2.040	2.040	2.040
	铜芯塑料绝缘电线 BV-$6mm^2$	m	2.040	2.040	2.040
	其他材料费	元	7.430	9.050	10.670
仪表	笔记本电脑	台班	1.600	2.000	3.000
	工业用真有效值万用表	台班	0.300	0.300	0.400

工作内容：开箱检查、接线、接地、本体安装调试等。

计量单位：台

定额编号			2-6-337	2-6-338	2-6-339	2-6-340
项目			信号处理设备安装			
			视/音频分配放大器		VGA 分配放大器	
			1×4	1×8	1×4	1×8
名称		单位	消耗量			
人工	安装工	工日	1.2500	2.2500	1.5000	2.8000
材料	铜端子 $6mm^2$	个	2.040	2.040	2.040	2.040
	铜芯塑料绝缘电线 BV-$6mm^2$	m	2.040	2.040	2.040	2.040
	其他材料费	元	4.610	5.010	4.610	5.010
仪表	笔记本电脑	台班	0.500	0.500	0.500	0.500
	工业用真有效值万用表	台班	0.100	0.100	0.100	0.100

工作内容:开箱检查、接线、接地、本体安装调试等。　　　　**计量单位:**台

定额编号			2-6-341	2-6-342	2-6-343	2-6-344	2-6-345	2-6-346
项　目			信号处理设备安装					
			视/音频切换器		VGA 切换器		转换器	VGA 转 Video/Video 转 VGA
			4×1	8×1	4×1	8×1		
名　称		单位	消　耗　量					
人工	安装工	工日	1.2500	2.2500	1.5000	2.5000	0.2500	0.3500
材料	铜端子 $6mm^2$	个	2.040	2.040	2.040	2.040	2.040	2.040
	铜芯塑料绝缘电线 BV-$6mm^2$	m	2.040	2.040	2.040	2.040	2.040	2.040
	其他材料费	元	4.610	5.010	4.610	5.010	4.400	4.400
仪表	笔记本电脑	台班	0.500	0.500	0.500	0.500	—	—
	工业用真有效值万用表	台班	0.100	0.100	0.100	0.100	0.100	0.100

工作内容:开箱检查、接线、接地、本体安装调试等。　　　　**计量单位:**台

定额编号			2-6-347	2-6-348	2-6-349	2-6-350	2-6-351	2-6-352
项　目			信号处理设备安装					
			数字接口转换器	融合器	3D 图像处理器	数字特技机	模拟特技机	多点控制器 MCU(单点)
名　称		单位	消　耗　量					
人工	安装工	工日	0.2500	0.5000	1.0000	3.0000	2.0000	0.2000
材料	铜端子 $6mm^2$	个	2.040	2.040	2.040	2.040	2.040	2.040
	铜芯塑料绝缘电线 BV-$6mm^2$	m	2.040	2.040	2.040	2.040	2.040	2.040
	其他材料费	元	4.400	4.400	4.400	4.610	4.610	4.400
仪表	笔记本电脑	台班	—	—	0.700	—	—	—
	工业用真有效值万用表	台班	0.100	0.100	0.100	0.400	0.400	0.100

工作内容:1、2. 开箱检查、接线、接地、本体安装调试等。
3、4、5、6. 开箱检查、定位、划线、接线、本体安装调试等。　　　　**计量单位:**台

定额编号			2-6-353	2-6-354	2-6-355	2-6-356	2-6-357	2-6-358
项　目			信号处理设备安装					
			会议终端	DVI、RGB、UTP 矩阵切换	显示器			
					摆放		壁挂或悬挂	
					≤50″	>50″	≤50″	>50″
名　称		单位	消　耗　量					
人工	安装工	工日	0.8000	6.0000	0.8000	1.5000	1.3000	2.6000
材料	铜端子 $6mm^2$	个	2.040	2.040	—	—	—	—
	铜芯塑料绝缘电线 BV-$6mm^2$	m	2.040	2.040	—	—	—	—
	其他材料费	元	4.610	4.610	4.200	4.200	30.440	30.440
机械	平台作业升降车 9m	台班	—	—	—	—	0.500	0.500
	手动液压叉车	台班	—	—	—	0.200	—	0.200
仪表	工业用真有效值万用表	台班	0.100	0.100	0.200	0.200	0.200	0.200

工作内容:开箱检查、定位、划线、接线、本体安装调试等。

计量单位:台

定额编号			2－6－359	2－6－360	2－6－361	2－6－362	2－6－363	2－6－364
项目			信号处理设备安装					
			投影仪				幻灯机	展示台
			摆放式		吊装式			
			>5000 lm	>5000 lm	≤5000 lm	>5000 lm		
名称		单位	消耗量					
人工	安装工	工日	0.3000	0.5000	0.8000	1.0000	0.5000	0.5000
材料	监视器吊架	台	—	—	(1.000)	(1.000)	—	—
	其他材料费	元	4.200	4.200	30.440	30.440	4.200	4.200
仪表	工业用真有效值万用表	台班	—	—	—	—	0.050	0.050

工作内容:1. 开箱检查、定位、划线、接线、本体安装调试等。

2、3、4、5、6. 开箱检查、定位划线、设备组装、接线、本体安装调试等。

计量单位:套

定额编号			2－6－365	2－6－366	2－6－367	2－6－368	2－6－369	2－6－370
项目			信号处理设备安装					
			电子白板	卷帘屏幕		软幕	硬质银幕、金属幕	
				≤120″	>120″		≤100″	>100″
名称		单位	消耗量					
人工	安装工	工日	2.0000	2.0000	6.0000	2.0000	1.5000	4.0000
材料	其他材料费	元	4.200	35.650	35.650	35.650	35.650	35.650
仪表	工业用真有效值万用表	台班	0.050	—	—	—	—	—
	笔记本电脑	台班	1.000	0.300	0.300	0.300	0.300	0.300

工作内容:开箱检查、定位划线、设备组装、接线、本体安装调试等。

计量单位:套

定额编号			2－6－371	2－6－372	2－6－373	2－6－374	2－6－375	2－6－376
项目			信号处理设备安装					
			背投箱体			拼接控制器(输入＋输出)		
			≤80″	≤120″	>120″	≤16 路	≤32 路	>32 路
名称		单位	消耗量					
人工	安装工	工日	3.0000	6.0000	8.0000	4.0000	6.0000	8.0000
材料	其他材料费	元	4.200	4.200	4.200	4.200	4.200	4.200
仪表	笔记本电脑	台班	1.000	1.500	2.000	2.000	3.500	3.500

工作内容：开箱检查、定位划线、设备组装、接线、本体安装调试等。

定额编号			2-6-377	2-6-378	2-6-379	2-6-380	2-6-381	2-6-382
项目			信号处理设备安装					
			拼接卡（个）	拼接屏（台）		LED显示屏（壁挂、吊装）		
				≤50″	>50″	室内		室外全彩、双基色
						双基色	全彩	
			套	套	套	m^2	m^2	m^2
名称		单位	消耗量					
人工	安装工	工日	0.5000	1.5000	2.0000	1.5000	2.5000	3.0000
材料	其他材料费	元	4.200	21.500	24.800	30.180	30.180	30.180
机械	平台作业升降车9m	台班	—	—	—	0.050	0.050	0.050
仪表	笔记本电脑	台班	0.200	0.500	0.500	0.300	0.300	0.300
	对讲机（一对）	台班	—	—	—	—	—	0.500
	工业用真有效值万用表	台班	—	—	—	0.050	0.050	0.050

工作内容：开箱检查、接线、本体安装调试等。　　　　**计量单位**：套

定额编号			2-6-383	2-6-384	2-6-385
项目			信号处理设备安装		
			摄像头彩色提词器	微机型提词器	综合型平板提词器（m^2）
名称		单位	消耗量		
人工	安装工	工日	0.5000	0.6000	0.8000
仪表	笔记本电脑	台班	0.200	0.300	0.300

工作内容：开箱检查、本体安装调试等。　　　　**计量单位**：台

定额编号			2-6-386	2-6-387	2-6-388	2-6-389
项目			录编设备安装			
			录像机/放像机	编辑控制器	高保真复制机	硬盘放像机
名称		单位	消耗量			
人工	安装工	工日	2.0000	1.5000	1.0000	4.0000
材料	其他材料费	元	30.840	30.840	30.840	30.840

工作内容:对视频设备信号通道数进行测试、调整和考核等。　　　　**计量单位**:系统

定额编号			2-6-390	2-6-391
项目			视频系统设备调试	
			信号通道数	
			≤20个	>20个,每增加5个
名称		单位	消耗量	
人工	调试工	工日	15.0000	1.2000
仪表	笔记本电脑	台班	5.000	1.000
	彩色监视器	台班	3.500	0.500
	对讲机(一对)	台班	5.000	1.000
	工业用真有效值万用表	台班	5.000	1.000

工作内容:测量视频系统的性能,完成测试报告。　　　　**计量单位**:系统

定额编号			2-6-392	2-6-393	2-6-394	2-6-395	2-6-396
项目			视频系统测量				
			显示屏图像清晰度	显示屏亮度	显示屏对比度	视角	亮度均匀性
名称		单位	消耗量				
人工	调试工	工日	0.2000	0.4000	0.2000	0.2000	1.0000
仪表	彩色亮度计	台班	0.100	0.200	0.100	0.100	0.500
	电视信号发生器	台班	0.100	0.200	0.100	0.100	0.500

工作内容:测量视频系统的性能,完成测试报告。　　　　**计量单位**:系统

定额编号			2-6-397	2-6-398	2-6-399	2-6-400	2-6-401
项目			视频系统测量				
			色度不均匀性	换帧频率(LED)	刷新频率	像素失控率(LED)	色域覆盖率(LED)
名称		单位	消耗量				
人工	调试工	工日	1.0000	0.4000	0.4000	1.0000	0.4000
仪表	电视信号发生器	台班	0.500	—	—	0.500	0.200
	色度计	台班	0.500	—	—	—	0.200
	示波器	台班	—	0.200	0.200	—	—

工作内容：测量视频系统的性能，完成测试报告。 **计量单位：**系统

定额编号			2-6-402	2-6-403	2-6-404	2-6-405	2-6-406
项目			视频系统测量				
			信噪比	通断比（LED）	灰度等级	平整度	图像拼接误差
名称		单位	消耗量				
人工	调试工	工日	0.2000	0.2000	0.2000	0.4000	0.5000
仪表	彩色亮度计	台班	—	0.100	—	—	—
	电视信号发生器	台班	0.100	0.100	0.100	—	0.200
	视频分析仪	台班	0.100	—	—	—	—

工作内容：进行试运行、完成试运行报告等。 **计量单位：**系统

定额编号			2-6-407
项目			视频系统试运行
名称		单位	消耗量
人工	调试工	工日	90.0000
仪表	笔记本电脑	台班	30.000
	彩色监视器	台班	10.000
	对讲机（一对）	台班	30.000
	工业用真有效值万用表	台班	10.000

5. 安全防范系统工程

工作内容：开箱检查、设备组装、检查基础、划线、定位、接线、本体安装调试。 **计量单位：**套

定额编号			2-6-408	2-6-409	2-6-410	2-6-411	2-6-412	2-6-413
项目			入侵探测设备安装、调试					
			门磁、窗磁开关		紧急脚踏开关		紧急手动开关	
			有线	无线	有线	无线	有线	无线
名称		单位	消耗量					
人工	安装工	工日	0.1500	0.1300	0.1500	0.1300	0.1500	0.1200
材料	其他材料费	元	4.370	4.370	4.370	4.370	4.370	4.370
仪表	工业用真有效值万用表	台班	0.050	—	0.050	—	0.050	0.050

工作内容:开箱检查、设备组装、检查基础、划线、定位、接线、本体安装调试。 计量单位:套

定额编号			2-6-414	2-6-415	2-6-416	2-6-417
项目			入侵探测设备安装、调试			
			主动红外探测器(对)	被动红外探测器		红外幕帘探测器
				有线	无线	
名称		单位	消耗量			
人工	安装工	工日	1.5000	0.8000	0.7000	1.5000
材料	其他材料费	元	4.370	4.370	4.370	4.370
仪表	工业用真有效值万用表	台班	0.050	0.050	—	0.050

工作内容:开箱检查、设备组装、检查基础、划线、定位、接线、本体安装调试。 计量单位:套

定额编号			2-6-418	2-6-419	2-6-420	2-6-421	2-6-422	2-6-423
项目			入侵探测设备安装、调试					
			多技术复合探测器			微波探测器	微波墙式探测器(对)	超声波探测器
			吸顶	壁装	长距离			
名称		单位	消耗量					
人工	安装工	工日	1.5000	1.8000	2.0000	1.0000	1.3000	1.2000
材料	其他材料费	元	4.370	4.370	4.370	4.370	4.370	4.370
仪表	工业用真有效值万用表	台班	0.050	0.050	0.050	0.050	0.050	0.050

工作内容:开箱检查、设备组装、检查基础、划线、定位、接线、本体安装调试。 计量单位:套

定额编号			2-6-424	2-6-425	2-6-426	2-6-427	2-6-428	2-6-429
项目			入侵探测设备安装、调试					
			激光探测器(一收、一发)	玻璃破碎探测器	振动探测器	电子围栏控制器	无线按钮控制器	振动泄露电缆(m)
名称		单位	消耗量					
人工	安装工	工日	1.5000	1.2000	1.3000	2.5000	0.2000	0.1500
材料	其他材料费	元	4.370	4.370	4.370	4.370	4.370	0.650
仪表	工业用真有效值万用表	台班	0.050	0.050	0.050	0.050	0.050	—

工作内容:开箱检查、设备组装、检查基础、划线、定位、接线、本体安装调试。　　　　计量单位:套

定额编号			2-6-430	2-6-431	2-6-432	2-6-433	2-6-434	2-6-435
项　目			入侵探测设备安装、调试					
			电子围栏(延长米)	驻波探测器	泄露电缆控制器(不含线缆)	无线报警探测器	感应式控制器(不含线)振动电缆控制器	报警声音复核装置(声音探头)
名　称		单位	消　耗　量					
人工	安装工	工日	0.2000	1.5000	1.5000	1.4000	2.5000	0.5000
材料	其他材料费	元	0.970	4.370	4.370	4.370	4.370	4.370
仪表	工业用真有效值万用表	台班	—	0.050	0.050	0.050	0.050	0.050

工作内容:1、2. 开箱检查、设备组装、检查基础、划线、定位、接线、本体安装调试。
3、4、5、6. 开箱检查、接线、本体安装调试。　　　　计量单位:套

定额编号			2-6-436	2-6-437	2-6-438	2-6-439	2-6-440	2-6-441
项　目			入侵探测设备安装、调试					
			无线传输报警按钮	探测器支架安装	多线制报警控制器			
					≤8 路	≤16 路	≤32 路	≤64 路
名　称		单位	消　耗　量					
人工	安装工	工日	0.2500	0.2000	8.0000	10.0000	12.5000	16.0000
材料	其他材料费	元	4.280	0.610	6.720	9.240	14.280	24.360
仪表	工业用真有效值万用表	台班	0.050	—	0.500	0.600	0.800	1.000

工作内容:开箱检查、接线、本体安装调试。　　　　计量单位:套

定额编号			2-6-442	2-6-443	2-6-444	2-6-445	2-6-446	2-6-447
项　目			入侵探测设备安装、调试					
			总线制报警控制器					
			≤8 路	≤16 路	≤32 路	≤64 路	≤128 路	≤256 路
名　称		单位	消　耗　量					
人工	安装工	工日	6.0000	9.0000	11.0000	14.0000	17.0000	22.0000
材料	其他材料费	元	6.720	9.240	14.280	24.360	44.400	64.400
仪表	工业用真有效值万用表	台班	0.500	0.600	0.800	1.000	3.000	5.000

工作内容:1、2、3. 开箱检查、接线、本体安装调试。

4、5、6. 开箱检查、设备组装、接线、本体安装调试。

计量单位:套

定额编号			2-6-448	2-6-449	2-6-450	2-6-451	2-6-452	2-6-453
项目			入侵探测设备安装、调试					
			地址模块		有线对讲主机			用户机
			≤2 路	≤4 路	≤8 路		≤16 路	
名称		单位	消耗量					
人工	安装工	工日	0.3000	0.4000	0.6000	4.0000	7.5000	0.3000
材料	其他材料费	元	4.810	5.410	6.610	9.240	14.280	4.810
仪表	工业用真有效值万用表	台班	0.100	0.100	0.200	1.000	1.500	0.050

工作内容:1. 开箱检查、设备组装、接线、安装调试。

2、3、4、5. 开箱检查、设备组装、接线、本体安装调试。

计量单位:套

定额编号			2-6-454	2-6-455	2-6-456	2-6-457	2-6-458
项目			入侵探测设备安装、调试				
			警灯、警铃、警号	有线报警信号前端传输设备(不含线缆)			
				电话线传输发送器	电源线传输发送器	专线传输发送器	网络传输接口
名称		单位	消耗量				
人工	安装工	工日	0.1000	3.0000	3.0000	3.0000	0.5000
材料	其他材料费	元	4.200	4.810	4.810	4.810	4.810
仪表	工业用真有效值万用表	台班	0.050	0.100	0.100	0.100	0.100

工作内容:开箱检查、设备组装、接线、本体安装调试。

定额编号			2-6-459	2-6-460	2-6-461	2-6-462	2-6-463	2-6-464
项目			入侵探测设备安装、调试					
			联动通讯接口	报警信号接收机(不含线缆)				
				专线传输接收机	电话线接收机	电源线接收机	无线门磁开关接收器	共用天线信号接收机
			套	系统	系统	系统	系统	系统
名称		单位	消耗量					
人工	安装工	工日	1.5000	3.5000	3.5000	4.5000	4.0000	3.5000
材料	其他材料费	元	4.810	4.810	4.810	4.810	4.810	4.810
仪表	工业用真有效值万用表	台班	0.100	0.500	0.500	0.500	0.500	0.500

工作内容：开箱检查、搬运安装、功能检查、性能测试、通信实验。　　　　**计量单位**：套

定额编号			2-6-465	2-6-466	2-6-467
项目			入侵探测设备安装、调试		
			无线报警发送、接收设备		
			发送设备≤2W	发送设备≤5W	无线报警接收设备
名称		单位	消耗量		
人工	安装工	工日	2.0000	3.0000	3.0000
材料	铜端子 $6mm^2$	个	2.040	2.040	2.040
	铜芯塑料绝缘电线 BV-$6mm^2$	m	2.040	2.040	2.040
	其他材料费	元	0.160	0.160	—
仪表	小功率计	台班	0.300	0.300	—

工作内容：开箱检查、设备组装、接线，本体安装。　　　　**计量单位**：台

定额编号			2-6-468	2-6-469	2-6-470	2-6-471	2-6-472	2-6-473
项目			出入口设备安装、调试					
			读卡器		人体生物特征识别系统		密码键盘	出入门按钮
			不带键盘	带键盘	采集器	识别器		
名称		单位	消耗量					
人工	安装工	工日	0.5000	0.7000	0.5000	1.2000	0.5000	0.1000
材料	其他材料费	元	4.370	4.370	4.370	4.370	4.370	—
仪表	工业用真有效值万用表	台班	0.100	0.100	0.050	0.050	0.050	—

工作内容：开箱检查、设备组装、接线、本体安装测试。　　　　**计量单位**：台

定额编号			2-6-474	2-6-475	2-6-476	2-6-477	2-6-478
项目			出入口设备安装、调试				
			门禁控制器				
			单门	双门	四门	八门	十六门
名称		单位	消耗量				
人工	安装工	工日	1.0000	1.8000	3.2000	5.5000	8.5000
材料	其他材料费	元	6.510	8.340	12.020	20.120	36.870
仪表	工业用真有效值万用表	台班	0.200	0.400	0.600	1.000	2.000

工作内容：开箱检查、设备组装、接线、本体安装测试。 计量单位：台

定额编号			2-6-479	2-6-480	2-6-481	2-6-482
项目			出入口设备安装、调试			
			电控锁	电磁吸力锁	电子密码锁	自动闭门器
名称		单位	消耗量			
人工	安装工	工日	0.4000	0.3500	0.5000	0.2000
材料	其他材料费	元	4.980	4.980	4.980	4.370
仪表	工业用真有效值万用表	台班	0.030	0.030	0.030	—

工作内容：开箱检查、本体安装测试。 计量单位：套

定额编号			2-6-483	2-6-484
项目			电子巡更系统安装、调试	
			信息钮	通信钮
名称		单位	消耗量	
人工	安装工	工日	0.1000	1.5000
仪表	工业用真有效值万用表	台班	—	0.050

工作内容：开箱检查、设备组装、检查基础、安装设备、接线、本体调试。 计量单位：台

定额编号			2-6-485	2-6-486	2-6-487	2-6-488	2-6-489	2-6-490
项目			电视监控摄像设备安装、调试					
			彩色、黑白摄像机（含拍照功能）	半球形摄像机	球形摄像机		防爆摄像机	微型摄像机
					室内	室外		
名称		单位	消耗量					
人工	安装工	工日	0.7500	0.8400	1.0500	1.4000	1.5000	1.4000
材料	其他材料费	元	4.290	4.460	4.290	4.290	5.320	4.290
仪表	彩色监视器	台班	0.100	0.100	0.500	0.500	0.500	0.200
	工业用真有效值万用表	台班	0.050	0.050	0.050	0.050	0.050	0.050

工作内容:1、2、3. 开箱检查、设备组装、检查基础、安装设备、接线、本体调试。
4、5. 开箱检查、本体安装调试。

计量单位:台

定额编号			2-6-491	2-6-492	2-6-493	2-6-494	2-6-495
项　目			电视监控摄像设备安装、调试				
			室内外云台摄像机	高速智能球型摄像机	微光摄像机	红外光源摄像机	X 光摄像机
名　称		单位	消　耗　量				
人工	安装工	工日	1.6100	1.9600	1.7500	1.4000	0.7000
材料	其他材料费	元	4.460	4.530	4.530	4.530	4.530
仪表	彩色监视器	台班	0.100	0.300	0.500	0.500	0.500
	工业用真有效值万用表	台班	0.050	0.050	0.050	0.050	0.050

工作内容:开箱检查、本体安装调试。

计量单位:台

定额编号			2-6-496	2-6-497	2-6-498	2-6-499
项　目			电视监控摄像设备安装、调试			
			定焦距		变焦变倍	
			手动光圈镜头	自动光圈镜头		电动光圈镜头
名　称		单位	消　耗　量			
人工	安装工	工日	0.2000	0.3000	0.4200	0.3500
仪表	彩色监视器	台班	0.100	0.100	0.100	0.100

工作内容:开箱检查、本体安装调试。

定额编号			2-6-500	2-6-501	2-6-502	2-6-503	2-6-504	2-6-505
项　目			电视监控摄像设备安装、调试					
			摄像机小孔镜头		摄像机防护罩			
			明装	暗装	普通	密封	全天候	防爆
			台	台	套	套	套	套
名　称		单位	消　耗　量					
人工	安装工	工日	0.6000	1.0000	0.1500	0.2500	0.7500	0.6000
材料	其他材料费	元	—	—	2.940	2.940	2.940	2.940
仪表	彩色监视器	台班	0.100	0.100	—	—	—	—

工作内容:1、2、3、4. 开箱检查、划线、定位、打孔、安装、紧固。
5、6. 开箱检查、固定、接线、本体安装调试。

定额编号			2-6-506	2-6-507	2-6-508	2-6-509	2-6-510	2-6-511
项目			电视监控摄像设备安装、调试					
			摄像机支架			摄像机云台(载重量)		
			壁式	悬挂式	立柱式	≤8kg	≤25kg	≤45kg
			套	套	套	套	台	台
名称		单位	消耗量					
人工	安装工	工日	0.4000	0.6000	0.4800	0.8000	2.0000	2.5000
材料	其他材料费	元	26.340	26.340	26.340	1.220	1.840	1.840
机械	平台作业升降车 9m	台班	—	—	—	—	0.500	0.500
	手动液压叉车	台班	—	—	—	—	—	0.200
仪表	工业用真有效值万用表	台班	—	—	—	0.100	0.100	0.100

工作内容:1、2. 开箱检查、固定、接线、本体安装调试。
3、4、5、6. 设备开箱、检查、划线、定位、固定、接地。

计量单位:台

定额编号			2-6-512	2-6-513	2-6-514	2-6-515	2-6-516	2-6-517
项目			电视监控摄像设备安装、调试					
			云台控制器	照明灯(含红外灯)	控制台和监视器柜架			
					单联控制台机架	双联控制台机架	监视器柜	监视器吊架
名称		单位	消耗量					
人工	安装工	工日	1.2000	0.3000	1.5000	2.0000	2.4700	1.0000
材料	铜端子 $6mm^2$	个	—	—	2.020	2.020	2.020	2.020
	铜芯塑料绝缘电线 BV-$6mm^2$	m	—	—	2.040	2.040	2.040	2.040
	其他材料费	元	5.550	4.500	—	—	—	0.610
机械	手动液压叉车	台班	—	—	0.200	0.200	0.200	—
仪表	彩色监视器	台班	0.500	—	—	—	—	—
	对讲机(一对)	台班	0.250	—	—	—	—	—
	工业用真有效值万用表	台班	0.300	0.100	—	—	—	—
	钳形接地电阻测试仪	台班	—	—	0.300	0.050	0.050	0.050

工作内容：1. 设备开箱、检查、划线、定位、固定、接地。
2、3. 开箱检查、接线、本体安装调试。

计量单位：台

定额编号			2-6-518	2-6-519	2-6-520
项目			电视监控摄像设备安装、调试		
			电源	视频切换器	
				4×1	8×1
名称		单位	消耗量		
人工	安装工	工日	0.2000	0.6300	1.1300
材料	其他材料费	元	0.910	4.370	4.370
仪表	工业用真有效值万用表	台班	—	0.100	0.100

工作内容：开箱检查、接线、本体安装调试。

计量单位：台

定额编号			2-6-521	2-6-522	2-6-523	2-6-524	2-6-525	2-6-526
项目			电视监控摄像设备安装、调试					
			微机矩阵切换设备					
			≤8路	≤16路	≤32路	≤64路	≤128路	≤256路
名称		单位	消耗量					
人工	安装工	工日	2.0000	3.0000	5.0000	8.0000	11.0000	15.0000
材料	铜端子 $6mm^2$	个	—	—	—	2.040	2.040	2.040
	铜芯塑料绝缘电线 BV-$6mm^2$	m	—	—	—	2.040	2.040	2.040
	其他材料费	元	4.370	4.370	4.370	4.370	4.370	4.370
仪表	彩色监视器	台班	1.000	1.000	1.000	1.000	1.000	1.000
	工业用真有效值万用表	台班	0.300	0.400	0.600	1.200	3.000	3.000

工作内容：开箱检查、接线、本体安装调试。

计量单位：台

定额编号			2-6-527	2-6-528	2-6-529	2-6-530	2-6-531	2-6-532
项目			电视监控摄像设备安装、调试					
			多画面分割器(合成器)				监视管理系统(多画面)	
			4画面	9画面	16画面	24画面	16入/1出	256入/16出
名称		单位	消耗量					
人工	安装工	工日	0.6000	1.3000	2.1000	2.5000	3.0000	5.0000
材料	其他材料费	元	4.370	4.370	4.370	4.370	—	—
仪表	工业用真有效值万用表	台班	0.300	0.300	0.400	0.400	—	—

工作内容：开箱检查、接线、本体安装调试。

计量单位：台

定额编号			2-6-533	2-6-534	2-6-535	2-6-536	2-6-537
项目			电视监控摄像设备安装、调试				
			音频、视频及脉冲分配器			视频补偿器	
			≤6路	≤12路	≤24路	≤3通道	≤6通道
名称		单位	消耗量				
人工	安装工	工日	1.5000	2.0000	3.0000	0.6000	1.5000
材料	铜端子 $6mm^2$	个	2.040	2.040	2.040	2.040	2.040
	铜芯塑料绝缘电线 BV-$6mm^2$	m	2.040	2.040	2.040	2.040	2.040
	其他材料费	元	4.370	4.370	4.370	4.370	4.370
仪表	笔记本电脑	台班	0.400	0.600	1.000	0.250	0.400
	工业用真有效值万用表	台班	0.300	0.300	0.300	—	—

工作内容：开箱检查、接线、本体安装调试。

计量单位：台

定额编号			2-6-538	2-6-539	2-6-540	2-6-541	2-6-542	2-6-543
项目			电视监控摄像设备安装、调试					
			视频传输设备				双绞线视频传输系统	
			多路遥控发射设备	接收设备	编码器、解码器		发送器	接收器
					≤4路	>4路		
名称		单位	消耗量					
人工	安装工	工日	4.0000	3.0000	0.4000	0.8000	0.8000	1.0000
材料	其他材料费	元	4.370	4.370	4.370	8.730	—	—
仪表	笔记本电脑	台班	—	0.500	0.200	0.400	—	—
	工业用真有效值万用表	台班	0.500	—	0.100	0.200	0.100	0.100
	小功率计	台班	0.500	—	—	—	—	—

工作内容：开箱检查、接线、本体安装调试。

计量单位：台

定额编号			2-6-544	2-6-545	2-6-546	2-6-547	2-6-548	2-6-549
项目			电视监控摄像设备安装、调试					
			录像设备				视频服务器	
			不带编辑机	带编辑机	时滞录像机	磁带录像机	≤50路视频	≤100路视频
名称		单位	消耗量					
人工	安装工	工日	0.7000	1.5000	0.7000	0.6000	8.0000	15.0000
材料	铜端子 $6mm^2$	个	—	—	—	—	2.040	2.040
	铜芯塑料绝缘电线 BV-$6mm^2$	m	—	—	—	—	2.040	2.040
	其他材料费	元	4.370	4.370	4.370	4.370	2.340	3.210
仪表	笔记本电脑	台班	—	—	—	—	3.000	5.000
	接地电阻测试仪	台班	—	—	—	—	0.050	0.050

工作内容：开箱检查、接线、本体安装调试。　　　　**计量单位：**台

定额编号			2-6-550	2-6-551	2-6-552
项目			电视监控摄像设备安装、调试		
			视频服务器	中心控制器	主控键盘
			≤200路视频		
名称		单位	消耗量		
人工	安装工	工日	20.0000	20.0000	0.8000
机械	铜端子 $6mm^2$	个	2.040	—	—
	铜芯塑料绝缘电线 BV-$6mm^2$	m	2.040	—	—
	其他材料费	元	4.980	0.160	—
仪表	笔记本电脑	台班	8.000	—	—
	接地电阻测试仪	台班	0.050	—	—

工作内容：系统调试、参数（指标）设置、完成自检测试报告。　　　　**计量单位：**系统

定额编号			2-6-553	2-6-554	2-6-555	2-6-556	2-6-557	2-6-558
项目			安全防范分系统调试					
			入侵报警系统		电视监视系统		出入口控制系统	
			≤30点	>30点，每增5个点	≤50台	>50台，每增10台	≤50门	>50门，每增加5门
名称		单位	消耗量					
人工	调试工	工日	20.0000	2.5000	25.0000	2.5000	22.0000	1.8000
仪表	笔记本电脑	台班	—	—	—	—	4.000	0.250
	对讲机（一对）	台班	3.000	0.300	3.000	0.500	5.000	0.400
	工业用真有效值万用表	台班	2.000	0.200	2.500	0.250	—	—

工作内容:系统调试、参数(指标)设置、完成自检测试报告。

计量单位:系统

定额编号			2-6-559	2-6-560	2-6-561	2-6-562
项目			安全防范分系统调试			
			电子巡更		管理系统	
			≤50个点	>50个点,每增50个点	≤2进2出	增加1进1出
名称		单位	消耗量			
人工	调试工	工日	12.0000	2.5000	3.5000	1.0000
仪表	笔记本电脑	台班	—	—	0.500	0.100
	对讲机(一对)	台班	—	—	0.500	0.100
	工业用真有效值万用表	台班	1.000	0.200	—	—

工作内容:安防系统联合调试、联动现场测量、记录、对比、调整。

计量单位:系统

定额编号			2-6-563	2-6-564	2-6-565	2-6-566	2-6-567	2-6-568
项目			安全防范系统联合调试					
			≤200点	≤400点	≤600点	≤800点	≤1000点	>1000点,每增加100点
名称		单位	消耗量					
人工	调试工	工日	25.0000	45.0000	70.0000	90.0000	110.0000	10.0000
材料	打印纸132-1	箱	0.100	0.200	0.300	0.400	0.500	0.050
	其他材料费	元	10.410	19.890	28.710	37.890	46.890	4.780
仪表	笔记本电脑	台班	5.000	10.000	15.000	20.000	25.000	2.000
	彩色监视器	台班	5.000	10.000	15.000	20.000	25.000	2.000
	对讲机(一对)	台班	20.000	35.000	50.000	60.000	80.000	6.000
	工业用真有效值万用表	台班	10.000	20.000	30.000	40.000	50.000	4.000
	宽行打印机	台班	8.000	15.000	22.000	29.000	35.000	2.000

工作内容:系统试运行、完成试运行报告等。

计量单位:系统

定额编号			2-6-569	2-6-570
项目			安全防范系统试运行	
			≤200点	>200点,每增加200点
名称		单位	消耗量	
人工	调试工	工日	45.0000	15.0000
材料	打印纸132-1	箱	0.050	0.020
仪表	笔记本电脑	台班	2.500	1.200
	彩色监视器	台班	2.000	1.000
	对讲机(一对)	台班	20.000	5.000
	工业用真有效值万用表	台班	5.000	2.500
	宽行打印机	台班	2.000	1.000

6. 过程检测仪表

工作内容：清理、表计试验、安装、固定、挂牌、取源部件保管、提供、清洗、配合单体试运转。　**计量单位：**支

<table>
<tr><td colspan="4">定额编号</td><td>2-6-571</td><td>2-6-572</td><td>2-6-573</td><td>2-6-574</td><td>2-6-575</td><td>2-6-576</td></tr>
<tr><td colspan="4" rowspan="3">项　目</td><td colspan="6">温度仪表</td></tr>
<tr><td colspan="3">膨胀式温度计</td><td rowspan="2">温度开关</td><td rowspan="2">温度控制器</td><td rowspan="2">接触式光纤温度计</td></tr>
<tr><td>工业液体温度计</td><td>双金属温度计</td><td>电接点双金属温度计</td></tr>
<tr><td colspan="3">名　称</td><td>单位</td><td colspan="6">消　耗　量</td></tr>
<tr><td rowspan="4">人工</td><td colspan="2">合计工日</td><td>工日</td><td>0.1180</td><td>0.1340</td><td>0.4500</td><td>0.3890</td><td>0.3230</td><td>0.4280</td></tr>
<tr><td rowspan="3">其中</td><td>普工</td><td>工日</td><td>0.0060</td><td>0.0070</td><td>0.0230</td><td>0.0190</td><td>0.0160</td><td>0.0210</td></tr>
<tr><td>一般技工</td><td>工日</td><td>0.1010</td><td>0.1140</td><td>0.3830</td><td>0.3300</td><td>0.2740</td><td>0.3640</td></tr>
<tr><td>高级技工</td><td>工日</td><td>0.0120</td><td>0.0130</td><td>0.0450</td><td>0.0390</td><td>0.0320</td><td>0.0430</td></tr>
<tr><td rowspan="7">材料</td><td colspan="2">插座带丝堵</td><td>套</td><td>1.000</td><td>1.000</td><td>1.000</td><td>1.000</td><td>—</td><td>1.000</td></tr>
<tr><td colspan="2">法兰垫片</td><td>个</td><td>—</td><td>1.000</td><td>1.000</td><td>—</td><td>—</td><td>—</td></tr>
<tr><td colspan="2">六角螺栓 M12×(20~100)</td><td>套</td><td>—</td><td>4.000</td><td>4.000</td><td>—</td><td>—</td><td>—</td></tr>
<tr><td colspan="2">位号牌</td><td>个</td><td>1.000</td><td>1.000</td><td>1.000</td><td>1.000</td><td>—</td><td>1.000</td></tr>
<tr><td colspan="2">细白布 宽900</td><td>m</td><td>—</td><td>0.050</td><td>0.050</td><td>—</td><td>—</td><td>—</td></tr>
<tr><td colspan="2">校验材料费</td><td>元</td><td>—</td><td>—</td><td>0.390</td><td>0.260</td><td>0.260</td><td>0.260</td></tr>
<tr><td colspan="2">其他材料费</td><td>%</td><td>5.000</td><td>5.000</td><td>5.000</td><td>5.000</td><td>5.000</td><td>5.000</td></tr>
<tr><td rowspan="7">仪表</td><td colspan="2">标准铂电阻温度计</td><td>台班</td><td>—</td><td>0.001</td><td>0.022</td><td>0.017</td><td>0.021</td><td>—</td></tr>
<tr><td colspan="2">电动综合校验台</td><td>台班</td><td>—</td><td>—</td><td>0.022</td><td>0.017</td><td>0.022</td><td>—</td></tr>
<tr><td colspan="2">对讲机(一对)</td><td>台班</td><td>—</td><td>—</td><td>0.034</td><td>0.026</td><td>0.032</td><td>0.023</td></tr>
<tr><td colspan="2">多功能校准仪</td><td>台班</td><td>—</td><td>—</td><td>—</td><td>—</td><td>—</td><td>0.023</td></tr>
<tr><td colspan="2">干体式温度校验仪</td><td>台班</td><td>—</td><td>0.001</td><td>0.022</td><td>0.017</td><td>0.021</td><td>—</td></tr>
<tr><td colspan="2">铭牌打印机</td><td>台班</td><td>0.012</td><td>0.012</td><td>0.012</td><td>0.012</td><td>—</td><td>0.012</td></tr>
<tr><td colspan="2">手持式万用表</td><td>台班</td><td>—</td><td>—</td><td>0.028</td><td>0.022</td><td>0.026</td><td>0.019</td></tr>
</table>

工作内容:1、2、3、4. 清理、表计试验、安装、固定、挂牌、取源部件保管、提供、清洗、配合单体试运转。

5、6. 清理、表计试验、安装、固定、挂牌、取源部件保管、提供、清洗。

计量单位:支

定额编号				2-6-577	2-6-578	2-6-579	2-6-580	2-6-581	2-6-582
项目				温度仪表					
				辐射温度计				压力式温度变送器/控制器/控制开关	
				在线红外线温度计	光电比色温度计	轻型辅助装置	重型辅助装置	电远传变送	气远传变送
名称			单位	消耗量					
人工	合计工日		工日	0.3130	0.3010	0.7320	1.1610	0.5150	0.5260
	其中	普工	工日	0.0160	0.0150	0.0370	0.0580	0.0260	0.0260
		一般技工	工日	0.2660	0.2560	0.6220	0.9870	0.4380	0.4470
		高级技工	工日	0.0310	0.0300	0.0730	0.1160	0.0520	0.0530
材料	半圆头镀锌螺栓 M(2~5)×(15~50)		套	—	—	—	4.000	—	—
	电		kW·h	—	—	—0.500	0.600	—	—
	接地线 5.5~16mm²		m	—	—	1.000	1.000	—	—
	六角螺栓 M12×(20~100)		套	2.000	2.000	4.000	4.000	—	—
	棉纱		kg	—	—	0.200	0.300	—	—
	位号牌		个	1.000	1.000	1.000	1.000	1.000	1.000
	校验材料费		元	0.260	0.130	—	—	0.770	0.770
	仪表接头		套	—	—	—	—	—	2.000
	其他材料费		%	5.000	5.000	5.000	5.000	5.000	5.000
仪表	多功能校准仪		台班	0.021	0.018	—	—	—	—
	标准铂电阻温度计		台班	—	—	—	—	0.051	0.039
	电动综合校验台		台班	—	—	—	—	0.057	0.039
	对讲机(一对)		台班	0.021	0.018	—	—	0.029	0.026
	干体式温度校验仪		台班	—	—	—	—	0.070	—
	铭牌打印机		台班	0.012	0.012	0.012	0.012	0.012	0.012
	气动综合校验台		台班	—	—	—	—	—	0.052
	手持式万用表		台班	0.018	0.015	—	—	0.029	—

工作内容：清理、表计试验、安装、固定、挂牌、取源部件保管、提供、清洗、配合单体试运转。

计量单位：支

定额编号				2-6-583	2-6-584	2-6-585	2-6-586	2-6-587
项目				温度仪表				
				热电偶(阻)				
				普通式	耐磨式	吹气式	油罐平均温度计	室内固定式
名称			单位	消耗量				
人工	合计工日		工日	0.2950	0.3360	0.6420	2.0200	0.2850
	其中	普工	工日	0.0150	0.0170	0.0320	0.1010	0.0140
		一般技工	工日	0.2510	0.2860	0.5460	1.7170	0.2430
		高级技工	工日	0.0300	0.0340	0.0640	0.2020	0.0290
材料	插座带丝堵		套	1.000	1.000	1.000	—	1.000
	法兰垫片		个	1.000	1.000	1.000	1.000	—
	附件		套	—	—	—	3.000	—
	聚四氟乙烯生料带		m	—	—	0.400	—	—
	六角螺栓 M12×(20~100)		套	4.000	4.000	4.000	4.000	—
	塑料膨胀螺栓		个	—	—	—	—	2.000
	位号牌		个	1.000	1.000	1.000	1.000	1.000
	细白布 宽900		m	—	0.050	0.100	0.150	0.050
	校验材料费		元	0.130	0.130	0.130	0.260	0.130
	仪表接头		套	—	—	2.000	—	—
	其他材料费		%	5.000	5.000	5.000	5.000	5.000
仪表	对讲机(一对)		台班	0.003	0.003	0.007	0.016	0.003
	多功能校验仪		台班	0.003	0.003	0.007	0.016	0.003
	铭牌打印机		台班	0.012	0.012	0.012	0.012	0.012
	手持式万用表		台班	0.008	0.009	0.017	0.041	0.007

工作内容:设备清理、上接头、安装、单体试验、挂牌、配合单体试运转。

计量单位:台

定额编号				2-6-588	2-6-589	2-6-590	2-6-591	2-6-592
项目				物位检测仪表				
				磁翻板浮子液位计现场就地安装(测量范围 m 以下) 远传变送器	浮标(子)液位计	浮球液位控制器/液位开关	光电式液位开关	音叉物位开关
名称			单位	消耗量				
人工	合计工日		工日	1.1190	1.5120	0.6440	0.9070	0.7790
	其中	普工	工日	0.0560	0.0760	0.0320	0.0450	0.0390
		一般技工	工日	0.9510	1.2860	0.5480	0.7710	0.6620
		高级技工	工日	0.1120	0.1510	0.0640	0.0910	0.0780
材料	插座带丝堵		套	—	—	—	1.000	—
	法兰垫片		个	—	1.000	1.000	1.000	1.000
	接地线 5.5~16mm²		m	—	1.000	—	1.000	1.000
	六角螺栓 M12×(20~100)		套	—	8.000	6.000	4.000	8.000
	棉纱		kg	—	0.200	—	—	—
	清洗剂 500mL		瓶	—	0.200	0.100	0.200	—
	位号牌		个	1.000	1.000	1.000	1.000	1.000
	细白布 宽 900		m	—	0.200	0.100	0.200	0.100
	校验材料费		元	2.060	0.510	0.390	0.640	0.510
	其他材料费		%	5.000	5.000	5.000	5.000	5.000
机械	载重汽车 4t		台班	0.010	—	—	—	—
仪表	对讲机(一对)		台班	0.139	0.058	0.039	0.060	0.058
	多功能校验仪		台班	—	—	—	0.070	—
	多功能信号校验仪		台班	0.243	0.058	0.039	—	0.046
	精密交直流稳压电源		台班	—	—	0.020	—	—
	铭牌打印机		台班	0.012	0.012	0.012	0.012	0.012
	手持式万用表		台班	0.347	—	0.065	0.099	0.096
	数字电压表		台班	—	—	—	—	0.038
	兆欧表		台班	—	—	—	—	0.030

工作内容:设备清理、上接头、安装、单体试验、挂牌、配合单体试运转。　　　　**计量单位**:台

定额编号				2-6-593	2-6-594	2-6-595	2-6-596	2-6-597
项目				物位检测仪表				
				可编程雷达液位计		钢带液位计		
				带导波管	不带导波管	现场指示积算	电变送远传	光电变送远传
名称			单位	消耗量				
人工	合计工日		工日	4.6930	3.3170	6.5030	7.6970	7.7780
	其中	普工	工日	0.2350	0.1660	0.3250	0.3850	0.3890
		一般技工	工日	3.9890	2.8200	5.5270	6.5420	6.6120
		高级技工	工日	0.4690	0.3320	0.6500	0.7700	0.7780
材料	电		kW·h	—	—	1.000	1.000	1.000
	镀锌钢管卡子 *DN*100		个	—	—	5.000	5.000	5.000
	法兰垫片		个	1.000	1.000	—	—	—
	钢管		m	—	—	20.000	20.000	20.000
	接地线 5.5~16mm^2		m	1.000	1.000	1.000	1.000	1.000
	六角螺栓 M(6~8)×(20~50)		套	—	—	12.000	12.000	12.000
	六角螺栓 M10×(20~50)		套	—	—	4.000	4.000	4.000
	六角螺栓 M12×(20~100)		套	8.000	8.000	—	—	—
	棉纱		kg	—	—	0.300	0.300	0.300
	清洗剂 500mL		瓶	0.200	0.200	0.400	0.400	0.400
	铜芯塑料绝缘电线 BV-1.5mm^2		m	1.000	1.000	—	1.000	1.000
	位号牌		个	1.000	1.000	2.000	2.000	2.000
	细白布 宽900		m	0.250	0.250	0.200	0.200	0.200
	校验材料费		元	2.700	2.570	0.770	3.480	3.730
	其他材料费		%	5.000	5.000	5.000	5.000	5.000
机械	载重汽车 4t		台班	0.080	0.060	0.100	0.100	0.100
仪表	编程器		台班	0.321	0.302	—	—	—
	对讲机(一对)		台班	0.275	0.259	—	0.355	0.379
	多功能校验仪		台班	0.321	0.302	—	—	0.442
	多功能信号校验仪		台班	—	—	—	0.414	—
	接地电阻测试仪		台班	0.050	0.050	0.050	0.050	0.050
	铭牌打印机		台班	0.012	0.012	0.024	0.024	0.024
	手持式万用表		台班	0.458	0.431	0.140	0.591	0.632
	兆欧表		台班	0.030	0.030	0.030	0.030	0.030

工作内容:设备清理、上接头、安装、单体试验、挂牌、配合单体试运转。 **计量单位**:台

定额编号				2-6-598	2-6-599	2-6-600	2-6-601
项目				物位检测仪表			
				浮筒液位计			
				现场指示		变送器	
				外浮筒	内浮筒	电动	气动
名称			单位	消耗量			
人工	合计工日		工日	2.3340	1.5700	0.8450	0.8920
	其中	普工	工日	0.1170	0.0790	0.0420	0.0450
		一般技工	工日	1.9840	1.3350	0.7190	0.7580
		高级技工	工日	0.2330	0.1570	0.0850	0.0890
材料	法兰垫片		个	4.000	1.000	—	—
	聚四氟乙烯生料带		m	—	—	—	0.300
	六角螺栓 M10×(20~50)		套	8.000	4.000	—	—
	棉纱		kg	0.200	0.100	—	—
	清洗剂 500mL		瓶	0.200	0.100	—	—
	铜芯塑料绝缘电线 BV-1.5mm^2		m	—	—	1.000	—
	位号牌		个	1.000	1.000	—	—
	细白布 宽 900		m	0.100	0.050	—	—
	校验材料费		元	0.260	0.130	1.540	1.670
	仪表接头		套	—	—	—	2.000
	其他材料费		%	5.000	5.000	5.000	5.000
机械	电动空气压缩机 0.6m^3/min		台班	—	—	—	0.158
	载重汽车 4t		台班	0.080	0.080	0.010	0.010
仪表	便携式电动泵压力校验仪		台班	—	—	—	0.202
	对讲机(一对)		台班	—	—	0.159	0.173
	多功能信号校验仪		台班	—	—	0.133	—
	铭牌打印机		台班	0.012	0.012	—	—
	手持式万用表		台班	—	—	0.265	—
	数字电压表		台班	—	—	0.159	—

工作内容：设备清理、上接头、安装、单体试验、挂牌、配合单体试运转。　　计量单位：台

定额编号			2-6-602	2-6-603	2-6-604	2-6-605	2-6-606
项目			物位检测仪表				
			多功能储罐液位计	阻旋式物位计料位开关	重锤探测物位计	贮罐液位称重仪	多功能磁致伸缩液位计
名称		单位	消耗量				
人工	合计工日	工日	5.7990	0.9180	6.9230	7.8310	6.3230
	其中 普工	工日	0.2900	0.0460	0.3460	0.3920	0.3160
	其中 一般技工	工日	4.9290	0.7800	5.8850	6.6560	5.3740
	其中 高级技工	工日	0.5800	0.0920	0.6920	0.7830	0.6320
材料	法兰垫片	个	1.000	1.000	1.000	—	1.000
	管材	m	—	—	18.000	20.700	—
	接地线 5.5～16mm²	m	1.000	—	1.000	1.000	1.000
	六角螺栓 M12×(20～100)	套	—	8.000	—	—	—
	棉纱	kg	—	0.100	0.500	0.500	0.300
	尼龙扎带(综合)	根	—	—	—	10.000	—
	清洗剂 500mL	瓶	0.200	0.100	0.300	0.300	—
	铜芯塑料绝缘电线 BV-1.5mm²	m	1.000	—	—	1.000	1.000
	位号牌	个	1.000	1.000	1.000	1.000	1.000
	细白布 宽900	m	0.200	0.050	0.200	0.300	0.200
	校验材料费	元	3.350	0.770	4.760	6.440	4.380
	仪表接头	套	—	—	—	5.000	—
	其他材料费	%	5.000	5.000	5.000	5.000	5.000
机械	载重汽车 4t	台班	0.150	0.010	0.150	0.200	0.150
仪表	对讲机(一对)	台班	0.339	0.076	0.492	0.475	0.329
	多功能校验仪	台班	0.395	—	0.574	0.763	0.529
	多功能信号校验仪	台班	—	0.076	—	—	—
	接地电阻测试仪	台班	0.050	—	—	—	—
	铭牌打印机	台班	0.012	0.012	0.012	0.012	0.012
	手持式万用表	台班	0.564	0.126	0.820	0.475	0.329
	数字电压表	台班	0.023	—	0.033	—	—
	兆欧表	台班	0.030	0.030	0.030	0.030	0.030

工作内容:设备清理、上接头、安装、单体试验、挂牌、配合单体试运转。 **计量单位**:台

定额编号				2-6-607	2-6-608	2-6-609	2-6-610	2-6-611
项目				物位检测仪表				
				伺服式物位计	电接触式液位计(电极)		光导电子液位计	射频导纳液位计/物位开关
					10只以下	10只以上		
名称			单位	消耗量				
人工	合计工日		工日	5.3980	1.8340	3.0730	4.7940	1.2280
	其中	普工	工日	0.2700	0.0920	0.1540	0.2400	0.0610
		一般技工	工日	0.5400	0.1830	0.3070	0.4790	0.1230
		高级技工	工日	4.5880	1.5590	2.6120	4.0750	1.0440
材料	电		kW·h	1.000	—	—	—	—
	法兰垫片		个	1.000	—	—	1.000	1.000
	接地线 5.5~16mm^2		m	1.000	1.000	1.000	1.000	1.000
	酒精		kg	—	0.100	0.400	—	—
	绝缘钢纸板 0.5		kg	—	0.150	0.150	—	—
	六角螺栓 M12×(20~100)		套	8.000	—	—	8.000	8.000
	棉纱		kg	0.200	—	—	0.100	0.100
	清洗剂 500mL		瓶	0.400	—	—	—	—
	取源部件		套	—	—	—	—	1.000
	铜芯塑料绝缘电线 BV-1.5mm^2		m	1.000	1.000	1.000	1.000	1.000
	位号牌		个	2.000	1.000	1.000	1.000	1.000
	细白布 宽900		m	0.300	0.050	0.100	0.100	—
	校验材料费		元	3.600	1.160	2.060	2.570	0.900
	其他材料费		%	5.000	5.000	5.000	5.000	5.000
机械	载重汽车 4t		台班	0.150	—	—	0.150	0.050
仪表	对讲机(一对)		台班	0.267	0.088	0.150	0.196	0.067
	多功能校验仪		台班	0.429	—	—	0.315	0.107
	铭牌打印机		台班	0.024	0.012	0.012	0.012	0.012
	手持式万用表		台班	0.267	0.141	0.262	0.196	0.067
	兆欧表		台班	0.030	0.030	0.030	0.030	0.030

工作内容：设备清理、上接头、安装、单体试验、挂牌、配合单机试运转、放射性仪表安全保护。

计量单位：台

定额编号				2-6-612	2-6-613	2-6-614	2-6-615	2-6-616	2-6-617
项目				物位检测仪表					
				电容式物位计/物位开关	电阻式物位计/信号器	超声波物位计物位开关	放射性物位计	差压开关	吹气装置
名称			单位	消耗量					
人工	合计工日		工日	0.9510	0.8930	1.7950	7.2850	0.8000	0.8230
	其中	普工	工日	0.0480	0.0450	0.0900	0.3640	0.0400	0.0410
		一般技工	工日	0.8080	0.7590	1.5260	6.1930	0.6800	0.7000
		高级技工	工日	0.0950	0.0890	0.1800	0.7290	0.0800	0.0820
材料	法兰垫片		个	1.000	1.000	1.000	—	—	—
	接地线 5.5~16mm^2		m	1.000	—	1.000	1.000	—	—
	警告牌		个	—	—	—	1.000	—	—
	聚四氟乙烯生料带		m	—	—	—	—	—	0.840
	六角螺栓 M12×70		套	8.000	8.000	8.000	—	—	—
	棉纱		kg	0.100	0.050	—	0.300	0.050	—
	取源部件		套	1.000	—	—	—	1.000	1.000
	位号牌		个	1.000	1.000	1.000	3.000	1.000	1.000
	细白布 宽 900		m	0.100	—	0.100	0.200	—	0.050
	校验材料费		元	0.900	0.770	1.290	4.380	0.640	0.130
	仪表接头		套	1.000	—	—	—	2.000	4.000
	其他材料费		%	5.000	5.000	5.000	5.000	5.000	5.000
机械	载重汽车 4t		台班	0.010	0.010	0.010	0.100	—	—
仪表	便携式电动泵压力校验仪		台班	—	—	—	—	0.045	—
	标准差压发生器 PASHEN		台班	—	—	—	—	0.028	—
	对讲机(一对)		台班	0.093	0.075	0.136	0.452	0.068	—
	多功能校验仪		台班	0.108	—	0.158	0.527	—	—
	多功能信号校验仪		台班	—	0.088	—	—	0.037	—
	铭牌打印机		台班	0.012	0.012	0.012	0.036	0.012	0.012
	手持式万用表		台班	0.124	0.100	0.181	0.603	0.090	—
	兆欧表		台班	0.030	—	0.030	0.030	—	—

工作内容：安装、检查、校接线、单体试验、配合单机试运转。　　　　**计量单位**：台

<table>
<tr><td colspan="3">定额编号</td><td>2-6-618</td><td>2-6-619</td><td>2-6-620</td><td>2-6-621</td><td>2-6-622</td><td>2-6-623</td></tr>
<tr><td colspan="3" rowspan="3">项　目</td><td colspan="6">显示记录仪表</td></tr>
<tr><td colspan="3">数字显示仪表</td><td rowspan="2">多功能、多通道、多笔记录仪</td><td rowspan="2">X~Y函数记录仪</td><td rowspan="2">多通道无纸记录仪</td></tr>
<tr><td>单点数显仪</td><td>数显调节仪</td><td>多屏幕数显仪</td></tr>
<tr><td colspan="2">名　称</td><td>单位</td><td colspan="6">消　耗　量</td></tr>
<tr><td rowspan="4">人工</td><td>合计工日</td><td>工日</td><td>0.9470</td><td>1.1210</td><td>1.3340</td><td>1.8570</td><td>1.4500</td><td>1.3800</td></tr>
<tr><td>其中 普工</td><td>工日</td><td>0.0470</td><td>0.0560</td><td>0.0670</td><td>0.0930</td><td>0.0720</td><td>0.0690</td></tr>
<tr><td>其中 一般技工</td><td>工日</td><td>0.8050</td><td>0.9520</td><td>1.1340</td><td>1.5780</td><td>1.2320</td><td>1.1730</td></tr>
<tr><td>其中 高级技工</td><td>工日</td><td>0.0950</td><td>0.1120</td><td>0.1330</td><td>0.1860</td><td>0.1450</td><td>0.1380</td></tr>
<tr><td rowspan="5">材料</td><td>酒精</td><td>kg</td><td>—</td><td>—</td><td>—</td><td>0.300</td><td>—</td><td>—</td></tr>
<tr><td>清洁布 250×250</td><td>块</td><td>0.200</td><td>0.300</td><td>0.600</td><td>0.400</td><td>0.400</td><td>0.400</td></tr>
<tr><td>铜芯塑料绝缘电线 BV-1.5mm²</td><td>m</td><td>0.500</td><td>0.500</td><td>0.500</td><td>1.000</td><td>—</td><td>—</td></tr>
<tr><td>校验材料费</td><td>元</td><td>1.670</td><td>1.800</td><td>2.320</td><td>3.220</td><td>2.700</td><td>2.450</td></tr>
<tr><td>其他材料费</td><td>%</td><td>5.000</td><td>5.000</td><td>5.000</td><td>5.000</td><td>5.000</td><td>5.000</td></tr>
<tr><td rowspan="6">仪表</td><td>电动综合校验台</td><td>台班</td><td>0.071</td><td>0.078</td><td>0.096</td><td>0.138</td><td>0.114</td><td>0.105</td></tr>
<tr><td>对讲机(一对)</td><td>台班</td><td>0.086</td><td>0.094</td><td>0.115</td><td>0.166</td><td>0.137</td><td>0.126</td></tr>
<tr><td>多功能校验仪</td><td>台班</td><td>0.436</td><td>0.500</td><td>0.603</td><td>0.849</td><td>0.678</td><td>0.637</td></tr>
<tr><td>精密交直流稳压电源</td><td>台班</td><td>0.071</td><td>0.078</td><td>0.096</td><td>0.138</td><td>0.114</td><td>0.105</td></tr>
<tr><td>手持式万用表</td><td>台班</td><td>0.508</td><td>0.584</td><td>0.703</td><td>0.991</td><td>0.790</td><td>0.743</td></tr>
<tr><td>数字电压表</td><td>台班</td><td>0.264</td><td>0.303</td><td>0.365</td><td>0.515</td><td>0.411</td><td>0.386</td></tr>
</table>

工作内容：安装、检查、校接线、单体试验、配合单机试运转。　　　　**计量单位**：台

<table>
<tr><td colspan="3">定额编号</td><td>2-6-624</td><td>2-6-625</td><td>2-6-626</td><td>2-6-627</td><td>2-6-628</td><td>2-6-629</td></tr>
<tr><td colspan="3" rowspan="3">项　目</td><td colspan="6">显示记录仪表</td></tr>
<tr><td colspan="6">电位差计/平衡电桥(指示、记录、报警)</td></tr>
<tr><td>单点</td><td>多点</td><td>带电动PID调节器</td><td>带气动调节器</td><td>带顺序控制器</td><td>带模数转换装置</td></tr>
<tr><td colspan="2">名　称</td><td>单位</td><td colspan="6">消　耗　量</td></tr>
<tr><td rowspan="4">人工</td><td>合计工日</td><td>工日</td><td>1.0470</td><td>1.3270</td><td>1.4030</td><td>1.3330</td><td>1.4030</td><td>1.3330</td></tr>
<tr><td>其中 普工</td><td>工日</td><td>0.0520</td><td>0.0660</td><td>0.0700</td><td>0.0670</td><td>0.0700</td><td>0.0670</td></tr>
<tr><td>其中 一般技工</td><td>工日</td><td>0.8900</td><td>1.1280</td><td>1.1930</td><td>1.1330</td><td>1.1930</td><td>1.1330</td></tr>
<tr><td>其中 高级技工</td><td>工日</td><td>0.1050</td><td>0.1330</td><td>0.1400</td><td>0.1330</td><td>0.1400</td><td>0.1330</td></tr>
<tr><td rowspan="5">材料</td><td>酒精</td><td>kg</td><td>0.100</td><td>0.100</td><td>0.150</td><td>0.100</td><td>0.300</td><td>0.100</td></tr>
<tr><td>清洁布 250×250</td><td>块</td><td>0.200</td><td>0.300</td><td>0.400</td><td>0.400</td><td>0.400</td><td>0.400</td></tr>
<tr><td>校验材料费</td><td>元</td><td>1.800</td><td>4.760</td><td>5.150</td><td>4.630</td><td>5.150</td><td>4.630</td></tr>
<tr><td>仪表接头</td><td>套</td><td>—</td><td>—</td><td>—</td><td>3.000</td><td>—</td><td>—</td></tr>
<tr><td>其他材料费</td><td>%</td><td>5.000</td><td>5.000</td><td>5.000</td><td>5.000</td><td>5.000</td><td>5.000</td></tr>
<tr><td rowspan="9">仪表</td><td>便携式电动泵压力校验仪</td><td>台班</td><td>—</td><td>—</td><td>—</td><td>0.165</td><td>—</td><td>—</td></tr>
<tr><td>电动综合校验台</td><td>台班</td><td>0.078</td><td>0.101</td><td>0.108</td><td>0.099</td><td>0.108</td><td>0.099</td></tr>
<tr><td>对讲机(一对)</td><td>台班</td><td>0.189</td><td>0.245</td><td>0.261</td><td>0.240</td><td>0.261</td><td>0.240</td></tr>
<tr><td>多功能信号校验仪</td><td>台班</td><td>0.189</td><td>0.245</td><td>0.261</td><td>0.240</td><td>0.261</td><td>0.240</td></tr>
<tr><td>精密标准电阻箱</td><td>台班</td><td>0.052</td><td>0.068</td><td>0.072</td><td>—</td><td>0.072</td><td>—</td></tr>
<tr><td>精密交直流稳压电源</td><td>台班</td><td>0.078</td><td>0.101</td><td>0.108</td><td>0.099</td><td>0.108</td><td>0.099</td></tr>
<tr><td>气动综合校验台</td><td>台班</td><td>—</td><td>—</td><td>—</td><td>0.099</td><td>—</td><td>—</td></tr>
<tr><td>手持式万用表</td><td>台班</td><td>0.221</td><td>0.286</td><td>0.304</td><td>0.280</td><td>0.304</td><td>0.280</td></tr>
<tr><td>数字电压表</td><td>台班</td><td>0.063</td><td>0.082</td><td>0.087</td><td>0.080</td><td>0.087</td><td>0.080</td></tr>
</table>

工作内容:设备清理、检查、表计固定、校接线、单体试验、配合单机运转。　　**计量单位:**台

定额编号				2-6-630	2-6-631	2-6-632	2-6-633
项目				显示记录仪表			
				单电双针指示仪	电单双针记录仪	电单双针报警仪	电多点指示记录仪
名称			单位	消耗量			
人工	合计工日		工日	0.6220	0.7360	0.7460	1.0780
	其中	普工	工日	0.0310	0.0370	0.0370	0.0540
		一般技工	工日	0.5290	0.6260	0.6340	0.9160
		高级技工	工日	0.0620	0.0740	0.0750	0.1080
材料	细白布 宽900		m	0.050	0.050	0.050	0.050
	校验材料费		元	0.900	0.900	1.160	1.420
	其他材料费		%	5.000	5.000	5.000	5.000
仪表	电动综合校验台		台班	0.040	0.042	0.050	0.066
	对讲机(一对)		台班	0.045	0.048	0.056	0.075
	多功能信号校验仪		台班	0.089	0.096	0.113	0.150
	精密交直流稳压电源		台班	0.053	0.056	0.067	0.088
	手持式万用表		台班	0.075	0.080	0.094	0.125

工作内容:1. 设备清理、检查、表计固定、校接线、单体试验、配合单机运转。
2、3、4、5、6. 清理、检查、记录、接线、安装、接头安装、单体试验、配合单机运转。　　**计量单位:**台

定额编号				2-6-634	2-6-635	2-6-636	2-6-637	2-6-638	2-6-639
项目				显示记录仪表					
				电积算器	气动积算器	气动指示记录仪	气动色带、条形指示仪	气动报警器	气动多针指示仪
名称			单位	消耗量					
人工	合计工日		工日	0.7410	0.8620	0.9280	0.8390	0.7920	0.9370
	其中	普工	工日	0.0370	0.0430	0.0460	0.0420	0.0400	0.0470
		一般技工	工日	0.6300	0.7330	0.7890	0.7130	0.6730	0.7960
		高级技工	工日	0.0740	0.0860	0.0930	0.0840	0.0790	0.0940
材料	细白布 宽900		m	0.050	—	—	—	—	—
	聚四氟乙烯生料带		m	—	0.150	0.150	0.150	0.150	0.250
	清洁布 250×250		块	—	0.300	0.300	0.300	0.300	0.300
	校验材料费		元	1.030	1.160	1.670	1.160	0.900	1.160
	仪表接头		套	—	2.000	2.000	2.000	2.000	4.000
	其他材料费		%	5.000	5.000	5.000	5.000	5.000	5.000
机械	电动空气压缩机 $0.6m^3/min$		台班	—	0.080	0.111	0.075	0.066	0.076
仪表	多功能信号校验仪		台班	0.111	—	—	—	—	—
	精密交直流稳压电源		台班	0.066	—	—	—	—	—
	手持式万用表		台班	0.093	—	—	—	—	—
	数字频率计		台班	0.050	—	—	—	—	—
	电动综合校验台		台班	0.050	0.053	0.076	0.050	0.043	0.050
	对讲机(一对)		台班	0.056	0.100	0.139	0.094	0.082	0.095
	气动综合校验台		台班	—	0.070	0.101	0.066	0.057	0.066
	数字压力表		台班	—	0.120	0.167	0.113	0.099	0.114

7. 过程控制仪表

工作内容：管路线路检查，单元仪表检查、设定、排错、模拟试验。

计量单位：套

定额编号				2-6-640	2-6-641	2-6-642	2-6-643	2-6-644
项目				仪表回路模拟试验				
				温度检测回路	压力检测回路	流量检测回路	差压式流量/液位检测回路	物位检测回路
名称			单位	消耗量				
人工	合计工日		工日	0.3690	0.4930	0.6190	0.7140	0.8950
	其中	普工	工日	0.0180	0.0250	0.0310	0.0360	0.0450
		一般技工	工日	0.3140	0.4190	0.5260	0.6070	0.7610
		高级技工	工日	0.0370	0.0490	0.0620	0.0710	0.0900
材料	校验材料费		元	1.030	1.420	1.800	2.060	2.570
仪表	便携式电动泵压力校验仪		台班	—	0.081	—	0.117	—
	标准差压发生器 PASHEN		台班	—	—	—	0.073	—
	对讲机(一对)		台班	0.121	0.161	0.202	0.233	0.292
	多功能压力校验仪		台班	—	0.051	—	—	—
	回路校验仪		台班	0.100	0.134	0.168	0.194	0.244
	接地电阻测试仪		台班	0.050	0.050	0.050	0.050	0.050
	手持式万用表		台班	0.100	0.134	0.168	0.194	0.244
	数字电压表		台班	0.100	0.134	0.168	0.194	0.244
	数字压力表		台班	—	0.127	—	0.183	—

工作内容：管路线路检查，单元仪表检查、设定、排错、模拟试验。

计量单位：套

定额编号				2-6-645	2-6-646	2-6-647	2-6-648
项目				仪表回路模拟试验			
				多点检测回路(点内)			
				4	6	10	20
名称			单位	消耗量			
人工	合计工日		工日	0.6360	0.8060	0.9770	1.1480
	其中	普工	工日	0.0320	0.0400	0.0490	0.0570
		一般技工	工日	0.5400	0.6850	0.8300	0.9750
		高级技工	工日	0.0640	0.0810	0.0980	0.1150
材料	校验材料费		元	1.800	2.320	2.830	3.350
仪表	便携式电动泵压力校验仪		台班	0.104	0.132	0.160	0.187
	对讲机(一对)		台班	0.208	0.263	0.319	0.375
	多功能校验仪		台班	0.104	0.132	0.160	0.187
	接地电阻测试仪		台班	0.050	0.050	0.050	0.050
	手持式万用表		台班	0.173	0.219	0.266	0.312
	数字电压表		台班	0.173	0.219	0.266	0.312
	数字压力表		台班	0.069	0.080	0.097	0.115
	智能数字压力校验仪		台班	0.069	0.088	0.106	0.125

工作内容：管路线路检查，单元仪表检查、设定、排错、模拟试验。　　　　**计量单位**：套

定额编号				2-6-649	2-6-650	2-6-651	2-6-652	2-6-653
项目				仪表回路模拟试验				
				简单回路	复杂回路		手操回路	无线传输回路（接发点）
					双回路	多回路		
名称			单位	消耗量				
人工	合计工日		工日	1.0610	1.8180	2.5760	0.5100	1.4910
	其中	普工	工日	0.0530	0.0910	0.1290	0.0250	0.0750
		一般技工	工日	0.9020	1.5460	2.1890	0.4330	1.2680
		高级技工	工日	0.1060	0.1820	0.2580	0.0510	0.1490
材料	校验材料费		元	3.090	5.280	7.470	1.540	4.630
仪表	笔记本电脑		台班	—	—	—	—	0.284
	对讲机(一对)		台班	0.192	0.330	0.467	0.092	0.284
	多功能校验仪		台班	0.269	0.462	0.654	0.129	0.256
	回路校验仪		台班	0.154	0.264	0.374	0.074	—
	接地电阻测试仪		台班	0.050	0.050	0.050	0.050	—
	手持式万用表		台班	0.192	0.330	0.467	0.092	—
	数字电压表		台班	0.192	0.330	0.467	0.092	—

8. 过程分析及环境监测装置

工作内容：取样、预处理装置、探头、电极、数据处理及控制设备安装、检查、调整、系统试验、标定。　　　　**计量单位**：套

定额编号				2-6-654
项目				过程分析系统
				电化学式分析仪
				氧含量分析仪
名称			单位	消耗量
人工	合计工日		工日	5.2000
	其中	普工	工日	0.2600
		一般技工	工日	4.1600
		高级技工	工日	0.7800
材料	取源部件		套	1.000
	位号牌		个	1.000
	细白布 宽900		m	0.350
	校验材料费		元	5.150
	仪表接头		套	1.000
	其他材料费		%	5.000
仪表	对讲机(一对)		台班	0.440
	多功能校验仪		台班	0.308
	铭牌打印机		台班	0.012
	手持式万用表		台班	0.528
	数字电压表		台班	0.440

工作内容：取样、探头、预处理装置、数据处理及控制设备安装检查、调整、系统试验。 计量单位：套

定额编号				2-6-655
项目				物性检测装置
				湿度分析
名称			单位	消耗量
人工	合计工日		工日	4.1560
	其中	普工	工日	0.2080
		一般技工	工日	3.3250
		高级技工	工日	0.6230
材料	位号牌		个	1.000
	校验材料费		元	4.380
	其他材料费		%	5.000
机械	对讲机(一对)		台班	0.404
	多功能校验仪		台班	0.283
	接地电阻测试仪		台班	0.050
	铭牌打印机		台班	0.012
	手持式万用表		台班	0.485

9. 安全、视频及控制系统

工作内容：清点、单元检查、调整、安装、系统试验。 计量单位：套

定额编号				2-6-656	2-6-657	2-6-658	2-6-659	2-6-660
项目				安全监测装置				
				可燃气体报警器	有毒气体报警装置	多点气体报警装置	火焰监视器	燃烧安全保护装置
名称			单位	消耗量				
人工	合计工日		工日	1.6670	1.8570	2.7890	3.8490	7.4220
	其中	普工	工日	0.0830	0.0930	0.1390	0.1920	0.3710
		一般技工	工日	1.3340	1.4850	2.2310	3.0790	5.9370
		高级技工	工日	0.2500	0.2780	0.4180	0.5770	1.1130
材料	U型螺栓 M10×50		套	1.000	1.000	—	—	—
	电		kW·h	—	—	—	—	0.500
	六角螺栓 M10×(20~50)		套	1.000	1.000	4.000	4.000	2.000
	位号牌		个	1.000	1.000	1.000	1.000	1.000
	细白布 宽900		m	0.100	0.100	0.100	0.200	0.200
	校验材料费		元	3.480	3.860	5.920	6.440	13.900
	其他材料费		%	5.000	5.000	5.000	5.000	5.000
仪表	电动综合校验台		台班	0.127	0.146	0.221	0.237	0.512
	对讲机(一对)		台班	0.368	0.420	0.637	0.695	1.492
	多功能校验仪		台班	—	—	—	0.695	1.492
	多功能信号校验仪		台班	0.368	0.420	0.637	—	—
	精密标准电阻箱		台班	0.127	0.146	0.221	0.237	0.512
	精密交直流稳压电源		台班	0.127	0.146	0.221	0.237	0.512
	铭牌打印机		台班	0.012	0.012	0.060	0.012	0.012
	手持式万用表		台班	0.368	0.420	0.637	0.695	1.492
	数字电压表		台班	0.234	0.267	0.405	0.442	0.947
	兆欧表		台班	—	—	—	0.030	0.030

工作内容：清点、单元检查、调整、安装、系统试验。　　　　**计量单位**：套

定额编号				2－6－661	2－6－662	2－6－663	2－6－664	2－6－665
项　目				安全监测装置				
				固定式点火装置	自动点火系统	漏油检测装置	高阻检漏装置	粉尘布袋检漏装置
名　称			单位	消　耗　量				
人工	合计工日		工日	4.7500	7.5540	4.2530	4.4700	7.1540
	其中	普工	工日	0.2380	0.3780	0.2130	0.2230	0.3580
		一般技工	工日	3.8000	6.0430	3.4030	3.5760	5.7230
		高级技工	工日	0.7130	1.1330	0.6380	0.6700	1.0730
材料	接地线 5.5～16mm^2		m	—	—	—	—	1.000
	六角螺栓 M10×(20～50)		套	2.000	4.000	—	4.000	4.000
	位号牌		个	1.000	1.000	1.000	1.000	1.000
	细白布 宽900		m	0.200	0.200	0.300	0.100	0.250
	校验材料费		元	10.170	14.550	8.500	10.170	11.840
	其他材料费		%	5.000	5.000	5.000	5.000	5.000
仪表	对讲机(一对)		台班	1.100	1.564	0.918	1.096	1.279
	多功能校验仪		台班	1.100	1.564	0.918	1.096	1.279
	接地电阻测试仪		台班	0.050	0.050	0.050	0.050	0.050
	精密交直流稳压电源		台班	0.420	0.592	0.349	0.420	0.478
	铭牌打印机		台班	0.012	0.012	0.012	0.012	0.012
	手持式万用表		台班	1.100	1.564	0.918	1.096	1.279
	数字电压表		台班	0.699	0.993	0.583	0.696	0.812
	兆欧表		台班	0.030	0.030	0.030	0.030	0.030

工作内容：1、2、3. 显示器安装与试验，系统试验。

4、5、6. 技术准备、校接线、配合安装、逻辑报警等功能检查、单元检查、试验和系统试运行。

定额编号				2-6-666	2-6-667	2-6-668	2-6-669	2-6-670	2-6-671
项目				工业电视和视频监控系统					
				显示器安装调试			大屏幕组合显示墙	模拟屏装置安装	
				台装	棚顶吊装	盘装		柜式	壁式
				台	台	台	m^2	m^2	m^2
名称			单位	消耗量					
人工	合计工日		工日	1.9730	2.9740	2.1310	1.1030	0.7560	0.7760
	其中	普工	工日	0.0990	0.1490	0.1070	0.0550	0.0380	0.0390
		一般技工	工日	1.5780	2.3800	1.7050	0.8820	0.6050	0.6210
		高级技工	工日	0.2960	0.4460	0.3200	0.1650	0.1130	0.1160
材料	六角螺栓 M(6~8)×(20~70)		套	—	2.000	4.000	—	—	—
	电		kW·h	—	0.200	—	0.300	0.200	0.500
	接地线 5.5~16mm^2		m	—	—	—	0.500	0.500	0.150
	膨胀螺栓 M10		套	—	4.000	—	3.000	2.000	—
	清洁布 250×250		块	0.500	0.500	0.500	—	1.000	1.000
	细白布 宽 900		m	—	—	—	0.100	—	—
	校验材料费		元	5.150	5.280	5.150	0.510	—	—
	其他材料费		%	5.000	5.000	5.000	5.000	5.000	5.000
仪表	电动综合校验台		台班	0.150	0.150	0.150	—	—	—
	电视信号发生器		台班	0.203	0.203	0.203	—	—	—
	精密交直流稳压电源		台班	0.150	0.150	0.150	—	—	—
	数字电压表		台班	0.567	0.567	0.567	—	—	—
	笔记本电脑		台班	—	—	—	0.050	0.050	0.050
	对讲机(一对)		台班	0.523	0.534	0.524	0.068	0.010	0.010
	接地电阻测试仪		台班	—	—	—	0.058	—	—
	手持式万用表		台班	0.567	0.567	0.567	0.099	0.021	0.021

工作内容:技术准备、校接线、配合安装、逻辑报警等功能检查、单元检查、试验和系统试运行。

计量单位:m^2

定额编号				2-6-672	2-6-673	2-6-674	2-6-675	2-6-676
项目				工业电视和视频监控系统				
				模拟屏装置试验(信号输入点以下)				
				20	80	120	180	每增4点
名称			单位	消耗量				
人工	合计工日		工日	0.7650	3.0610	4.5910	6.8870	0.1380
	其中	普工	工日	0.0380	0.1530	0.2300	0.3440	0.0070
		一般技工	工日	0.6120	2.4490	3.6730	5.5090	0.1100
		高级技工	工日	0.1150	0.4590	0.6890	1.0330	0.0210
材料	校验材料费		元	2.190	8.500	12.750	19.180	0.390
仪表	笔记本电脑		台班	0.144	0.578	0.866	1.299	0.026
	对讲机(一对)		台班	0.144	0.578	0.866	1.299	0.026
	多功能信号校验仪		台班	0.069	0.275	0.413	0.619	0.012
	手持式万用表		台班	0.115	0.458	0.688	1.031	0.021
	数字电压表		台班	0.092	0.367	0.550	0.825	0.017

工作内容:技术准备、校接线、配合安装、逻辑报警等功能检查、单元检查、试验和系统试运行。

计量单位:台

定额编号				2-6-677	2-6-678	2-6-679	2-6-680	2-6-681
项目				工业电视和视频监控系统				
				辅助设备安装				
				操作器	2路分配器	6路分配器	补偿器	切换器
名称			单位	消耗量				
人工	合计工日		工日	0.1820	0.2260	0.4770	0.2030	0.2720
	其中	普工	工日	0.0090	0.0110	0.0240	0.0100	0.0140
		一般技工	工日	0.1450	0.1810	0.3810	0.1620	0.2180
		高级技工	工日	0.0270	0.0340	0.0720	0.0300	0.0410
材料	校验材料费		元	0.260	0.390	0.510	0.390	0.390
仪表	对讲机(一对)		台班	0.021	0.035	0.055	0.035	0.350
	手持式万用表		台班	0.023	0.038	0.060	0.038	0.038
	数字电压表		台班	0.023	0.038	0.060	0.038	0.038

工作内容:1、2. 技术准备、校接线、配合安装、逻辑报警等功能检查、单元检查、试验和系统试运行。

3、4、5、6. 准备、单元检查、系统功能试验。

计量单位:台

定额编号				2-6-682	2-6-683	2-6-684	2-6-685	2-6-686	2-6-687
项目				工业电视和视频监控系统					
				辅助设备安装		视频监控计算机	矩阵切换器		画面分割处理器
				云台控制器	解码器		4路	每增4路	
名称			单位	消耗量					
人工	合计工日		工日	0.7710	0.2140	4.2390	0.7670	0.4360	1.8400
	其中	普工	工日	0.0390	0.0110	0.2120	0.0380	0.0220	0.0920
		一般技工	工日	0.6170	0.1710	3.3910	0.6140	0.3490	1.4720
		高级技工	工日	0.1160	0.0320	0.6360	0.1150	0.0650	0.2760
材料	校验材料费		元	1.670	0.390	10.300	1.670	1.030	3.480
仪表	对讲机(一对)		台班	0.173	0.035	0.750	0.125	0.075	0.250
	多功能校验仪		台班	—	—	1.013	—	—	—
	手持式万用表		台班	0.189	0.038	0.945	0.158	0.095	0.315
	数字电压表		台班	0.189	0.038	0.945	0.158	0.095	0.315

工作内容:准备、单元检查、系统功能试验。

计量单位:套

定额编号				2-6-688	2-6-689	2-6-690
项目				工业电视和视频监控系统		
				视频监控系统调试		
				4路	9路	16路
名称			单位	消耗量		
人工	合计工日		工日	6.2440	9.7940	14.0790
	其中	普工	工日	0.3120	0.4900	0.7040
		一般技工	工日	4.9950	7.8360	11.2640
		高级技工	工日	0.9370	1.4690	2.1120
材料	校验材料费		元	10.940	17.120	24.720
仪表	对讲机(一对)		台班	0.850	1.333	1.917
	多功能校验仪		台班	1.261	1.979	2.844
	手持式万用表		台班	1.071	1.680	2.415
	数字电压表		台班	1.071	1.680	2.415

工作内容:准备、单元检查、系统功能试验。　　计量单位:套

定额编号			2-6-691	2-6-692	2-6-693
项目			工业电视和视频监控系统		
			投影显示器	视频录像(记录)装置	
			台	单路	多路
名称		单位	消耗量		
人工	合计工日		工日	1.1770	3.4790	4.6470
	其中	普工	工日	0.0590	0.1740	0.2320
		一般技工	工日	0.9420	2.7830	3.7180
		高级技工	工日	0.1770	0.5220	0.6970
材料	校验材料费		元	1.290	2.190	4.250
仪表	对讲机(一对)		台班	0.100	0.167	0.333
	手持式万用表		台班	0.126	0.210	0.420
	数字电压表		台班	0.126	0.210	0.420

工作内容:常规检查、基本功能试验、接收功能试验、接口模块、通信功能、设定、打印、制表、系统运行、在线回路试验。　　计量单位:套

定额编号				2-6-694	2-6-695	2-6-696	2-6-697	2-6-698
项目				远动装置				
				遥测遥信(输入AI/DI/PI点以下)				
				8	16	32	64	128
名称			单位	消耗量				
人工	合计工日		工日	5.3030	8.1640	13.1040	18.6720	23.6330
	其中	普工	工日	0.2650	0.4080	0.6550	0.9340	1.1820
		一般技工	工日	4.2420	6.5310	10.4830	14.9370	18.9060
		高级技工	工日	0.7950	1.2250	1.9660	2.8010	3.5450
材料	校验材料费		元	10.300	15.840	25.490	36.300	45.960
仪表	对讲机(一对)		台班	1.852	2.851	4.576	6.520	8.253
	多功能校验仪		台班	1.323	2.036	3.269	4.657	5.895
	手持式万用表		台班	1.852	2.851	4.576	6.520	8.253
	数字电压表		台班	1.587	2.444	3.922	5.589	7.074

工作内容：常规检查、基本功能试验、接收功能试验、接口模块、通信功能、设定、打印、制表、系统运行、在线回路试验。

计量单位：套

定额编号				2-6-699	2-6-700	2-6-701	2-6-702	2-6-703
项目				远动装置				
				遥测遥信(输入 AI/DI/PI 点以下)				
				256	320	400	512	每增8点
名称			单位	消耗量				
人工	合计工日		工日	28.7950	32.6420	37.0060	42.7480	0.3300
	其中	普工	工日	1.4400	1.6320	1.8500	2.1370	0.0170
		一般技工	工日	23.0360	26.1130	29.6050	34.1980	0.2640
		高级技工	工日	4.3190	4.8960	5.5510	6.4120	0.0500
材料	校验材料费		元	56.000	63.470	71.970	83.170	0.640
仪表	对讲机(一对)		台班	10.055	11.399	12.923	14.928	0.115
	多功能校验仪		台班	7.182	8.142	9.231	10.663	0.124
	手持式万用表		台班	10.055	11.399	12.923	14.928	0.115
	数字电压表		台班	8.619	9.770	11.077	12.795	0.099

工作内容：常规检查、基本功能试验、接收功能试验、接口模块、通信功能、设定、打印、制表、系统运行、在线回路试验。

计量单位：套

定额编号				2-6-704	2-6-705	2-6-706	2-6-707	2-6-708	2-6-709
项目				远动装置					
				遥调遥控(输出 AO/DO 点以下)					
				4	8	16	32	64	80
名称			单位	消耗量					
人工	合计工日		工日	5.7730	9.5620	13.8700	18.4110	22.5780	27.6740
	其中	普工	工日	0.2890	0.4780	0.6930	0.9210	1.1290	1.3840
		一般技工	工日	4.6190	7.6500	11.0960	14.7290	18.0630	22.1390
		高级技工	工日	0.8660	1.4340	2.0800	2.7620	3.3870	4.1510
材料	校验材料费		元	16.860	27.940	40.550	53.680	65.910	80.850
仪表	对讲机(一对)		台班	2.016	3.339	4.843	6.429	7.884	9.664
	多功能校验仪		台班	1.440	2.385	3.460	4.592	5.632	6.903
	手持式万用表		台班	2.016	3.339	4.843	6.429	7.884	9.664
	数字电压表		台班	1.440	2.385	3.460	4.592	5.632	6.903

工作内容：常规检查、校接线、继电线路检查、单元检查、功能检查试验、排错、程序运行、系统模拟试验。

计量单位：套

定额编号			2-6-710	2-6-711	2-6-712	2-6-713
项目			顺序控制装置			
			继电联锁系统		插件式逻辑监控装置	
			（事故点以下）		（点以下）	
			6	16	32	64
名称		单位	消耗量			
人工	合计工日	工日	3.2400	10.4270	10.0990	16.1930
	其中 普工	工日	0.1620	0.5210	0.5050	0.8100
	其中 一般技工	工日	2.5920	8.3410	8.0790	12.9540
	其中 高级技工	工日	0.4860	1.5640	1.5150	2.4290
材料	接地线 5.5～16mm^2	m	—	—	1.500	1.500
	酒精	kg	0.080	0.150	—	—
	清洁布 250×250	块	—	—	1.000	1.000
	铁砂布 0#～2#	张	0.400	2.000	—	—
	线号套管(综合)	m	0.100	0.200	0.350	0.580
	校验材料费	元	5.280	17.120	26.260	42.100
	真丝绸布 宽900	m	0.050	0.080	—	—
	其他材料费	%	5.000	5.000	5.000	5.000
仪表	对讲机(一对)	台班	0.489	1.592	1.888	3.022
	多功能信号校验仪	台班	—	—	1.888	3.022
	接地电阻测试仪	台班	—	—	0.050	0.050
	手持式万用表	台班	0.684	2.228	1.948	3.118
	数字电压表	台班	0.489	1.592	1.199	1.919
	线号打印机	台班	0.005	0.015	0.019	0.031

工作内容:常规检查、校接线、继电线路检查、单元检查、功能检查试验、排错、程序运行、系统模拟试验。

计量单位:套

定额编号			2-6-714	2-6-715	2-6-716
项目			顺序控制装置		
			可编程逻辑监控		
			装置(I/O 点以下)		
			16	32	64
名称		单位	消耗量		
人工	合计工日	工日	4.8640	7.8360	12.6880
	其中 普工	工日	0.2430	0.3920	0.6340
	其中 一般技工	工日	3.8910	6.2690	10.1500
	其中 高级技工	工日	0.7300	1.1750	1.9030
材料	接地线 5.5~16mm^2	m	1.500	1.500	1.500
	清洁布 250×250	块	1.000	1.000	1.000
	线号套管(综合)	m	0.150	0.350	0.550
	校验材料费	元	11.720	18.410	30.250
	其他材料费	%	5.000	5.000	5.000
仪表	对讲机(一对)	台班	0.845	1.325	2.170
	多功能信号校验仪	台班	0.845	1.325	2.170
	接地电阻测试仪	台班	0.050	0.050	0.050
	手持式万用表	台班	0.872	1.367	2.238
	数字电压表	台班	0.536	0.841	1.377
	线号打印机	台班	0.014	0.026	0.040

工作内容:校接线、线路检查、报警模拟试验、排错。

计量单位:套

定额编号			2-6-717	2-6-718	2-6-719	2-6-720	2-6-721
项目			信号报警装置				
			继电线路报警系统(报警点点以下)				
			4	10	20	30	每增2点
名称		单位	消耗量				
人工	合计工日	工日	1.5960	3.0460	4.9240	6.3450	0.2310
	其中 普工	工日	0.0800	0.1520	0.2460	0.3170	0.0120
	其中 一般技工	工日	1.2770	2.4370	3.9400	5.0760	0.1850
	其中 高级技工	工日	0.2390	0.4570	0.7390	0.9520	0.0350
材料	酒精	kg	0.050	0.100	0.250	0.400	0.030
	铁砂布 0#~2#	张	0.050	1.000	1.500	2.000	0.200
	铜芯塑料绝缘电线 BV-1.5mm^2	m	0.500	1.000	2.000	3.000	0.500
	线号套管(综合)	m	0.090	0.120	0.250	0.450	0.060
	校验材料费	元	6.310	14.030	21.760	26.910	0.640
	真丝绸布 宽900	m	0.040	0.070	0.100	0.150	0.010
	其他材料费	%	5.000	5.000	5.000	5.000	5.000
仪表	对讲机(一对)	台班	0.199	0.435	0.681	0.844	0.021
	精密交直流稳压电源	台班	0.163	0.362	0.564	0.697	0.017
	手持式万用表	台班	0.217	0.475	0.742	0.920	0.023
	数字电压表	台班	0.072	0.158	0.247	0.307	0.008
	线号打印机	台班	0.007	0.008	0.015	0.022	0.002

工作内容：安装、校接线、单元检查、功能测试、模拟试验、排错。　　　　　　**计量单位：**套

<table>
<tr><td colspan="4">定额编号</td><td>2-6-722</td><td>2-6-723</td><td>2-6-724</td><td>2-6-725</td><td>2-6-726</td><td>2-6-727</td></tr>
<tr><td colspan="4" rowspan="3">项　目</td><td colspan="6">信号报警装置</td></tr>
<tr><td colspan="6">微机多功能组件式报警装置(报警点以下)</td></tr>
<tr><td>4</td><td>8</td><td>16</td><td>24</td><td>40</td><td>48</td></tr>
<tr><td colspan="3">名　称</td><td>单位</td><td colspan="6">消　耗　量</td></tr>
<tr><td rowspan="4">人工</td><td colspan="2">合计工日</td><td>工日</td><td>1.3110</td><td>2.5210</td><td>3.9590</td><td>6.0590</td><td>8.7350</td><td>10.1210</td></tr>
<tr><td rowspan="3">其中</td><td>普工</td><td>工日</td><td>0.0660</td><td>0.1260</td><td>0.1980</td><td>0.3030</td><td>0.4370</td><td>0.5060</td></tr>
<tr><td>一般技工</td><td>工日</td><td>1.0490</td><td>2.0170</td><td>3.1670</td><td>4.8470</td><td>6.9880</td><td>8.0960</td></tr>
<tr><td>高级技工</td><td>工日</td><td>0.1970</td><td>0.3780</td><td>0.5940</td><td>0.9090</td><td>1.3100</td><td>1.5180</td></tr>
<tr><td rowspan="6">材料</td><td colspan="2">接地线 5.5～16mm²</td><td>m</td><td>1.000</td><td>1.500</td><td>1.500</td><td>1.500</td><td>1.500</td><td>1.500</td></tr>
<tr><td colspan="2">清洁布 250×250</td><td>块</td><td>0.500</td><td>1.000</td><td>1.000</td><td>1.000</td><td>1.000</td><td>1.000</td></tr>
<tr><td colspan="2">铜芯塑料绝缘电线 BV-1.5mm²</td><td>m</td><td>0.500</td><td>2.000</td><td>3.000</td><td>4.000</td><td>3.000</td><td>3.000</td></tr>
<tr><td colspan="2">线号套管(综合)</td><td>m</td><td>0.040</td><td>0.100</td><td>0.180</td><td>0.260</td><td>0.400</td><td>0.500</td></tr>
<tr><td colspan="2">校验材料费</td><td>元</td><td>5.660</td><td>10.810</td><td>17.250</td><td>25.100</td><td>30.510</td><td>34.500</td></tr>
<tr><td colspan="2">其他材料费</td><td>%</td><td>5.000</td><td>5.000</td><td>5.000</td><td>5.000</td><td>5.000</td><td>5.000</td></tr>
<tr><td rowspan="8">仪表</td><td colspan="2">电动综合校验台</td><td>台班</td><td>0.108</td><td>0.206</td><td>0.328</td><td>0.475</td><td>0.640</td><td>0.723</td></tr>
<tr><td colspan="2">对讲机(一对)</td><td>台班</td><td>0.141</td><td>0.403</td><td>0.643</td><td>0.935</td><td>1.271</td><td>1.438</td></tr>
<tr><td colspan="2">多功能信号校验仪</td><td>台班</td><td>0.185</td><td>0.529</td><td>0.844</td><td>1.227</td><td>1.967</td><td>2.221</td></tr>
<tr><td colspan="2">接地电阻测试仪</td><td>台班</td><td>0.050</td><td>0.050</td><td>0.050</td><td>0.050</td><td>0.050</td><td>0.050</td></tr>
<tr><td colspan="2">精密交直流稳压电源</td><td>台班</td><td>0.072</td><td>0.206</td><td>0.328</td><td>0.475</td><td>0.640</td><td>0.723</td></tr>
<tr><td colspan="2">手持式万用表</td><td>台班</td><td>0.176</td><td>0.503</td><td>0.804</td><td>1.169</td><td>1.589</td><td>1.798</td></tr>
<tr><td colspan="2">数字电压表</td><td>台班</td><td>0.117</td><td>0.336</td><td>0.536</td><td>0.779</td><td>1.324</td><td>1.498</td></tr>
<tr><td colspan="2">线号打印机</td><td>台班</td><td>0.020</td><td>0.039</td><td>0.068</td><td>0.124</td><td>0.044</td><td>0.053</td></tr>
</table>

工作内容:安装、校接线、单元检查、功能测试、模拟试验、排错。 **计量单位:**套

定额编号				2-6-728	2-6-729	2-6-730	2-6-731	2-6-732	2-6-733
项目				信号报警装置					
				微机多功能组件式报警装置(报警点以下)		微机自容式报警装置(12点)	单回路闪光报警器(报警回路或点)		八回路闪光报警器
				64	容量扩展(每增4点)		1点	每增1点	
名称			单位	消耗量					
人工	合计工日		工日	14.3090	0.6910	5.5110	0.3490	0.1220	1.5810
	其中	普工	工日	0.7150	0.0350	0.2760	0.0170	0.0060	0.0790
		一般技工	工日	11.4480	0.5530	4.4090	0.2790	0.0980	1.2650
		高级技工	工日	2.1460	0.1040	0.8270	0.0520	0.0180	0.2370
材料	接地线 5.5~16mm^2		m	1.500	—	1.500	—	—	—
	清洁布 250×250		块	1.000	1.000	1.000	—	—	0.100
	铜芯塑料绝缘电线 BV-1.5mm^2		m	4.000	0.500	1.000	1.000	0.050	3.000
	线号套管(综合)		m	0.680	0.040	0.300	0.060	0.040	0.200
	校验材料费		元	44.930	2.830	23.170	1.540	0.260	6.440
	其他材料费		%	5.000	5.000	5.000	5.000	5.000	5.000
仪表	电动综合校验台		台班	0.942	0.059	0.389	0.026	0.005	0.108
	对讲机(一对)		台班	1.884	0.116	0.721	0.058	0.012	0.241
	多功能信号校验仪		台班	2.896	0.183	0.972	—	—	—
	接地电阻测试仪		台班	0.050	—	0.050	—	—	—
	精密交直流稳压电源		台班	0.942	0.059	0.389	0.026	0.005	0.108
	手持式万用表		台班	2.355	0.146	0.901	0.061	0.012	0.251
	数字电压表		台班	1.963	0.121	0.721	0.049	0.010	0.201
	线号打印机		台班	0.079	0.003	0.027	0.004	0.002	0.010

工作内容：准备、搬运、安装、检查、校接线、接地、试验。　　　　**计量单位：**台(个)

定额编号				2-6-734	2-6-735	2-6-736	2-6-737	2-6-738	2-6-739
项目				信号报警装置					
				报警装置柜、箱及组件、元件					
				继电器柜安装	继电器箱安装	组件机箱	电源装置	可编程多音蜂鸣器	报警器、音响元件
名称			单位	消耗量					
人工	合计工日		工日	6.1360	3.7400	1.6130	1.0570	1.1300	0.3500
	其中	普工	工日	0.3070	0.1870	0.0810	0.0530	0.0560	0.0170
		一般技工	工日	4.9090	2.9920	1.2900	0.8450	0.9040	0.2800
		高级技工	工日	0.9200	0.5610	0.2420	0.1590	0.1690	0.0520
材料	垫铁		kg	1.500	—	—	—	—	—
	电		kW·h	—	0.400	0.400	—	—	—
	接地线 5.5~16mm²		m	1.500	1.500	1.500	1.500	—	—
	酒精		kg	0.300	0.100	0.200	—	—	—
	六角螺栓 M10×(20~50)		套	8.000	—	—	—	—	—
	六角螺栓 M(6~8)×(20~70)		套	—	—	—	4.000	2.000	2.000
	膨胀螺栓 M10		套	—	4.000	4.000	—	—	—
	铜芯塑料绝缘电线 BV-1.5mm²		m	8.000	4.000	1.000	4.000	2.000	1.000
	位号牌		个	—	1.000	—	1.000	1.000	1.000
	线号套管(综合)		m	1.000	0.500	0.100	0.080	0.100	0.050
	校验材料费		元	2.450	1.540	0.510	0.390	3.600	0.260
	真丝绸布 宽900		m	0.100	0.100	0.100	0.050	0.050	0.030
	其他材料费		%	5.000	5.000	5.000	5.000	5.000	5.000
仪表	电动综合校验台		台班	—	—	—	—	0.150	0.009
	对讲机(一对)		台班	—	—	—	—	0.137	0.012
	接地电阻测试仪		台班	0.050	0.050	0.050	0.050	—	—
	精密交直流稳压电源		台班	—	—	—	—	0.150	0.009
	铭牌打印机		台班	—	0.012	—	0.012	0.012	0.012
	手持式万用表		台班	0.112	0.070	0.027	0.020	0.171	0.015
	数字电压表		台班	0.075	0.047	0.018	0.014	0.114	0.010
	线号打印机		台班	0.093	0.058	0.022	0.017	0.007	0.004
	兆欧表		台班	0.030	0.030	—	0.030	—	—

工作内容：安装、固定、单元检查、功能检查、系统试验。 计量单位：套

定额编号				2-6-740	2-6-741	2-6-742	2-6-743
项目				数据采集及巡回检测报警装置			
				过程点(I/O点以下)			
				20	40	60	100
名称			单位	消耗量			
人工	合计工日		工日	2.0280	2.8460	2.9790	4.3260
	其中	普工	工日	0.1010	0.1420	0.1490	0.2160
		一般技工	工日	1.6220	2.2770	2.3830	3.4610
		高级技工	工日	0.3040	0.4270	0.4470	0.6490
材料	校验材料费		元	4.760	7.340	7.720	11.840
仪表	电动综合校验台		台班	0.138	0.212	0.224	0.345
	对讲机(一对)		台班	0.719	1.016	1.064	1.522
	多功能校验仪		台班	0.522	0.795	0.839	1.288
	精密交直流稳压电源		台班	0.208	0.318	0.336	0.518
	手持式万用表		台班	0.522	0.795	0.839	1.288
	数字电压表		台班	0.522	0.795	0.839	1.288

工作内容：安装、固定、单元检查、功能检查、系统试验。 计量单位：套

定额编号				2-6-744	2-6-745	2-6-746	2-6-747
项目				数据采集及巡回检测报警装置			
				过程点(I/O点以下)			
				200	300	400	600
名称			单位	消耗量			
人工	合计工日		工日	5.6420	7.3110	11.1790	14.7130
	其中	普工	工日	0.2820	0.3660	0.5590	0.7360
		一般技工	工日	4.5130	5.8490	8.9430	11.7700
		高级技工	工日	0.8460	1.0970	1.6770	2.2070
材料	校验材料费		元	15.450	20.600	33.470	43.770
仪表	电动综合校验台		台班	0.512	0.677	1.059	1.408
	对讲机(一对)		台班	1.866	2.421	3.705	4.879
	多功能校验仪		台班	1.907	2.519	3.937	5.233
	精密交直流稳压电源		台班	0.698	0.923	1.444	1.920
	手持式万用表		台班	1.907	2.519	3.937	5.233
	数字电压表		台班	1.362	1.799	2.812	3.738

10. 工业计算机安装与试验

工作内容:清点、运输、安装就位、接地、绝缘电阻测定、安全防护、设备元件检查及校接线。

计量单位:台

定额编号			2-6-748	2-6-749	2-6-750	2-6-751	2-6-752
项目			计算机柜、台设备安装				
			标准机柜	非标准机柜 半周长(m)	一体化操作显示报警台柜	工控机及台柜	插卡柜
名称		单位	消耗量				
人工	合计工日	工日	7.1120	6.4470	7.3430	1.4400	7.0190
	其中 一般技工	工日	1.7780	1.6120	1.8360	0.3600	1.7550
	其中 高级技工	工日	5.3340	4.8350	5.5070	1.0800	5.2640
材料	标签纸(综合)	m	0.200	0.100	0.200	0.100	0.200
	垫铁	kg	1.000	0.600	1.200	—	1.000
	电	kW·h	1.000	1.000	1.500	—	1.500
	接地线 5.5~16mm^2	m	3.000	1.500	3.000	1.000	1.000
	六角螺栓 M10×(20~50)	套	6.000	4.000	8.000	—	6.000
	螺栓绝缘外套	个	6.000	4.000	12.000	—	6.000
	麻绳 ϕ12	m	1.100	1.000	1.100	—	1.100
	棉纱	kg	0.200	0.200	0.200	—	0.200
	清洁布 250×250	块	0.500	0.300	1.000	0.300	0.500
	清洁剂	kg	0.200	0.150	0.500	0.500	—
	软橡胶板	m^2	0.800	0.600	0.800	—	0.800
	塑料布	m^2	4.000	4.000	4.000	2.000	4.000
	铁砂布 0$^{\#}$~2$^{\#}$	张	0.500	0.500	1.000	—	1.000
	细白布 宽900	m	0.100	0.100	0.100	0.200	0.200
	线号套管(综合)	m	0.100	0.100	0.100	0.100	0.300
	其他材料费	%	5.000	5.000	5.000	5.000	5.000
机械	叉式起重机 5t	台班	0.200	0.200	0.050	—	0.200
	汽车式起重机 25t	台班	0.120	0.120	0.120	—	0.120
	载重汽车 15t	台班	0.120	0.120	0.100	0.050	0.120
仪表	接地电阻测试仪	台班	0.050	0.050	0.050	0.050	0.050
	手持式万用表	台班	0.685	0.635	0.710	0.108	0.675
	数字电压表	台班	0.137	0.127	0.142	0.022	0.135
	线号打印机	台班	0.100	0.100	0.100	0.100	0.100
	兆欧表	台班	0.030	0.030	0.030	0.030	0.030

工作内容:1、2. 清点、运输、安装就位、接地、绝缘电阻测定、安全防护、设备元件检查及校接线。
3、4、5. 清点、安装、接线、自检、测试。

定额编号			2-6-753	2-6-754	2-6-755	2-6-756	2-6-757
项目			计算机柜、台设备安装				
			编组柜	机柜底座	打印机		彩色硬拷贝机
					台式	柜式	
			台	m	台	台	台
名称		单位	消耗量				
人工	合计工日	工日	11.7320	0.2020	0.3140	0.3230	0.2190
	其中 一般技工	工日	2.9330	0.0500	0.0790	0.0810	0.0550
	其中 高级技工	工日	8.7990	0.1510	0.2360	0.2430	0.1650
材料	标签纸(综合)	m	0.600	—	—	—	—
	槽钢 10# ~16#	t	—	1.050	—	—	—
	垫铁	kg	1.000	1.000	—	—	—
	电	kW·h	1.500	0.300	—	—	—
	电焊条 L-60 ϕ3.2	kg	—	0.100	—	—	—
	酚醛调和漆	kg	—	0.150	—	—	—
	六角螺栓 M10×(20~50)	套	6.000	2.000	—	—	—
	螺栓绝缘外套	个	6.000	—	—	—	—
	麻绳 ϕ12	m	1.100	—	—	—	—
	棉纱	kg	0.200	0.020	—	—	—
	软橡胶板	m^2	0.800	—	—	—	—
	塑料布	m^2	4.000	—	—	—	—
	铁砂布 0# ~2#	张	1.000	1.000	—	—	—
	细白布 宽 900	m	0.200	—	—	—	—
	线号套管(综合)	m	1.000	—	—	—	—
	复印纸 A4500 张/包	包	—	—	0.700	0.700	0.700
	接地线 5.5~16mm^2	m	1.000	—	1.500	1.500	1.500
	清洁布 250×250	块	—	—	1.000	1.000	1.000
	清洁剂	kg	—	—	0.100	0.100	0.100
	其他材料费	%	5.000	5.000	5.000	5.000	5.000
机械	叉式起重机 5t	台班	0.200	—	—	—	—
	汽车式起重机 25t	台班	0.120	—	—	—	—
	载重汽车 15t	台班	0.120	—	—	—	—
	直流弧焊机 20kV·A	台班	—	0.024	—	—	—
仪表	接地电阻测试仪	台班	0.050	—	—	—	—
	线号打印机	台班	0.200	—	—	—	—
	兆欧表	台班	0.030	—	—	—	—
	手持式万用表	台班	1.185	—	0.027	0.028	0.019
	数字电压表	台班	0.237	—	0.014	0.014	0.010

工作内容:清点、安装、接线、自检、测试。　　　　**计量单位**:台

定额编号				2-6-758	2-6-759	2-6-760	2-6-761	2-6-762
项目				计算机柜、台设备安装				
				打印机、拷贝机选择器	扫描、传真、刻录机	编程器组态器	硬盘阵列柜安装	
							柜式	台式
名称			单位	消耗量				
人工	合计工日		工日	0.1620	0.2540	0.1620	1.0860	0.7850
	其中	一般技工	工日	0.0400	0.0640	0.0400	0.2710	0.1960
		高级技工	工日	0.1210	0.1910	0.1210	0.8140	0.5890
材料	接地线 5.5~16mm²		m	—	1.500	—	1.500	1.500
	清洁布 250×250		块	0.500	1.000	0.500	1.000	1.000
	清洁剂		kg	—	0.100	—	0.200	0.200
	其他材料费		%	5.000	5.000	5.000	5.000	5.000
机械	手动液压叉车		台班	—	—	—	0.020	0.020
	载重汽车 4t		台班	—	—	—	0.040	0.040
仪表	手持式万用表		台班	0.014	0.022	0.080	0.094	0.068
	数字电压表		台班	0.007	0.011	0.007	0.047	0.034

工作内容:1、2. 清点、安装、接线、自检、测试。
3、4、5、6. 清点、安装、校接线、常规检查、硬件检查、测试。　　　　**计量单位**:台

定额编号				2-6-763	2-6-764	2-6-765	2-6-766	2-6-767	2-6-768
项目				计算机柜、台设备安装					
				光盘库	显示器	服务器	交换机	路由器	无线路由器
名称			单位	消耗量					
人工	合计工日		工日	0.3470	0.3230	2.8220	1.1690	0.2650	0.2980
	其中	一般技工	工日	0.0870	0.0810	0.7060	0.2920	0.0660	0.0740
		高级技工	工日	0.2600	0.2430	2.1170	0.8760	0.1980	0.2230
材料	接地线 5.5~16mm²		m	1.500	—	—	—	—	—
	清洁布 250×250		块	1.000	1.000	—	—	—	—
	清洁剂		kg	0.100	0.100	—	—	—	—
	校验材料费		元	—	—	6.950	2.320	0.390	0.510
	其他材料费		%	5.000	5.000	—	—	—	—
机械	载重汽车 4t		台班	0.040	0.020	—	—	—	—
仪表	手持式万用表		台班	0.030	0.028	0.352	0.146	0.033	0.037
	数字电压表		台班	0.015	0.014	0.352	0.146	0.033	—

工作内容:清点、安装、校接线、常规检查、硬件检查、测试。

计量单位:台

定额编号			2-6-769	2-6-770	2-6-771	2-6-772	2-6-773	2-6-774
项目			计算机柜、台设备安装					
			网桥	无线网桥	中继器	集线器		
						普通式	堆叠式	智能式
名称		单位	消耗量					
人工	合计工日	工日	0.2760	0.3200	0.1980	0.8160	1.6760	1.9400
	其中 一般技工	工日	0.0690	0.0800	0.0500	0.2040	0.4190	0.4850
	其中 高级技工	工日	0.2070	0.2400	0.1490	0.6120	1.2570	1.4550
材料	校验材料费	元	0.390	0.390	0.260	1.290	5.660	7.210
仪表	手持式万用表	台班	0.034	0.040	0.025	0.042	0.097	0.123
	数字电压表	台班	0.034	—	0.025	0.105	0.242	0.308

工作内容:清点、安装、校接线、常规检查、硬件检查、测试。

计量单位:台

定额编号			2-6-775	2-6-776	2-6-777	2-6-778
项目			计算机柜、台设备安装			
			网卡	无线网卡	调制解调器	无线调制解调器
名称		单位	消耗量			
人工	合计工日	工日	0.0770	0.0990	0.0720	0.0830
	其中 一般技工	工日	0.0190	0.0250	0.0180	0.0210
	其中 高级技工	工日	0.0580	0.0740	0.0540	0.0620
材料	校验材料费	元	0.390	0.510	0.260	0.390
仪表	笔记本电脑	台班	—	0.020	—	0.025
	手持式万用表	台班	0.006	—	0.005	—
	数字电压表	台班	0.014	—	0.012	—

工作内容:常规检查、硬件检查、单元检查、功能测试、程序运行、测试、排错。

计量单位:套

定额编号			2-6-779	2-6-780	2-6-781	2-6-782	2-6-783
项目			管理计算机试验				
			管理计算机系统硬件和软件功能试验(终端以下)				
			5	8	12	15	20
名称		单位	消耗量				
人工	合计工日	工日	50.2740	76.7340	98.5640	119.0700	136.6000
	其中 一般技工	工日	12.5690	19.1840	24.6410	29.7680	34.1500
	其中 高级技工	工日	37.7060	57.5510	73.9230	89.3030	102.4500
材料	校验材料费	元	97.840	9.780	149.340	231.730	265.850
仪表	编程器	台班	3.040	4.640	5.960	7.200	8.260
	多功能校验仪	台班	4.560	6.960	8.940	10.800	12.390
	手持式万用表	台班	6.080	9.280	11.920	14.400	16.520
	数字电压表	台班	4.560	6.960	8.940	10.800	12.390

工作内容:1、2. 常规检查、硬件检查、单元检查、功能测试、程序运行、测试、排错。
3、4、5. 单元检查调整、功能试验、测试、排错、系统试验、运行。　　**计量单位:**套

定额编号				2-6-784	2-6-785	2-6-786	2-6-787	2-6-788
项目				管理计算机试验				
				管理计算机系统硬件和软件功能试验(终端以下)		硬件试验	软件功能试验(终端以下)	
				25	25以上		5	8
名称			单位	消耗量				
人工	合计工日		工日	164.0520	182.9050	16.5380	37.0440	54.9050
	其中	一般技工	工日	41.0130	45.7260	4.1340	9.2610	13.7260
		高级技工	工日	123.0390	137.1790	12.4030	27.7830	41.1780
材料	校验材料费		元	319.280	355.970	32.190	72.090	106.850
仪表	编程器		台班	9.920	11.060	—	—	—
	对讲机(一对)		台班	—	—	3.500	7.840	11.620
	多功能校验仪		台班	14.880	16.590	3.000	6.720	9.960
	手持式万用表		台班	19.840	22.120	3.500	7.840	11.620
	数字电压表		台班	14.880	16.590	2.200	4.928	7.304

工作内容:单元检查调整、功能试验、测试、排错、系统试验、运行。　　**计量单位:**套

定额编号				2-6-789	2-6-790	2-6-791	2-6-792	2-6-793	2-6-794
项目				管理计算机试验					
				软件功能试验(终端以下)					
				12	15	20	25	30	每增1个
名称			单位	消耗量					
人工	合计工日		工日	76.0730	97.9020	116.7550	132.3000	150.8220	3.5060
	其中	一般技工	工日	19.0180	24.4760	29.1890	33.0750	37.7060	0.8760
		高级技工	工日	57.0540	73.4270	87.5660	99.2250	113.1170	2.6290
材料	校验材料费		元	148.050	190.540	227.230	257.480	293.530	6.820
仪表	对讲机(一对)		台班	16.100	20.720	24.710	28.000	31.920	0.742
	多功能校验仪		台班	13.800	17.760	21.180	24.000	27.360	0.636
	手持式万用表		台班	16.100	20.720	24.710	28.000	31.920	0.742
	数字电压表		台班	10.120	13.024	15.532	17.600	20.064	0.466

工作内容：安装、硬件检查、编程、组态校对、排错、回路试验。

计量单位：台

定额编号				2－6－795	2－6－796	2－6－797	2－6－798	2－6－799	2－6－800
项目				基础自动化硬件检查试验					
				固定程序单回路调节器	可编程仪表				
					单回路调节器	运算器	记录仪	选择调节器	多回路调节器
名称			单位	消耗量					
人工	合计工日		工日	5.1280	6.7890	4.8700	5.4550	9.1990	11.5660
	其中	一般技工	工日	1.2820	1.6970	1.2180	1.3640	2.3000	2.8920
		高级技工	工日	3.8460	5.0920	3.6530	4.0910	6.9000	8.6750
材料	清洁布 250×250		块	0.400	0.400	0.400	0.400	0.400	0.500
	校验材料费		元	78.790	117.020	73.250	86.900	171.740	223.750
	仪表打印纸综合		卷	0.100	0.100	0.100	0.200	0.100	0.300
	其他材料费		%	5.000	5.000	5.000	5.000	5.000	5.000
仪表	编程器		台班	0.337	0.500	0.313	0.371	0.733	0.956
	对讲机(一对)		台班	0.337	0.500	0.313	0.371	0.733	0.956
	多功能校验仪		台班	0.673	1.000	0.626	0.743	1.467	1.912
	精密交直流稳压电源		台班	0.505	0.750	0.470	0.557	1.100	1.434
	手持式万用表		台班	0.505	0.750	0.470	0.557	1.100	1.434
	数字电压表		台班	0.449	0.667	0.417	0.495	0.978	1.274

工作内容：安装、硬件检查、编程、组态校对、排错、回路试验。

计量单位：台

定额编号				2－6－801	2－6－802	2－6－803	2－6－804	2－6－805
项目				基础自动化硬件检查试验				
				现场总线仪表				
				压力控制器	差压控制器	温度变送控制器	光电转换器	电流转换器
名称			单位	消耗量				
人工	合计工日		工日	7.7340	9.8100	4.8700	1.5400	1.0720
	其中	一般技工	工日	1.9340	2.4530	1.2180	0.3850	0.2680
		高级技工	工日	5.8010	7.3580	3.6530	1.1550	0.8040
材料	清洁布 250×250		块	0.400	0.400	0.400	0.200	0.200
	位号牌		个	1.000	1.000	1.000	—	—
	校验材料费		元	16.740	21.500	9.140	3.860	2.570
	仪表打印纸(综合)		卷	0.100	0.100	0.100	—	—
	其他材料费		%	5.000	5.000	5.000	5.000	5.000
仪表	编程器		台班	0.480	0.620	0.260	0.114	0.074
	对讲机(一对)		台班	1.038	1.340	0.569	0.244	0.159
	多功能校验仪		台班	1.038	1.340	0.569	0.244	0.159
	精密交直流稳压电源		台班	0.480	0.620	0.260	0.114	0.074
	铭牌打印机		台班	0.012	0.012	0.012	0.012	0.012
	手持式万用表		台班	1.038	1.340	0.569	0.244	0.159
	数字电压表		台班	0.779	1.005	0.427	0.183	0.119

工作内容：安装、硬件检查、编程、组态校对、排错、回路试验。　　　　**计量单位**：台

定额编号				2-6-806	2-6-807	2-6-808	2-6-809	2-6-810
项目				基础自动化硬件检查试验				
				现场总线仪表				
				气动转换器	阀门定位器	电动执行器	变频变速驱动装置	总线安全栅
名称			单位	消耗量				
人工	合计工日		工日	2.0670	4.2000	8.6550	10.9440	0.2740
	其中	一般技工	工日	0.5170	1.0500	2.1640	2.7360	0.0680
		高级技工	工日	1.5500	3.1500	6.4910	8.2080	0.2050
材料	清洁布 250×250		块	0.300	0.300	0.300	0.300	—
	位号牌		个	1.000	1.000	1.000	1.000	—
	校验材料费		元	5.410	9.660	18.800	25.620	0.510
	其他材料费		%	5.000	5.000	5.000	5.000	5.000
机械	电动空气压缩机 0.6m^3/min		台班	0.156	—	—	—	—
仪表	编程器		台班	0.156	0.280	0.540	0.740	—
	对讲机(一对)		台班	0.333	0.603	1.168	1.591	0.031
	多功能校验仪		台班	0.333	0.603	1.168	1.591	0.031
	精密标准电阻箱		台班	—	—	—	0.370	—
	精密交直流稳压电源		台班	0.156	0.280	0.540	0.740	0.014
	铭牌打印机		台班	—	0.012	0.012	0.012	—
	手持式万用表		台班	0.333	0.603	1.168	1.591	0.031
	数字电压表		台班	0.250	0.452	0.876	1.194	0.023

工作内容：常规检查、通电状态检查、硬件测试、显示记录控制仪表试验。　　　　**计量单位**：套/台

定额编号				2-6-811	2-6-812	2-6-813	2-6-814	2-6-815
项目				基础自动化硬件检查试验				
				控制站	双重化控制站	三重化控制站	数据采集站/监视站	可编程逻辑控制器
名称			单位	消耗量				
人工	合计工日		工日	4.3000	4.9610	5.6230	4.3000	3.6380
	其中	一般技工	工日	1.0750	1.2400	1.4060	1.0750	0.9100
		高级技工	工日	3.2250	3.7210	4.2170	3.2250	2.7290
材料	校验材料费		元	8.370	9.660	10.940	8.370	7.080
仪表	多功能校验仪		台班	0.429	0.495	0.561	0.429	0.363
	手持式万用表		台班	0.858	0.990	1.122	0.858	0.726
	数字电压表		台班	0.572	0.660	0.748	0.572	0.484

工作内容:常规检查、通电状态检查、硬件测试、显示记录控制仪表试验。

定额编号				2－6－816	2－6－817	2－6－818	2－6－819	2－6－820
项目				基础自动化硬件检查试验				
				工控计算机	工程技术站	基本操作站	辅助操作站	复合多功能操作站
				套/台	套/台	套	套	套
名称			单位	消耗量				
人工	合计工日		工日	3.3080	0.5950	4.3000	2.9770	4.6310
	其中	一般技工	工日	0.8270	0.1490	1.0750	0.7440	1.1580
		高级技工	工日	2.4810	0.4470	3.2250	2.2330	3.4730
材料	校验材料费		元	6.440	1.160	8.370	5.790	9.010
仪表	多功能校验仪		台班	0.330	0.059	0.429	0.297	0.420
	手持式万用表		台班	0.660	0.119	1.716	1.188	1.848
	数字电压表		台班	0.440	0.079	0.572	0.396	0.616

工作内容:常规检查、通电状态检查、硬件测试、显示记录控制仪表试验。

计量单位:套

定额编号				2－6－821	2－6－822	2－6－823
项目				基础自动化硬件检查试验		
				双机切换装置		
				自动	半自动	手动
名称			单位	消耗量		
人工	合计工日		工日	3.9690	4.1340	4.3000
	其中	一般技工	工日	0.9920	1.0340	1.0750
		高级技工	工日	2.9770	3.1010	3.2250
材料	校验材料费		元	7.720	8.110	8.370
仪表	多功能校验仪		台班	0.396	0.413	0.429
	手持式万用表		台班	1.584	1.650	1.716
	数字电压表		台班	0.528	0.550	0.572

工作内容:程序装载、操作功能、输入输出插卡校准和试验、组态内容或程序检查、应用功能检查、冗余功能、控制功能、系统试验。

计量单位:套

定额编号				2－6－824	2－6－825	2－6－826	2－6－827	2－6－828
项目				基础自动化系统软件功能试验				
				监控中心	监控和采集站点以下			
					8	12	16	32
名称			单位	消耗量				
人工	合计工日		工日	11.9000	4.7880	8.1030	12.6450	17.4130
	其中	一般技工	工日	2.9750	1.1970	2.0260	3.1610	4.3530
		高级技工	工日	8.9250	3.5910	6.0780	9.4840	13.0590
材料	校验材料费		元	23.170	9.270	15.840	24.590	33.860
仪表	编程器		台班	2.159	0.869	1.470	2.294	3.159
	对讲机(一对)		台班	2.159	0.869	1.470	2.294	3.159
	多功能校验仪		台班	2.159	0.869	1.470	2.294	3.159
	手持式万用表		台班	2.159	0.869	1.470	2.294	3.159
	数字电压表		台班	1.619	0.651	1.103	1.720	2.369

工作内容：程序装载、操作功能、输入输出插卡校准和试验、组态内容或程序检查、应用功能检查、冗余功能、控制功能、系统试验。

计量单位：套

定额编号				2-6-829	2-6-830	2-6-831	2-6-832
项目				基础自动化系统软件功能试验			
				监控和采集站点以下			
				50	80	120	每增1点
名称			单位	消耗量			
人工	合计工日		工日	23.4440	32.1170	41.0470	0.4170
	其中	一般技工	工日	5.8610	8.0290	10.2620	0.1040
		高级技工	工日	17.5830	24.0880	30.7850	0.3130
材料	校验材料费		元	45.570	62.570	79.950	0.770
仪表	编程器		台班	4.253	5.826	7.446	0.076
	对讲机(一对)		台班	4.253	5.826	7.446	0.076
	多功能校验仪		台班	4.253	5.826	7.446	0.076
	手持式万用表		台班	4.253	5.826	7.446	0.076
	数字电压表		台班	3.190	4.370	5.585	0.057

工作内容：程序装载、操作功能、输入输出插卡校准和试验、组态内容或程序检查、应用功能检查、冗余功能、控制功能、系统试验。

计量单位：套

定额编号				2-6-833	2-6-834	2-6-835	2-6-836	2-6-837
项目				基础自动化系统软件功能试验				
				DCS系统 数据采集和处理(过程AI/DI/PI点点以下)				
				16	32	64	128	256
名称			单位	消耗量				
人工	合计工日		工日	3.7860	5.5510	7.7360	10.3360	12.6660
	其中	一般技工	工日	0.9470	1.3880	1.9340	2.5840	3.1660
		高级技工	工日	2.8400	4.1630	5.8020	7.7520	9.4990
材料	校验材料费		元	11.070	16.220	22.530	30.130	36.950
仪表	编程器		台班	0.343	0.504	0.702	0.937	1.149
	对讲机(一对)		台班	0.687	1.007	1.403	1.875	2.298
	多功能校验仪		台班	0.572	0.839	1.170	1.562	1.915
	手持式万用表		台班	0.687	1.007	1.403	1.875	2.298
	数字电压表		台班	0.515	0.755	1.053	1.406	1.723

工作内容:程序装载、操作功能、输入输出插卡校准和试验、组态内容或程序检查、应用功能检查、冗余功能、控制功能、系统试验。

计量单位:套

定额编号				2-6-838	2-6-839	2-6-840	2-6-841	2-6-842
项目				基础自动化系统软件功能试验				
				DCS 系统 数据采集和处理(过程 AI/DI/PI 点点以下)				
				512	1024	2048	4096	4096 点以上每增 16 点
名称			单位	消耗量				
人工	合计工日		工日	15.7930	20.0350	26.2780	36.0650	0.0790
	其中	一般技工	工日	3.9480	5.0090	6.5700	9.0160	0.0200
		高级技工	工日	11.8450	15.0270	19.7090	27.0480	0.0600
材料	校验材料费		元	46.090	58.450	76.730	105.310	0.260
仪表	编程器		台班	1.432	1.817	2.384	3.271	0.007
	对讲机(一对)		台班	4.297	3.635	4.767	6.542	0.014
	多功能校验仪		台班	2.387	3.635	4.767	6.542	0.014
	手持式万用表		台班	2.865	3.635	4.767	6.542	0.014
	数字电压表		台班	1.432	1.817	2.384	3.271	0.007

工作内容:程序装载、操作功能、输入输出插卡校准和试验、组态内容或程序检查、应用功能检查、冗余功能、控制功能、系统试验。

计量单位:套

定额编号				2-6-843	2-6-844	2-6-845	2-6-846
项目				基础自动化系统软件功能试验			
				DCS 系统 信息输出和控制(过程 AO/DO/PO 点点以下)			
				8	16	32	64
名称			单位	消耗量			
人工	合计工日		工日	7.2240	11.4600	16.6280	24.0110
	其中	一般技工	工日	1.8060	2.8650	4.1570	6.0030
		高级技工	工日	5.4180	8.5950	12.4710	18.0090
材料	校验材料费		元	14.030	22.270	32.310	46.730
仪表	编程器		台班	1.310	2.079	3.016	4.356
	对讲机(一对)		台班	1.310	2.079	3.016	4.356
	多功能校验仪		台班	1.310	2.079	3.016	4.356
	手持式万用表		台班	1.310	2.079	3.016	4.356
	数字电压表		台班	0.983	1.559	2.262	3.267

工作内容:程序装载、操作功能、输入输出插卡校准和试验、组态内容或程序检查、应用功能检查、冗余功能、控制功能、系统试验。

计量单位:套

定额编号				2-6-847	2-6-848	2-6-849
项目				基础自动化系统软件功能试验		
				DCS 系统 信息输出和控制(过程 AO/DO/PO 点点以下)		
				128	256	每增 1 点
名称			单位	消耗量		
人工	合计工日		工日	33.1660	42.9040	0.1250
	其中	一般技工	工日	8.2910	10.7260	0.0310
		高级技工	工日	24.8740	32.1780	0.0940
材料	校验材料费		元	64.500	83.550	0.260
仪表	编程器		台班	6.017	7.783	0.023
	对讲机(一对)		台班	6.017	7.783	0.023
	多功能校验仪		台班	6.017	7.783	0.023
	手持式万用表		台班	6.017	7.783	0.023
	数字电压表		台班	4.512	5.837	0.017

工作内容:常规检查、输入输出插卡校准和试验、单元检查、应用功能试验、离线系统试验。

计量单位:套

定额编号				2-6-850	2-6-851	2-6-852	2-6-853
项目				基础自动化系统软件功能试验			
				IPC 系统 过程 I/O 点(点以下)			
				8	16	32	64
名称			单位	消耗量			
人工	合计工日		工日	3.3690	4.8850	7.3440	9.0730
	其中	一般技工	工日	0.8420	1.2210	1.8360	2.2680
		高级技工	工日	2.5270	3.6640	5.5080	6.8050
材料	校验材料费		元	6.570	9.530	14.290	17.640
仪表	编程器		台班	0.306	0.443	0.666	0.823
	对讲机(一对)		台班	0.611	0.886	1.332	1.646
	多功能校验仪		台班	0.611	0.886	1.332	1.646
	手持式万用表		台班	0.611	0.886	1.332	1.646
	数字电压表		台班	0.306	0.443	0.666	0.823

工作内容：常规检查、输入输出插卡校准和试验、单元检查、应用功能试验、离线系统试验。

计量单位：套

定额编号				2－6－854	2－6－855	2－6－856
项目				基础自动化系统软件功能试验		
				IPC系统 过程I/O点(点以下)		
				128	256	512
名称			单位	消耗量		
人工	合计工日		工日	11.9400	15.9100	23.2520
	其中	一般技工	工日	2.9850	3.9780	5.8130
		高级技工	工日	8.9550	11.9330	17.4390
材料	校验材料费		元	23.170	31.030	45.320
仪表	编程器		台班	1.083	1.443	2.109
	对讲机(一对)		台班	2.166	2.886	4.218
	多功能校验仪		台班	2.166	2.886	4.218
	手持式万用表		台班	2.166	2.886	4.218
	数字电压表		台班	1.083	1.443	2.109

工作内容：常规检查、输入输出插卡校准和试验、单元检查、应用功能试验、离线系统试验。

计量单位：套

定额编号				2－6－857	2－6－858	2－6－859	2－6－860	2－6－861	2－6－862
项目				基础自动化系统软件功能试验					
				PLC可编程逻辑控制器 过程I/O点(点以下)					
				12	24	48	64	128	256
名称			单位	消耗量					
人工	合计工日		工日	2.6410	3.7950	5.5460	6.9680	8.7870	11.1630
	其中	一般技工	工日	0.6600	0.9490	1.3870	1.7420	2.1970	2.7910
		高级技工	工日	1.9810	2.8460	4.1600	5.2260	6.5900	8.3720
材料	校验材料费		元	5.150	7.340	10.810	13.520	17.120	21.760
仪表	编程器		台班	0.319	0.459	0.671	0.843	1.063	1.350
	对讲机(一对)		台班	0.399	0.574	0.838	1.053	1.328	1.687
	多功能校验仪		台班	0.479	0.688	1.006	1.264	1.594	2.025
	逻辑分析仪		台班	0.080	0.114	0.167	0.210	0.265	0.336
	手持式万用表		台班	0.479	0.688	1.006	1.264	1.594	2.025
	数字电压表		台班	0.240	0.344	0.503	0.632	0.797	1.012

工作内容：常规检查、输入输出插卡校准和试验、单元检查、应用功能试验、离线系统试验。

计量单位：套

<table>
<tr><td colspan="3">定 额 编 号</td><td>2-6-863</td><td>2-6-864</td><td>2-6-865</td><td>2-6-866</td><td>2-6-867</td></tr>
<tr><td colspan="3" rowspan="3">项　　目</td><td colspan="5">基础自动化系统软件功能试验</td></tr>
<tr><td colspan="5">PLC 可编程逻辑控制器 过程 I/O 点(点以下)</td></tr>
<tr><td>512</td><td>1024</td><td>2048</td><td>4096</td><td>8192</td></tr>
<tr><td colspan="2">名　　称</td><td>单位</td><td colspan="5">消　耗　量</td></tr>
<tr><td rowspan="3">人工</td><td>合计工日</td><td>工日</td><td>14.8240</td><td>18.8190</td><td>24.5910</td><td>30.1610</td><td>34.0850</td></tr>
<tr><td>其中 一般技工</td><td>工日</td><td>3.7060</td><td>4.7050</td><td>6.1480</td><td>7.5400</td><td>8.5210</td></tr>
<tr><td>其中 高级技工</td><td>工日</td><td>11.1180</td><td>14.1140</td><td>18.4430</td><td>22.6210</td><td>25.5640</td></tr>
<tr><td>材料</td><td>校验材料费</td><td>元</td><td>27.160</td><td>34.500</td><td>45.190</td><td>55.360</td><td>62.570</td></tr>
<tr><td rowspan="6">仪表</td><td>编程器</td><td>台班</td><td>2.241</td><td>2.845</td><td>3.717</td><td>4.559</td><td>5.153</td></tr>
<tr><td>对讲机(一对)</td><td>台班</td><td>2.689</td><td>3.414</td><td>4.461</td><td>5.471</td><td>6.183</td></tr>
<tr><td>多功能校验仪</td><td>台班</td><td>2.689</td><td>3.414</td><td>4.461</td><td>5.471</td><td>6.183</td></tr>
<tr><td>逻辑分析仪</td><td>台班</td><td>0.448</td><td>0.569</td><td>0.743</td><td>0.912</td><td>1.031</td></tr>
<tr><td>手持式万用表</td><td>台班</td><td>2.689</td><td>3.414</td><td>4.461</td><td>5.471</td><td>6.183</td></tr>
<tr><td>数字电压表</td><td>台班</td><td>1.345</td><td>1.707</td><td>2.230</td><td>2.736</td><td>3.092</td></tr>
</table>

工作内容：常规检查、输入输出插卡校准和试验、单元检查、应用功能试验、离线系统试验。

计量单位：套

<table>
<tr><td colspan="3">定 额 编 号</td><td>2-6-868</td><td>2-6-869</td><td>2-6-870</td><td>2-6-871</td></tr>
<tr><td colspan="3" rowspan="3">项　　目</td><td colspan="4">基础自动化系统软件功能试验</td></tr>
<tr><td colspan="4">仪表安全系统(SIS) 过程 I/O 点(点以下)</td></tr>
<tr><td>6</td><td>12</td><td>24</td><td>36</td></tr>
<tr><td colspan="2">名　　称</td><td>单位</td><td colspan="4">消　耗　量</td></tr>
<tr><td rowspan="3">人工</td><td>合计工日</td><td>工日</td><td>3.9150</td><td>6.5070</td><td>9.8610</td><td>12.8670</td></tr>
<tr><td>其中 一般技工</td><td>工日</td><td>0.9790</td><td>1.6270</td><td>2.4650</td><td>3.2170</td></tr>
<tr><td>其中 高级技工</td><td>工日</td><td>2.9360</td><td>4.8800</td><td>7.3950</td><td>9.6500</td></tr>
<tr><td>材料</td><td>校验材料费</td><td>元</td><td>7.600</td><td>12.620</td><td>19.180</td><td>25.100</td></tr>
<tr><td rowspan="7">仪表</td><td>笔记本电脑</td><td>台班</td><td>0.237</td><td>0.393</td><td>0.596</td><td>0.778</td></tr>
<tr><td>编程器</td><td>台班</td><td>0.473</td><td>0.787</td><td>1.193</td><td>1.556</td></tr>
<tr><td>对讲机(一对)</td><td>台班</td><td>0.592</td><td>0.984</td><td>1.491</td><td>1.945</td></tr>
<tr><td>多功能校验仪</td><td>台班</td><td>0.710</td><td>1.180</td><td>1.789</td><td>2.334</td></tr>
<tr><td>逻辑分析仪</td><td>台班</td><td>0.118</td><td>0.197</td><td>0.298</td><td>0.389</td></tr>
<tr><td>手持式万用表</td><td>台班</td><td>0.710</td><td>1.180</td><td>1.789</td><td>2.334</td></tr>
<tr><td>数字电压表</td><td>台班</td><td>0.355</td><td>0.590</td><td>0.894</td><td>1.167</td></tr>
</table>

工作内容:常规检查、输入输出插卡校准和试验、单元检查、应用功能试验、离线系统试验。

计量单位:套

定额编号			2-6-872	2-6-873	2-6-874
项目			基础自动化系统软件功能试验		
			仪表安全系统(SIS)过程I/O点(点以下)		
			48	64	128点以上每增4点
名称		单位	消耗量		
人工	合计工日	工日	15.4610	20.2250	1.1970
	其中 一般技工	工日	3.8650	5.0560	0.2990
	其中 高级技工	工日	11.5960	15.1690	0.8980
材料	校验材料费	元	30.130	39.390	2.320
仪表	笔记本电脑	台班	0.935	1.223	0.072
	编程器	台班	1.870	2.446	0.145
	对讲机(一对)	台班	2.337	3.057	0.181
	多功能校验仪	台班	2.805	3.669	0.217
	逻辑分析仪	台班	0.467	0.611	0.036
	手持式万用表	台班	2.805	3.669	0.217
	数字电压表	台班	1.402	1.834	0.109

工作内容:系统可用及维护功能、环境功能检查、参数设置、安全设置、传输距离、接口、优先权通信试验。

计量单位:套

定额编号			2-6-875	2-6-876	2-6-877	2-6-878	2-6-879	2-6-880
项目			基础自动化系统软件功能试验					
			网络系统(网络节点数以下)					
			16	32	50	100	200	200点以上每增2点
名称		单位	消耗量					
人工	合计工日	工日	3.2720	5.1420	7.2460	10.0500	12.6210	0.1640
	其中 一般技工	工日	0.8180	1.2860	1.8110	2.5130	3.1550	0.0410
	其中 高级技工	工日	2.4540	3.8570	5.4340	7.5380	9.4660	0.1230
材料	校验材料费	元	6.310	10.040	14.160	19.570	24.590	0.260
仪表	笔记本电脑	台班	0.594	0.933	1.314	1.823	2.290	0.030
	对讲机(一对)	台班	0.594	0.933	1.314	1.823	2.290	0.030
	多功能校验仪	台班	0.594	0.933	1.314	1.823	2.290	0.030
	手持式万用表	台班	0.594	0.933	1.314	1.823	2.290	0.030
	数字电压表	台班	0.297	0.466	0.657	0.912	1.145	0.015
	网络测试仪	台班	0.093	0.147	0.207	0.287	0.360	0.005

工作内容：系统可用及维护功能、环境功能检查、参数设置、安全设置、传输距离、接口、优先权通信试验。

定额编号				2－6－881	2－6－882	2－6－883	2－6－884
项目				基础自动化系统软件功能试验			
				现场总线（节点以下）		无线数据传输网络（传输距离 km）	
				32	124	3 以内	3 以外
				套	套	站	站
名称			单位	消耗量			
人工	合计工日		工日	3.2720	4.9080	5.6800	7.7830
	其中	一般技工	工日	0.8180	1.2270	1.4200	1.9460
		高级技工	工日	2.4540	3.6810	4.2600	5.8370
材料	校验材料费		元	6.310	9.530	11.070	15.190
仪表	笔记本电脑		台班	0.297	0.445	1.202	1.647
	对讲机（一对）		台班	0.950	1.425	1.649	2.259
	多功能校验仪		台班	0.099	0.148	—	—
	手持式万用表		台班	0.594	0.890	1.030	1.412
	网络测试仪		台班	0.093	0.140	0.162	0.222

工作内容：系统可用及维护功能、环境功能检查、参数设置、安全设置、传输距离、接口、优先权通信试验。

计量单位：套

定额编号				2－6－885	2－6－886	2－6－887	2－6－888	2－6－889	2－6－890
项目				基础自动化系统软件功能试验 接口试验					
				与上位机接口	远程终端	阴极保护装置	视频监控系统	火灾报警消防系统	安全机组系统
名称			单位	消耗量					
人工	合计工日		工日	0.4210	0.4910	0.6540	0.3970	0.7250	0.2100
	其中	一般技工	工日	0.1050	0.1230	0.1640	0.0990	0.1810	0.0530
		高级技工	工日	0.3160	0.3680	0.4910	0.2980	0.5430	0.1580
材料	校验材料费		元	0.770	0.900	1.290	0.770	1.420	0.390
仪表	对讲机（一对）		台班	0.070	0.082	0.109	0.066	0.120	0.035
	多功能校验仪		台班	0.042	0.049	0.065	0.040	0.072	0.021
	手持式万用表		台班	—	0.098	0.131	0.079	0.145	0.042
	数字电压表		台班	—	—	0.065	0.040	0.072	—

工作内容:系统可用及维护功能、环境功能检查、参数设置、安全设置、传输距离、接口、优先权通信试验。

计量单位:套

定额编号			2-6-891	2-6-892	2-6-893
项目			基础自动化系统软件功能试验 接口试验		
			与其他装置接口(I/O点)		
			模拟量	数字量	脉冲量
名称		单位	消耗量		
人工	合计工日	工日	0.1170	0.0470	0.0930
	其中 一般技工	工日	0.0290	0.0120	0.0230
	其中 高级技工	工日	0.0880	0.0350	0.0700
材料	校验材料费	元	0.260	0.130	0.130
仪表	对讲机(一对)	台班	0.016	0.006	0.012
	多功能校验仪	台班	0.008	0.003	0.006
	手持式万用表	台班	0.012	0.005	0.009
	数字电压表	台班	0.004	0.002	0.003

工作内容:现场至控制室进行控制、操作、显示静态模拟试验。

计量单位:套

定额编号			2-6-894	2-6-895	2-6-896	2-6-897	2-6-898	2-6-899
项目			基础自动化系统软件功能试验 在线回路试验					
			模拟量 AI点	模拟量 AO点	数字量 DI点	数字量 DO点	脉冲量 PI/PO点	无线测控点
名称		单位	消耗量					
人工	合计工日	工日	0.1050	0.2280	0.0630	0.1160	0.1750	0.1400
	其中 一般技工	工日	0.0260	0.0570	0.0160	0.0290	0.0440	0.0350
	其中 高级技工	工日	0.0790	0.1710	0.0470	0.0870	0.1310	0.1050
材料	校验材料费	元	0.130	0.260	0.130	0.130	0.260	0.260
仪表	便携式电动泵压力校验仪	台班	0.010	—	—	—	—	—
	对讲机(一对)	台班	0.017	0.038	0.010	0.019	0.029	0.023
	多功能校验仪	台班	0.010	0.023	0.006	0.012	0.017	0.014
	多功能压力校验仪	台班	0.010	—	0.090	—	—	—
	回路校验仪	台班	0.021	0.045	0.013	0.023	0.035	—
	手持式万用表	台班	0.021	0.045	0.013	0.023	—	0.028
	数字压力表	台班	0.010	0.023	0.006	0.012	—	—

11. 仪表管路敷设、伴热及脱脂

工作内容：清理、煨弯、组对、安装及接头（管件）安装、焊接、除锈、防腐、强度和气密泄漏性试验。

计量单位：10m

定额编号				2-6-900	2-6-901	2-6-902	2-6-903
项目				钢管敷设			
				碳钢管敷设焊接（管径 mm 以内）			
				14	22	32	50
名称			单位	消耗量			
人工	合计工日		工日	1.4170	1.6210	1.8470	2.1230
	其中	普工	工日	0.2550	0.2920	0.3320	0.3820
		一般技工	工日	1.1340	1.2970	1.4780	1.6980
		高级技工	工日	0.0280	0.0320	0.0370	0.0420
材料	半圆头镀锌螺栓 M(2～5)×(15～50)		套	15.000	12.000	12.000	8.000
	低碳钢焊条 J422（综合）		kg	—	—	—	0.662
	电		kW·h	0.200	0.500	0.800	1.200
	镀锌管卡子（钢管用）15		个	7.000	—	—	—
	镀锌管卡子（钢管用）20		个	—	5.000	—	—
	镀锌管卡子（钢管用）32		个	—	—	5.000	—
	镀锌管卡子（钢管用）50		个	—	—	—	4.000
	镀锌铁丝 ϕ2.5～1.4		kg	0.060	0.060	0.060	0.060
	酚醛调和漆（各种颜色）		kg	0.170	0.310	0.400	0.720
	酚醛防锈漆（各种颜色）		kg	0.220	0.390	0.500	0.900
	钢锯条		条	0.250	0.100	0.100	—
	管材		m	10.400	10.400	10.400	10.400
	棉纱		kg	0.050	0.050	0.050	0.050
	清洗剂 500mL		瓶	0.200	0.200	0.200	0.200
	砂轮片 ϕ100		片	0.001	0.010	0.010	0.010
	砂轮片 ϕ400		片	0.001	0.010	0.010	0.001
	碳钢气焊条		kg	0.128	0.096	0.096	—
	铁砂布 0#～2#		张	0.500	0.500	0.500	0.500
	氧气		m^3	0.336	0.252	0.252	—
	仪表接头		套	4.000	3.000	4.000	6.000
	乙炔气		kg	0.128	0.096	0.096	—
	油漆溶剂油		kg	0.200	0.300	0.400	0.500
	其他材料费		%	5.000	5.000	5.000	5.000
机械	电动空气压缩机 0.6m^3/min		台班	—	—	—	0.050
	电动弯管机 50mm		台班	—	0.040	0.040	0.020
	砂轮切割机 ϕ400		台班	—	0.010	0.015	0.020
	载重汽车 8t		台班	0.005	0.010	0.012	0.015
	直流弧焊机 20kV·A		台班	—	—	—	0.340

工作内容:清理、煨弯、套丝、组对、安装及接头(管件)安装、强度和气密泄漏性试验。 **计量单位:**10m

定额编号				2-6-904	2-6-905	2-6-906	2-6-907	2-6-908	2-6-909
项目				钢管敷设					
				碳钢管敷设丝接(管径 mm 以内)				碳钢管卡套连接(管径 mm)	
				15	20	32	50	14 以下	14 以上
名称			单位	消耗量					
人工	合计工日		工日	0.9900	1.1700	1.5040	1.7790	0.8290	1.1600
	其中	普工	工日	0.1780	0.2110	0.2710	0.3200	0.1490	0.2090
		一般技工	工日	0.7920	0.9360	1.2030	1.4230	0.6630	0.9280
		高级技工	工日	0.0200	0.0230	0.0300	0.0360	0.0170	0.0230
材料	半圆头镀锌螺栓 M(2~5)×(15~50)		套	15.000	12.000	12.000	8.000	15.000	12.000
	电		kW·h	0.250	0.300	0.350	0.500	—	—
	镀锌管卡子(钢管用) 15		个	7.000	—	—	—	7.000	—
	镀锌管卡子(钢管用) 20		个	—	5.000	—	—	—	5.000
	镀锌管卡子(钢管用) 32		个	—	—	5.000	—	—	—
	镀锌管卡子(钢管用) 50		个	—	—	—	4.000	—	—
	镀锌铁丝 ϕ2.5~1.4		kg	0.060	0.060	0.060	0.060	0.030	0.030
	酚醛调和漆(各种颜色)		kg	—	—	—	—	0.170	0.310
	酚醛防锈漆(各种颜色)		kg	—	—	—	—	0.220	0.390
	钢锯条		条	0.250	0.100	0.100	—	0.250	0.100
	管材		m	10.400	10.400	10.400	10.400	10.400	10.400
	管件 *DN*15 以下		套	5.000	4.000	6.000	8.000	—	—
	厚漆		kg	0.040	0.050	0.060	0.060	—	—
	机油		kg	0.050	0.080	0.100	0.120	—	—
	聚四氟乙烯生料带		m	0.210	0.200	0.400	0.650	—	—
	棉纱		kg	0.050	0.050	0.050	0.050	0.050	0.050
	膨胀螺栓 M10~16(综合)		套	0.005	0.005	0.005	0.005	—	—
	清洗剂 500mL		瓶	0.250	0.250	0.250	0.250	—	—
	砂轮片 ϕ100		片	0.001	0.005	0.010	0.010	0.010	0.010
	砂轮片 ϕ400		片	—	—	—	—	0.001	0.010
	铁砂布 $0^{\#}\sim2^{\#}$		张	0.500	0.500	0.500	0.500	0.300	0.300
	仪表接头		套	—	—	—	—	4.000	3.000
	油漆溶剂油		kg	—	—	—	—	0.200	0.400
	其他材料费		%	5.000	5.000	5.000	5.000	5.000	5.000
机械	电动空气压缩机 0.6m^3/min		台班	0.010	0.010	0.030	0.050	0.050	0.050
	电动弯管机 50mm		台班	—	0.010	0.020	0.030	0.030	0.030
	管子切断套丝机 159mm		台班	0.020	0.035	0.050	0.060	—	—
	砂轮切割机 ϕ400		台班	—	—	—	—	0.020	0.020
	载重汽车 4t		台班	—	0.010	0.012	0.015	0.005	0.010

工作内容：清洗、组对、高压管车丝、焊接及焊口处理、管及管件安装、除锈、防腐、强度、气密性、泄漏性试验。

计量单位：10m

定额编号			2-6-910	2-6-911	2-6-912	2-6-913	2-6-914
项目			不锈钢管及高压管敷设				
			不锈钢管敷设(管径 mm 以内)				
			10	14	22	32	50
名称		单位	消耗量				
人工	合计工日	工日	1.1470	1.4650	1.6940	1.9180	2.3430
	其中 普工	工日	0.2060	0.2640	0.3050	0.3450	0.4220
	其中 一般技工	工日	0.9180	1.1720	1.3550	1.5340	1.8740
	其中 高级技工	工日	0.0230	0.0290	0.0340	0.0380	0.0470
材料	半圆头镀锌螺栓 M(2~5)×(15~50)	套	6.000	15.000	10.000	10.000	8.000
	不锈钢管卡 15	个	3.000	7.000	—	—	—
	不锈钢管卡 20	个	—	—	5.000	—	—
	不锈钢管卡 32	个	—	—	—	5.000	—
	不锈钢管卡 50	个	—	—	—	—	4.000
	不锈钢焊丝 1Cr18Ni9Ti	kg	0.020	0.132	0.099	0.099	0.110
	电	kW·h	0.080	0.100	0.150	0.300	0.450
	镀锌铁丝 ϕ2.5~1.4	kg	0.060	0.060	0.060	0.060	0.060
	管材	m	10.360	10.360	10.360	10.360	10.360
	管件 *DN*15 以下	套	4.000	3.000	4.000	4.000	4.000
	砂轮片 ϕ100	片	0.001	0.005	0.010	0.010	0.010
	砂轮片 ϕ400	片	0.001	0.005	0.010	0.010	0.010
	酸洗膏	kg	0.010	0.015	0.020	0.025	0.040
	铁砂布 0#~2#	张	0.500	0.500	0.500	—	—
	细白布 宽 900	m	0.050	0.050	0.050	0.050	0.050
	橡胶板	kg	0.140	0.240	0.240	0.240	0.240
	氩气	m^3	0.036	0.240	0.180	0.180	0.210
	铈钨棒	g	0.067	0.448	0.336	0.336	0.392
	其他材料费	%	5.000	5.000	5.000	5.000	5.000
机械	电动空气压缩机 0.6m^3/min	台班	0.040	—	—	0.050	0.090
	电动弯管机 50mm	台班	—	—	0.040	0.060	0.050
	管子切断机 60mm	台班	0.020	0.050	0.060	0.070	0.080
	砂轮切割机 ϕ400	台班	0.010	0.011	0.022	0.025	0.080
	台式砂轮机 ϕ100	台班	0.010	0.011	0.012	0.010	0.010
	载重汽车 8t	台班	—	0.005	0.010	0.012	0.015
	氩弧焊机 500A	台班	0.010	0.050	0.070	0.090	0.240

工作内容：清洗、组对、高压管车丝、焊接及焊口处理、管及管件安装、除锈、防腐、强度、气密性、泄漏性试验。

计量单位：10m

定额编号				2-6-915	2-6-916	2-6-917	2-6-918
项目				不锈钢管及高压管敷设			
				不锈钢管卡套连接(管径 mm)		高压管(管径 15mm 以内)	
				14 以下	14 以上	碳钢	不锈钢
名称			单位	消耗量			
人工	合计工日		工日	0.9720	1.1380	1.5400	1.7620
	其中	普工	工日	0.1750	0.2050	0.2770	0.3170
		一般技工	工日	0.7770	0.9110	1.2320	1.4090
		高级技工	工日	0.0190	0.0230	0.0310	0.0350
材料	半圆头镀锌螺栓 M(2~5)×(15~50)		套	14.000	10.000	10.000	10.000
	不锈钢管卡 15		个	7.000	—	7.000	7.000
	不锈钢管卡 20		个	—	5.000	—	—
	电		kW·h	0.080	0.080	0.500	0.800
	镀锌铁丝 ϕ2.5~1.4		kg	0.030	0.030	0.030	0.030
	酚醛调和漆		kg	—	—	0.080	—
	酚醛防锈漆		kg	—	—	0.110	—
	管材		m	10.360	10.360	10.360	10.360
	管件 *DN*15 以下		套	4.000	3.000	4.000	4.000
	合金钢氩弧焊丝		kg	—	—	—	0.132
	棉纱		kg	—	—	0.050	—
	清洗剂 500mL		瓶	—	—	0.050	—
	溶剂汽油 200#		kg	—	—	0.100	—
	砂轮片 ϕ100		片	0.005	0.010	0.010	0.010
	砂轮片 ϕ400		片	0.005	0.010	0.010	0.010
	酸洗膏		kg	—	—	—	0.030
	碳钢氩弧焊丝		kg	—	—	0.192	—
	铁砂布 0#~2#		张	—	—	0.500	0.500
	细白布 宽 900		m	0.010	0.010	—	0.010
	橡胶板		kg	—	—	0.240	0.240
	氩气		m^3	—	—	0.312	0.312
	铈钨棒		g	—	—	0.624	0.624
	其他材料费		%	—	—	5.000	5.000
机械	电动空气压缩机 0.6m^3/min		台班	0.015	0.018	—	—
	普通车床 400×1000(mm)		台班	—	—	0.080	0.080
	砂轮切割机 ϕ400		台班	0.010	0.010	0.020	0.020
	台式砂轮机 ϕ100		台班	0.010	0.010	0.010	0.010
	载重汽车 8t		台班	—	—	0.002	0.002
	氩弧焊机 500A		台班	—	—	0.040	0.040

工作内容: 清洗、组对、安装、焊接(或卡套连接)、固定、通气和气密性试验。　　　　**计量单位:** 10m

定额编号			2－6－919	2－6－920	2－6－921	2－6－922	2－6－923	2－6－924
项　目			有色金属及非金属管敷设					
			紫铜管(管径 mm 以内)				黄铜管(管径 mm 以内)	
			10	14	22	32		50
名　称		单位	消　耗　量					
人工	合计工日	工日	0.5480	1.0880	1.2920	1.7170	1.7950	2.3790
人工	其中 普工	工日	0.0990	0.1960	0.2330	0.3090	0.3230	0.4280
人工	其中 一般技工	工日	0.4390	0.8700	1.0340	1.3730	1.4360	1.9030
人工	其中 高级技工	工日	0.0110	0.0220	0.0260	0.0340	0.0360	0.0480
材料	半圆头镀锌螺栓 M(2～5)×(15～50)	套	3.000	10.000	10.000	12.000	20.000	20.000
材料	电	kW·h	—	—	—	0.500	1.000	2.000
材料	镀锌管卡子(钢管用) 15	个	2.000	6.000	—	—	—	—
材料	镀锌管卡子(钢管用) 20	个	—	—	5.000	—	—	—
材料	镀锌管卡子(钢管用) 32	个	—	—	—	6.000	10.000	—
材料	镀锌管卡子(钢管用) 50	个	—	—	—	—	—	10.000
材料	镀锌铁丝 ϕ2.5～1.4	kg	0.040	0.050	0.060	0.060	0.060	0.060
材料	钢锯条	条	0.400	0.300	—	—	—	—
材料	管材	m	10.300	10.300	10.300	10.300	10.200	10.200
材料	砂轮片 ϕ100	片	—	0.010	0.010	0.010	0.010	0.010
材料	砂轮片 ϕ400	片	—	0.001	0.010	0.010	0.010	0.010
材料	石棉橡胶板 高压 δ1～6	kg	0.100	0.140	0.140	0.500	0.500	0.500
材料	铁砂布 0#～2#	张	0.500	0.500	0.500	0.500	1.000	1.000
材料	铜气焊丝	kg	—	0.022	0.025	0.030	—	—
材料	铜氩弧焊丝	kg	—	0.019	0.034	0.044	0.084	0.110
材料	位号牌	个	—	—	—	10.000	20.000	30.000
材料	细白布 宽 900	m	—	—	0.050	0.050	0.050	0.050
材料	氧气	m^3	—	0.054	0.065	0.075	—	—
材料	仪表接头	套	5.000	3.000	2.000	4.000	5.000	10.000
材料	乙炔气	kg	—	0.021	0.025	0.030	—	—
材料	钻头 ϕ6～13	个	—	—	0.100	0.140	0.400	0.750
材料	氩气	m^3	—	0.016	0.029	0.037	0.071	0.071
材料	铈钨棒	g	—	0.032	0.057	0.073	0.142	0.142
材料	其他材料费	%	5.000	5.000	5.000	5.000	5.000	5.000
机械	电动空气压缩机 0.6m^3/min	台班	0.010	0.010	0.010	0.100	0.100	0.100
机械	管子切断套丝机 159mm	台班	—	0.010	0.010	0.012	0.012	0.015
机械	普通车床 400×1000(mm)	台班	—	—	—	0.010	0.030	0.030
机械	砂轮切割机 ϕ400	台班	—	0.010	0.010	0.012	0.015	0.015
机械	摇臂钻床 50mm	台班	—	—	—	0.050	0.100	0.150
机械	载重汽车 4t	台班	—	0.005	0.010	0.012	0.012	0.015
机械	氩弧焊机 500A	台班	—	0.002	0.010	0.030	0.070	0.120

工作内容：准备、清洗、定位、划线、切断、煨弯、组对、焊接、接头连接、固定、强度试验、严密性或气密性试验。

计量单位：10m

定额编号				2-6-925	2-6-926	2-6-927	2-6-928
项　目				有色金属及非金属管敷设			
				铝管敷设(管径 mm 以内)			聚乙烯管(管径32mm 以内)
				14	22	32	
名　称			单位	消　耗　量			
人工	合计工日		工日	1.4740	1.5160	1.6910	2.0000
	其中	普工	工日	0.2650	0.2730	0.3040	0.3600
		一般技工	工日	1.1800	1.2120	1.3530	1.6000
		高级技工	工日	0.0290	0.0300	0.0340	0.0400
材料	半圆头镀锌螺栓 M(2~5)×(15~50)		套	14.000	20.000	20.000	—
	电		kW·h	0.200	0.500	0.600	1.000
	镀锌管卡子(钢管用) 15		个	10.000	—	—	—
	镀锌管卡子(钢管用) 20		个	—	10.000	—	—
	镀锌管卡子(钢管用) 32		个	—	—	10.000	—
	钢锯条		条	0.100	—	—	1.000
	管材		m	10.300	10.300	10.300	10.300
	聚氯乙烯焊条(综合)		kg	—	—	—	0.040
	铝焊丝 丝301 $\phi1\sim6$		kg	0.035	0.052	0.068	—
	砂轮片 $\phi100$		片	0.002	0.010	0.015	0.015
	砂轮片 $\phi400$		片	0.003	0.008	0.010	—
	石棉橡胶板 高压 $\delta1\sim6$		kg	0.200	0.250	0.500	—
	塑料管件		套	—	—	—	6.000
	塑料卡子		个	—	—	—	14.000
	铁砂布 0#~2#		张	0.500	0.500	0.500	0.500
	仪表接头		套	3.000	2.000	2.000	—
	氩气		m^3	0.090	0.150	0.200	—
	铈钨棒		g	0.180	0.290	0.360	—
	其他材料费		%	5.000	5.000	5.000	5.000
机械	电动空气压缩机 $0.6m^3/min$		台班	—	—	—	0.220
	电动弯管机 50mm		台班	—	0.030	0.030	—
	管子切断机 60mm		台班	0.010	0.030	0.040	—
	砂轮切割机 $\phi400$		台班	0.010	0.012	0.015	—
	台式砂轮机 $\phi100$		台班	0.010	0.012	0.015	0.150
	载重汽车 4t		台班	0.005	0.010	0.012	0.007
	氩弧焊机 500A		台班	0.020	0.020	0.040	—

工作内容：切断、煨弯、缆头处理、卡套连接、固定、通气试验。　　**计量单位：**10m

定额编号				2-6-929	2-6-930	2-6-931	2-6-932
项目				管缆敷设			
				尼龙管缆(管径 mm 以内)			
				单芯			7芯
				6	8	10	6
名称			单位	消耗量			
人工	合计工日		工日	0.3820	0.5290	0.7400	1.0420
	其中	普工	工日	0.0690	0.0950	0.1330	0.1880
		一般技工	工日	0.3060	0.4230	0.5920	0.8340
		高级技工	工日	0.0080	0.0110	0.0150	0.0210
材料	半圆头镀锌螺栓 M(2~5)×(15~50)		套	—	—	2.000	4.000
	镀锌电线管卡子 15		个	—	—	1.000	2.000
	钢锯条		条	0.100	0.100	0.110	0.150
	管材		m	10.300	10.300	10.300	10.300
	尼龙扎带(综合)		根	2.500	2.500	2.500	1.000
	石棉橡胶板 高压 δ1~6		kg	0.080	0.080	0.080	0.140
	铁砂布 0#~2#		张	0.200	0.200	0.200	0.300
	仪表接头		套	2.000	2.000	2.000	6.000
	其他材料费		%	5.000	5.000	5.000	5.000
机械	电动空气压缩机 0.6m³/min		台班	0.010	0.010	0.010	0.020
	载重汽车 4t		台班	—	0.005	0.005	0.007

工作内容:切断、煨弯、缆头处理、卡套连接、固定、通气试验。 计量单位:10m

定额编号				2-6-933	2-6-934	2-6-935	2-6-936
项目				管缆敷设			
				铜管缆(管径 mm 以内)			
				单芯			7 芯
				6	8	10	6
名称			单位	消耗量			
人工	合计工日		工日	0.5740	0.8900	0.9610	1.2010
	其中	普工	工日	0.1030	0.1600	0.1730	0.2160
		一般技工	工日	0.4590	0.7120	0.7690	0.9610
		高级技工	工日	0.0110	0.0180	0.0190	0.0240
材料	半圆头镀锌螺栓 M(2~5)×(15~50)		套	—	—	2.000	4.000
	镀锌电线管卡子 15		个	—	—	1.000	2.000
	钢锯条		条	0.150	0.150	0.150	0.500
	管材		m	10.300	10.300	10.300	10.300
	尼龙扎带(综合)		根	2.200	2.200	2.200	1.000
	砂轮片 ϕ100		片	—	0.005	0.005	0.010
	砂轮片 ϕ400		片	—	0.005	0.005	0.010
	石棉橡胶板 高压 δ1~6		kg	0.080	0.080	0.080	0.100
	铁砂布 0#~2#		张	0.300	0.300	0.300	0.300
	仪表接头		套	2.000	2.000	2.000	8.000
	其他材料费		%	5.000	5.000	5.000	5.000
机械	电动空气压缩机 0.6m^3/min		台班	0.010	0.010	0.010	0.020
	砂轮切割机 ϕ400		台班	0.010	0.011	0.012	0.015
	手提式砂轮机		台班	0.010	0.011	0.012	0.015
	载重汽车 4t		台班	—	0.005	0.005	0.007

工作内容:切断、煨弯、缆头处理、卡套连接、固定、通气试验。　　　　**计量单位:**10m

定额编号			2-6-937	2-6-938	2-6-939	2-6-940	2-6-941	2-6-942
项目			管缆敷设					
			不锈钢管缆(管径 mm 以内)				伴热一体化管缆(缆芯以内)	
			单芯			7 芯	单芯	4 芯
			6	8	10	6		
名称		单位	消耗量					
人工	合计工日	工日	0.9030	0.9900	1.0580	1.3600	2.1950	3.7510
	其中 普工	工日	0.1630	0.1780	0.1900	0.2450	0.3950	0.675
	其中 一般技工	工日	0.7220	0.7920	0.8460	1.0880	1.7560	3.0010
	其中 高级技工	工日	0.0180	0.0200	0.0210	0.0270	0.0440	0.0750
材料	半圆头镀锌螺栓 M(2~5)×(15~50)	套	—	10.000	10.000	12.000	12.000	12.000
	不锈钢管卡 15	个	—	5.000	5.000	6.000	—	—
	不锈钢氩弧焊丝 1Cr18Ni9Ti $\phi3$	kg	—	—	—	—	0.068	0.135
	镀锌钢管卡子 *DN*15	个	—	—	—	—	6.000	—
	镀锌钢管卡子 *DN*50	个	—	—	—	—	—	6.000
	钢锯条	条	0.200	0.250	0.250	0.400	0.500	1.000
	管材	m	10.300	10.300	10.300	10.300	10.300	10.300
	尼龙扎带(综合)	根	12.000	7.000	7.000	6.000	6.000	6.000
	砂轮片 $\phi100$	片	—	0.005	0.005	0.010	0.016	0.020
	砂轮片 $\phi400$	片	—	0.005	0.005	0.010	0.016	0.020
	酸洗膏	kg	—	—	—	—	0.020	0.040
	铁砂布 0#~2#	张	0.200	0.200	0.300	0.500	0.500	0.500
	细白布 宽 900	m	—	—	—	—	0.050	0.070
	仪表接头	套	2.000	2.000	2.000	8.000	4.000	8.000
	氩气	m^3	—	—	—	—	0.120	0.240
	铈钨棒	g	—	—	—	—	0.224	0.448
	其他材料费	%	5.000	5.000	5.000	5.000	5.000	5.000
机械	电动空气压缩机 $0.6m^3/min$	台班	0.010	0.010	0.010	0.020	0.010	0.010
	砂轮切割机 $\phi400$	台班	0.005	0.005	0.010	0.010	0.040	0.050
	试压泵 2.5MPa	台班	—	—	—	—	0.010	0.020
	手提式砂轮机	台班	—	—	0.010	0.010	0.040	0.050
	载重汽车 4t	台班	0.005	0.005	0.005	0.007	0.010	0.020
	氩弧焊机 500A	台班	—	—	—	—	0.100	0.200

工作内容:伴热管:敷设(或缠绕)、焊接、除锈、防腐、强度和气密性试验。 **计量单位**:10m

定额编号				2-6-943	2-6-944	2-6-945	2-6-946
项目				仪表设备与管路伴热			
				不锈钢管伴热管(管径 mm 以内)			
				10	14	18	22
名称			单位	消耗量			
人工	合计工日		工日	1.1590	1.6420	2.0260	2.4330
	其中	普工	工日	0.2090	0.2960	0.3650	0.4380
		一般技工	工日	0.9270	1.3130	1.6210	1.9470
		高级技工	工日	0.0230	0.0330	0.0410	0.0490
材料	不锈钢焊丝 1Cr18Ni9Ti		kg	0.010	0.010	0.015	0.015
	电		kW·h	0.100	0.120	0.130	0.140
	镀锌铁丝 ϕ4.0~2.8		kg	0.050	0.050	0.050	0.050
	管材		m	10.300	10.300	10.300	10.300
	棉纱		kg	0.050	0.050	0.050	0.050
	砂轮片 ϕ100		片	0.001	0.005	0.005	0.080
	砂轮片 ϕ400		片	0.001	0.005	0.005	0.080
	酸洗膏		kg	0.050	0.050	0.030	0.040
	铁砂布 0#~2#		张	0.500	0.500	0.500	0.500
	细白布 宽 900		m	0.050	0.050	0.050	0.050
	氩气		m^3	0.060	0.120	0.120	0.120
	铈钨棒		g	0.112	0.224	0.224	0.224
	其他材料费		%	5.000	5.000	5.000	5.000
机械	砂轮切割机 ϕ400		台班	0.010	0.015	0.018	0.020
	试压泵 2.5MPa		台班	0.020	0.020	0.020	0.020
	手提式砂轮机		台班	0.010	0.015	0.018	0.020
	载重汽车 4t		台班	0.010	0.010	0.010	0.010
	氩弧焊机 500A		台班	0.010	0.010	0.015	0.015

工作内容:伴热管:敷设(或缠绕)、焊接、除锈、防腐、强度和气密性试验。　　**计量单位**:10m

定额编号				2-6-947	2-6-948	2-6-949	2-6-950
项　目				仪表设备与管路伴热			
				碳钢管伴热管(管径 mm 以内)			
				10	14	18	22
名　称			单位	消　耗　量			
人工	合计工日		工日	0.9880	1.3580	1.8830	2.1370
	其中	普工	工日	0.1780	0.2440	0.3390	0.3850
		一般技工	工日	0.7900	1.0870	1.5070	1.7100
		高级技工	工日	0.0200	0.0270	0.0380	0.0430
材料	电		kW·h	0.140	0.160	0.180	0.200
	镀锌铁丝 ϕ4.0~2.8		kg	0.050	0.050	0.050	0.050
	酚醛防锈漆(各种颜色)		kg	0.360	0.370	0.380	0.390
	钢锯条		条	0.500	0.500	0.700	0.700
	管材		m	10.350	10.350	10.350	10.350
	棉纱		kg	0.050	0.050	0.050	0.050
	碳钢气焊条		kg	0.032	0.064	0.064	0.064
	铁砂布 0#~2#		张	0.500	0.500	0.500	0.500
	氧气		m^3	0.084	0.168	0.168	0.168
	乙炔气		kg	0.032	0.064	0.064	0.064
	其他材料费		%	5.000	5.000	5.000	5.000
机械	管子切断机 60mm		台班	0.030	0.030	0.040	0.040
	试压泵 2.5MPa		台班	0.020	0.020	0.020	0.020
	载重汽车 4t		台班	0.010	0.010	0.010	0.010

工作内容：伴热管：敷设(或缠绕)、焊接、除锈、防腐、强度和气密性试验。 计量单位：10m

定额编号				2-6-951	2-6-952	2-6-953	2-6-954
项目				仪表设备与管路伴热			
				铜管伴热管(管径 mm 以内)			
				10	14	18	22
名称			单位	消耗量			
人工	合计工日		工日	0.5560	1.0530	1.2600	1.5000
	其中	普工	工日	0.1000	0.1890	0.2270	0.2700
		一般技工	工日	0.4450	0.8420	1.0080	1.2000
		高级技工	工日	0.0110	0.0210	0.0250	0.0300
材料	镀锌铁丝 ϕ4.0~2.8		kg	—	0.050	0.050	0.050
	钢锯条		条	0.100	0.300	0.400	0.500
	管材		m	10.300	10.300	10.300	10.300
	棉纱		kg	0.050	0.050	0.050	0.050
	砂轮片 ϕ100		片	0.001	0.005	0.008	0.010
	铁砂布 0#~2#		张	0.500	0.500	0.500	0.500
	铜气焊丝		kg	—	0.009	0.012	0.018
	铜氩弧焊丝		kg	0.029	0.027	0.034	0.047
	氧气		m^3	—	0.024	0.032	0.039
	乙炔气		kg	—	0.008	0.013	0.015
	氩气		m^3	0.023	0.023	0.029	0.040
	铈钨棒		g	0.046	0.045	0.057	0.060
	其他材料费		%	5.000	5.000	5.000	5.000
机械	管子切断机 60mm		台班	—	0.015	0.020	0.020
	砂轮切割机 ϕ400		台班	0.010	0.010	0.015	0.020
	手提式砂轮机		台班	0.010	0.010	0.015	0.020
	载重汽车 4t		台班	0.008	0.008	0.010	0.010
	氩弧焊机 500A		台班	0.030	0.035	0.050	0.060

工作内容：伴热带(元件)敷设(安装)、绝缘接地、控制及保护电路测试。

定额编号				2-6-955	2-6-956	2-6-957	2-6-958
项　目				仪表设备与管路伴热			
				电伴热带/伴热电缆			伴热元件
				伴热电缆	接线盒	终端头制作安装	
				100m	个	个	根
名　称			单位	消　耗　量			
人工	合计工日		工日	6.0580	0.1210	0.4160	0.7750
	其中	普工	工日	1.0910	0.0220	0.0750	0.1390
		一般技工	工日	4.8470	0.0970	0.3330	0.6200
		高级技工	工日	0.1210	0.0020	0.0080	0.0150
材料	白布		m	—	—	0.050	—
	半圆头镀锌螺栓 M(6~12)×(22~80)		套	—	4.000	—	—
	标签纸(综合)		m	—	—	0.050	—
	电		kW·h	0.300	—	—	0.100
	电缆卡子(综合)		个	4.000	—	—	—
	电热带		m	102.000	—	—	—
	管状电热带		根	—	—	—	1.000
	接地线 5.5~16mm^2		m	3.500	0.800	0.600	1.000
	接线盒		个	—	1.000	—	—
	接线铜端子头		个	—	—	2.200	—
	绝缘材料(复合丁晴)		m^2	11.000	—	—	—
	耐高温铝箔玻璃纤维带 50m/卷		卷	2.300	—	—	—
	尼龙扎带(综合)		根	—	—	0.500	—
	塑料胶带		m	—	—	0.100	—
	铁砂布 0#~2#		张	0.100	—	0.450	—
	尾端盒		个	—	—	1.000	—
	位号牌		个	—	—	1.000	—
	线号套管(综合)		m	—	—	0.020	—
	校验材料费		元	4.120	—	—	0.770
	其他材料费		%	5.000	5.000	5.000	5.000
机械	载重汽车 4t		台班	0.010	—	—	—
仪表	接地电阻测试仪		台班	—	—	0.050	—
	铭牌打印机		台班	0.018	—	0.012	0.012
	手持式万用表		台班	0.200	—	0.020	0.050
	数字电压表		台班	0.100	—	—	0.050
	线号打印机		台班	—	—	0.030	—
	兆欧表		台班	0.030	—	0.030	—

工作内容：表计拆装、浸泡、脱脂、擦洗、检查、封口、送检。

定额编号				2-6-959	2-6-960	2-6-961	2-6-962	2-6-963	2-6-964
项目				仪表设备与管路脱脂					
				压力表	变送器调节阀	孔板	仪表阀门	仪表附件	仪表管路
				块	台	块	个	套	10m
名称			单位	消耗量					
人工	合计工日		工日	0.3790	0.7390	0.2770	0.2860	0.0820	0.6380
	其中	普工	工日	0.0680	0.1330	0.0500	0.0520	0.0150	0.1150
		一般技工	工日	0.3030	0.5910	0.2220	0.2290	0.0660	0.5100
		高级技工	工日	0.0080	0.0150	0.0060	0.0060	0.0020	0.0130
材料	白滤纸		张	2.000	6.000	2.000	3.000	1.000	4.000
	镀锌铁丝 ϕ2.5~1.4		kg	—	—	—	—	—	0.100
	酒精		kg	0.100	0.500	0.500	0.100	0.100	0.300
	脱脂剂		kg	1.000	7.000	2.050	1.000	0.500	1.500
	脱脂用黑光灯		组	0.020	0.050	0.010	0.010	0.010	0.030
	细白布 宽900		m	0.100	0.400	0.400	0.200	0.100	0.250
	其他材料费		%	5.000	5.000	5.000	5.000	5.000	5.000
机械	电动空气压缩机 0.6m^3/min		台班	—	—	—	—	—	0.060

12. 自动化线路、通信

工作内容：绝缘检查、敷设、固定、挂牌。 **计量单位：**根

定额编号				2-6-965	2-6-966	2-6-967	2-6-968
项目				自动化线路敷设			
				带专用插头系统电缆敷设(芯)			
				10	20	36	50
名称			单位	消耗量			
人工	合计工日		工日	0.3110	0.3680	0.4510	0.5290
	其中	普工	工日	0.0620	0.0740	0.0900	0.1060
		一般技工	工日	0.2330	0.2760	0.3380	0.3970
		高级技工	工日	0.0160	0.0180	0.0230	0.0260
材料	尼龙扎带(综合)		根	7.000	7.000	7.000	7.000
	位号牌		个	2.000	2.000	2.000	2.000
	系统电缆		根	1.000	1.000	1.000	1.000
	其他材料费		%	5.000	5.000	5.000	5.000
机械	载重汽车 4t		台班	0.005	0.006	0.007	0.010
仪表	接地电阻测试仪		台班	0.050	0.050	0.050	0.050
	铭牌打印机		台班	0.024	0.024	0.024	0.024
	手持式万用表		台班	0.064	0.074	0.090	0.105

工作内容：绝缘检查、敷设、固定、挂牌。　　计量单位：100m

定额编号				2-6-969	2-6-970	2-6-971	2-6-972
项目				自动化线路敷设			
				通信线缆(对以内)			
				4	25	50	50以上
名称			单位	消耗量			
人工	合计工日		工日	0.8330	1.5580	1.9340	2.4090
	其中	普工	工日	0.1670	0.3120	0.3870	0.4820
		一般技工	工日	0.6250	1.1680	1.4510	1.8070
		高级技工	工日	0.0420	0.0780	0.0970	0.1200
材料	超五类屏蔽双绞线		m	102.000	102.000	102.000	102.000
	镀锌铁丝 ϕ2.5～1.4		kg	0.300	0.100	0.100	0.100
	尼龙扎带(综合)		根	2.000	5.000	8.000	0.000
	其他材料费		%	5.000	5.000	5.000	5.000
机械	载重汽车 4t		台班	—	0.010	0.020	0.030

工作内容：开箱检查、架线盘、敷设、锯断、固定、临时封头。　　计量单位：100m

定额编号				2-6-973	2-6-974	2-6-975	2-6-976	2-6-977
项目				自动化线路敷设				
				自动化电缆敷设($1.5mm^2$以内)				
				2芯	4芯以下	6芯以下	12芯以下	21芯以下
名称			单位	消耗量				
人工	合计工日		工日	1.8540	2.5390	2.9350	2.9790	3.2970
	其中	普工	工日	0.3710	0.5080	0.5870	0.5960	0.6590
		一般技工	工日	1.3900	1.9040	2.2010	2.2350	2.4720
		高级技工	工日	0.0930	0.1270	0.1470	0.1490	0.1650
材料	半圆头镀锌螺栓 M(2～5)×(15～50)		套	12.000	12.000	12.000	10.000	10.000
	电缆		m	102.000	102.000	102.000	102.000	102.000
	镀锌电缆卡子(综合)		个	6.000	6.000	6.000	5.000	5.000
	镀锌铁丝 ϕ2.5～1.4		kg	0.300	0.300	0.200	0.200	0.150
	钢锯条		条	1.000	1.000	1.000	1.000	0.500
	绝缘胶布 20m/卷		卷	0.300	0.300	0.200	0.100	0.080
	棉纱		kg	0.050	0.050	0.050	0.050	0.050
	尼龙扎带(综合)		根	2.000	2.000	3.000	4.000	4.000
	其他材料费		%	5.000	5.000	5.000	5.000	5.000
机械	汽车式起重机 16t		台班	—	—	—	0.006	0.009
	载重汽车 4t		台班	—	0.006	0.007	0.008	0.013

工作内容：开箱检查、架线盘、敷设、锯断、固定、临时封头。

计量单位：100m

定额编号				2-6-978	2-6-979	2-6-980	2-6-981	2-6-982
项目				自动化线路敷设				
				自动化电缆敷设(1.5mm² 以内)				
				27芯以下	39芯以下	48芯以下	54芯以下	60芯以下
名称			单位	消耗量				
人工	合计工日		工日	4.2030	4.8020	5.5520	6.2360	7.9680
	其中	普工	工日	0.8410	0.9600	1.1100	1.2470	1.5940
		一般技工	工日	3.1520	3.6020	4.1640	4.6770	5.9760
		高级技工	工日	0.2100	0.2400	0.2780	0.3120	0.3980
材料	半圆头镀锌螺栓 M(2~5)×(15~50)		套	8.000	8.000	8.000	8.000	8.000
	电缆		m	102.000	102.000	102.000	102.000	102.000
	镀锌电缆卡子(综合)		个	4.000	4.000	4.000	4.000	4.000
	钢锯条		条	0.500	0.300	0.300	0.300	0.300
	绝缘胶布 20m/卷		卷	0.060	0.060	0.050	0.050	0.060
	棉纱		kg	0.050	0.060	0.060	0.060	0.100
	尼龙扎带(综合)		根	4.000	4.000	4.000	4.000	4.000
	其他材料费		%	5.000	5.000	5.000	5.000	5.000
机械	汽车式起重机 16t		台班	0.011	0.015	0.017	0.020	0.025
	载重汽车 4t		台班	0.012	0.016	0.022	0.024	0.031

工作内容：开箱检查、架线盘、敷设、锯断、固定、临时封头。

计量单位：100m

定额编号				2-6-983	2-6-984	2-6-985	2-6-986	2-6-987
项目				自动化线路敷设				
				自动化电缆敷设(1.5mm² 以上)				
				2芯	4芯以下	6芯以下	12芯以下	21芯以下
名称			单位	消耗量				
人工	合计工日		工日	2.0570	2.8120	3.2090	3.5140	3.7670
	其中	普工	工日	0.4110	0.5620	0.6420	0.7030	0.7530
		一般技工	工日	1.5430	2.1090	2.4070	2.6350	2.8260
		高级技工	工日	0.1030	0.1410	0.1600	0.1760	0.1880
材料	半圆头镀锌螺栓 M(2~5)×(15~50)		套	12.000	12.000	10.000	10.000	8.000
	电缆		m	102.000	102.000	102.000	102.000	102.000
	镀锌电缆卡子(综合)		个	6.000	6.000	5.000	5.000	4.000
	镀锌铁丝 ϕ2.5~1.4		kg	0.300	0.300	0.200	0.200	0.150
	钢锯条		条	1.000	1.000	1.000	0.500	0.500
	绝缘胶布 20m/卷		卷	0.300	0.300	0.300	0.025	0.100
	棉纱		kg	0.050	0.050	0.050	0.050	0.050
	尼龙扎带(综合)		根	2.000	2.000	3.000	4.000	4.000
	其他材料费		%	5.000	5.000	5.000	5.000	5.000
机械	汽车式起重机 16t		台班	—	—	—	0.007	0.011
	载重汽车 4t		台班	—	0.007	0.008	0.009	0.014

工作内容:开箱检查、架线盘、敷设、锯断、固定、临时封头。　　　　**计量单位:**100m

定额编号			2-6-988	2-6-989	2-6-990	2-6-991	2-6-992
项目			自动化线路敷设				
			自动化电缆敷设(1.5mm² 以上)				
			27 芯以下	39 芯以下	48 芯以下	54 芯以下	60 芯以下
名称		单位	消耗量				
人工	合计工日	工日	4.6380	5.0600	5.9690	6.5850	8.3350
	其中 普工	工日	0.9280	1.0120	1.1940	1.3170	1.6670
	其中 一般技工	工日	3.4780	3.7950	4.4770	4.9390	6.2510
	其中 高级技工	工日	0.2320	0.2530	0.2980	0.3290	0.4170
材料	半圆头镀锌螺栓 M(2~5)×(15~50)	套	6.000	6.000	6.000	6.000	6.000
	电缆	m	102.000	102.000	102.000	102.000	102.000
	镀锌电缆卡子	套	3.000	3.000	3.000	3.000	3.000
	钢锯条	条	0.500	0.300	0.300	0.300	0.300
	绝缘胶布 20m/卷	卷	0.080	0.080	0.080	0.060	0.060
	棉纱	kg	0.050	0.060	0.060	0.060	0.100
	尼龙扎带(综合)	根	6.000	6.000	6.000	6.000	6.000
	其他材料费	%	5.000	5.000	5.000	5.000	5.000
机械	汽车式起重机 16t	台班	0.012	0.015	0.018	0.020	0.026
	载重汽车 4t	台班	0.013	0.017	0.023	0.026	0.033

工作内容：制作、固定、校线、套线号、绝缘测定、接地、挂牌。 **计量单位：**个

定额编号				2-6-993	2-6-994	2-6-995	2-6-996	2-6-997
项目				自动化线路敷设				
				电缆终端头制作、安装(芯以下)				
				2	4	6	12	21
名称			单位	消耗量				
人工	合计工日		工日	0.1800	0.2440	0.3030	0.4450	0.5660
	其中	普工	工日	0.0360	0.0490	0.0610	0.0890	0.1130
		一般技工	工日	0.1350	0.1830	0.2270	0.3340	0.4250
		高级技工	工日	0.0090	0.0120	0.0150	0.0220	0.0280
材料	半圆头镀锌螺栓 M(2~5)×(15~50)		套	1.000	1.000	1.000	1.000	1.000
	标签纸(综合)		m	0.050	0.070	0.080	0.140	0.200
	镀锌电缆卡子(综合)		个	0.500	0.500	0.500	0.500	0.500
	接地线 5.5~16mm^2		m	0.600	0.600	0.600	0.600	0.600
	接线铜端子头		个	2.200	4.400	6.600	13.200	23.100
	尼龙扎带(综合)		根	0.500	0.500	0.500	0.500	0.500
	塑料胶布带 20mm×50m		卷	0.020	0.040	0.050	0.100	0.200
	铁砂布 0#~2#		张	0.100	0.200	0.400	0.540	0.450
	铜芯塑料绝缘软电线 BVR-1.5mm^2		m	0.500	0.500	0.500	0.500	0.500
	位号牌		个	1.000	1.000	1.000	1.000	1.000
	细白布 宽900		m	0.050	0.050	0.050	0.050	0.050
	线号套管(综合)		m	0.050	0.100	0.150	0.200	0.350
	其他材料费		%	5.000	5.000	5.000	5.000	5.000
仪表	电缆测试仪		台班	0.010	0.010	0.010	0.010	0.010
	对讲机(一对)		台班	0.030	0.039	0.047	0.065	0.083
	接地电阻测试仪		台班	0.050	0.050	0.050	0.050	0.050
	铭牌打印机		台班	0.012	0.012	0.012	0.012	0.012
	手持式万用表		台班	0.030	0.039	0.047	0.065	0.083
	数字式快速对线仪		台班	0.010	0.015	0.020	0.025	0.030
	线号打印机		台班	0.004	0.008	0.012	0.024	0.042
	兆欧表		台班	0.030	0.030	0.030	0.030	0.030

工作内容：制作、固定、校线、套线号、绝缘测定、接地、挂牌。　　**计量单位**：个

定额编号			2-6-998	2-6-999	2-6-1000	2-6-1001	2-6-1002
项目			自动化线路敷设				
			电缆终端头制作安装(芯以下)				
			27	39	48	54	60
名称		单位	消耗量				
人工	合计工日	工日	0.6990	0.9960	1.2290	1.3890	1.5930
	其中 普工	工日	0.1400	0.1990	0.2460	0.2780	0.3190
	其中 一般技工	工日	0.5240	0.7470	0.9220	1.0420	1.1940
	其中 高级技工	工日	0.0350	0.0500	0.0610	0.0690	0.0800
材料	半圆头镀锌螺栓 M(2~5)×(15~50)	套	1.000	1.000	1.000	1.000	1.000
	标签纸(综合)	m	0.300	0.400	0.500	0.600	0.700
	镀锌电缆卡子(综合)	个	0.500	0.500	0.500	0.500	0.500
	接地线 5.5~16mm^2	m	0.600	0.600	0.600	0.600	0.600
	接线铜端子头	个	27.700	42.900	52.800	59.400	66.000
	尼龙扎带(综合)	根	0.500	0.500	0.500	0.500	0.500
	塑料胶布带 20mm×50m	卷	0.300	0.400	0.400	0.400	0.400
	铁砂布 0#~2#	张	0.540	0.600	0.700	1.000	1.500
	铜芯塑料绝缘软电线 BVR-1.5mm^2	m	0.500	0.500	0.500	0.500	0.500
	位号牌	个	1.000	1.000	1.000	1.000	1.000
	细白布 宽 900	m	0.050	0.050	0.050	0.050	0.050
	线号套管(综合)	m	0.510	0.650	0.780	0.900	1.000
	其他材料费	%	5.000	5.000	5.000	5.000	5.000
仪表	电缆测试仪	台班	0.010	0.010	0.010	0.010	0.010
	对讲机(一对)	台班	0.101	0.147	0.182	0.204	0.227
	接地电阻测试仪	台班	0.050	0.050	0.050	0.050	0.050
	铭牌打印机	台班	0.012	0.012	0.012	0.012	0.012
	手持式万用表	台班	0.101	0.147	0.182	0.204	0.227
	数字式快速对线仪	台班	0.040	0.050	0.060	0.070	0.080
	线号打印机	台班	0.054	0.078	0.096	0.108	0.120
	兆欧表	台班	0.030	0.030	0.030	0.030	0.030

工作内容:制作、固定、校线、套线号、绝缘测定、接地、挂牌。

计量单位:个

定额编号				2-6-1003	2-6-1004	2-6-1005	2-6-1006
项目				自动化线路敷设			
				通信专用缆线终端(对芯)			
				4	25	50	每增4对芯
名称			单位	消耗量			
人工	合计工日		工日	0.0570	0.0970	0.1240	0.0360
	其中	普工	工日	0.0110	0.0190	0.0250	0.0070
		一般技工	工日	0.0430	0.0720	0.0930	0.0270
		高级技工	工日	0.0030	0.0050	0.0060	0.0020
材料	标签纸(综合)		m	—	0.100	0.100	—
	电缆线接头		个	1.000	6.000	12.000	1.000
	清洁布 250×250		块	0.200	0.400	0.500	0.020
	其他材料费		%	5.000	5.000	5.000	5.000
仪表	对讲机(一对)		台班	0.012	0.020	0.026	0.008
	网络测试仪		台班	0.010	0.016	0.021	0.006

工作内容:敷设、复测试验、接头熔接、接续、成套附件安装、固定、挂牌。

计量单位:100m

定额编号				2-6-1007	2-6-1008	2-6-1009	2-6-1010	2-6-1011
项目				自动化线路敷设				
				光缆敷设(芯/束以下)				
				6			12	
				沿桥架支架	沿电缆沟/埋地	穿保护管	沿槽盒支架	沿电缆沟/埋地
名称			单位	消耗量				
人工	合计工日		工日	2.1350	1.6640	2.7660	3.0940	1.9120
	其中	普工	工日	0.4270	0.3330	0.5530	0.6190	0.3820
		一般技工	工日	1.6020	1.2480	2.0740	2.3210	1.4340
		高级技工	工日	0.1070	0.0830	0.1380	0.1550	0.0960
材料	半圆头镀锌螺栓 M(2~5)×(15~50)		套	10.000	4.000	—	8.000	4.000
	电缆卡子(综合)		个	5.000	2.000	—	4.000	2.000
	镀锌铁丝 φ2.5~1.4		kg	—	—	0.300	—	—
	光缆		m	102.000	102.000	102.000	102.000	102.000
	尼龙扎带(综合)		根	3.000	5.000	—	4.000	3.000
	其他材料费		%	5.000	5.000	5.000	5.000	5.000
机械	汽车式起重机 16t		台班	0.002	0.002	0.002	0.005	0.005
	载重汽车 15t		台班	0.002	0.002	0.002	0.005	0.005

工作内容：敷设、复测试验、接头熔接、接续、成套附件安装、固定、挂牌、成端头、堵头制作、固定，绝缘试验、特性及电气性能测试、护层对地测试。

定额编号				2-6-1012	2-6-1013	2-6-1014	2-6-1015	2-6-1016
项目				自动化线路敷设				
				光缆接头制作（芯/束以下）		光缆成端头	光缆中继段测试	光电端机
				6	12			
				（芯/束以下）	（芯/束以下）	个	段	台
名称			单位	消耗量				
人工	合计工日		工日	0.9460	1.4490	0.5580	1.0580	2.3700
	其中	普工	工日	0.1890	0.2900	0.1120	0.2120	0.4740
		一般技工	工日	0.7090	1.0870	0.4180	0.7930	1.7770
		高级技工	工日	0.0470	0.0720	0.0280	0.0530	0.1180
材料	成套附件		套	1.000	1.000	—	—	—
	地线装置		套	1.010	1.010	—	—	—
	光缆接头盒		套	1.000	1.000	—	—	—
	光缆终端活接头及附件		套	—	—	1.010	—	—
	环氧树脂		kg	1.000	1.000	—	—	—
	加感线圈		个	1.010	1.010	—	—	—
	接地线 5.5～16mm²		m	—	—	—	—	1.000
	接续材料		套	6.000	12.000	—	—	—
	六角螺栓 M(6～8)×(20～70)		套	1.000	1.000	—	—	4.000
	熔接接头及器材		套	1.000	1.000	—	—	—
	位号牌		个	1.000	1.000	1.000	—	1.000
	细白布 宽900		m	1.000	1.000	—	—	0.200
	校验材料费		元	0.510	0.900	0.260	1.930	3.990
	其他材料费		%	5.000	5.000	5.000	5.000	5.000
仪表	高稳定度光源		台班	—	—	—	0.132	0.300
	光功率计		台班	0.109	0.179	0.054	0.132	0.300
	光纤测试仪		台班	0.072	0.119	0.036	0.088	0.200
	光纤熔接机		台班	0.030	0.060	—	—	—
	铭牌打印机		台班	0.012	0.012	0.012	—	0.012
	手持光损耗测试仪		台班	0.036	0.060	—	0.044	—
	手提式光纤多用表		台班	0.072	0.119	0.036	0.088	0.200

工作内容：运输、开箱检查、架线盘、敷设、锯断、固定、临时封头。

定额编号			2-6-1017	2-6-1018	2-6-1019	2-6-1020	2-6-1021
项目			自动化线路敷设 同轴电缆				
			沿桥架/支架敷设(芯以下)		穿管敷设	同轴电缆终端头制作(个)	
			2	8		2芯	8芯
			100m	100m	100m	个	个
名称		单位	消耗量				
人工	合计工日	工日	1.5620	1.9610	2.2630	0.0970	0.2380
	其中 普工	工日	0.3120	0.3920	0.4530	0.0190	0.0480
	其中 一般技工	工日	1.1720	1.4710	1.6970	0.0730	0.1790
	其中 高级技工	工日	0.0780	0.0980	0.1130	0.0050	0.0120
材料	半圆头镀锌螺栓 M(2~5)×(15~50)	套	12.000	9.000	—	—	—
	电缆卡子(综合)	个	6.000	4.500	—	—	—
	钢锯条	条	0.500	0.500	0.500	—	—
	接地线 5.5~16mm^2	m	—	—	—	1.000	1.000
	绝缘胶布 20m/卷	卷	0.005	0.010	0.010	—	—
	棉纱	kg	0.020	0.050	0.050	—	—
	尼龙扎带(综合)	根	9.000	9.000	—	—	—
	铁砂布 0#~2#	张	—	—	—	0.300	1.000
	同轴电缆	m	102.000	102.000	102.000	—	—
	同轴电缆终端接头及附件	套	—	—	—	1.000	1.000
	校验材料费	元	—	—	—	0.130	0.510
	其他材料费	%	5.000	5.000	5.000	5.000	5.000
机械	汽车式起重机 16t	台班	—	0.010	0.005	—	—
	载重汽车 4t	台班	—	0.010	0.005	—	—
仪表	手持式万用表	台班	—	—	—	0.011	0.044

工作内容：安装、对号、校接线、单元检查、调整、呼叫、通话系统试验。　　　　**计量单位**：台

定额编号				2-6-1022	2-6-1023	2-6-1024	2-6-1025	2-6-1026	2-6-1027
项目				通信设备安装和试验					
				扩音对讲话站					
				室外普通式	防爆型	防水型	室内壁挂式	桌面安装	扩音对讲转接器
名称			单位	消耗量					
人工	合计工日		工日	0.4810	0.5660	0.4810	0.4570	0.2390	0.2020
	其中	普工	工日	0.0960	0.1130	0.0960	0.0910	0.0480	0.0400
		一般技工	工日	0.3610	0.4240	0.3610	0.3430	0.1790	0.1510
		高级技工	工日	0.0240	0.0280	0.0240	0.0230	0.0120	0.0100
材料	接地线 5.5~16mm^2		m	—	1.000	—	—	—	—
	六角螺栓 M10×(20~50)		套	4.000	4.000	4.000	4.000	—	4.000
	密封剂		kg	—	0.025	—	0.050	—	—
	膨胀螺栓 M10		套	—	4.000	—	—	—	—
	清洁布 250×250		块	0.300	0.300	0.300	0.300	0.300	0.300
	校验材料费		元	0.390	0.390	0.390	0.390	0.390	0.510
	其他材料费		%	5.000	5.000	5.000	5.000	—	5.000
仪表	对讲机(一对)		台班	0.036	0.036	0.036	0.036	0.036	0.048
	接地电阻测试仪		台班	—	0.050	—	—	—	—
	手持式万用表		台班	0.022	0.022	0.022	0.022	0.022	0.029

工作内容：安装、对号、校接线、单元检查、调整、呼叫、通话系统试验。　　　　**计量单位**：台

定额编号				2-6-1028	2-6-1029	2-6-1030	2-6-1031	2-6-1032	2-6-1033
项目				通信设备安装和试验					
				扩音对讲话站		扩音对讲话机安装			
				电源控制箱	数字程控调度机	普通型	防爆带箱型	无线普通型	无线防爆带箱型
名称			单位	消耗量					
人工	合计工日		工日	4.3790	5.8460	0.0810	0.3700	0.1230	0.3650
	其中	普工	工日	0.8760	1.1690	0.0160	0.0740	0.0250	0.0730
		一般技工	工日	3.2840	4.3840	0.0610	0.2770	0.0920	0.2740
		高级技工	工日	0.2190	0.2920	0.0040	0.0180	0.0060	0.0180
材料	电		kW·h	0.300	0.300	—	—	—	—
	防爆阻燃密封剂		kg	—	—	—	25.000	—	—
	接地线 5.5~16mm^2		m	1.000	1.000	—	—	—	—
	六角螺栓 M14×(14~75)		套	4.000	4.000	—	—	—	—
	六角螺栓 M(6~10)×(20~70)		套	—	—	—	4.000	—	4.000
	膨胀螺栓 M10		套	4.000	4.000	—	—	—	—
	清洁布 250×250		块	0.500	0.500	—	—	—	—
	塑料胶带		m	3.000	—	—	—	—	—
	细白布		m	0.400	0.400	0.100	0.050	—	—
	校验材料费		元	1.290	10.300	—	—	0.510	0.510
	其他材料费		%	5.000	5.000	5.000	5.000	5.000	5.000
仪表	对讲机(一对)		台班	0.120	0.960	—	—	0.048	0.048
	接地电阻测试仪		台班	0.050	0.050	0.050	0.050	0.050	0.050
	手持式万用表		台班	0.066	0.528	—	—	0.150	0.150
	数字电压表		台班	0.066	0.352	—	—	—	—

工作内容：安装、对号、校接线、单元检查、调整、呼叫、通话系统试验。　　**计量单位**：台

定额编号				2-6-1034	2-6-1035	2-6-1036	2-6-1037	2-6-1038
项目				通信设备安装和试验				
				扩音设备安装				
				防爆防水扬声器	扩音转接器	阻抗均衡器	防爆增音器	吸顶式音箱
名称			单位	消耗量				
人工	合计工日		工日	0.4830	0.1790	0.1340	0.1560	0.3620
	其中	普工	工日	0.0970	0.0360	0.0270	0.0310	0.0720
		一般技工	工日	0.3620	0.1340	0.1010	0.1170	0.2720
		高级技工	工日	0.0240	0.0090	0.0070	0.0080	0.0180
材料	电		kW·h	0.210	—	—	—	—
	接地线 5.5~16mm²		m	1.000	—	—	—	—
	六角螺栓 M(6~10)×(20~70)		套	4.000	—	—	2.000	—
	膨胀螺栓 M10		套	4.000	—	—	—	—
	清洁布 250×250		块	—	0.200	0.200	0.200	—
	细白布		m	0.050	—	—	—	—
	校验材料费		元	—	0.260	0.130	0.260	—
	其他材料费		%	5.000	5.000	5.000	5.000	5.000
机械	平台作业升降车 9m		台班	0.080	—	—	—	—
仪表	对讲机(一对)		台班	—	0.048	0.032	0.040	—
	接地电阻测试仪		台班	0.050	—	—	—	—
	手持式万用表		台班	—	0.034	0.022	0.028	—
	数字电压表		台班	—	0.034	0.022	0.028	—

工作内容：安装、对号、校接线、单元检查、调整、呼叫、通话系统试验。

定额编号				2-6-1039	2-6-1040	2-6-1041	2-6-1042	2-6-1043
项目				通信设备安装和试验				
				扩音设备安装		对讲电话调试		
				壁挂式音箱	扩音调度台	集中放大式	相互式	复合式
				台	台	套	套	套
名称			单位	消耗量				
人工	合计工日		工日	0.2170	0.4350	6.6150	3.8590	8.8200
	其中	普工	工日	0.0430	0.0870	1.3230	0.7720	1.7640
		一般技工	工日	0.1630	0.3260	4.9610	2.8940	6.6150
		高级技工	工日	0.0110	0.0220	0.3310	0.1930	0.4410
材料	六角螺栓 M(6~10)×(20~70)		套	4.000	—	—	—	—
	清洁布 250×250		块	—	0.400	—	—	—
	细白布		m	0.050	—	—	—	—
	校验材料费		元	—	0.640	12.870	7.470	17.120
	其他材料费		%	5.000	5.000	5.000	5.000	5.000
机械	对讲机(一对)		台班	—	0.120	2.400	1.400	3.200
	接地电阻测试仪		台班	—	—	0.050	—	—
	手持式万用表		台班	—	0.084	1.680	0.980	2.240
	数字电压表		台班	—	0.084	1.680	0.980	3.200
	综合测试仪		台班	—	0.024	0.480	0.280	0.640

工作内容：安装、对号、校接线、单元检查、调整、呼叫、通话系统试验。

定额编号				2－6－1044	2－6－1045	2－6－1046	2－6－1047
项目				通信设备安装和试验			
				无线电台	无线电台天线（4扇/组）	环形天线安装	增益天线安装
				台	组	组	组
名称			单位	消耗量			
人工	合计工日		工日	0.3200	2.7060	0.8220	0.9160
	其中	普工	工日	0.0640	0.5410	0.1640	0.1830
		一般技工	工日	0.2400	2.0290	0.6170	0.6870
		高级技工	工日	0.0160	0.1350	0.0410	0.0460
材料	电		kW·h	0.500	—	—	—
	六角螺栓 M(6～8)×(20～50)		套	—	—	4.000	4.000
	膨胀螺栓 M10		套	4.000	—	—	—
	塑料胶布带 20mm×50m		卷	0.050	—	0.050	—
	细白布 宽900		m	—	—	0.200	0.200
	校验材料费		元	0.260	0.390	0.260	0.390
	其他材料费		%	—	—	5.000	5.000
机械	载重汽车 2t		台班	0.010	0.100	0.010	0.010
仪表	笔记本电脑		台班	0.069	—	—	—
	对讲机(一对)		台班	0.069	0.554	0.154	0.199
	手持式万用表		台班	—	—	0.004	0.044

工作内容：防爆挠性管的密封、接头安装。

定额编号				2－6－1048	2－6－1049	2－6－1050	2－6－1051
项目				其他项目安装			
				金属穿线盒		金属挠性管安装	
				普通型	防爆型	普通型	防爆型
				10个	10个	10根	10根
名称			单位	消耗量			
人工	合计工日		工日	0.6720	0.8350	0.6660	0.8170
	其中	普工	工日	0.1340	0.1670	0.1330	0.1630
		一般技工	工日	0.0340	0.0420	0.0330	0.0410
		高级技工	工日	0.5040	0.6260	0.4990	0.6120
材料	穿线盒		个	10.200	10.200	—	—
	防爆阻燃密封剂		kg	—	0.080	—	0.015
	棉纱		kg	0.100	—	0.100	—
	挠性管(带接头)		根	—	—	10.100	10.100
	清洗剂 500mL		瓶	0.100	—	0.300	—
	细白布 宽900		m	—	0.020	—	0.020
	其他材料费		%	5.000	5.000	5.000	5.000

工作内容：防爆挠性管的密封、接头安装。

定额编号				2－6－1052	2－6－1053	2－6－1054	2－6－1055	2－6－1056
项目				其他项目安装				
				电缆密封接头		孔洞封堵		铜包钢焊接
				普通型	防爆型	防爆胶泥	发泡剂	
				10个	10个	kg	kg	点
名称			单位	消耗量				
人工	合计工日		工日	0.3220	0.4610	0.0870	0.1750	0.1250
	其中	普工	工日	0.0640	0.0920	0.0170	0.0350	0.0250
		一般技工	工日	0.0160	0.0230	0.0040	0.0090	0.0060
		高级技工	工日	0.2420	0.3460	0.0660	0.1310	0.0940
材料	点火器具及附件		套	—	—	—	—	0.100
	电缆密封接头		套	10.200	10.200	—	—	—
	发泡剂		kg	—	—	—	1.040	—
	防爆胶泥		kg	—	—	1.040	—	—
	防爆阻燃密封剂		kg	—	0.010	—	—	—
	焊药(铜包钢)		包	—	—	—	—	1.000
	棉纱		kg	—	—	0.030	0.030	0.010
	铁砂布 0#～2#		张	—	—	—	—	0.250
	细白布 宽900		m	0.010	0.010	—	—	—
	其他材料费		%	5.000	5.000	5.000	5.000	5.000

13. 仪表盘、箱、柜安装

工作内容：开箱、检查、就位、组装、找正、固定、接地、清理、挂牌、校接线。　　**计量单位：**台

定额编号				2-6-1057	2-6-1058	2-6-1059	2-6-1060	2-6-1061
项目				仪表盘、箱、柜安装				
				大型通道盘	柜式、框架式盘	组合式盘台	屏式盘	充气式仪表柜
名称			单位	消耗量				
人工	合计工日		工日	6.7070	4.5800	5.6140	1.5550	6.8460
	其中	普工	工日	2.0120	1.3740	1.6840	0.4670	2.0540
		一般技工	工日	4.6950	3.2060	3.9300	1.0890	4.7920
材料	标签纸(综合)		m	0.300	0.300	0.300	0.100	0.200
	垫铁		kg	1.200	0.800	1.200	0.400	0.800
	电		kW·h	0.200	0.100	0.200	0.400	0.600
	接地线 5.5~16mm^2		m	0.800	0.800	0.800	0.800	1.500
	六角螺栓 M12×(20~100)		套	12.000	5.000	6.000	2.000	—
	六角螺栓 M(6~8)×(20~70)		套	24.000	12.000	16.000	6.000	—
	棉纱		kg	0.050	0.050	0.050	0.050	0.200
	膨胀螺栓 M12		套	—	—	—	2.000	4.000
	位号牌		个	—	—	—	—	1.000
	其他材料费		%	5.000	5.000	5.000	5.000	5.000
机械	叉式起重机 3t		台班	0.200	0.200	0.200	0.100	—
	电动空气压缩机 0.6m^3/min		台班	—	—	—	—	0.300
	汽车式起重机 16t		台班	0.100	0.060	0.100	0.040	0.100
	载重汽车 8t		台班	0.200	0.150	0.150	0.080	0.200
仪表	接地电阻测试仪		台班	0.050	0.050	0.050	0.050	0.050
	铭牌打印机		台班	—	—	—	—	0.012
	手持式万用表		台班	0.564	0.367	0.450	0.106	0.289
	线号打印机		台班	0.040	0.020	0.040	0.020	0.020

工作内容：开箱、检查、就位、组装、找正、固定、接地、清理、挂牌、校接线。 计量单位：台

定额编号				2-6-1062	2-6-1063	2-6-1064	2-6-1065
项目				仪表盘、箱、柜安装			
				半模拟盘(1.4m²)	操作台	挂式盘	盘、柜转角板、侧壁板
名称			单位	消耗量			
人工	合计工日		工日	1.7850	2.6170	0.7750	0.5810
	其中	普工	工日	0.5630	0.7850	0.2330	0.1740
		一般技工	工日	1.2500	1.8320	0.5430	0.4070
材料	标签纸(综合)		m	0.300	0.300	0.200	—
	垫铁		kg	—	1.200	—	0.600
	电		kW·h	—	0.200	0.400	—
	接地线 5.5~16mm²		m	0.050	0.800	1.000	—
	六角螺栓 M12×(20~100)		套	6.000	6.000	—	4.000
	六角螺栓 M(6~8)×(20~70)		套	6.000	4.000	—	4.000
	棉纱		kg	—	—	0.050	0.050
	膨胀螺栓 M12		套	—	2.000	4.000	—
	细白布 宽900		m	0.100	0.100	—	—
	其他材料费		%	5.000	5.000	5.000	5.000
机械	叉式起重机 3t		台班	—	0.030	—	—
	载重汽车 8t		台班	0.020	0.030	—	—
仪表	手持式万用表		台班	0.143	0.204	0.061	—
	线号打印机		台班	0.040	0.040	0.030	—

工作内容:安装、固定、开孔、校接线、套线号、管件安装、接地、挂牌。 **计量单位:**台

定额编号			2-6-1066	2-6-1067	2-6-1068	2-6-1069
项目			仪表盘、箱、柜安装			
			接线箱/盒(端子数以下)			
			6	14	48	60
名称		单位	消耗量			
人工	合计工日	工日	0.4300	0.7830	1.6660	2.4760
	其中 普工	工日	0.1290	0.2350	0.5000	0.7430
	其中 一般技工	工日	0.3010	0.5480	1.1660	1.7330
材料	垫铁	kg	—	—	0.080	1.000
	电	kW·h	—	0.200	0.400	0.400
	管件 *DN*15 以下	套	4.000	5.000	7.000	12.000
	接地线 5.5~16mm²	m	1.000	1.500	1.500	1.500
	六角螺栓 M12×(20~100)	套	2.000	3.000	4.000	4.000
	棉纱	kg	0.020	0.030	0.050	0.050
	膨胀螺栓 M12	套	—	2.000	4.000	4.000
	铜芯塑料绝缘电线 BV-1.5mm²	m	1.000	2.000	4.000	6.000
	位号牌	个	1.000	1.000	1.000	1.000
	线号套管(综合)	m	0.050	0.100	0.290	0.360
	其他材料费	%	5.000	5.000	5.000	5.000
仪表	对讲机(一对)	台班	0.610	0.112	0.238	0.354
	接地电阻测试仪	台班	0.050	0.050	0.050	0.050
	铭牌打印机	台班	0.012	0.012	0.012	0.012
	手持式万用表	台班	0.093	0.170	0.361	0.536
	数字式快速对线仪	台班	0.072	0.131	0.278	0.413
	线号打印机	台班	0.012	0.028	0.096	0.120

工作内容：安装、固定、开孔、校接线、套线号、管件安装、接地、挂牌。 **计量单位**：台

定额编号				2-6-1070	2-6-1071	2-6-1072	2-6-1073
项目				仪表盘、箱、柜安装			
				防爆接线箱/盒(端子数以下)			
				6	14	48	60
名称			单位	消耗量			
人工	合计工日		工日	0.5050	0.8040	1.6850	2.5540
	其中	普工	工日	0.1510	0.2410	0.5050	0.7660
		一般技工	工日	0.3530	0.5630	1.1790	1.7880
材料	垫铁		kg	—	—	0.080	1.000
	电		kW·h	0.200	0.200	0.400	0.400
	防爆阻燃密封剂		kg	0.010	0.020	0.040	0.050
	管件 *DN*15 以下		套	4.000	5.000	7.000	12.000
	接地线 5.5～16mm^2		m	1.000	1.500	1.500	1.500
	六角螺栓 M12×(20～100)		套	—	3.000	4.000	4.000
	膨胀螺栓 M12		套	2.000	2.000	4.000	4.000
	铜芯塑料绝缘电线 BV-1.5mm^2		m	1.000	2.000	4.000	6.000
	位号牌		个	1.000	1.000	1.000	1.000
	细白布 宽 900		m	0.020	0.080	0.100	0.100
	线号套管(综合)		m	0.050	0.100	0.290	0.360
	其他材料费		%	5.000	5.000	5.000	5.000
仪表	对讲机(一对)		台班	0.072	0.115	0.241	0.365
	接地电阻测试仪		台班	0.050	0.050	0.050	0.050
	铭牌打印机		台班	0.012	0.012	0.012	0.012
	手持式万用表		台班	0.120	0.191	0.040	0.608
	数字式快速对线仪		台班	0.096	0.153	0.321	0.486
	线号打印机		台班	0.012	0.028	0.096	0.120

工作内容:安装、固定、开孔、校接线、套线号、管件或接头安装、接地、挂牌。　　　　计量单位:台

定额编号			2-6-1074	2-6-1075	2-6-1076	2-6-1077	2-6-1078	2-6-1079
项目			仪表盘、箱、柜安装					
			保温(护)箱		电磁阀箱出口点(点以下)			供电箱
			玻璃钢制	钢制	5	12	19	
名称		单位	消耗量					
人工	合计工日	工日	1.5520	1.2200	1.1480	1.8480	2.3280	1.8300
	其中 普工	工日	0.4660	0.3660	0.3440	0.5540	0.6990	0.5490
	其中 一般技工	工日	1.0860	0.8540	0.8040	1.2940	1.6300	1.2810
材料	垫铁	kg	0.400	0.400	0.400	0.400	0.400	—
	电	kW·h	0.400	0.400	—	—	—	—
	防爆阻燃密封剂	kg	—	—	0.050	0.080	0.150	—
	接地线 5.5~16mm^2	m	—	—	1.500	1.500	1.500	1.500
	六角螺栓 M12×(20~100)	套	—	—	4.000	4.000	4.000	4.000
	棉纱	kg	0.050	0.050	0.050	0.050	0.050	—
	膨胀螺栓 M12	套	4.000	4.000	—	—	—	—
	铜芯塑料绝缘电线 BV-1.5mm^2	m	—	—	4.000	8.000	15.000	5.000
	位号牌	个	1.000	1.000	6.000	13.000	20.000	1.000
	细白布 宽900	m	—	—	—	—	—	0.080
	线号套管(综合)	m	—	—	0.080	0.200	0.300	0.200
	仪表接头	套	4.000	4.000	5.000	12.000	19.000	—
	其他材料费	%	5.000	5.000	5.000	5.000	5.000	5.000
仪表	对讲机(一对)	台班	—	—	0.164	0.264	0.333	—
	接地电阻测试仪	台班	—	—	0.050	0.050	0.050	0.050
	铭牌打印机	台班	0.012	0.012	0.072	0.156	0.240	0.012
	手持式万用表	台班	—	—	0.109	0.176	0.222	0.174
	线号打印机	台班	—	—	0.025	0.040	0.050	0.040
	兆欧表	台班	—	—	0.030	0.030	0.030	0.030

14. 仪表附件安装制作

工作内容:清洗、试压、焊接或法兰连接、螺纹连接、卡套连接、焊接、接头安装。 **计量单位:**个

定额编号				2-6-1080	2-6-1081	2-6-1082	2-6-1083	2-6-1084
项目				仪表阀门安装与研磨				
				焊接式阀门(*DN*50 以下)		法兰式阀门安装(*DN*50 以下)	取压根部阀	
				碳钢	不锈钢		碳钢	不锈钢
名称			单位	消耗量				
人工	合计工日		工日	0.2420	0.2780	0.1670	0.1930	0.2270
	其中	普工	工日	0.0730	0.0830	0.0500	0.0580	0.0680
		一般技工	工日	0.1700	0.1950	0.1170	0.1350	0.1590
材料	不锈钢焊丝 1Cr18Ni9Ti		kg	—	0.020	—	—	0.010
	低碳钢焊条 J422 ϕ3.2		kg	0.040	—	—	—	—
	镀锌六角螺栓带螺母 M8×75		套	—	—	8.000	—	—
	阀门		个	1.000	1.000	1.000	1.000	1.000
	法兰带垫片(*DN*50 以内)		套	—	—	2.000	—	—
	棉纱		kg	0.020	—	0.020	0.020	—
	清洗剂 500mL		瓶	0.050	—	0.050	—	—
	酸洗膏		kg	—	0.020	—	—	0.015
	碳钢气焊条		kg	—	—	—	0.042	—
	细白布 宽 900		m	—	0.010	—	—	0.010
	氧气		m^3	—	—	—	0.007	—
	仪表阀垫片		个	—	—	—	2.000	2.000
	仪表接头		套	—	—	—	1.000	1.000
	乙炔气		kg	—	—	—	0.016	—
	氩气		m^3	—	0.070	—	—	0.060
	铈钨棒		g	—	0.150	—	—	0.120
	其他材料费		%	5.000	5.000	5.000	5.000	5.000
机械	试压泵 10MPa		台班	0.021	0.025	0.020	0.023	0.022
	直流弧焊机 20kV·A		台班	0.060	—	—	—	—
	氩弧焊机 500A		台班	—	0.070	—	—	0.050

工作内容：清洗、试压、焊接或法兰连接、螺纹连接、卡套连接、焊接、接头安装。　　　　**计量单位：**个

定额编号			2-6-1085	2-6-1086	2-6-1087	2-6-1088	2-6-1089	2-6-1090
项目			仪表阀门安装与研磨					
			外螺纹阀门			内螺纹阀门		
			碳钢	不锈钢	铜	碳钢	不锈钢	铜
名称		单位	消耗量					
人工	合计工日	工日	0.2360	0.2540	0.2600	0.1640	0.1780	0.1730
	其中 普工	工日	0.0710	0.0760	0.0780	0.0490	0.0540	0.0520
	其中 一般技工	工日	0.1650	0.1770	0.1820	0.1140	0.1250	0.1210
材料	不锈钢焊丝 1Cr18Ni9Ti	kg	—	0.010	—	—	—	—
	阀门	个	1.000	1.000	1.000	1.000	1.000	1.000
	聚四氟乙烯生料带	m	—	—	—	0.200	0.200	0.200
	棉纱	kg	0.050	—	—	0.050	—	—
	清洗剂 500mL	瓶	0.050	—	—	0.050	—	—
	酸洗膏	kg	—	0.010	—	—	—	—
	碳钢气焊条	kg	0.010	—	—	0.010	—	—
	铜氩弧焊丝	kg	—	—	0.014	—	—	—
	细白布 宽 900	m	—	0.010	0.010	—	0.010	0.010
	氧气	m^3	0.020	—	—	0.020	—	—
	仪表阀垫片	个	2.000	2.000	2.000	2.000	2.000	2.000
	仪表接头	套	2.000	2.000	2.000	2.000	2.000	2.000
	乙炔气	kg	0.010	—	—	0.010	—	—
	氩气	m^3	—	0.030	0.012	—	—	—
	铈钨棒	g	—	0.050	0.024	—	—	—
	其他材料费	%	5.000	5.000	5.000	5.000	5.000	5.000
机械	电动空气压缩机 0.3m^3/min	台班	—	—	0.011	—	—	0.009
	试压泵 10MPa	台班	0.020	0.023	0.017	0.025	0.029	0.018
	氩弧焊机 500A	台班	—	0.057	0.055	—	—	—

工作内容:清洗、试压、焊接或法兰连接、螺纹连接、卡套连接、焊接、接头安装。 计量单位:个

定额编号				2-6-1091	2-6-1092	2-6-1093	2-6-1094	2-6-1095	2-6-1096
项目				仪表阀门安装与研磨					
				卡套式阀门	气源球阀	三阀组、五阀组		高压角阀(*DN*6)	表用阀门研磨
						碳钢	不锈钢		
名称			单位	消耗量					
人工	合计工日		工日	0.0990	0.0810	0.3050	0.3210	0.2310	0.1670
	其中	普工	工日	0.0300	0.0240	0.0910	0.0960	0.0690	0.0500
		一般技工	工日	0.0690	0.0570	0.2130	0.2240	0.1620	0.1170
材料	不锈钢焊丝 1Cr18Ni9Ti		kg	—	—	—	0.100	—	—
	阀门		个	1.000	1.000	1.000	1.000	1.000	—
	凡尔砂		kg	—	—	—	—	—	0.200
	高强螺栓		套	—	—	—	—	4.000	—
	高压管件		套	—	—	—	—	2.000	—
	聚四氟乙烯生料带		m	—	0.100	—	—	—	—
	棉纱		kg	—	—	0.050	—	—	0.100
	清洗剂 500mL		瓶	0.020	—	0.050	—	0.050	0.100
	酸洗膏		kg	—	—	—	0.050	—	—
	碳钢气焊条		kg	—	—	0.060	—	—	—
	透镜垫		个	—	—	—	—	2.000	—
	细白布 宽900		m	—	—	—	0.010	0.010	—
	氧气		m^3	—	—	0.060	—	—	—
	仪表阀垫片		个	—	—	5.000	5.000	—	—
	仪表接头		套	2.000	2.000	5.000	5.000	—	—
	乙炔气		kg	—	—	0.040	—	—	—
	氩气		m^3	—	—	—	0.180	—	—
	铈钨棒		g	—	—	—	0.340	—	—
	其他材料费		%	5.000	5.000	5.000	5.000	5.000	5.000
机械	电动空气压缩机 $0.6m^3/min$		台班	0.015	0.014	—	—	—	—
	试压泵 10MPa		台班	—	—	—	—	—	0.020
	试压泵 35MPa		台班	—	—	—	—	0.020	—
	氩弧焊机 500A		台班	—	—	—	0.091	—	—

工作内容:准备、运输、组装、安装、焊接或螺栓固定。 计量单位:个

定额编号				2-6-1097	2-6-1098	2-6-1099	2-6-1100	2-6-1101
项目				仪表支架制作与安装				
				托臂安装(臂长 mm 以内)		桥架立柱安装(高 mm 以内)		
				500	800	1000	2500	4000
名称			单位	消耗量				
人工	合计工日		工日	0.4730	0.5880	0.7040	1.0630	1.4990
	其中	普工	工日	0.1420	0.1760	0.2110	0.3190	0.4500
		一般技工	工日	0.3310	0.4120	0.4920	0.7440	1.0490
材料	冲击钻头 $\phi8\sim16$		个	0.040	0.040	0.080	0.080	0.080
	低碳钢焊条 J422 $\phi3.2$		kg	—	—	0.100	0.100	0.100
	电		kW·h	0.600	0.600	1.200	1.200	1.200
	棉纱		kg	0.050	0.050	0.050	0.050	0.100
	膨胀螺栓 M10~16(综合)		套	2.000	2.000	4.000	4.000	4.000
	桥架立柱		个	—	—	1.000	1.000	1.000
	桥架支撑		个	1.000	1.000	—	—	—
	其他材料费		%	5.000	5.000	5.000	5.000	5.000
机械	汽车式起重机 16t		台班	—	—	—	—	0.036
	载重汽车 4t		台班	—	—	—	0.040	0.050
	直流弧焊机 20kV·A		台班	—	—	0.010	0.010	0.010

工作内容：下料、组对、焊接、防腐、立柱的底板和加强板焊接、固定。

定额编号			2-6-1102	2-6-1103	2-6-1104	2-6-1105	2-6-1106	2-6-1107
项目			仪表支架制作与安装					
			仪表支吊架安装			仪表立柱		混凝土基础
			双杆吊架安装	电缆穿墙密封架安装	冲孔板/槽安装	制作	安装	400×400
			5 对	个	m	10 根	10 根	10 个
名称		单位	消耗量					
人工	合计工日	工日	3.1230	2.1530	0.1930	5.7330	2.0040	15.7970
	其中 普工	工日	0.9370	0.6460	0.0580	1.7200	0.6010	4.7390
	其中 一般技工	工日	2.1860	1.5070	0.1350	4.0130	1.4030	11.0580
材料	板枋材	m^3	—	—	—	—	—	0.060
	草袋	个	—	—	—	—	—	10.000
	冲击钻头 $\phi12$	个	0.020	0.010	—	—	0.020	—
	冲孔板	m	—	—	1.050	—	—	—
	穿墙密封架	个	—	1.000	—	—	—	—
	低碳钢焊条 J422 $\phi3.2$	kg	—	0.150	—	0.500	0.050	1.600
	电	kW·h	1.200	0.200	0.200	3.000	2.000	—
	镀锌钢管 *DN*50	m	—	—	—	15.040	—	—
	酚醛调和漆	kg	—	—	—	0.400	—	—
	酚醛防锈漆	kg	—	—	—	1.000	—	—
	六角螺栓 M(6~10)×(20~70)	套	—	2.000	2.000	—	—	—
	棉纱	kg	0.050	0.050	0.020	0.200	0.100	—
	膨胀螺栓 M10~16(综合)	套	0.510	—	—	—	38.000	—
	热轧厚钢板 $\delta10$	kg	—	—	—	39.300	—	—
	溶剂汽油 200#	kg	—	—	—	0.200	—	—
	砂轮片 $\phi100$	片	—	—	—	0.050	0.020	—
	砂轮片 $\phi400$	片	—	—	—	0.050	—	—
	砂子(中砂)	m^3	—	—	—	—	—	0.060
	双杆吊架	对	5.000	—	—	—	—	—
	水	kg	—	—	—	—	—	1.300
	水泥 P.O 42.5	kg	—	—	—	—	—	400.000
	碎石 20~40	m^3	—	—	—	—	—	1.000
	铁件(综合)	kg	—	—	—	—	—	45.800
	铁砂布 0#~2#	张	—	—	—	4.000	—	—
	氧气	m^3	—	—	—	0.080	—	—
	仪表立柱 2″×1500	个	—	—	—	—	10.000	—
	乙炔气	kg	—	—	—	0.040	—	—
	圆钉	kg	—	—	—	—	—	0.400
	其他材料费	%	5.000	5.000	5.000	5.000	5.000	5.000
机械	砂轮切割机 $\phi400$	台班	—	—	—	1.000	—	—
	手提式砂轮机	台班	—	—	—	—	0.500	—
	台式砂轮机 $\phi100$	台班	—	—	—	0.600	—	—
	台式钻床 16mm	台班	—	—	—	0.100	—	—
	载重汽车 15t	台班	—	—	—	—	—	0.200
	直流弧焊机 20kV·A	台班	—	0.040	—	0.100	0.020	0.100

主编单位:上海市建筑建材业市场管理总站
上海市政工程设计研究总院(集团)有限公司
参编单位:四川省建设工程造价管理总站
中国二十冶集团有限公司
中泰国际控股有限公司
编制人员:孙晓东　汪一江　邱翠国　王非宇　郑永鹏　朱　冰　陆勇雄　王　梅
张晓波　郭宇飙　肖菊仙　蔡　隽　方　路　张宗辉　张　宇　戴常军
王俊科　秦夏强　王广奇　盛淑娇　李浩林　郭　军　方卫红　徐艳玲
石淑磊